T0187207

CBAC
Ffiseg
ar gyfer UG
Ail Argraffiad

Gareth Kelly
Nigel Wood

Illuminate Publishing

CBAC Ffiseg ar gyfer UG (Ail Argraffiad)

Addasiad Cymraeg o *WJEC Physics for AS Level (2nd Edition)* (a gyhoeddwyd yn 2021 gan Illuminate Publishing Limited). Cyhoeddwyd y llyfr Cymraeg hwn gan Illuminate Publishing Limited, argraffnod Hodder Education, an Hachette UK Company, Carmelite House, 50 Victoria Embankment, London EC4Y 0DZ.

Archebion: Ewch i www.illuminatepublishing.com neu anfonwch e-bost at sales@illuminatepublishing.com

Ariennir yn Rhannol gan **Lywodraeth Cymru**
Part Funded by **Welsh Government**

Cyhoeddwyd dan nawdd Cynllun Adnoddau Addysgu a Dysgu CBAC

© Gareth Kelly a Nigel Wood (Yr argraffiad Saesneg)

Mae'r awduron wedi datgan eu hawliau moesol i gael eu cydnabod yn awduron y gyfrol hon.

© CBAC 2021 (Yr argraffiad Cymraeg hwn)

Data Catalogio Cyhoeddiadau y Llyfrgell Brydeinig

Mae cofnod catalog ar gyfer y llyfr hwn ar gael gan y Llyfrgell Brydeinig.

ISBN 978-1-912820-86-3

Argraffwyd yn y DU gan Severn, Caerloyw

08.21

Polisi'r cyhoeddwr yw defnyddio papurau sy'n gynhyrchion naturiol, adnewyddadwy ac ailgylchadwy o goed a dyfwyd mewn coedwigoedd cynaliadwy. Disgwylir i'r prosesau torri coed a gweithgynhyrchu gydymffurfio â rheoliadau amgylcheddol y wlad y mae'r cynnyrch yn tarddu ohoni.

Gwnaed pob ymdrech i gysylltu â deiliaid hawlfraint y deunydd a atgynhyrchwyd yn y llyfr hwn. Os cânt eu hysbysu, bydd y cyhoeddwyr yn falch o gywiro unrhyw wallau neu hepgoriadau ar y cyfle cyntaf.

Mae'r deunydd hwn wedi'i gymeradwyo gan CBAC, ac mae'n cynnig cefnogaeth o ansawdd uchel ar gyfer cymwysterau CBAC. Er bod y deunydd wedi bod trwy broses sicrhau ansawdd CBAC, mae'r cyhoeddwr yn dal yn llwyr gyfrifol am y cynnwys.

Atgynhyrchir cwestiynau arholiad CBAC drwy ganiatâd CBAC. Os oes ateb wedi'i ddarparu ar gyfer cwestiwn enghreifftiol, byddwch yn ymwybodol y gallai atebion amgen fod yn bosibl hefyd, ac nad yw atebion wedi'u darparu na'u cymeradwyo gan CBAC.

Dylunio: Nigel Harriss
Gosodiad: John Dickinson
Gosodiad y llyfr Cymraeg: John Dickinson
Dyluniad gwreiddiol: John Dickinson a Patricia Briggs

Llun y clawr: © Shutterstock/V.Belov

Cydnabyddiaeth

Mae'r awduron yn ddiolchgar iawn i'r tîm yn Illuminate Publishing am eu proffesiynoldeb, eu cefnogaeth a'u harweiniad trwy gydol y project hwn. Hoffai'r cyhoeddwr ddiolch i Dawn Booth am ei chymorth wrth ddod o hyd i ddelweddau, a Keith Jones am ei gymorth a'i gyngor ar ddeunydd arholiad yn arbennig.

Cynnwys

Sut i ddefnyddio'r llyfr hwn   4
Yr arholiad UG   5

Uned 1: Mudiant, Egni a Mater   8
1.1   Ffiseg sylfaenol   9
1.2   Cinemateg   26
1.3   Dynameg   39
1.4   Cysyniadau egni   55
1.5   Solidau dan ddiriant   64
1.6   Defnyddio pelydriad i ymchwilio i sêr   75
1.7   Gronynnau ac adeiledd niwclear   85
Hafaliadau Uned 1   93
Cwestiynau enghreifftiol   94

Uned 2: Trydan a Golau   98
2.1   Dargludiad trydan   99
2.2   Gwrthiant   105
2.3   Cylchedau cerrynt union   117
2.4   Natur tonnau   129
2.5   Priodweddau tonnau   139
2.6   Plygiant golau   154
2.7   Ffotonau   164
2.8   Laserau   176
Hafaliadau Uned 2   183
Cwestiynau enghreifftiol   184

Pennod 3: Sgiliau ymarferol   188

Pennod 4: Sgiliau mathemategol   201

Atebion
Gwirio gwybodaeth   215
Profwch eich hun   219
Cwestiynau enghreifftiol   230

Geirfa   233
Mynegai   236

Sut i ddefnyddio'r llyfr hwn

Ysgrifennwyd y llyfr hwn i gefnogi manyleb Ffiseg UG CBAC a hanner cyntaf y fanyleb Safon Uwch. Mae cynllun y llyfr yn cyfateb i gynllun Unedau 1 a 2 y fanyleb Ffiseg UG yn ôl eu trefn. Mae'r un deunydd yn Unedau 1 a 2 y fanyleb Safon Uwch.

Mae'n darparu gwybodaeth sy'n cwmpasu gofynion cynnwys y cwrs, yn ogystal â digon o gwestiynau enghreifftiol a fydd yn caniatáu i chi gadw golwg ar eich cynnydd.

Unedau 1 a 2 y cwrs UG yw prif benodau'r llyfr hwn.
- Mae Uned 1 yn cwmpasu Mudiant, Egni a Mater
- Mae Uned 2 yn cwmpasu Trydan a Golau

Penodau ychwanegol
- Pennod 3 – Sgiliau ymarferol
- Pennod 4 – Sgiliau mathemategol

Mae Uned 1 yn cwmpasu saith testun y fanyleb Ffiseg ac mae gan Uned 2 wyth testun. Mae gan bob un ei adran ei hun yn y llyfr hwn ac mae'n cynnwys **y gwaith ymarferol penodol** perthnasol. Mae Pennod 3 yn cwmpasu sgiliau ymarferol cyffredinol, ac mae Pennod 4 yn crynhoi'r sgiliau mathemateg angenrheidiol. Mae gan Benodau 3 a 4 eu hadrannau 'Gwirio gwybodaeth' eu hunain, a chwestiynau 'Profwch eich hun' hefyd.

Elfennau'r fanyleb sy'n cael eu cynnwys
Mae'r llyfr yn cynnwys deunydd sydd yn yr arholiadau UG a Safon Uwch. Er y bydd rhai darllenwyr yn dilyn y cwrs UG yn unig, mae disgwyl y bydd canran uchel o'r darllenwyr yn mynd ymlaen i astudio'r cwrs Safon Uwch llawn. Oherwydd hyn, mae'r llyfr yn cynnwys mwy o ddeunydd a chwestiynau enghreifftiol nag y bydd eu hangen ar gyfer y cwrs UG.

Profwch eich hun
Yn ogystal â'r cwestiynau 'Gwirio gwybodaeth' sydd ar ymylon y prif destun, mae ymarferion 'Profwch eich hun' ar ddiwedd pob adran yn unedau 1 a 2. Yn ogystal â deunydd sy'n ymwneud â chynnwys yr adrannau, mae'r ymarferion hyn yn cynnwys cwestiynau dadansoddi data sy'n ymwneud â'r gwaith ymarferol penodol ar gyfer yr uned. Mae ambell gwestiwn yn ymwneud â chynnwys mwy nag un uned hefyd: mae angen i fyfyrwyr Safon Uwch allu ateb cwestiynau synoptig o'r fath, sy'n dod â syniadau o wahanol destunau yn y fanyleb Ffiseg. Mae'r atebion i'r ymarferion hyn, yn ogystal â'r atebion i'r cwestiynau Gwirio gwybodaeth, yng nghefn y llyfr.

Rhybudd: Yn aml, mae'n bosibl ateb cwestiynau sy'n gofyn am esboniadau neu waith arall mewn gwahanol ffyrdd. Ni all yr atebion yn y llyfr hwn ymdrin â'r holl bosibiliadau hyn.

Cwestiynau enghreifftiol
Mae set o gwestiynau enghreifftiol ar ddiwedd Uned 1 ac Uned 2. Daw'r rhain i gyd o arholiadau CBAC yn y gorffennol, ac mae set o atebion sampl i'w gael ar ddiwedd y llyfr hwn.

Nodweddion ymyl y dudalen
Mae ymyl pob tudalen yn cynnwys amrywiaeth o nodweddion i'ch helpu i ddysgu:

 **Term allweddol**

Mesur: Mae mesur yn cael ei gynrychioli gan rif wedi'i luosi ag uned.

Termau allweddol yw'r termau mae angen i chi wybod sut i'w diffinio. Maen nhw wedi'u hamlygu'n las yng nghorff y testun, ac yn ymddangos mewn Geirfa yng nghefn y llyfr hwn. Hefyd, fe welwch chi dermau eraill yn y testun mewn teip trwm. Bydd y rhain wedi'u hesbonio yn y testun, ond heb eu diffinio ar ymyl y dudalen. Ceisiwch sicrhau eich bod yn gallu diffinio'r termau hyn, neu fynegi'r deddfau ffisegol, yn fanwl gywir.

 **Pwynt astudio**

Mae'r symbolau ar gyfer mesurau yn cael eu rhoi mewn *teip italig*, e.e. m, T. Mae'r symbolau ar gyfer unedau'n cael eu hargraffu mewn print plaen, e.e. **kg**, **K**.

Wrth i chi astudio, bydd Pwyntiau astudio yn eich helpu chi i ddeall a defnyddio cynnwys y wybodaeth. Gyda'r nodwedd hon, efallai bydd gwybodaeth ffeithiol yn cael ei phwysleisio neu ei hailadrodd, i wella eich dealltwriaeth.

 **1.1.2 Gwirio gwybodaeth**

Deilliwch uned cyfaint drwy ystyried ciwb.

Mae'r cwestiynau Gwirio gwybodaeth yn gwestiynau byr i brofi eich dealltwriaeth o'r pwnc, gan roi cyfle i chi ddefnyddio'r wybodaeth rydych chi wedi'i dysgu. Mae llawer o'r cwestiynau hyn yn gofyn am gyfrifiadau sy'n ymwneud yn uniongyrchol â'r testun wrth eu hymyl. Mae'r atebion i'r holl gwestiynau Gwirio gwybodaeth yng nghefn y llyfr.

 **Ymestyn a herio**

(c) Defnyddiwch $x = ut + \frac{1}{2}at^2$ i ddatrys rhan (b) yr enghraifft.

Mae'r deunydd yn cael ei ddatblygu yn yr adrannau hyn er mwyn gwneud i chi feddwl yn fwy dwys am y pwnc. Mae rhai blychau Ymarfer a Herio yn cynnwys deunydd sydd y tu hwnt i'r fanyleb. Ni fyddwch yn cael eich arholi ar y cynnwys hwn, ond mae'n rhoi cefndir i fyfyrwyr sy'n gobeithio mynd ymlaen i astudio ffiseg neu beirianneg mewn addysg uwch. Mae blychau Ymarfer a Herio eraill yn cynnwys cwestiynau, sydd weithiau'n gofyn am dechnegau mathemategol uwch na'r rhan fwyaf o gwestiynau UG.

Awgrym ≫

Cofiwch fesur *diamedr* gwifren, ac nid y *radiws*!

Cyngor mathemateg ≫

Ewch i Bennod 4 i gael help wrth ddarganfod graddiant graff ar gyfer graffiau syth a chrwm.

Gwirio ymarferol ≫

Ewch i Adran 3.2 i gael awgrym ar sut i fesur diamedr gwifren.

Bwriad yr Awgrymiadau yw eich helpu i osgoi camgymeriadau cyffredin diangen.

Mae Cyngor mathemateg ac ymarferion Gwirio ymarferol yn cyfeirio at dechnegau penodol, ac yn aml byddan nhw'n eich cyfeirio at Benodau 3 a 4 i ddarllen triniaeth lawnach.

Cyswllt ≫

Ewch i Bennod 3 ar gyfer cyfuno a lleihau ansicrwydd.

Mae unrhyw gyswllt at rannau eraill o'r cwrs i'w weld ar ymyl y dudalen, yn agos at y testun perthnasol. Bydd y rhain yn eich cyfeirio chi at unrhyw feysydd lle mae perthynas rhwng adrannau. Efallai y bydd hi'n fuddiol i chi ddefnyddio'r Cysylltau hyn i daro golwg arall ar destun, cyn dechrau astudio'r testun dan sylw.

Yr arholiad UG

Mae papurau arholiad yn cynnwys cwestiynau sy'n gofyn am amrywiaeth o sgiliau i'w hateb. Bydd rhai'n asesu eich gallu i alw ffeithiau i gof, gweithdrefnau arbrofol, a deddfau ffisegol fel deddfau Newton. Mewn eraill, bydd angen i chi ddefnyddio eich gwybodaeth mewn ffyrdd geiriol neu fathemategol, a dadansoddi canlyniadau arbrofol. Mae rhai cwestiynau yn gofyn am fathemateg; mae rhai yn galw am sgiliau arbrofol. Mae tri amcan asesu (AA) sylfaenol, a phob un ohonynt yn cyfrannu canran benodol o'r marciau ym mhob papur ac yn cynnwys yr holl sgiliau eraill. Dyma ddisgrifiad byr o bob AA, gyda'i bwysoli mewn arholiad.

Amcan asesu 1 (AA1)
Rhaid i ddysgwyr wneud y canlynol: Dangos gwybodaeth a dealltwriaeth o syniadau, prosesau, technegau a dulliau gweithredu gwyddonol

Mae 35% o farciau'r cwestiynau ar y papurau arholiad yn farciau AA1. Yn ogystal â galw ffeithiau i gof, fel mynegi deddfau a diffiniadau, mae hyn yn cynnwys gwybod pa hafaliadau i'w defnyddio, amnewid mewn hafaliadau a disgrifio technegau arbrofi.

Amcan asesu 2 (AA2)
Rhaid i ddysgwyr wneud y canlynol: Cymhwyso gwybodaeth a dealltwriaeth o syniadau, prosesau, technegau a dulliau gweithredu gwyddonol:

- mewn cyd-destun damcaniaethol
- mewn cyd-destun ymarferol
- wrth ymdrin â data ansoddol
- wrth ymdrin â data meintiol.

Mae 45% o farciau'r cwestiynau ar y papurau arholiad yn farciau AA2. Wrth ddod â syniadau ynghyd i esbonio ffenomenau, datrys problemau mathemategol a defnyddio canlyniadau arbrofion a graffiau i wneud cyfrifiadau, dyna sy'n cael eu cyfrif yn sgiliau AA2. Mae cymhwyso yn golygu defnyddio'r sgiliau newydd sydd gennych mewn sefyllfaoedd anghyfarwydd, e.e. mewn cwestiynau synoptig.

Amcan asesu 3 (AA3)
Rhaid i ddysgwyr wneud y canlynol: Dadansoddi, dehongli a gwerthuso gwybodaeth, syniadau a thystiolaeth wyddonol, gan gynnwys mewn perthynas â materion, er mwyn:

- llunio barn a dod i gasgliadau
- datblygu a mireinio dylunio a dulliau gweithredu ymarferol.

Mae 20% o farciau'r cwestiynau ar y papurau arholiad yn rhai AA3. Mae'r marciau hyn yn cynnwys darganfod mesurau gan ddefnyddio canlyniadau arbrofol, a hefyd ymateb i ddata er mwyn dod i gasgliadau.

Papurau ysgrifenedig Unedau 1 a 2 Ffiseg UG

Mae'r ddau bapur fel arfer yn cynnwys 7 neu 8 cwestiwn strwythuredig (gweler isod). Ond allwch chi ddim tybio y bydd gan bob testun gwestiwn sy'n gysylltiedig:

- Mae gan rai testunau ddeunydd â chysylltiad agos, e.e. cinemateg, deinameg ac egni yn Uned 1.
  Felly, gallai cwestiwn ymdrin â meysydd o ddau (neu'r tri) o'r testunau hyn.
- Mae cwestiynau sy'n ymwneud â sgiliau ymarferol yn tueddu i fod yn gwestiynau hirach.
- Mae gan rai testunau, e.e. ffiseg sylfaenol, fwy o gynnwys nag eraill.

Ateb cwestiynau arholiad
Cyn i chi ddechrau ateb unrhyw gwestiwn, mae angen i chi wirio rhai pethau.

1. Ai dyma'r papur arholiad cywir?
2. A yw'r papur arholiad i gyd yno?
3. Ydych chi'n gwybod ymhle mae'r cwestiwn olaf yn dod i ben? (Chwiliwch am y neges DIWEDD Y PAPUR.)
4. Ydych chi'n gwybod pa bryd mae'r arholiad yn dod i ben?
5. A oes gennych gopi o'r Llyfryn Data?

Dyrannu amser a marciau
Wrth ateb y cwestiynau, os byddwch yn caniatáu munud i chi eich hun ar gyfer pob marc, bydd hyn yn rhoi deng munud i chi wirio eich gwaith ar y diwedd. Gwiriwch nifer y marciau ar gyfer pob adran mewn cwestiwn – peidiwch â cholli marciau oherwydd eich bod wedi gadael rhan o gwestiwn heb ei ateb. Sganiwch bob cwestiwn cyn ei ateb, gan nodi'r rhannau a'r marciau sy'n cael eu dyrannu i bob un.

Dyrannu marciau ar gyfer rhannau o gwestiynau

Mae'r dyraniad marciau ar gyfer pob rhan o gwestiwn i'w weld mewn bachau sgwâr, e.e.

> **Mynegwch egwyddor cadwraeth momentwm.** [2]

Mae'r marc sy'n cael ei ddyrannu yn gliw da am y manylion sydd eu hangen yn eich ateb. Mae'r [2] yn gliw da bod dwy agwedd i'r ateb. Yn yr achos hwn dylai eich ateb gynnwys:

1. gosodiad yn nodi bod swm (fector) y momenta yn aros yr un peth, a
2. yr amodau, h.y. mewn system gaeedig neu os nad oes grym cydeffaith allanol yn gweithredu.

Ar rai achlysuron, efallai mai un marc yn unig sydd gan gwestiwn, *ond bod angen i'r ddau bwynt gael eu nodi er hynny*.

Strwythur cwestiynau

Mae'r rhan fwyaf o gwestiynau wedi'u strwythuro, gyda sawl rhan, a thema'n eu cysylltu. Mae trefn y rhannau hyn yn rhoi cliw i'w perthynas â'i gilydd. Er enghraifft, edrychwch ar gwestiwn 1 yng nghwestiynau enghreifftiol Uned 1. Dyma'r strwythur sydd ganddo:

1. (a)
   (b) (i)
       (ii)
   (c)

Mae rhan (a) yn gofyn i chi ysgrifennu hafaliad. Mae hyn yn dangos pa syniadau ffiseg bydd angen eu defnyddio wrth ateb y cwestiwn – momentau, yn yr achos hwn.

Mae rhan (b) yn rhan o'r un cwestiwn, felly mae'r awgrym yn rhan (a) yn dal yn berthnasol. Mae cysylltiad agos rhwng y ddwy isadran (i) a (ii), ffaith sy'n cael ei phwysleisio yma gan y gair 'felly' yn rhan (ii).

Mae rhan (c) â chysylltiad llai uniongyrchol na (b)(i) a (ii), ond mae'n dal i ymwneud â momentau.

Weithiau mae lefel ychwanegol o israniad. Er enghraifft, edrychwch ar gwestiwn 1 yng nghwestiynau enghreifftiol Uned 2: Mae dwy ran i ran 1(a)(iii), wedi'u labelu â (I) a (II).

Mae'r holl strwythur yno er mwyn eich tywys drwy'r cwestiwn. Fel arall, gallai fod yn gyfrifiad hir, gyda nifer o gamau. Heb y strwythur, byddech mewn perygl o gychwyn i'r cyfeiriad anghywir, mynd i benbleth yn y canol, a chael ateb anghywir yn y diwedd.

Ateb cwestiynau AYE

Mae cwestiynau AYE (Ansawdd Ymateb Estynedig) yn asesu pa mor rhesymegol y gallwch chi gyflwyno darn manwl o ffiseg. Bydd o leiaf 12 llinell i chi ysgrifennu'ch ateb, a lle ar gyfer diagram hefyd efallai.

Mae llawer o gwestiynau AYE yn gofyn am ddarn safonol o wybodaeth: h.y. mae'n cyfrif fel AA1 ac felly dylech ei wybod. Er enghraifft, mae cwestiwn 5 yng nghwestiynau arholiad enghreifftiol Uned 1 yn gofyn pa wybodaeth gallwn ni ei chael o sbectrwm seren. Eich tasg chi yw cymryd yr hyn rydych chi'n ei wybod a'i ysgrifennu mewn ffordd resymegol, strwythuredig.

Dylech roi sylw i'ch sillafu a'ch gramadeg yn ogystal â chywirdeb y ffiseg yn eich ymateb.

Un cwestiwn AYE cyffredin yw cwestiwn sy'n gofyn am y dull ar gyfer un o'r sesiynau asesu ymarferol, e.e.

> **Disgrifiwch arbrawf i fesur cyflymiad gwrthrych sy'n disgyn yn rhydd.** [6 AYE]

Weithiau mae cwestiynau AYE yn gofyn am waith ymarferol ar wahân i'r gwaith ymarferol penodol. Mae'r rhain yn golygu bod angen cynllunio'r dull eich hun, ac felly maen nhw'n cyfrif fel sgiliau AA3, e.e.

> **Esboniwch pa briodweddau golau o laser mae'n bosibl eu darganfod drwy ddefnyddio polareiddio ac ymyriant. Rhowch fanylion ymarferol.** [6 AYE]

Cwestiynau synoptig

Yn Unedau 3 a 4 y fanyleb Safon Uwch, byddwch yn dod ar draws cwestiynau sy'n defnyddio syniadau o Unedau UG 1 a 2. Yr enw ar y rhain yw cwestiynau synoptig. Mae hyn yn golygu y bydd y deunydd yn y llyfr hwn yn dal yn ddefnyddiol wrth i chi astudio ym mlwyddyn 13.

Cwestiynau cyfrifo

Mae gan arholiadau Ffiseg lawer o gyfrifiadau bob amser. Mewn gwirionedd, mae o leiaf 40% o farciau Unedau 1 a 2 yn cael eu rhoi am fathemateg. Yn aml mewn cyfrifiadau mae'n rhaid i chi wneud sawl peth: dewis hafaliadau, amnewid gwerthoedd, gwneud rhywfaint o algebra, a chyfrifo, gan roi ateb gydag uned gywir.

Mae bob amser yn arfer da os ydych chi'n dangos eich gwaith cyfrifo wrth ddatrys yr ateb i gwestiwn. Edrychwch ar yr enghraifft hon:

> **Mae màs 120 kg gan giwb sydd ag ochrau 0.30 m o hyd. Cyfrifwch ei ddwysedd.** [2]

Mae'r myfyrwyr canlynol wedi cael yr un ateb anghywir:

Myfyriwr 1: $\text{Dwysedd} = \dfrac{\text{Màs}}{\text{Cyfaint}} = \dfrac{120 \text{ kg}}{(0.30 \text{ m})^3}$ ✓ $= 1330 \text{ kg m}^{-3}$ ✗

Myfyriwr 2: $\text{Dwysedd} = 1330 \text{ kg/m}^3$ ✗✗

Mae Myfyriwr 1 yn cael marc am ei bod wedi mewnosod y gwerthoedd yn gywir yn yr hafaliad. Roedd hi wedi sgwario'r 0.30 m yn lle ei giwbio, ac felly mae'n colli'r ail farc. Mae'n debyg bod myfyriwr 2 wedi gwneud yr un pethau, ond heb y dystiolaeth i ddangos hyn nid yw'n bosibl rhoi'r marc cyntaf.

Cwestiynau sgiliau ymarferol

Ym mhob arholiad uned mae **o leiaf 15%** o'r marciau ar gyfer sgiliau ymarferol. Mae'r rhain yn cael eu rhoi am gofio dulliau'r gwaith ymarferol penodol (AA1) a chofio'r ffordd o ddadansoddi canlyniadau. Maen nhw hefyd yn cael eu rhoi am ddadansoddi data, dod i gasgliadau ac awgrymu gwelliannau (AA2 ac AA3).

Er enghraifft, edrychwch ar y cwestiynau canlynol:

Uned 1 Cwestiynau enghreifftiol, C3: mae pob un o'r 10 marc yn farciau ymarferol.

Uned 2 Cwestiynau enghreifftiol, C4: mae'r 6 marc yng Nghwestiwn 4(b) yn farciau ymarferol.

Cwestiynau ar faterion

Mae diffiniad AA3 yn cyfeirio at faterion. Mae'r rhain yn cynnwys safbwyntiau moesegol, sut mae gwyddonwyr yn dilysu darganfyddiadau newydd, sut mae gwyddoniaeth yn llywio penderfyniadau cymdeithas, a chostau, risgiau a manteision defnyddio gwybodaeth wyddonol. Dyma enghreifftiau o'r math hwn o gwestiwn:

Uned 1 Cwestiynau arholiad enghreifftiol, 3(ch) – costau a manteision gwybodaeth

Uned 2 Cwestiynau arholiad enghreifftiol, 1(c) – manteision, risgiau a barn foesegol.

Dylech fod yn anelu at ddefnyddio eich gwybodaeth wyddonol i wneud sylwadau rhesymegol.

Dwyn gwall ymlaen (dgy)

Os edrychwch ar gynllun marciau Ffiseg CBAC, fe welwch y llythrennau dgy, sy'n sefyll am dwyn gwall ymlaen. Fe welwch hyn pan fydd cyfrifiad yn defnyddio gwerth rydych newydd ei gyfrifo yn rhan gynharach y cwestiwn – gallai hwn fod yn anghywir. Ni fyddwch yn cael eich cosbi ymhellach wrth ddefnyddio'r gwerth hwn.

Enghraifft: Cwestiwn 2 o gwestiynau enghreifftiol Uned 1.

(b) (i) Cyfrifwch y straen yn y rwber ar bwynt **B**. [1]
   (ii) Darganfyddwch fodwlws Young y rwber yn rhanbarth **AB**. [3]

Mae cyfrifo'r modwlws Young yn dibynnu ar werth y straen, felly gallwch ddal i gael 3 marc am ran (ii) hyd yn oed os oedd eich ateb i (i) yn anghywir.

Geiriau gorchymyn yng nghwestiynau arholiad CBAC

Mae'r rhain yn eiriau sy'n rhoi gwybodaeth i chi am ba fath o ateb sydd ei angen. Mae cryn dipyn o eiriau gorchymyn – dyma'r rhai mwyaf cyffredin:

Mynegwch

Rhowch werth neu osodiad heb unrhyw esboniad.

Enghraifft: Mynegwch Egwyddor momentau.

Ateb: Ar gyfer gwrthrych mewn ecwilibriwm o dan weithrediad nifer o rymoedd, mae swm momentau clocwedd (y grymoedd) o amgylch unrhyw bwynt yn hafal i swm y momentau gwrthglocwedd o amgylch yr un pwynt.

Mae'r enghraifft hon yn dangos gwerth dod yn gyfarwydd â llyfryn Termau a Diffiniadau CBAC.

Disgrifiwch

Ysgrifennwch adroddiad byr heb esboniad.

Enghraifft: Disgrifiwch y mudiant sydd i'w weld yn y graff v–t rhwng 0 a 30 s.

Ateb: 0–10 s: cyflymder cyson o 15 m s^{-1}.
10–30 s: cyflymiad cyson i 35 m s^{-1}

Mae'n bosibl y bydd y gair gorchymyn hwn yn cael ei ddefnyddio i ofyn am ddulliau arbrofol hefyd.

Esboniwch

Mae angen i chi roi rheswm neu resymau.

Enghraifft: Esboniwch pam mae'r plymiwr awyr yn disgyn ar gyflymder cyson.

Ateb: Oherwydd bod y grym gwrthiant aer tuag i fyny yn union hafal (a dirgroes) i'r grym disgyrchiant tuag i lawr.

Cyfrifwch

Dylech ddefnyddio un hafaliad neu fwy, ynghyd â data, i ddarganfod gwerth mesur anhysbys.

Darganfyddwch

Defnyddir y gair hwn pan fydd y cyfrifiad yn gofyn am fwy na dim ond cymhwyso hafaliad.

Enghraifft: Cwestiynau enghreifftiol Uned 1, 2(b).

I ateb rhan (ii) mae'n rhaid i chi gysylltu'r graff â'r hafaliad $E = \sigma/\varepsilon$.

Trafodwch a Gwerthuswch

Mae'r geiriau gorchymyn hyn i'w gweld yn aml mewn cwestiynau AA3, e.e. yng nghyd-destun penderfynu pa un o ddau osodiad (os oes un) sy'n debygol o fod yn gywir. Ceisiwch gymhwyso'r ffiseg yn dda, a chyfuno hynny â barn derfynol.

Enghraifft: Cwestiynau enghreifftiol Uned 1, 1(c).

Mae'r geiriau gorchymyn hyn hefyd i'w gweld yn rhannau terfynol cwestiynau sgiliau ymarferol.

Enghraifft: Gwerthuswch a yw'r data'n gyson â'r berthynas $y = kx$, lle mae k yn gysonyn.

Yn yr achos hwn, wrth werthuso byddai angen penderfynu a yw'r data'n gyson â graff llinell syth trwy'r tarddbwynt, ac a yw graddau'r gwasgariad yn y pwyntiau data yn debyg o arwain at gasgliad hyderus.

Awgrymwch

Mae'r gair hwn yn dangos nad oes un ateb cywir. Mae'n digwydd yn aml fel rhan olaf cwestiwn strwythuredig, ac mae angen defnyddio gwybodaeth o'r fanyleb gan ei chymhwyso'n greadigol i ddeunydd ychwanegol.

Enghraifft: Cwestiynau enghreifftiol Uned 1, 3(ch).

Mae rhannau cynharach y cwestiwn yn ymwneud â phriodweddau gronynnau isatomig, ac maen nhw'n profi gwybodaeth a'r gallu i ddefnyddio'r wybodaeth. Yn y rhan hon mae angen gwneud rhywfaint o ddyfalu. Wrth ateb y math hwn o gwestiwn, byddwch yn barod i ffurfio barn, ac i'w defnyddio.

Uned 1

Mudiant, egni a mater

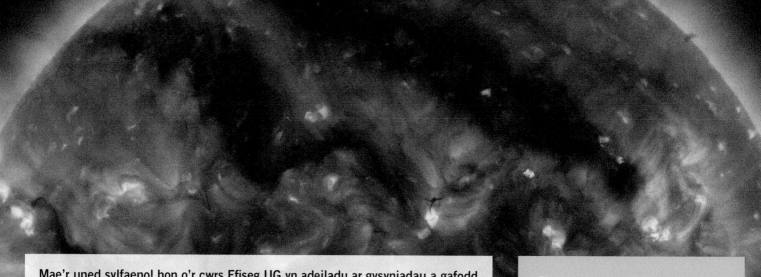

Mae'r uned sylfaenol hon o'r cwrs Ffiseg UG yn adeiladu ar gysyniadau a gafodd eu datblygu yng Nghyfnod Allweddol 4, yn ogystal â chyflwyno deunydd cwbl newydd.

- Mae'r testun cyntaf, Ffiseg Sylfaenol, yn archwilio iaith Ffiseg yn nhermau mesurau ac unedau, sy'n cael eu hysgrifennu yn arddull safonol y gymuned wyddonol, gan ddefnyddio indecsau negatif pan fydd hynny'n briodol.

- Mae craidd Uned 1 yn cynnwys cysyniadau mudiant ac egni. Mae'r rhain yn cael eu trafod yn fwy manwl nag o'r blaen, gan archwilio agweddau fector mudiant, ac ymchwilio i'r berthynas fathemategol rhwng mesurau mudiant.

- Mae peirianwyr a gwyddonwyr defnyddiau yn dibynnu ar wybodaeth am briodweddau defnyddiau er mwyn gallu codi adeiladau ac adeiladu peiriannau. Mae'r priodweddau hyn yn cael eu harchwilio a'u hesbonio yn nhermau ymddygiad y moleciwlau ansoddol.

- Defnyddir pelydriad electromagnetig i archwilio natur y bydysawd a'i rannau – sêr, galaethau a phelydriad cefndir microdonnau cosmig. Mae defnyddio amrediad cyfan y sbectrwm e-m yn rhoi darlun llawnach o'r bydysawd na defnyddio golau gweladwy yn unig.

- Gwelwn fod adeileddau cyfarwydd y byd materol, sef atomau a moleciwlau, wedi eu hadeiladu ar gyfuniadau o ronynnau sylfaenol byd natur, leptonau, cwarciau a gwrthgwarciau, a'u bod yn rhyngweithio drwy bedwar grym sylfaenol. Byddwn yn archwilio rheolau rhyngweithiadau rhwng gronynnau.

Cynnwys

1.1 Ffiseg sylfaenol
1.2 Cinemateg
1.3 Dynameg
1.4 Cysyniadau egni
1.5 Solidau dan ddiriant
1.6 Defnyddio pelydriad i ymchwilio i sêr
1.7 Gronynnau ac adeiledd niwclear

Gwaith ymarferol

Mae gwaith ymarferol yn rhan annatod o unrhyw gwrs ffiseg. Mae Uned 1 yn cynnig cyfoeth o gyfleoedd i fyfyrwyr wella eu sgiliau ymarferol a datblygu eu dealltwriaeth o'r cynnwys.

1.1 Ffiseg sylfaenol

Mae ffiseg yn wyddor arbrofol. Mae'n gofyn i chi gofnodi mesurau fel gwasgedd, buanedd, cerrynt trydanol a thymheredd, a darganfod deddfau, sy'n ymwneud â pherthnasoedd rhwng mesurau, a llunio damcaniaethau i esbonio pam mae ffenomenau naturiol yn digwydd. Mae'r testun hwn yn cynnwys rhai manylion ynglŷn â sut i drin mesurau ffisegol, sy'n cael eu hastudio ar gyrsiau Lefel 2 fel TGAU Ffiseg. Felly bydd rhywfaint o'r cynnwys yn gyfarwydd i chi, ond byddwch yn ei astudio ar lefel uwch.

1.1.1 Mesurau ac unedau

Ym maes Ffiseg, **mesur** yw priodwedd ffisegol gwrthrych neu ddefnydd y gallwch ei fesur. Enghraifft o fesur yw *dwysedd*. Gwerth dwysedd yr aer ar dymheredd a gwasgedd ystafell yw 1.28 kg m^{-3}. Sylwch fod uned dwysedd (kg m^{-3}) yn cael ei fynegi yn nhermau dwy uned arall, **kg** a **m** (cilogramau a metrau). Bydd hwn yn cael ei drafod yn yr adran nesaf.

(a) Mesurau ac unedau sylfaenol

Er mwyn mesur rhywbeth, er enghraifft hyd, mae angen safon ddiffiniedig er mwyn cymharu'r hyd â hi. Yn ein system unedau ni, *Le système international d'unités* (sy'n cael ei thalfyrru i SI), yr uned hyd ddiffiniedig yw'r metr, sy'n cael ei chynrychioli gan y byrfodd **m**. Beth yw ystyr hyd 53.7 m, er enghraifft?

$$53.7 \text{ m} = 53.7 \times \text{yr uned hyd ddiffiniedig;}$$

hynny yw, y pellter y gall golau ei deithio mewn $53.7/ 299\,792\,458$ eiliad!

Mae Tabl 1.1.1 yn dangos y 7 mesur sylfaenol, a'u hunedau SI.

Mesur		Uned	
Enw'r mesur	**Symbol**	**Enw'r uned**	**Byrfodd**
màs	m	cilogram	kg
hyd	ℓ	metr	m
amser	t	eiliad	s
cerrynt trydanol	I	ampère	A
tymheredd	T	kelvin	K
swm y sylwedd	n	mol	mol
arddwysedd goleuol	L	candela	cd

Tabl 1.1.1 Mesurau ac unedau SI

Sylwch fod diffiniad metr yn dibynnu ar ddiffiniad arall (yr eiliad) yn ogystal â phriodwedd ffisegol (buanedd golau). Mae'r tabl yn dangos symbolau cyffredin ar gyfer y mesurau hyn hefyd, e.e. t ar gyfer amser ac ℓ ar gyfer hyd. Mae hi'n bosibl defnyddio symbolau eraill, e.e. x ac r ar gyfer hyd ac M ar gyfer màs.

Pwynt astudio

Peidiwch â meddwl mai dyfalu neu amau rhywbeth yn unig yw damcaniaeth. Er mwyn galw rhywbeth yn *ddamcaniaeth*, rhaid casglu llawer iawn o dystiolaeth arbrofol i gefnogi esboniad, a rhaid iddi esbonio amrywiaeth o ffenomenau. Mae'r datganiad, 'Dim ond damcaniaeth yw hi!' yn camddeall y pwynt.

Term allweddol

Mesur: Mae mesur yn cael ei gynrychioli gan rif wedi'i luosi ag uned.

Pwynt astudio

Ers 1983, mae 'metr' wedi cael ei ddiffinio fel 'hyd y llwybr mae golau'n ei deithio mewn gwactod yn ystod cyfnod o 1/299 792 458 eiliad'.

Awgrym

Nid yw arddwysedd goleuol yn cael ei ddefnyddio yn y cyrsiau Ffiseg UG a Safon Uwch.

Pwynt astudio

Mae'r symbolau ar gyfer mesurau yn cael eu rhoi mewn *teip italig*, e.e. m, T. Mae'r symbolau ar gyfer unedau'n cael eu hargraffu mewn testun plaen, e.e. **kg**, **K**.

1.1.1 Gwirio gwybodaeth

Symleiddiwch y canlynol:

(a) $6a + 2a$
(b) $6a \times 3a$
(c) $6a \div 3b$
(ch) $(6a)^2$

 1.1.2 Gwirio gwybodaeth

Deilliwch uned cyfaint drwy ystyried ciwb

 Pwynt astudio

Mae'n ddiflas ysgrifennu *uned* drwy'r amser, felly rydyn ni'n defnyddio cromfachau petryal i gynrychioli hyn:

$[hyd] = m$

$[arwynebedd] = m^2$

 Pwynt astudio

Mae Δ (delta) yn symbol defnyddiol ar gyfer newid mewn rhywbeth. Felly

Δv = newid cyflymder.

 Awgrym

Dysgwch y mynegiadau ar gyfer **N**, **J** ac **W** yn nhermau **kg**, **m** ac **s**, a sut i'w deillio.

 1.1.3 Gwirio gwybodaeth

Mae uned cyfernod gludedd, η, fel arfer yn cael ei hysgrifennu fel '**Pa s**' (pascal eiliad) lle **Pa** yw uned gwasgedd, sy'n cael ei ddiffinio gan

$$gwasgedd = \frac{grym}{arwynebedd}.$$

Dangoswch fod yr uned hon yr un peth â'r un gafodd ei deillio yn yr enghraifft.

(b) Mesurau ac unedau deilliadol

Gan amlaf, bydd ffisegwyr yn gweithio â mesurau eraill heblaw'r mesurau sylfaenol, e.e. arwynebedd, cyfaint, gwasgedd, pŵer. Maen nhw'n defnyddio cyfuniad o'r unedau sylfaenol i fynegi'r rhain. Er mwyn deillio'r unedau hyn, rhaid i ni eu trin fel llythrennau algebraidd a chofio rhai rheolau algebraidd syml. Edrychwch ar Gwirio gwybodaeth 1.1.1 i'ch atgoffa'ch hun ohonyn nhw.

Y ffordd hawsaf o ddeall sut i ddeillio uned yw edrych ar rai enghreifftiau:

1. **Uned arwynebedd.** Rydyn ni'n dechrau gyda hafaliad i ddiffinio:

    Arwynebedd petryal = hyd × lled

    ∴ Uned arwynebedd = uned hyd × uned lled

    Ond mae hyd a lled fel ei gilydd yn bellterau, felly **m** yw uned y ddau.

    ∴ Uned arwynebedd = $m \times m = m^2$.

2. **Uned newid buanedd (neu newid cyflymder).**

    Uned buanedd (neu gyflymder) yw **m s⁻¹**. Os yw buanedd car yn newid o **15 m s⁻¹** i **33 m s⁻¹** yna

    newid buanedd = buanedd terfynol – buanedd cychwynnol

    $$= 33 \text{ m s}^{-1} - 15 \text{ m s}^{-1}$$

    $$= 18 \text{ m s}^{-1} \text{ (cofiwch, mewn algebra, fod, } 33a - 15a = 18a)$$

    Felly mae uned newid buanedd yr un peth ag uned buanedd.

3. **Uned cyflymiad.** Eto, rydyn ni'n dechrau â hafaliad i ddiffinio:

    $$cyflymiad = \frac{newid\ cyflymder}{amser} \qquad neu\ a = \frac{\Delta v}{t}$$

    $$\therefore [a] = \frac{[\Delta v]}{[t]} = \frac{m\ s^{-1}}{s} = m\ s^{-2}$$

Caiff rhai unedau deilliadol eu defnyddio'n aml iawn, ac mae'n ddefnyddiol dysgu sut i'w mynegi yn nhermau'r unedau SI sylfaenol.

Enghraifft

Mynegwch uned grym, y newton (**N**), yn nhermau unedau SI sylfaenol.

Ateb

Hafaliad: Grym (**N**) = màs (**kg**) × cyflymiad (**m s⁻²**).

Neu mewn symbolau: $F = ma$

$\therefore [F] = [m][a]$ felly $N = kg\ m\ s^{-2}$

Gan ddefnyddio canlyniad yr enghraifft a'r hafaliadau

$$Gwaith = grym \times pellter \quad a \quad Pŵer = \frac{gwaith}{amser}$$

gallwn fynegi unedau gwaith (**J**) ac unedau pŵer (**W**) yn nhermau unedau SI sylfaenol.

Dyma enghraifft arall, y tro hwn yn defnyddio mesur llai cyfarwydd:

Enghraifft

Mae'r grym llusgiad, F_D, ar sffêr sy'n symud trwy lifydd yn cael ei roi gan fformiwla Stokes, $F_D = 6\pi\eta a v$, lle a yw radiws y sffêr, v yw'r cyflymder ac η [eta] yw *cyfernod gludedd* y llifydd. Darganfyddwch uned η yn nhermau'r unedau SI sylfaenol.

Ateb

Drwy ad-drefnu'r hafaliad, cawn $\eta = \dfrac{F_D}{6\pi a v}$.

Does gan 6 a π ddim unedau, felly mae $[\eta] = \dfrac{[F_D]}{[a][v]}$

$[F_D] = \text{kg m s}^{-2}$, $[a] = \text{m}$ a $[v] = \text{m s}^{-1}$ $\therefore [\eta] = \dfrac{\text{kg m s}^{-2}}{\text{m}^2 \text{ s}^{-1}} = \text{kg m}^{-1} \text{ s}^{-1}$.

Cyngor mathemateg

Gweler Adran 4.2.1 (c) ac (ch) am luosyddion SI a ffurf safonol.

(c) Defnyddio lluosyddion SI a ffurf safonol

Bydd nifer o broblemau'n codi lle mae'r mesurau naill ai'n llawer mwy neu'n llawer llai na'r mesurau sylfaenol. Felly caiff y data eu rhoi naill ai ar *ffurf safonol* neu drwy ddefnyddio lluosyddion SI. Mae'r data yn yr enghraifft hon mewn ffurfiau cymysg.

Awgrym

Yn yr enghraifft, gallen ni fod wedi ysgrifennu 44 kV fel $4.4 \times 10^4 \text{ V}$. Ond er mwyn osgoi camgymeriadau, mae'n haws ei ysgrifennu fel 44×10^3 a gadael i'r gyfrifiannell wneud y gwaith!

Enghraifft

Cyfrifwch yr egni sy'n cael ei drawsyrru gan gebl pŵer 44 kV mewn un diwrnod os yw'n cludo cerrynt $2.5 \times 10^2 \text{ A}$. [Defnyddiwch $P = IV$ ac $E = Pt$]

Ateb

O'r ddau hafaliad, mae $E = IVt$.

$\therefore$ Drwy drawsnewid i'r unedau sylfaenol: $E = 2.5 \times 10^2 \text{ A} \times 44 \times 10^3 \text{ V} \times 86\,400 \text{ s}$

$= 9.5 \times 10^{11} \text{ J}$ (2 ff.y.)

Pwynt astudio

Homogenedd – Rheol 1

Allwn ni ddim adio dau fesur a a b gyda'i gilydd oni bai fod ganddynt yr un unedau – ac felly bydd gan yr ateb yr un unedau.

Mae'r un peth yn wir ar gyfer tynnu.

Homogenedd – Rheol 2

Nid yw hafaliad yn homogenaidd oni bai fod yr unedau ar y ddwy ochr yr un peth.

1.1.2 Gwirio hafaliadau am homogenedd

Ystyriwch yr hafaliad: $v^2 = u^2 + 2ax$, lle u a v yw'r cyflymderau cychwynnol a therfynol, a yw'r cyflymiad ac x yw dadleoliad gwrthrych sy'n cyflymu'n unffurf. Rydyn ni am dynnu'r hafaliad hwn yn ddarnau ac edrych ar unedau'r gwahanol rannau.

1. Y term u^2: Nawr $[u] = \text{m s}^{-1}$, felly $[u^2] = (\text{m s}^{-1})^2 = \text{m}^2 \text{ s}^{-2}$.

2. Y term $2ax$: $[2ax] = [a] \times [x] = \text{m s}^{-2} \times \text{m} = \text{m}^2 \text{ s}^{-2}$

Arhoswn ni gyda hyn am funud: mae gan y term u^2 a'r term $2ax$ **yr un unedau!** Pam mae hyn yn bwysig? Oherwydd ei fod yn golygu y **gallwn** adio'r rhain at ei gilydd. Gweler Rheol 1 ar yr ymyl. Mae hyn yn golygu mai uned ochr dde'r hafaliad yw $\text{m}^2 \text{ s}^{-2}$.

3. Y term v^2: $[v] = \text{m s}^{-1}$, felly $[v^2] = (\text{m s}^{-1})^2 = \text{m}^2 \text{ s}^{-2}$

Sylwch fod **gan yr ochr chwith yr un unedau â'r ochr dde.** Pam mae hyn yn bwysig? Ni all dau beth fod yn hafal oni bai fod ganddyn nhw yr un unedau; ni all 53 V fyth fod yn hafal i 53 A – yn yr un modd, ni allai 1 dydd ac 1 cm fyth fod yr un peth!

Rydyn ni'n dweud bod yr hafaliad hwn yn **homogenaidd** – dim ond termau â'r un unedau sy'n cael eu hadio neu eu tynnu, ac mae unedau'r ddwy ochr yr un peth. Os nad yw'r 'hafaliad' yn homogenaidd, ni all fod yn gywir – rhaid eich bod wedi ei gofio'n anghywir.

Gwirio gwybodaeth 1.1.4

Dangoswch fod yr hafaliad

$x = ut + \frac{1}{2}at^2$

yn homogenaidd.

(Cofiwch nad oes gan $\frac{1}{2}$ unedau.)

Pwynt astudio

Rhybudd

Os yw hafaliad yn homogenaidd, nid yw hyn yn golygu ei fod o reidrwydd yn gywir, e.e. mae $v^2 = u^2 + 3ax$ yn homogenaidd ac yn anghywir!

Termau allweddol

Mesur sgalar: Maint yn unig sydd ganddo.

Mesur fector: Mae maint *a* chyfeiriad ganddo.

1.1.3 Mesurau sgalar a fector

Mae rhai mesurau, e.e. màs, yn cael eu pennu'n llwyr gan eu meintiau. **Mesurau sgalar** yw'r enw arnyn nhw. Mae gan eraill, e.e. grym, gyfeiriad hefyd. **Mesurau fector** yw'r enw ar y rhain.

Meddyliwch am effaith y ddau rym ar y sled yn Ffig. 1.1.1(a) a (b). Mae angen i ni bennu cyfeiriad ar gyfer mesur fector, e.e.

$$F = 25 \text{ kN yn llorweddol neu} \quad F = 25 \text{ kN tua'r gogledd.}$$

Yn y ddau achos, y 25 kN yw'r maint, sy'n cynnwys rhif (25) ac uned (kN).

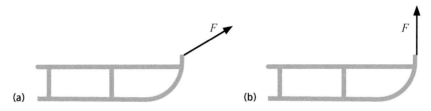

Ffig. 1.1.1 Grymoedd ar sled

(a) Grymoedd a sut i'w hadio

Mae'n hawdd adio mesurau sgalar, e.e.

$$3.0 \text{ kg} + 4.0 \text{ kg} = 7.0 \text{ kg}$$

a hefyd, eu tynnu:

$$4.0 \text{ kg} - 3.0 \text{ kg} = 1.0 \text{ kg}.$$

Rydyn ni'n gallu defnyddio rheolau arferol rhifyddeg.

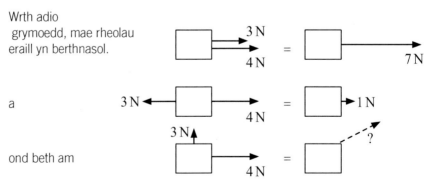

Ffig. 1.1.2 Adio masau

Pwynt astudio

Beth mae Ffig. 1.1.3 yn ei olygu yw bod effaith gyfunol grym 3 N a grym 4 N ar fudiant gwrthrych yn gallu bod yr un fath ag un grym â maint 7 N (os ydyn nhw yn yr un cyfeiriad), 1 N (os ydyn nhw mewn cyfeiriadau dirgroes) neu unrhyw beth rhwng y ddau werth os ydyn nhw ar onglau gwahanol.

Pwynt astudio

Mae'r grym cydeffaith, F_{cyd}, yn cael ei ysgrifennu'n aml fel ΣF (sef 'sigma F'). Ystyr sigma, Σ, yw 'swm' felly ystyr ΣF yw 'swm y grymoedd'.

Wrth adio grymoedd, mae rheolau eraill yn berthnasol.

a

ond beth am

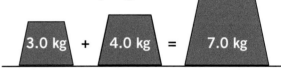

Ffig. 1.1.3 Adio grymoedd

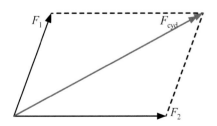

Ffig. 1.1.4 Deddf paralelogram adio fectorau

Yr enw ar effaith gyfunol dau rym (neu fwy) yw'r **grym cydeffaith**, F_{cyd}. Gallwn gyfrifo swm dau rym drwy ddefnyddio'r *ddeddf paralelogram ar gyfer adio fectorau*, fel sydd i'w weld yn Ffig. 1.1.4. *Gallech* chi ddod o hyd i'r grym cydeffaith, ΣF, drwy luniadu diagram wrth raddfa. Ond ffordd fwy manwl gywir yw defnyddio trigonometreg i'w gyfrifo, e.e. y rheol cosin neu theorem Pythagoras (os yw'r grymoedd ar ongl sgwâr i'w gilydd).

Ar gyfer yr arholiad UG, dim ond adio dau rym ar ongl sgwâr sydd ei angen. Ond os ydych chi'n bwriadu astudio ymhellach, bydd angen i chi fedru ymdopi ag onglau eraill.

Enghraifft

Darganfyddwch rym cydeffaith y grymoedd 3.0 N a 4.0 N sy'n gweithredu ar ongl sgwâr i'w gilydd yn Ffig. 1.1.3.

Ateb

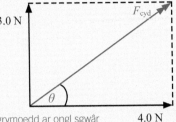

Ffig 1.1.5 Adio grymoedd ar ongl sgwâr

Cam 1: Lluniadwch baralelogram y grymoedd, sy'n betryal yn yr achos hwn. [Nodwch yr ongl, θ].

Cam 2: Defnyddiwch theorem Pythagoras i gyfrifo'r grym cydeffaith.

$F_{cyd}^2 = 3.0^2 + 4.0^2$, felly $F_{cyd} = \sqrt{3.0^2 + 4.0^2} = 5.0$ N

Cam 3: Cyfrifwch θ. $\sin\theta = \dfrac{cyf}{hyp} = \dfrac{3.0}{5.0} = 0.6$, felly $\theta = \sin^{-1} 0.6 = 36.9°$

∴ Mae'r grym cydeffaith = 5.0 N ar 36.9° i'r grym 4.0 N

Sylwch nad yw'r cyfeiriad yn yr ateb enghreifftiol yn nodi'r grym cydeffaith yn llawn, e.e. gallai'r ongl fod o dan y llorwedd. Ond ynghyd â'r θ yn y diagram, mae hyn yn ddigon.

Y rhan fwyaf o'r amser, dim ond dau fector ar ongl sgwâr y bydd yn rhaid i chi eu cyfuno, a gallwch

wneud hyn trwy ddefnyddio theorem Pythagoras a thrigonometreg syml, fel

$\sin\theta = \dfrac{cyferbyn}{hypotenws}$. Mae Gwirio gwybodaeth 1.1.5 yn enghraifft.

(b) Sgalarau a fectorau mudiant

Mae pellter, fel hyd, yn fesur sgalar. Wrth ofyn 'Beth yw'r pellter rhwng Aberystwyth a Bangor?', nid ydym yn gofyn am y cyfeiriad. Os ydych yn gwybod yr ateb, ni fydd hyn yn eich helpu i ddarganfod eich ffordd o A i B. Ond byddai 'Mae Bangor 91 km i'r gogledd o Aberystwyth' yn galluogi peilot i hedfan o un lle i'r llall. Yr enw ar y mesur hwn, sy'n cynnwys cyfeiriad yn ogystal â phellter, yw **dadleoliad**. Dadleoliad Bangor o Aberystwyth yw 91 km i'r gogledd. Yn yr un modd, mae Fflint 65 km i'r dwyrain o Fangor.

Dadleoliad pwynt B o bwynt A yw'r pellter byrraf o A i B ynghyd â'r cyfeiriad.

Beth yw'r dadleoliad o Aberystwyth i'r Fflint? Mae Ffig. 1.1.6 yn dangos sut i adio dadleoliad $\overrightarrow{AB}$ a dadleoliad $\overrightarrow{BF}$ i roi'r dadleoliad cydeffaith $\overrightarrow{AF}$ (sy'n cael ei ddangos mewn coch). Dylech allu dangos bod $\overrightarrow{AF}$ ~112 km ar 35.5° i'r Dn o'r G.

Rydyn ni'n cyfrifo'r buanedd (yn fanwl gywir, y **buanedd cymedrig**) drwy ddefnyddio

buanedd $= \dfrac{pellter}{amser}$. Mae pellter yn sgalar, felly mae buanedd hefyd. Y fector sy'n gywerth

â buanedd yw **cyflymder**, sydd wedi'i ddiffinio gan: cyflymder $= \dfrac{dadleoliad}{amser}$

Mae'r enghraifft nesaf yn dangos y gwahaniaeth rhwng y ddau.

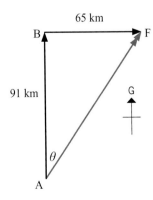

Ffig. 1.1.6 Adio dadleoliadau

Os edrychwn ar Ffig 1.1.4 a Ffig 1.1.6, mae'n ymddangos ein bod wedi defnyddio dwy ffordd wahanol o adio fectorau.

Maen nhw'n rhoi'r un ateb mewn gwirionedd.

Dyma 1.1.6 wedi'i luniadu fel 1.1.4:

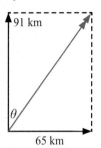

Enghraifft

Mae awyren ysgafn yn hedfan o Aberystwyth i Fangor ac yna ymlaen i Fflint mewn dwy awr. Defnyddiwch y data ar y dudalen flaenorol i gyfrifo (a) y buanedd cymedrig a (b) y cyflymder cymedrig.

Ateb

(a) Pellter a deithiwyd = AB + BF = 91 + 65 = 156 km

$$\therefore \text{Buanedd cymedrig} = \frac{156 \text{ km}}{2 \text{ awr}}$$

$$= 78 \text{ km h}^{-1}$$

(b) Dadleoliad $\overrightarrow{AF} \sim 112$ km ar 35.5° Dn o'r G

$$\therefore \text{Cyflymder cymedrig} = \frac{112 \text{ km}}{2 \text{ awr}}$$

$$= 56 \text{ km h}^{-1} \text{ ar } 35.5° \text{ Dn o'r G. [Sylwch: cyfeiriad!]}$$

(c) Rhestri o fesurau sgalar a fector

Mae'r rhestri hyn yn cynnwys y rhan fwyaf o'r mesurau sgalar a fector y byddwch yn eu gweld wrth astudio Ffiseg UG/Safon Uwch. Mae'r rhai sydd mewn teip italig yn ymddangos yn y cwrs Safon Uwch llawn yn unig.

Sgalarau – dwysedd, màs, cyfaint, arwynebedd, pellter, hyd, buanedd, gwaith, egni (pob ffurf), pŵer, amser, gwrthiant, tymheredd, potensial (neu gp neu foltedd), gwefr drydanol, *cynhwysiant*, *actifedd*, gwasgedd, indecs plygiant.

Fectorau – dadleoliad, cyflymder, cyflymiad, grym, momentwm, *cryfder maes trydanol*, *cryfder maes magnetig* (neu *ddwysedd fflwcs magnetig*), *cryfder maes disgyrchiant*.

(ch) Adio mwy na dau fector

Rydyn ni wedi gweld sut i adio dau fector drwy ddefnyddio naill ai'r dull paralelogram (gweler Ffig. 1.1.4) neu'r dull trwyn wrth gynffon (Ffig. 1.1.6). Mae Ffig. 1.1.7 yn dangos sut i ymestyn yr ail ddull adio i gynnwys mwy na dau fector. Mae dull arall i'w weld yn Adran 1.1.4.

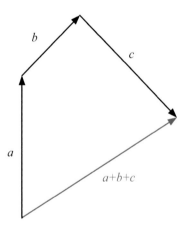

Ffig. 1.1.7 Adio mwy na dau fector

1.1.4 Gweithio gyda fectorau

(a) Tynnu fectorau

Er mwyn cyfrifo cyflymiad, yn gyntaf mae'n rhaid darganfod newid mewn cyflymder, Δv. Os v_1 yw'r cyflymder cyntaf a v_2 yw'r ail gyflymder, yna $\Delta v = v_2 - v_1$. Rydyn ni'n gwybod sut i dynnu sgalarau. Sut mae hyn yn gweithio ar gyfer fectorau?

Ar gyfer rhifau rydyn ni'n gwybod, yn lle ysgrifennu

53 – 45

y cawn yr un ateb (8) wrth ysgrifennu

(–45) + 53.

Rydyn ni wedi newid problem tynnu fel ei bod yn broblem adio rhif negatif. Mae'r un weithdrefn yn gweithio gyda fectorau. Edrychwch ar Ffig. 1.1.8(a).

I ddarganfod $v_2 - v_1$, rydyn ni'n **adio** $-v_1$ at v_2. Mae'r fector $-v_1$ yr un maint â v_1, ond mae i'r cyfeiriad dirgroes. Mae'r llinellau toredig yn (b) yn dangos sut gallwn feddwl amdano, gan ddefnyddio'r dull trwyn wrth gynffon o adio fectorau: ewch yn ôl ar hyd v_1 ac ymlaen ar hyd v_2. Felly $v_2 - v_1$ yw'r fector o ben v_1 hyd at ben v_2.

Mae diagram (c) yn dangos yr un cyfrifiad gan ddefnyddio dull y paralelogram. Nid oes ots pa un rydych yn ei ddefnyddio: $v_2 - v_1$: mae'r fector coch yn amlwg yr un hyd ac i'r un cyfeiriad yn (b) ac (c).

Enghraifft

Mae car yn newid cyflymder o 25 m s^{-1} tua'r Dn, i 20 m s^{-1} tua'r G mewn 8.0 eiliad. Cyfrifwch y cyflymiad cymedrig.

Ateb

Cam 1: Lluniadwch y diagram. Cymerwch ofal gyda chyfeiriad $v_2 - v_1$: Ewch am yn ôl ar hyd y fector v_1 ($-v_1$) ac yna ymlaen ar hyd y fector v_2 ($+v_2$).

Cam 2: Defnyddiwch theorem Pythagoras i gyfrifo Δv.

$(\Delta v)^2 = 25^2 + 20^2 = 1025$. $\therefore \Delta v = 32.0$ m s^{-1}.

Cam 3: Cyfrifwch θ. $\tan \theta = \dfrac{25}{20} = 1.25$. $\therefore \theta = 51.3°$

Cam 4: Cyfrifwch a. $a = \dfrac{\Delta v}{\Delta t} = \dfrac{32.0}{8.0} = 4.0$ m^{-2} ar $51.3°$ i'r Gn o'r G. [Cofiwch: cyfeiriad!]

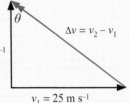

(b) Cydrannau fectorau

Edrychwch eto ar Ffig. 1.1.1(a). Faint o'r grym F sy'n tynnu'r sled ymlaen a faint ohono sy'n codi'r sled? Hynny yw, os yw grym, F, yn gweithredu ar ongl θ i'r llorwedd, beth yw ei gydrannau llorweddol a fertigol, $F_{\text{llorweddol}}$ ac F_{fertigol}? Mae Ffig. 1.1.9 yn esbonio'r cwestiwn: $F_{\text{llorweddol}}$ ac F_{fertigol} yw'r grymoedd llorweddol a fertigol sy'n adio at ei gilydd i roi'r grym cydeffaith F.

Drwy ddefnyddio trigonometreg elfennol; $F_{\text{llorweddol}} = F \cos \theta$

$$F_{\text{fertigol}} = F \sin \theta$$

ac $$F = \sqrt{F_{\text{llorweddol}}{}^2 + F_{\text{fertigol}}{}^2}$$

Enw'r broses hon yw **cydrannu**. Pam mae hon yn dechneg ddefnyddiol? Am nifer o resymau. Dyma ddau o'r rhesymau hyn:

1. Os yw'r mudiant yn llorweddol (fel y sled), bydd cydran lorweddol y grym wedi'i luosi â'r pellter a symudwyd yn rhoi'r gwaith sy'n cael ei wneud, h.y. yr egni a drosglwyddwyd.

2. Wrth adio sawl fector (h.y. mwy na dau), mae'n aml yn haws darganfod cydrannau llorweddol a fertigol pob un, ac yna eu hadio.

Weithiau mae'n ddefnyddiol darganfod y cydrannau mewn cyfeiriadau gwahanol i'r llorweddol a'r fertigol. Er enghraifft, ar gyfer y grymoedd sy'n gweithredu ar gar ar lethr, byddai'n synhwyrol cyfrifo cydrannau'r grymoedd neu'r cyflymder sy'n baralel â'r llethr ac ar ongl sgwâr iddo.

Byddwn yn dod ar draws y math hwn o sefyllfa'n aml. Y peth pwysig i'w gofio yw bod **cydran y fector A i gyfeiriad ar ongl θ i gyfeiriad y fector yn $A \cos \theta$**.

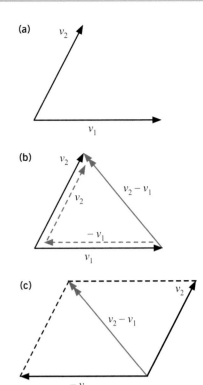

Ffig. 1.1.8 Tynnu fectorau

Awgrym

Ar gyfer y cwrs UG, tynnu fectorau ar ongl sgwâr yn unig sydd ei angen.

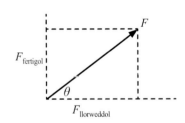

Ffig. 1.1.9 Cydrannau grym

Gwirio gwybodaeth 1.1.6

Yn Ffig. 1.1.9, mae $F = 150$ N a $\theta = 30°$. Cyfrifwch F_{fertigol} ac $F_{\text{llorweddol}}$.

Term allweddol

Cydrannu: Darganfod cydran grym: rydyn ni'n **cydrannu** grym i roi ei gydrannau llorweddol a fertigol.

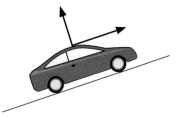

Ffig. 1.1.10 Cyfeiriadau cydrannau ar lethr

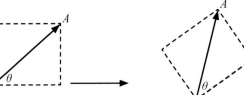

Ffig. 1.1.11 Ym mhob achos mae cydran A i gyfeiriad y saeth yn $A \cos \theta$

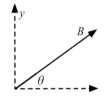

1.1.7 Gwirio gwybodaeth

Beth yw cydran B i'r cyfeiriad y ?

Pwynt astudio

Yn yr enghraifft, yr ongl rhwng y grym 15 N a'r llinell lorweddol dde yw $120°$.

Awgrym

Cofiwch fod
$\cos(90° - \theta) = \sin \theta$ a
$\sin(90° - \theta) = \cos \theta$

Term allweddol

Dwysedd $= \dfrac{\text{Màs}}{\text{Cyfaint}}$; $\rho = \dfrac{M}{V}$

Uned: kg m^{-3}

Enghraifft

Defnyddiwch gydrannau i ddarganfod grym cydeffaith y grymoedd yn Ffig.1.1.12.

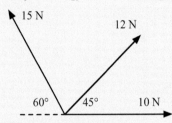

Ffig. 1.1.12

Ateb

Cyfanswm y gydran lorweddol $= 10 + 12 \cos 45° + 15 \cos 120°$ [edrychwch ar y Pwynt astudio]

(i'r dde) $= 10 + 8.485 - 7.5$ [Sylwch ar yr arwydd '–']

              $= 10.99$ N

Cyfanswm y gydran fertigol $= 0 + 12 \sin 45° + 15 \sin 60°$

(i fyny) $= 21.48$ N

Cyfunwch y ddwy gydran trwy ddefnyddio theorem Pythagoras:

$F_{\text{cyd}}^2 = 21.48^2 + 10.99^2$

$\therefore F_{\text{cyd}} = 24.1$ N.

Ac mae $\theta = \tan^{-1} \dfrac{21.48}{10.99} = 62.9°$

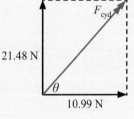

$\therefore$ Y grym cydeffaith yw 24 N ar $63°$ i'r llorwedd (2 ff. y.).

1.1.5 Dwysedd

Ar gyfer defnydd sydd â chyfansoddiad unffurf, mae màs sampl mewn cyfrannedd union â'i gyfaint. Gan hynny, mae cymhareb y màs i'r cyfaint yn gysonyn, sydd yn nodweddiadol o'r defnydd. Yr enw ar y cysonyn hwn yw'r **dwysedd**.

Mae Tabl 1.1.2 yn dangos dwysedd rhai defnyddiau cyffredin. Gwnewch yn siŵr eich bod yn gallu amcangyfrif dwysedd yn weddol dda, os bydd rhaid, yn yr arholiad.

Defnydd	ρ / kg m^{-3}	ρ / g cm^{-3}	Defnydd	ρ / kg m^{-3}	ρ / g cm^{-3}
Aer*	1.29	0.00129	Dur	7900	7.90
Dŵr	1000	1.00	Alwminiwm	2800	2.8
Brics	2300	2.30	Mercwri	13 600	13.6
Petrol	880	0.88	Aur	19 300	19.3
* Ar 0°C a gwasgedd atmosfferig.					

Tabl 1.1.2 Dwyseddau

Mae amrediad dwysedd y defnyddiau sydd ar y Ddaear yn eithaf mawr. Mae'r lluniadau yn Ffig. 1.1.13 i gyd yn cynrychioli 1 dunnell fetrig (10^3 kg) o ddefnydd. Ond mae'r amrediad hwn yn fach iawn o'i gymharu ag amrediad dwyseddau'r bydysawd. Er mwyn cymharu, mae Tabl 1.1.3 yn dangos maint ciwbiau 1 dunnell fetrig (1 t) o wahanol ddefnyddiau y tu hwnt i'r Ddaear. Amrediad y dwyseddau sydd i'w gweld yn y tabl yw $\sim10^{33}$.

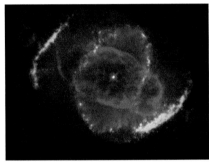

Ffig. 1.1.14 Nifwl Llygad y Gath. Seren corrach gwyn yw'r dot gwyn yn y canol. Mae ganddi ddwysedd o $\sim10^9$ kg m^{-3}.

Defnydd	Lled ciwb 1 t
Gofod rhyngserol	10^6 km
Seren cawr coch	100 m
Yr Haul	0.89 m
Seren corrach gwyn	8.9 mm
Seren niwtron	15 μm

Tabl 1.1.3 Dwysedd yn y bydysawd

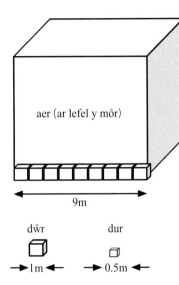

aer (ar lefel y môr)

9m

dŵr   dur

1m   0.5m

Ffig. 1.1.13 Amrediad o ddwyseddau

Pwynt astudio

Os ydyn ni'n mesur màs mewn kg a chyfaint mewn m^3, uned dwysedd yw kg m^{-3}. Ar gyfer màs mewn g a chyfaint mewn cm^3, mae dwysedd mewn g cm^{-3}.
1 g cm^{-3} = 1000 kg m^{-3}.

Pwynt astudio

Y symbol arferol ar gyfer dwysedd yw'r llythyren Roeg ρ (rho).

Fel arfer, bydd angen i chi drawsnewid unedau mewn problemau sy'n ymwneud â dwysedd. Yn aml, bydd angen trawsnewid naill ai'r cyfaint neu'r dwysedd. Os yw'r cyfaint yn cael ei roi mewn cm^3 a'r dwysedd mewn kg m^{-3} yna:

naill ai trawsnewidiwch y cyfaint drwy ddefnyddio 1 cm^3 = 1 × 10^{-6} m^3

neu trawsnewidiwch y dwysedd drwy ddefnyddio 1000 kg m^{-3} = 1 g cm^{-3}

Enghraifft

Mae gan floc petryal o ddur ddwysedd 7900 kg m^{-3}, hyd 10.0 cm, lled 5.0 cm ac uchder 4.0 cm. Cyfrifwch ei fàs.

Ateb

Yr hafaliad yn gyntaf: $\rho = \dfrac{M}{V}$ $\therefore M = \rho V$. Defnyddiwn yr unedau kg a m^3.

Màs = 7900 kg m^{-3} × (10.0 × 10^{-2} m × 5.0 × 10^{-2} m × 4.0 × 10^{-2} m)

= 7900 kg m^{-3} × 2 × 10^{-4} m^3

= 1.6 kg (2 ff.y.)

Gwirio gwybodaeth 1.1.8

Ailadroddwch y cyfrifiad yn yr enghraifft gan ddefnyddio g a cm^{-3}. Cofiwch drawsnewid y dwysedd o kg m^{-3} i g cm^{-3}.

1.1.6 Momentau grymoedd

(a) Effaith troi grym

Weithiau mae grymoedd yn achosi i bethau gyflymu. Weithiau maen nhw'n estyn neu'n cywasgu gwrthrych neu'n achosi iddo gylchdroi.

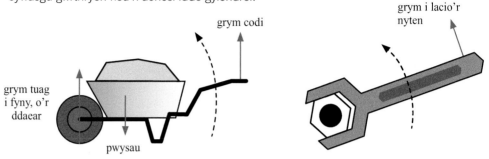

Ffig. 1.1.15 Grymoedd yn achosi cylchdro

Mae'r grymoedd (saethau coch) yn Ffig. 1.1.15 yn achosi i'r ferfa, y sbaner a'r nyten droi o amgylch y colyn. Bydd unrhyw un sydd wedi defnyddio sbaner yn gwybod: yr hiraf yw'r goes, yr hawsaf yw datod y nyten. Mewn geiriau eraill, mae effaith troi'r grym yn fwy os yw'n cael ei weithredu ymhellach i ffwrdd oddi wrth y colyn.

Gallwn gynnal arbrawf syml i ddangos y gwahaniaeth hwn yn yr effaith troi drwy ofyn i ddau berson wthio ar y naill ochr a'r llall i ddrws. Mae'n hawdd i blentyn ddal drws ar gau yn erbyn oedolyn – os yw'r oedolyn yn gwthio'n agos at y colfach! (Edrychwch ar Ffig. 1.1.16)

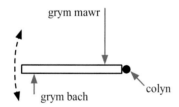

Ffig. 1.1.16 Grymoedd ar ddrws

(b) Egwyddor momentau

Mae effaith troi grym o amgylch pwynt yn dibynnu ar ei gyfeiriad yn ogystal â'i bellter oddi wrth y pwynt – gweler Ffig. 1.1.17. Rydyn ni'n ystyried hyn wrth ddiffinio **moment** grym, sef mynegiad mathemategol o'i effaith troi:

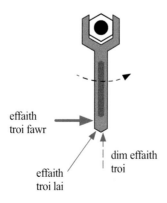

Ffig. 1.1.17 Mae cyfeiriad yn bwysig

Mae hyn yn cael ei esbonio yn Ffig. 1.1.18. Mae'r grym F yn cael ei weithredu ar bellter x o P. Ond y pellter perpendicwlar o P i linell weithredu F yw d. Felly:

Mae moment F o amgylch P = Fd.

Wrth edrych ar Ffig. 1.1.18 eto, sylwn fod $d = x \cos \theta$.

$\therefore$ Mae moment F o amgylch P = $Fx \cos \theta$.

Gallwn ysgrifennu hyn hefyd fel $(F \cos \theta)x$.

Os edrychwch chi ar Ffig. 1.1.18, fe sylwch mai θ yw'r ongl hefyd rhwng llinell weithredu'r grym a'r llinell doredig lwyd fertigol. Felly $F \cos \theta$ yw cydran y grym yn berpendicwlar i'r llinell sy'n cysylltu P a phwynt gweithredu'r grym F. Felly mae hyn yn cynnig ffordd arall o gyfrifo moment F o amgylch P.

Wrth edrych yn ôl ar Ffig. 1.1.16, gwelwn fod y ddau rym yn gweithredu mewn cyfeiriadau dirgroes: mae'r grym bach yn tueddu i wneud i'r drws symud yn glocwedd o amgylch y colfach; a'r grym mawr, yn wrthglocwedd. Dywedwn fod gan y grym bach **foment clocwedd** (MC) a bod gan y grym mawr **foment gwrthglocwedd** (MG).

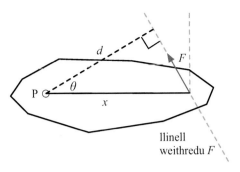

Ffig. 1.1.18 Moment F o amgylch P = Fd

Enghraifft

Cyfrifwch foment pob un o'r grymoedd yn Ffig. 1.1.19 o amgylch O.

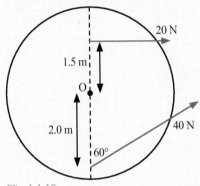

Ffig. 1.1.19

Ateb

(a) Pellter perpendicwlar llinell weithredu'r grym 20 N yw 1.5 m oddi wrth O.

$\therefore$ Mae moment clocwedd y grym 20 N o amgylch O = 20 N × 1.5 m = 30 N m.

(b) **Naill ai**: Pellter perpendicwlar llinell weithredu'r grym 40 N yw 2.0 sin 60° oddi wrth O.

$\therefore$ Mae MG y grym 40 N o amgylch O = 2.0 sin 60° × 40 N m = 69.3 N m

Neu: Cydran berpendicwlar y grym 40 N i'r dadleoliad 2.0 m yw 40 sin 60°.

$\therefore$ Mae MG y grym 40 N o amgylch O = 40 sin 60° × 2.0 N m = 69.3 N m

Pwynt astudio

Enw arall ar foment grym yw *trorym*. Weithiau defnyddiwn y symbol τ ar gyfer moment (neu'r trorym).

Pwynt astudio

Uned SI moment yw N m. Mae'n bosibl ei fynegi hefyd mewn kN m, N cm , ac ati.

Gwirio gwybodaeth 1.1.9

Nodwch a yw moment pob un o'r grymoedd yn Ffig. 1.1.15 yn MC (clocwedd) neu MG (gwrthglocwedd).

Os y ddau rym hyn yn unig sy'n gweithredu, bydd y ddisg yn yr enghraifft yn dechrau troi'n wrthglocwedd – mae'r moment gwrthglocwedd yn fwy na'r moment clocwedd. Mae **moment gwrthglocwedd cydeffaith** o 69.3 – 30.0 = 39.3 N m. Nid yw'n glir beth fydd yn digwydd ar ôl hynny gan nad ydyn ni'n gwybod sut mae'r grymoedd yn gweithredu ar y ddisg; a fyddan nhw'n aros yr un peth o ran maint, cyfeiriad a safle gweithredu? Ond mae hyn yn ein harwain at egwyddor bwysig:

Egwyddor momentau

Mae egwyddor momentau'n nodi: Er mwyn i wrthrych fod mewn ecwilibriwm, mae swm y momentau clocwedd o amgylch unrhyw bwynt yn hafal i swm y momentau gwrthglocwedd o amgylch yr un pwynt. Mae rhai pobl yn diffinio cyfeiriad positif moment, naill ai'n glocwedd neu'n wrthglocwedd, ac yn defnyddio mynegiad gwahanol, ond yr un mor ddilys, o egwyddor momentau: mae egwyddor momentau'n nodi: er mwyn i wrthrych fod mewn ecwilibriwm, mae'r moment cydeffaith o amgylch unrhyw bwynt yn sero. (Am y tro, gallwn anwybyddu'r darnau 'o amgylch unrhyw bwynt' ac 'o amgylch yr un pwynt'. Down yn ôl atyn nhw yn Adran 1.1.7.)

Pwynt astudio

 Pwynt astudio

Sylwch fod y si-so yn yr Enghraifft ar golyn ar ei ganol. Byddwn yn delio â sefyllfaoedd mwy anodd yn Adran 1.1.7.

 Pwynt astudio

Dyma ffordd arall o weithio:

$5.5g \times d - 3.0g \times 2.0 - 2.0g \times 3.0 = 0$

Canslo pob g ac ad-drefnu

$5.5 \times d = 12$, etc.

 1.1.10 Gwirio gwybodaeth

Os yw màs y planc si-so sydd i'w weld yn yr enghraifft yn **10 kg**, dangoswch **fod rhaid i'r colyn roi grym** ~**200 N** tuag i fyny ar y planc.

Gyda chymorth Egwyddor Momentau, gallwn ddatrys problem go iawn!

Enghraifft

Yn Ffig. 1.1.20, ymhle mae'n rhaid i'r gath dew eistedd i gydbwyso'r ddwy arall ar y si-so?

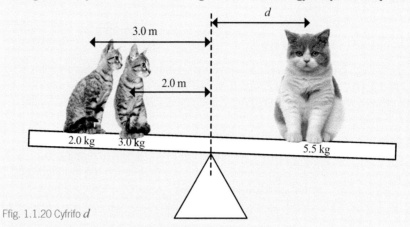

Ffig. 1.1.20 Cyfrifo d

Ateb

Pwysau'r cathod yw (gan ddefnyddio mg), 19.62 N, 29.43 N a 53.96 N yn ôl eu trefn. Gan ddefnyddio egwyddor momentau, rhaid i'r moment cydeffaith o amgylch y colyn fod yn sero.

∴ Gan gymryd clocwedd fel y cyfeiriad positif:

$$53.96d - 29.43 \times 2.0 - 19.62 \times 3.0 = 0$$

∴ Drwy ddatrys yr hafaliad hwn $d = 2.18$ m

∴ Rhaid i'r gath dew eistedd **2.18 m** i ffwrdd o'r colyn.

(c) Craidd disgyrchiant

Yn yr enghraifft olaf, roedden ni'n trin y cathod (o bob maint) fel masau pwynt. Mae'n amlwg nad yw hyn yn wir – mae'r masau ar wasgar. Ond ar gyfer unrhyw wrthrych, gallwn ganfod un pwynt ac ystyried bod ei holl bwysau yn gweithredu ar hwnnw. Yr enw ar y pwynt hwn yw **craidd disgyrchiant**. Mewn maes disgyrchiant unffurf (a dyma fydd yr achos bob amser yn Ffiseg UG) bydd craidd disgyrchiant gwrthrych cymesur, sydd â dwysedd unffurf, yn gorwedd ar unrhyw blân cymesuredd. Mae Ffig. 1.1.21 yn dangos yr enghreifftiau rydych yn debygol o'u gweld:

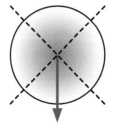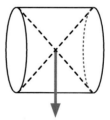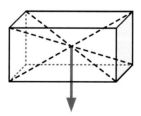

Ffig. 1.1.21 Creiddiau disgyrchiant

Pwynt astudio

Sylwch nad yw'r llinellau toredig yn Ffig. 1.1.21 yn blanau cymesuredd ond maen nhw'n croesi ar groestoriad y planau cymesuredd.

Yn achos gwrthrych sy'n sefyll, fel bws neu gar rasio, bydd y gwrthrych ar ei fwyaf sefydlog pan fydd ei graidd disgyrchiant ar ei isaf a'i sail ar ei fwyaf llydan. Mae hyn yn golygu y gall gwrthrych sydd â chraidd disgyrchiant isel ogwyddo mwy cyn iddo ddymchwel neu syrthio drosodd.

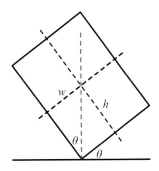

Ffig. 1.1.23 Sadrwydd bloc

Ffig. Ffig. 1.1.24 Profi sadrwydd

▼Ymestyn a herio

Ar gyfer gwrthrych anhyblyg, mae safle'r craidd disgyrchiant yn sefydlog o fewn y gwrthrych; ond nid ar gyfer gwrthrychau hyblyg. Mae'r safle'n symud. Ble mae craidd disgyrchiant y neidiwr uchel?

Ffig. 1.1.22

Mae Ffig. 1.1.23 yn defnyddio bloc petryal tal i ddangos yr egwyddor hon. Mae'r bloc ar fin dymchwel – gallai fynd i'r naill ochr neu'r llall gan fod y craidd disgyrchiant yn union uwchben y pwynt cydbwysedd. O'r geometreg,

$$\tan \theta = \frac{w}{h},$$

lle mae h ac w fel sy'n cael ei ddangos yn y diagram.

Mae'r pellter rhwng echelau olwynion car rasio yn llydan iawn ac maen nhw'n isel iawn ar y ddaear, felly mae'r craidd disgyrchiant yn isel hefyd. Mae Ffig. 1.1.24 yn dangos prawf gogwydd ar gar F1.

1.1.7 Amodau ar gyfer ecwilibriwm

Rydyn ni'n dweud bod gwrthrych mewn **ecwilibriwm** os yw'n symud ac yn cylchdroi ar **gyfradd gyson**. Mewn nifer o achosion, yn enwedig o gymhwyso hyn i wrthrychau peirianyddol, fel pontydd neu adeiladau, mae hyn yn golygu nad yw'n symud o gwbl. Er mwyn i wrthrych fod mewn ecwilibriwm:

1. Rhaid i'r grym cydeffaith ar y gwrthrych fod yn sero, a
2. Rhaid i'r moment cydeffaith (o amgylch unrhyw bwynt) fod yn sero (egwyddor momentau).

Mae'n amlwg nad yw'r gwrthrych yn Ffig. 1.1.25 mewn ecwilibriwm: mae'r grym cydeffaith tuag i lawr ac i'r dde, ac mae'r moment cydeffaith yn glocwedd (o amgylch y craidd disgyrchiant).

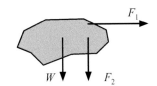

Ffig. 1.1.25 Nid yw'r gwrthrych hwn mewn ecwilibriwm

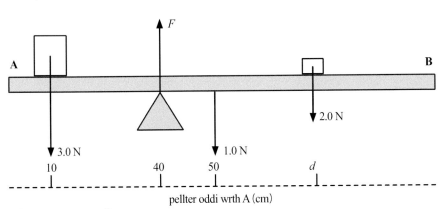

Ffig. 1.1.26 Pren mesur yn cydbwyso

≫ Pwynt astudio

Yn Ffig. 1.1.26, mae dau fesur anhysbys (F a d), felly bydd angen dau hafaliad i'w cyfrifo.

Beth am sefyllfa'r ffon fetr yn Ffig. 1.1.26? Mae'r pren mesur yn pwyso 1.0 N a gallwn ystyried bod y pwysau hwn yn gweithredu ar y marc 50 cm, sef y craidd disgyrchiant. O dybio ei fod yn cydbwyso, beth yw gwerthoedd d ac F?

Drwy gymhwyso amod 1: Mae'r grym cydeffaith = 0

$\therefore F = 3.0$ N $+ 1.0$ N $+ 2.0$ N $= 6.0$ N,
$\therefore$ Mae'r colyn yn rhoi grym i fyny o 6.0 N er mwyn i'r pren mesur fod mewn ecwilibriwm.

Gwirio gwybodaeth 1.1.11

Darganfyddwch d yn Ffig. 1.1.26 trwy dybio bod $F = 6.0$ N, (o gymhwyso $\Sigma F = 0$) a chymryd momentau o amgylch **B**.

1.1.12 Gwirio gwybodaeth

Darganfyddwch d ac F yn Ffig. 1.1.26 drwy gymryd momentau, o amgylch **A**, yna o amgylch **B** a datrys yr hafaliadau cydamserol.

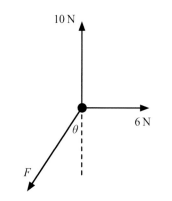

Ffig. 1.1.27 Darganfyddwch yr ecwilibrant

1.1.13 Gwirio gwybodaeth

Darganfyddwch F a θ yn Ffig. 1.1.27 gan ddefnyddio dulliau (a) a (b), a chwblhewch (c).

Drwy gymhwyso amod 2: Mae'r moment cydeffaith = 0 (o amgylch unrhyw bwynt).

Nesaf gallwn gymryd momentau o amgylch pen **A**: Mae gan y grymoedd 3 N, 1 N a 2 N i gyd foment clocwedd o amgylch **A**; F (= 6 N) foment gwrthglocwedd. Gan gymryd y MC fel positif:

$\therefore$ $3.0 \text{ N} \times 10 \text{ cm} - 6.0 \text{ N} \times 40 \text{ cm} + 1.0 \text{ N} \times 50 \text{ cm} + 2.0 \text{ N} \times d = 0$
$\therefore$ (drwy symleiddio) $2d = 160$ cm. $\therefore$ Rhaid i'r pwysau 2.0 N fod ar y marc 80 cm.

Y broblem olaf i ni edrych arni fydd sut i ddarganfod grym anhysbys os oes grymoedd ar onglau gwahanol. Er enghraifft, pa rym F mae'n rhaid i ni ei roi yn Ffig. 1.1.27 er mwyn i'r grymoedd fod mewn ecwilibriwm? Nid oes angen poeni am gylchdroeon oherwydd bod pob grym yn pasio drwy'r un pwynt. Mae gennyn ni ddewis o dair techneg – ond mae dwy ohonynt yr un peth yn eu hanfod!

a) Adio'r 10 N a'r 6 N. Yna mae'n rhaid bod F yn hafal ac yn ddirgroes i'r grym cydeffaith.

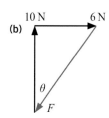

b) Adio'r 10 N, y 6 N a'r F fel yn Ffig. 1.1.7, fel bod y grym cydeffaith yn 0.

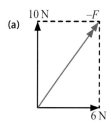

Cydrannu i ddau gyfeiriad – yn llorweddol ac yn fertigol fyddai'r cyfeiriadau amlwg:

Yn fertigol: $\qquad F \cos \theta = 10 \text{ N}$ [1] $\qquad$ Cofiwch: drwy'r ongl $\longrightarrow$ cos

Yn llorweddol: $F \sin \theta = 6 \text{ N}$ [2] $\qquad$ Drwy $90° - \theta \longrightarrow$ sin

Drwy rannu [2] ag [1] a chofio bod $\dfrac{\sin \theta}{\cos \theta} = \tan \theta \longrightarrow \tan \theta = \dfrac{6}{10}$.

Mae hyn yn caniatáu i ni gyfrifo θ ac yna gallwn ddefnyddio [1] neu [2] i gyfrifo F.

I orffen, dyma ddwy enghraifft anoddach. Mae'r gyntaf yn dangos bod egwyddor momentau'n berthnasol hyd yn oed pan nad oes colyn: os nad yw rhywbeth yn dechrau cylchdroi, mae'n rhaid bod momentau'r grymoedd o amgylch unrhyw bwynt yn adio i sero, hyd yn oed ar gyfer pont! Mae'r ail yn fwy anodd oherwydd nad yw'r grymoedd yn baralel.

Enghraifft

Mae Ffig. 1.1.28 yn dangos llwyth ar bont. Cyfrifwch y grymoedd, F_1 ac F_2, mae'r cynalyddion yn eu rhoi.

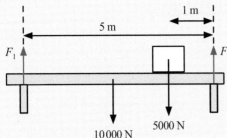

Ffig. 1.1.28 Grymoedd ar bont

Ateb

Cymhwyswch yr amodau ar gyfer ecwilibriwm.

1. Grym cydeffaith = 0

   $\therefore F_1 + F_2 = 10\,000 + 5000 = 15\,000$ N   [1]

2. Moment cydeffaith o amgylch unrhyw bwynt = 0

   Cymerwch fomentau o amgylch y cynhalydd chwith, gan gymryd clocwedd fel y positif.

   $\therefore 10\,000$ N $\times 2.5$ m $+ 5000$ N $\times 4$ m $- F_2 \times 5$ m $= 0$

   $\therefore 5F_2 = 45\,000$ N

   $\therefore F_2 = 9000$ N   [2]

Amnewidiwch werth F_2 yn hafaliad [1] i gyfrifo $F_1 \rightarrow F_1 = 6000$ N

Pwynt astudio

Wrth ddod o hyd i ddau rym anhysbys, mae angen dau hafaliad. Gallech:

1. cydrannu unwaith a chymryd momentau unwaith, neu

2. cymryd momentau o amgylch dau bwynt gwahanol.

Awgrym: Dewiswch y pwynt fel bod moment un o'r grymoedd anhysbys yn sero. Mae hyn yn symleiddio'r algebra. Yn yr enghraifft yn Ffig. 1.1.28, mae hyn yn golygu cymryd momentau o amgylch naill ai'r cynhalydd ar y chwith neu'r cynhalydd ar y dde.

Gwirio gwybodaeth 1.1.14

Cyfrifwch faint a chyfeiriad y grym F yn Ffig. 1.1.29.

Enghraifft

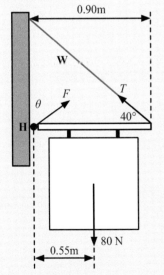

Ffig. 1.1.29 Arwydd tafarn

Mae arwydd tafarn yn cael ei gynnal ar wal fertigol gan golfach, H, a gwifren, W, fel sydd i'w weld yn Ffig. 1.1.29. Cyfrifwch y tyniant, T, yn W.

Ateb

Cymerwch fomentau o amgylch H. MG sy'n bositif. Drwy ddefnyddio egwyddor momentau:

$$T \sin 40° \times 0.90 \text{ m} - 80.0 \text{ N} \times 0.55 \text{ m} = 0$$

$$\therefore T = 76.1 \text{ N}$$

Gan ddilyn ymlaen o'r enghraifft hon, gallwn hefyd ddefnyddio'r amodau ecwilibriwm i ddarganfod y grym mae'r colfach yn ei roi ar far yr arwydd – sef F yn Ffig. 1.1.29. Gallen ni ddefnyddio'r triongl grymoedd i wneud hyn:

Mae gan y tri grym ar yr arwydd rym cydeffaith 0. Drwy ddefnyddio'r canlyniad ar gyfer y tyniant, mae'r triongl yn edrych fel hyn (Ffig. 1.1.30).

I ddarganfod F a θ gallwn ddefnyddio cydrannau a'r ffaith bod y cydrannau cydeffaith llorweddol a fertigol yn sero:

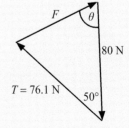

Ffig 1.1.30 Triongl grymoedd

$\therefore$ Yn llorweddol: $F \sin \theta = T \cos 40°$ $\therefore F \sin \theta = 58.3$ N   [1]

ac yn fertigol $F \cos \theta + T \cos 50° = 80$ $\therefore F \cos \theta = 31.1$ N   [2]

Yna wrth rannu hafaliad [1] â hafaliad [2] cawn tan $\theta = \dfrac{58.3}{31.1} = 1.875$.

Felly gallwn gyfrifo θ ac felly hefyd F.

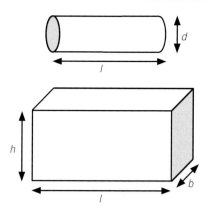

Ffig. 1.1.31 Solidau rheolaidd

Cyswllt

Gweler Pennod 3 ar gyfer cyfuno a lleihau ansicrwydd.

Awgrym

Cofiwch mai mesur *diamedr* gwifren, ac nid ei *radiws*, yr ydych chi!

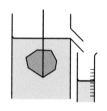

Ffig. 1.1.32 Mesur cyfaint carreg

Pwynt astudio

Nid yw'r craidd disgyrchiant o reidrwydd ar ganolbwynt y raddfa. Mae'n syniad da gwneud arbrawf rhagarweiniol i'w ddarganfod:

Craidd disgyrchiant

Mae'r craidd disgyrchiant uwchben y pwynt cydbwysedd.

Gwirio ymarferol

Bydd y canlyniadau'n fwyaf cywir os yw *x* ac *y* mor fawr â phosibl. Felly, yn Ffig. 1.1.33, dylai'r màs hysbys fod yn debyg i'r màs anhysbys.

1.1.8 Gwaith ymarferol

(a) Mesur dwysedd solidau

I ddarganfod dwysedd sylwedd, rhaid mesur y màs a'r cyfaint a rhannu'r màs â'r cyfaint. Mae'r gwaith ymarferol hwn yn cael ei wneud yn aml i brofi dealltwriaeth o ansicrwydd a sut i'w cyfuno. Fel arfer rydyn ni'n darganfod y màs drwy ddefnyddio clorian electronig, felly cymerwn mai'r ansicrwydd absoliwt yw ± 1 yn nigid olaf y darlleniad;

e.e. byddai darlleniad o 159.73 g yn cael ei gymryd fel (159.73 ± 0.01) g.

Yn aml iawn, nid yw'r ansicrwydd yn y màs mor arwyddocaol â'r ansicrwydd yn y cyfaint.

Mae'r ffordd o ddarganfod cyfaint yn dibynnu ar ystyried a yw siâp y gwrthrych solid yn rheolaidd, fel ciwboid (e.e. sleid microsgop) neu silindr (e.e. gwifren).

(i) Solidau rheolaidd

Cyfaint ciwboid = ℓbh ; cyfaint silindr = $A\ell = \pi r^2 \ell = \frac{\pi d^2 \ell}{4}$.

Fel arfer, rydyn ni'n defnyddio caliperau digidol, â chydraniad 0.01 mm, ar gyfer hydoedd hyd at ~15 cm. Mae'n bwysig gwirio'r darlleniad sero wrth eu defnyddio, h.y. cau'r genau a chymryd darlleniad. Rydyn ni'n tynnu'r darlleniad hwn o'r darlleniad a gawn wrth fesur y gwrthrych. Ar gyfer hydoedd > 15 cm, rydyn ni fel arfer yn defnyddio ffon fetr â chydraniad 1.0 mm.

Gallwn wella'r trachywiredd ar gyfer set o wrthrychau unfath drwy eu gosod ben wrth ben, e.e. bydd gosod 10 sleid microsgop ben wrth ben yn rhoi hyd o ~75 cm; bydd defnyddio graddfa mm i fesur yr hyd yn rhoi ansicrwydd canrannol o 0.13%.

(ii) Solidau afreolaidd

Mae'r solid, e.e. carreg, yn cael ei hongian ar edafedd a'i ollwng i silindr mesur o ddŵr nes ei fod o dan y dŵr yn llwyr. Bydd y cynnydd yn y darlleniad ar gyfer y cyfaint yn rhoi cyfaint y solid. Os yw'r solid yn rhy fawr ar gyfer silindr mesur, rhaid defnyddio *can dadleoli* (Ffig. 1.1.32) ac mae'r dŵr sy'n gorlifo yn cael ei ddal mewn silindr mesur. Dyma anfanteision y dull hwn: (a) mae cydraniad y silindr mesur yn eithaf mawr (mae 1–2 cm³ ar gyfer silindr mesur 100 cm³ yn nodweddiadol) a (b) nid yw cyfaint y dŵr sy'n gorlifo o reidrwydd yn union yr un peth â chyfaint y gwrthrych.

(b) Mesur màs drwy ddefnyddio egwyddor momentau

Yn Ffig. 1.1.33, mae'r bar hir yn ffon fetr neu $\frac{1}{2}$ metr. Mae'r triongl yn cynrychioli unrhyw golyn – gallai fod mor syml â bys wedi'i ymestyn. Mae'r colyn yn cael ei osod ar graidd disgyrchiant y ffon fetr.

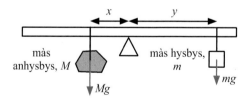
Ffig. 1.1.33 Darganfod màs anhysbys

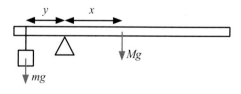
Ffig. 1.1.34 'Pwyso' pren mesur

Pan fydd y bar yn cydbwyso, bydd y MG a'r MC o amgylch y colyn yn hafal.

$\therefore Mgx = mgy$ $\therefore Mx = my$.

Gallwn ddefnyddio'r dechneg hon i fesur *màs, M,* y bar ei hun hefyd. Rhaid darganfod lleoliad y craidd disgyrchiant yn ôl y disgrifiad yn y Pwynt astudio. Rydyn ni'n hongian màs hysbys, *m,* yn agos at un pen i'r bar. Rydyn ni'n darganfod pwynt y colyn ac yn mesur pellterau *x* ac *y* (gweler Ffig 1.1.34).

Yna, fel uchod: $Mx = my$.

Profwch eich hun 1.1

1. Rhoddodd myfyriwr y diffiniad hwn o foment grym:

   Moment yw'r grym wedi'i luosi â'r pellter o'r colyn.

   Beth sydd o'i le â'r diffiniad hwn? Rhowch un gwell.

2. Mae gan gysonyn o'r enw cysonyn Planck yr uned J s [joule eiliad]. Mynegwch hwn yn nhermau'r unedau SI sylfaenol, kg, m a s.

3. Mae rhywun yn gofyn i fyfyriwr gyfrifo cyflymiad gwrthrych, ac mae'n rhoi'r ateb fel 7.5 m s^{-2}. Pam nad yw hwn yn ateb cyflawn?

4. Mae'r diagram yn dangos yr holl rymoedd sy'n gweithredu ar roden. Esboniwch pam nad yw'r rhoden mewn ecwilibriwm.

5. Mae grym maint 100 N yn gweithredu ar ongl uwchben y llorwedd o 40°. Cyfrifwch (a) y gydran lorweddol; a (b) cydran fertigol y grym.

6. Mae dau rym yn gweithredu ar wrthrych sydd â màs 5.0 kg: grym llorweddol o 12.0 N a grym fertigol o 5.0 N. Cyfrifwch (a) y grym cydeffaith; a (b) cyflymiad y gwrthrych.

7. Mae myfyrwraig yn darganfod dwysedd alwminiwm drwy gymryd mesuriadau bloc petryal. Gan ddefnyddio caliperau vernier gyda chydraniad o ± 0.1 mm, mae'n darganfod mai dimensiynau'r bloc yw 10.30 cm × 4.75 cm × 3.21 cm, drwy gymryd un mesur o bob hyd. Mae clorian electronig yn dweud mai'r màs yw 427.32 g.

   (a) Defnyddiwch y data hyn i gyfrifo dwysedd yr alwminiwm.
   (b) Nodwch pa ddarlleniad hyd sydd â'r ansicrwydd canrannol mwyaf. Esboniwch eich ateb.
   (c) Mae'r fyfyrwraig yn tybio y gall anwybyddu'r ansicrwydd yn narlleniad y glorian. Cyfrifwch yr ansicrwydd canrannol a'r ansicrwydd absoliwt yn ei gwerth ar gyfer y dwysedd, a drwy hynny, mynegwch y dwysedd i nifer priodol o ffigurau ystyrlon.
   (ch) Gwerthuswch a yw tybiaeth y fyfyrwraig yn rhan (c) yn un rhesymol.

8. Mae gan facteria fàs 0.95 pg. Amcangyfrifwch ei gyfaint (mewn m^3), gan dybio mai 1000 kg m^{-3} yw ei ddwysedd.

9. Mae'r gwasgedd, p, ar ddyfnder, d, o dan arwyneb hylif dwysedd ρ yn cael ei roi gan $p = p\text{A} + g\rho d$ lle $p\text{A}$ yw'r gwasgedd aer ar arwyneb yr hylif a g yw cyflymiad disgyn yn rhydd.

   (a) Nodwch unedau p, g a ρ yn nhermau'r unedau SI sylfaenol.
   (b) Dangoswch fod yr hafaliad yn homogenaidd.
   (c) Cyfrifwch y gwasgedd 25 m o dan arwyneb y môr. (p_A = 101 kPa, g = 9.81 N kg^{-1}, $\rho_{\text{dŵr y môr}}$ = 1030 kg m^{-3}).

10. Mae planc anhyblyg unffurf, pwysau 30 N a hyd 4.8 m, gyda phwysau o 20 N ar un pen, yn cael ei gynnal rhwng dau ffwlcrwm, X a Y, sy'n rhoi grymoedd F_1 a F_2, fel sydd i'w weld.

    (a) Cyfrifwch fomentau'r llwyth 20 N a phwysau 30 N y planc o amgylch y ffwlcrwm X.
    (b) Cymerwch fomentau o amgylch X a defnyddiwch egwyddor momentau i gyfrifo gwerth F_2.
    (c) Esboniwch pam mae $F_1 = F_2 + 50$ N. Drwy hynny, cyfrifwch werth F_1.

    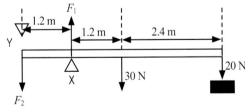

11. Yn ôl deddf disgyrchiant Newton, bydd dau wrthrych bychan, masau M_1 ac M_2, sydd bellter d ar wahân, yn atynnu ei gilydd gyda grym, F, sy'n cael ei roi gan: $F = \dfrac{GM_1M_2}{d^2}$, lle G yw'r cysonyn disgyrchiant cyffredinol.

    (a) Dangoswch fod $[G]$ = N m^2 kg^{-2}.
    (b) Mynegwch $[G]$ yn nhermau'r unedau SI sylfaenol, m, kg ac s.

12. Mae silindr, hyd 1.5 m a diamedr 60 mm, wedi'i wneud o haearn, dwysedd 7900 kg m^{-3}. Cyfrifwch ei fàs.

13. (a) Darganfyddwch gydrannau llorweddol a fertigol v_1 a v_2.

    (b) Drwy hynny darganfyddwch swm v_1 a v_2, gan fynegi'r cyfeiriad fel ongl i'r llinell doredig.
    (c) Drwy ddull tebyg, darganfyddwch wahaniaeth ($v_2 - v_1$) y fectorau.

    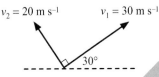

1.2 Cinemateg

Mae cinemateg yn ymwneud â mudiant a'i ddisgrifiad mathemategol. Mae'n astudio sut mae pethau'n symud, heb ystyried pam maen nhw'n symud. Byddwn yn ystyried hynny yn y testun nesaf, Dynameg.

1.2.1 Buanedd a chyflymder

(a) Mudiant mewn llinell syth: graffiau dadleoliad–amser

Nid yw astudio mudiant mewn llinell syth yn eich cyfyngu gymaint ag y byddech yn ei feddwl. Yn wir, gyda gofal, gallwch gymhwyso'r hafaliadau cinemateg ar gyfer mudiant mewn llinell syth i fudiant ar hyd llwybr igam-ogam. At hynny, wrth ystyried mudiant mewn dau ddimensiwn (a thri dimensiwn), byddwn yn aml yn edrych ar gydrannau'r mudiant: yn ei hanfod, mae mudiant 3D yn cynnwys tair set o fudiant mewn llinellau syth!

Mae'r graff dadleoliad–amser, Ffig. 1.2.1, yn dangos car yn symud ar hyd ffordd. Byddwn yn ei ddefnyddio i'n helpu i ddeall termau penodol. Y dadleoliad yw'r pellter ar hyd y ffordd, sy'n cael ei fesur i'r dde.

Pwynt astudio

Daw'r gair cinemateg o'r gair Groeg κινημα *(kinema) sy'n golygu* mudiant. O'r gair hwn hefyd y daw *egni cinetig* a *sinema* (lluniau symudol).

Pwynt astudio

Rydyn ni'n n defnyddio'r symbol *x* ar gyfer dadleoliad. Mae nifer o werslyfrau yn defnyddio'r symbol *s*.

Pwynt astudio

Mae graff *x–t* sy'n goleddu i fyny yn golygu bod *x* yn cynyddu, h.y. cyflymder positif. Os yw'r graff yn goleddu i lawr, mae cyfeiriad y mudiant yn cael ei gildroi.

Cyngor mathemateg

Ewch i Bennod 4 am help i ddarganfod graddiant graff ar gyfer graffiau syth a chrwm.

1.2.1 Gwirio gwybodaeth

Cyfrifwch gyflymder cymedrig y car yn Ffig. 1.2.1. dros y 6 eiliad cyntaf.

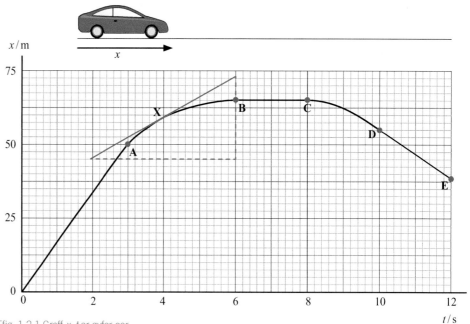

Ffig. 1.2.1 Graff *x–t* ar gyfer car

1. Mae goledd i fyny (rhwng (0,0) a **B**) yn cynrychioli *cynnydd* yn *x* gydag amser, ac felly symudiad yn y cyfeiriad *x* positif; mae goledd i lawr (**C** i **E**) yn symud yn y cyfeiriad negatif; mae'r rhan lorweddol (**B** i **C**) yn golygu ei fod yn ddisymud.

2. Mae *graddiant* y graff yn cynrychioli'r cynnydd yn y dadleoliad bob eiliad. Felly graddiant y graff dadleoliad–amser yw'r cyflymder. Os yw'r graff yn llinell syth, mae'r graddiant yn gyson ac felly mae'r cyflymder yn gyson.

Drwy ystyried Ffig. 1.2.1 yn fathemategol:

Mae'r *cyflymder cymedrig* rhwng 3 ac 8 eiliad (**A** i **C**) = $\dfrac{\Delta x}{\Delta t} = \dfrac{(65 - 50)\text{ m}}{5.0\text{ s}} = 3.0\text{ m s}^{-1}$.

Mae'r cyflymder yn gyson o **D** i **E**. $v_{DE} = \dfrac{\Delta x}{\Delta t} = \dfrac{(38 - 55)\text{ m}}{2.0\text{ s}} = \dfrac{-17}{2.0} = -8.5\text{ m s}^{-1}$.

Y *cyflymder enydaidd* ar **X** yw graddiant y tangiad ar **X**:
$$v_X = \dfrac{\Delta s}{\Delta t} = \dfrac{(73 - 46)\text{ m}}{4.0\text{ s}} = \dfrac{27}{4.0} = 6.8\text{ m s}^{-1}.$$

Y dadleoliad, *x*, ar gyfer y daith gyfan yw 38 m i'r dde, ond mae'r car wedi teithio pellter, *d*, o 92 m. Dyma sut mae cyfrifo'r rhain:

$$x_{OB} + x_{BC} + x_{CE} = 65\text{ m} + 0\text{ m} + (-27\text{ m}) = 38\text{ m}$$

$$d_{OB} + d_{BC} + d_{CE} = 65\text{ m} + 0\text{ m} + 27\text{ m} = 92\text{ m}$$

Felly mae *buanedd cymedrig* y daith gyfan = $\dfrac{\text{pellter a deithiwyd}}{\text{amser a gymerwyd}} = \dfrac{92\text{ m}}{12\text{ s}} = 7.7\text{ m s}^{-1}$.

(b) Mudiant mewn dau ddimensiwn

Ar gyfer mudiant mewn dau ddimensiwn, rydyn ni'n defnyddio'r un hafaliadau:

$$\text{Buanedd cymedrig} = \frac{\text{pellter wedi'i deithio}}{\text{amser a gymerwyd}}$$

$$\text{Cyflymder cymedrig} = \frac{\text{dadleoliad}}{\text{amser a gymerwyd}}$$

Ar gyfer cyflymder a dadleoliad, gallwn ddefnyddio'r syniadau fector o Adrannau 1.1.3 ac 1.1.4 hefyd. Gan nad oes unrhyw gysyniadau newydd i'w hystyried, edrychwn ar enghraifft yn syth.

Enghraifft

Mae drôn yn hedfan o A i D ar fuanedd cyson 2.5 ms $^{-1}$, fel sydd i'w weld yn Ffig. 1.2.2.

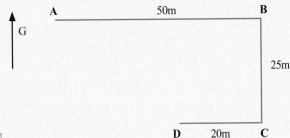

Ffig. 1.2.2 Hediad drôn

Cyfrifwch: (a) cyfanswm amser yr hediad, *t*
(b) y dadleoliad o A i D, *d*
(c) y cyflymder cymedrig, *v*, ar gyfer yr hediad.

Gwirio gwybodaeth 1.2.2

Dros ba gyfnodau yn Ffig. 1.2.1 mae'r cyflymder yn gyson?

Gwirio gwybodaeth 1.2.3

Disgrifiwch y mudiant yn Ffig. 1.2.1 yn ansoddol.

Pwynt astudio

Ystyr Δ (delta) yw *newid*, felly mae Δx yn golygu *newid mewn dadleoliad*.

Os yw *x* yn newid o x_1 i x_2 yna $\Delta x = (x_2 - x_1)$.

Pwynt astudio

Nid yw *buanedd* gwrthrych yn ystyried cyfeiriad, felly mae'r buanedd rhwng **D** ac **E** yn 8.5 m s^{-1}.

Gwirio gwybodaeth 1.2.4

Cyfrifwch y *cyflymder* cymedrig ar gyfer y daith yn Ffig. 1.2.1.

1.2.5 Gwirio gwybodaeth

Ar gyfer hediad y drôn yn yr enghraifft, nodwch y cyflymder rhwng:

(a) A a B

(b) B ac C

(c) C a D.

Awgrym: Cofiwch: maint a chyfeiriad.

 1.2.6 Gwirio gwybodaeth

Ar gyfer hediad y drôn yn yr enghraifft, cyfrifwch:

(a) y dadleoliad o B i D

(b) y cyflymder cymedrig o B i D.

 1.2.7 Gwirio gwybodaeth

Mae'r drôn yn yr enghraifft yn teithio'n syth yn ôl o D i A ar **2.0 m s⁻¹**.

(a) Nodwch y cyflymder.

(b) Cyfrifwch yr amser mae'n ei gymryd.

Ateb

(a) Cyfanswm y pellter a deithiwyd = AB + BC + CD

$$= 50 \text{ m} + 25 \text{ m} + 20 \text{ m}$$

$$= 95 \text{ m}$$

$$\text{buanedd} = \frac{\text{pellter}}{\text{amser a gymerwyd}}$$

$$\therefore \text{amser yr hediad} = \frac{\text{pellter}}{\text{buanedd}} = \frac{95 \text{ m}}{2.5 \text{ m s}^{-1}} = 38 \text{ s}$$

(b) Wrth edrych ar Ffig. 1.2.3, mae pwynt D 30 m i'r Dwyrain a 25 m i'r De o A.

Felly, gan ddefnyddio theorem Pythagoras,

$$d = \sqrt{30^2 + 25^2}$$

$$= 39.1 \text{ m}$$

a, drwy ddefnyddio trigonometreg,

$$\tan \theta = \frac{25}{30} = 0.833$$

$$\therefore \theta = 39.8°$$

Felly mae dadleoliad, d = 39 m (2 ff.y.) ar gyfeiriant 130°.

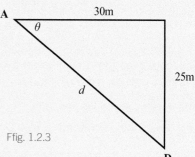

Ffig. 1.2.3

(c) Cyflymder cymedrig = $\dfrac{\text{dadleoliad}}{\text{amser a gymerwyd}}$

$$\therefore \text{Cyflymder cymedrig, } v = \frac{39.1 \text{ m}}{38 \text{ s}} = 1.0 \text{ m s}^{-1} \text{ ar gyfeiriant } 130°.$$

1.2.2 Cyflymiad

(a) Diffinio cyflymiad

Os yw cyflymder gwrthrych yn newid, dywedwn ei fod yn cyflymu. Dyma sut mae diffinio'r **cyflymiad enydaidd** a'r **cyflymiad cymedrig**:

Cyflymiad enydaidd = cyfradd newid cyflymder.

Cyflymiad cymedrig = $\dfrac{\text{newid cyflymder}}{\text{amser a gymerwyd}} = \dfrac{\Delta v}{\Delta t}$

Uned: m s⁻²

Sylwch ar y wybodaeth ganlynol:

- Mae cyflymiad yn fesur fector, yn union fel cyflymder a dadleoliad.
- Ystyr 'cyfradd newid' yw newid fesul uned amser, felly gallwn hefyd ddiffinio cyflymiad fel newid mewn cyflymder fesul eiliad.

 Pwynt astudio

Os yw'r cyflymder yn newid o v_1 i v_2, yna $\Delta v = v_2 - v_1$.

 Pwynt astudio

Uned cyflymiad yw **m s⁻²**.

Mae cyflymiad o **5 m s⁻²** yn golygu bod y cyflymder yn cynyddu **5m s⁻¹** bob eiliad, e.e. cyflymderau o **2, 7, 12, 17...** m s⁻¹ ar gyfyngau o 1 eiliad.

 Pwynt astudio

Gall fod cyflymiad hyd yn oed os yw'r *buanedd* yn aros yr un fath – gweler Adran 1.2.2(c).

Enghraifft

Wrth esgyn, mae cyflymder awyren yn newid o 10 i 70 m s⁻¹ mewn 24 s mewn cyfeiriad cyson. Cyfrifwch y cyflymiad cymedrig.

Ateb

$$\text{Cyflymiad cymedrig} = \frac{\text{newid cyflymder}}{\text{amser a gymerwyd}} = \frac{70-10}{24 \text{ s}} = 2.5 \text{ m s}^{-2}$$

Sylwch: Gan fod cyflymiad yn fesur fector, dylen ni nodi 'i gyfeiriad y mudiant' hefyd.

(b) Mudiant mewn llinell syth: graffiau cyflymder–amser

Yn aml mae'n gyfleus cynrychioli mudiant cyflymol drwy ddefnyddio graff cyflymder yn erbyn amser (graff v–t). Dyma sut mae darganfod cyflymiad a dadleoliad o graff $v - t$:

Cyflymiad = graddiant y graff v–t

Dadleoliad = yr arwynebedd rhwng y graff v–t a'r echelin t

Er enghraifft, mae Ffig. 1.2.4 yn graff v–t sy'n dangos mudiant trên tanddaearol rhwng dwy orsaf. Mae'n dechrau o ddisymudedd, yn cyflymu'n unffurf am 5.0 s, yn teithio ar gyflymder cyson am 15.0 s, etc., cyn arafu i ddisymudedd ar ôl 68.0 s.

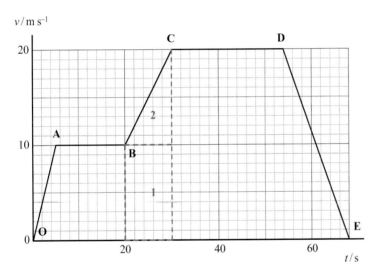

Ffig. 1.2.4 Graff v–t ar gyfer trên tanddaearol

Mae cyflymiad y trên yn **OA** $= \dfrac{\Delta v}{\Delta t} = \dfrac{10 \text{ m s}^{-1}}{5.0 \text{ s}} = 2.0 \text{ m s}^{-2}$.

Mae'r cyflymiad rhwng **D** ac **E** $= \dfrac{\Delta v}{\Delta t} = \dfrac{(0 - 20) \text{ m s}^{-1}}{14 \text{ s}} = -1.43 \text{ m s}^{-2}$.

Nesaf gallwn ddefnyddio'r 'arwynebedd' rhwng y graff a'r echelin t i gyfrifo'r dadleoliad, e.e. rhwng B ac C. O Ffig. 1.2.4:

Mae'r dadleoliad rhwng **B** ac **C** = yr arwynebedd rhwng y graff a'r echelin t

= arwynebedd 1 + arwynebedd 2 [mewn coch ar y graff]

$= 10 \text{ s} \times 10 \text{ m s}^{-1} + \frac{1}{2} (10 \text{ s} \times 10 \text{ m s}^{-1})$

$= 150 \text{ m}$

Pwynt astudio

Mae pobl (gan gynnwys gwyddonwyr) yn aml yn defnyddio *arafiad* wrth gyfeirio at gyfradd y **gostyngiad** mewn cyflymder. Os yw'r cyflymder yn negatif, gall fod yn ddryslyd, ac mae'n debyg ei bod yn well osgoi'r term hwn.

Pwynt astudio

Mae'r arwynebedd o dan yr echelin t yn cael ei ystyried yn negatif ac mae'n cynrychioli dadleoliad negatif.

Gwirio gwybodaeth 1.2.8

Disgrifiwch y daith yn Ffig. 1.2.4 rhwng 20 a 68 s.

Gwirio gwybodaeth 1.2.9

Yn Ffig. 1.2.4, cyfrifwch y cyflymiad cymedrig rhwng 10 a 35 eiliad.

Pwynt astudio

Dywedwn yn aml mai'r dadleoliad yw'r arwynebedd *o dan* y graff, ond os yw'r cyflymder yn negatif, y dadleoliad fydd y gwahaniaeth rhwng yr arwynebedd uwchben yr echelin t a'r arwynebedd sydd oddi tano.

Y dadleoliad ar gyfer y daith gyfan yw 945 m (gweler Gwirio gwybodaeth 1.2.10). O hyn, gallwn ddarganfod y cyflymder cymedrig ar gyfer y daith:

$$\text{Cyflymder cymedrig} = \frac{\Delta x}{\Delta t} = \frac{945 \text{ m}}{68 \text{ s}} = 13.9 \text{ m s}^{-1}.$$

Enghraifft

Mae'r graff v–t ar gyfer bwled wrth iddo gael ei saethu i danc o ddŵr.

Defnyddiwch y graff i gyfrifo:
(a) Yr arafiad ar 2 ms,
(b) Dadleoliad y bwled wrth ddod i ddisymudedd.

Ateb

(a) Y cyflymiad yw graddiant y tangiad ar 2 ms.

O'r triongl coch mae
$$a = \frac{\Delta v}{\Delta t} = \frac{(10 - 190) \text{ m s}^{-1}}{3.2 \text{ ms}}$$

$$= -56.3 \times 10^3 \text{ m s}^{-2}$$

∴ Yr arafiad yw 56.3 km s⁻².

$$a = -56.3 \times 10^3 \text{ m s}^{-2}$$

(b) Dadleoliad = arwynebedd o dan graff. Drwy ddefnyddio'r rheol trapesoid (gweler yr awgrym mathemateg), gyda $\Delta t = 1.0$ ms:

Arwynebedd o dan y graff

$$= \tfrac{1}{2} (300 + 390 + 256 + 164 + 104 + 66 + 40 + 20 + 0) \text{ m s}^{-1} \times 0.001 \text{ s}$$

$$= 0.670 \text{ m}$$

∴ Dadleoliad y bwled wrth gyrraedd disymudedd = 0.67 m (2 ff.y.).

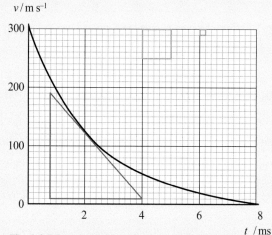

Ffig. 1.2.5 Bwled yn arafu

1.2.10 Gwirio gwybodaeth

Drwy rannu'r arwynebedd o dan y graff yn Ffig. 1.2.4 yn addas, dangoswch mai'r dadleoliad ar gyfer y daith yw 945 m.

Cyngor mathemateg

Gweler Pennod 4 am wahanol dechnegau ar gyfer amcangyfrif yr arwynebedd o dan graff aflinol, gan gynnwys y rheol *trapesoid*.

Gan ddefnyddio'r dull cyfrif sgwariau, cafodd yr awdur 0.65 m a 0.69 m yn ôl eu trefn wrth ddefnyddio'r sgwariau gwyrdd mawr a bach.

1.2.11 Gwirio gwybodaeth

Yn Ffig. 1.2.6, gan dybio bod y cyflymiad bob amser i lawr ac yn 1.5 m s⁻², cyfrifwch gyflymder y bêl pan fydd yn taro'r ddaear 20 s ar ôl **C**.

[Awgrym: cyfrifwch Δv drwy ddefnyddio $\Delta v = a \, \Delta t$, a defnyddiwch gydrannau llorweddol y cyflymder ar **C**.]

(c) Mudiant mewn dau ddimensiwn

Byddwn yn gweld yn Adran 1.2.4 sut i astudio cydrannau llorweddol a fertigol y mudiant ar wahân. Yma cawn olwg sydyn ar gyfrifo cyflymiad pan fydd cyfeiriad y mudiant yn newid. Yn Ffig. 1.2.6, ystyriwch fudiant y bêl griced mewn gêm brawf ryngblanedol ar orsaf leuad Tycho. Daeth batiwr agoriadol planed Iau i'r llain, a tharo'r bêl yr holl ffordd i'r ffin (bell iawn).

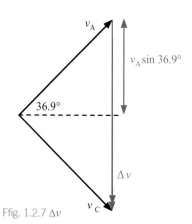

Ffig. 1.2.7 Δv

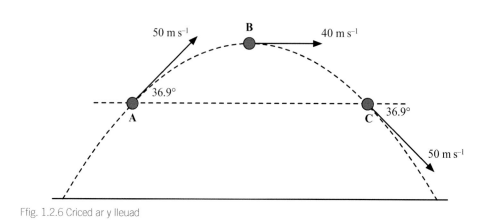

Ffig. 1.2.6 Criced ar y lleuad

Roedd y bêl ar safleoedd **A**, **B** ac **C** ar amserau 20 s, 40 s a 60 s ar ôl iddi gael ei tharo. Gallwn ddarganfod y cyflymiad cymedrig $\langle a \rangle$ rhwng safleoedd **A** ac **C**. Mae Ffig. 1.2.7 yn dangos sut i gyfrifo Δv.

$\Delta v = 2 \times 50 \sin 36.9° = 60 \text{ m s}^{-1}$

∴ Rhwng **A** ac **C**, mae $\langle a \rangle = \dfrac{\Delta v}{\Delta t} = \dfrac{60 \text{ m s}^{-1}}{40 \text{ s}} = 1.5 \text{ m s}^{-2}$ yn fertigol i lawr.

1.2.3 Hafaliadau cyflymiad unffurf

(a) Deillio'r hafaliadau

Ffig. 1.2.9 *xuvat*

Yn yr adran hon, byddwn yn ystyried gwrthrych sy'n symud ar gyflymder cychwynnol, u, ac yn cyflymu â chyflymiad cyson, a, am amser, t. Yn yr amser hwn, mae'n cyrraedd cyflymder terfynol, v, ac yn symud drwy ddadleoliad, x. Mae'r mudiant ar hyd llinell syth. Byddwn yn deillio perthnasoedd rhwng y mesurau hyn, sef x, u, v, a a t.

O ddiffiniad cyflymiad, mae $a = \dfrac{v - u}{t}$, ∴ (drwy ad-drefnu)

$$v = u + at \qquad [1]$$

Y dadleoliad, x, yw'r 'arwynebedd o dan' y graff v–t – gweler Ffig. 1.2.10 (a). Mae'r graff yn llinell syth oherwydd bod y cyflymiad yn gyson. Er hwylustod, rydyn ni'n tybio bod $a > 0$ [felly mae'r graddiant yn bositif] a bod $u > 0$. Bydd yr hafaliadau rydyn ni'n eu deillio yn dal yn ddilys os yw a neu u [neu'r ddau] < 0.

Y dadleoliad, x, yw arwynebedd y trapesiwm. O'r fformiwla ar gyfer arwynebedd trapesiwm,

$$x = \tfrac{1}{2}(u + v)t \qquad [2]$$

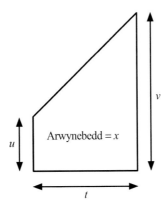

Ffig. 1.2.10 (a) graff v–t

Ffig. 1.2.10 (b) Trapesiwm

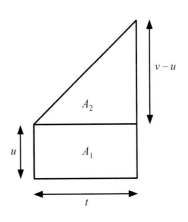

Ffig. 1.2.10 (c) Petryal a thriongl

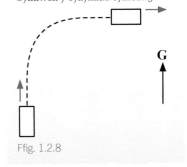

Ymestyn a herio

Mae car yn cymryd troad 90° ar 15 m s⁻¹. Mae'n cwblhau'r troad mewn 7.0 s. Gweler y diagram. Cyfrifwch y cyflymiad cymedrig.

Ffig. 1.2.8

Pwynt astudio

Cyfeirir at yr hafaliadau hyn yn aml fel *xuvat*.

x = dadleoliad

u = cyflymder cychwynnol

v = cyflymder terfynol

a = cyflymiad

t = amser

Pwynt astudio

Pam mae yna bump o hafaliadau *xuvat*? Mae pob un yn ymwneud â phedwar o'r newidynnau, felly mae un newidyn ar goll ym mhob un.

Drwy rannu'r trapesiwm yn betryal ac yn driongl, cawn Ffig. 1.2.10 (c)

Drwy adio'r arwynebeddau, $A_1 + A_2$, cawn: $x = ut + \frac{1}{2}(v - u)t$

O hafaliad [1] $v - u = at$ ∴ $x = ut + \frac{1}{2}(u + at - u)t$

$$x = ut + \tfrac{1}{2}at^2 \qquad [3]$$

O hafaliad [1], $t = \dfrac{v - u}{a}$. Drwy amnewid am t yn [2] cawn $x = \frac{1}{2}(u + v)\dfrac{(v - u)}{a}$,

Felly, $2ax = (v + u)(v - u) = v^2 - u^2$

$$\therefore \quad v^2 = u^2 + 2ax \qquad [4]$$

Dylech **ddysgu hafaliadau [1] – [4]**. Gwnewch yn siŵr eich bod yn gallu eu deillio.

Dyma'r pumed hafaliad i gwblhau'r set:

$$x = vt - \tfrac{1}{2}at^2 \qquad [5]$$

(b) Defnyddio'r hafaliadau

Mae'n bwysig bod yn systematig wrth gymhwyso'r hafaliadau hyn.

Dechreuwch drwy nodi ac ysgrifennu pa rai o'r mesurau, x, a, etc., rydych yn eu gwybod yn barod, a pha rai mae angen eu cyfrifo.

Dychmygwch eich bod yn gwybod y cyflymder cychwynnol (u), y cyflymiad (a) a'r amser (t), a bod gofyn i chi gyfrifo'r dadleoliad (x). Yr hafaliad sy'n cynnwys y pedwar mesur hyn yw $x = ut + \frac{1}{2}at^2$, felly dyma'r hafaliad i'w ddefnyddio.

Enghraifft

Mae car, sy'n teithio ar 26 m s^{-1}, yn arafu ar 1.2 m s^{-2} i fuanedd o 10 m s^{-1}. Cyfrifwch (a) y pellter a deithiwyd a (b) yr amser a gymerodd y broses hon.

Ateb

(a) Ysgrifennu'r mesurau. $u = 26$ m s^{-1}; $v = 10$ m s^{-1}; $a = -1.2$ m s^{-2}.

　　Mesur anhysbys $= x$. ∴Defnyddiwch yr hafaliad $v^2 = u^2 + 2ax$. O hyn cawn $x = 240$ m.

(b) Nawr rydyn ni'n gwybod gwerth u, v, a ac x ac mae angen cyfrifo t. Felly gallwn ddefnyddio unrhyw un o hafaliadau 1, 2 a 3. Yr hawsaf yw $x = \frac{1}{2}(u + v)t$, sy'n rhoi $t = 13.3$ s.

1.2.12 Gwirio gwybodaeth

(a) Dangoswch fod yr atebion ar gyfer yr enghraifft yn gywir.

(b) Defnyddiwch $v = u + at$ i ddatrys rhan (b).

Ymestyn a herio

(c) Defnyddiwch $x = ut + \frac{1}{2}at^2$ i ddatrys rhan (b) yr enghraifft.

Sylwadau ar yr enghraifft:

1. Mae'n bosibl ateb rhan (b) y cwestiwn cyn rhan (a).

   O wybod u, v ac a a ninnau angen cyfrifo t, hafaliad [1] yw'r un amlwg i'w ddefnyddio.

2. Os ydych chi'n defnyddio $x = ut + \frac{1}{2}at^2$ i gyfrifo t, yna byddwch fel arfer yn cael dau ddatrysiad posibl – gweler y Pwynt astudio. Yn yr achos hwn, $t = 13.3$ s neu 30.0 s. I weld o ble daw'r ail ddatrysiad, edrychwch ar y graff bras x yn erbyn t yn Ffig. 1.2.11. Mae hwn yn rheswm da dros osgoi hafaliadau cwadratig.

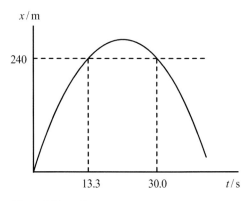

Ffig. 1.2.11 graff x–t

Pwynt astudio

Os ydych wedi gwneud Gwirio gwybodaeth 1.2.12(c), byddwch wedi cael dau ateb: $t = 13.3$ s a 30.0 s.

Yr ateb priodol yw 13.3 s. Mae'r prif destun yn gwneud sylwadau ar yr ateb 30.0 s.

(c) Mudiant fertigol dan effaith disgyrchiant[1]

Mae'r ddelwedd yn Ffig. 1.2.12 yn dangos pêl golff (gwyn) a phêl tenis bwrdd (glas) yn disgyn yn 'rhydd'. Maen nhw'n cael eu goleuo gan strôb sy'n fflachio ar adegau rheolaidd. Mae'r pellteroedd rhwng safleoedd y ddau sffêr yn cynyddu wrth iddyn nhw ddisgyn, gan ddangos eu bod yn cyflymu. Gallwn ddefnyddio'r raddfa i ymchwilio i'r cyflymiad.

Safleoedd bras canol y bêl golff yn y pedair delwedd (mewn cm) yw: 3.5, 10.5, 22.0 a 38.0. Mae'r bêl wedi disgyn pellterau (bras) o 7.0, 11.5, 16.0 cm rhwng y delweddau. Mae hyn yn dangos cynnydd cyson ac felly gyflymiad cyson. Ni allwn fesur y cyflymiad gan nad ydyn ni'n gwybod faint o amser sydd rhwng pob fflachiad. Sylwch fod y bêl golff yn ymddangos fel pe bai'n goddiweddyd (*overtaking*) y bêl tenis bwrdd, oherwydd bod effaith gymharol gwrthiant aer yn fwy ar y bêl sydd â'r màs lleiaf.

Tua'r flwyddyn 1590, dyfeisiodd Galileo arbrawf meddwl i gyfiawnhau, drwy resymeg, pam mae pob gwrthrych sy'n disgyn **yn rhydd** (h.y. yn absenoldeb gwrthiant aer) yn cyflymu tuag at y Ddaear â'r un cyflymiad. Yr enw ar y cyflymiad hwn yw *cyflymiad disgyn yn rhydd* neu'r *cyflymiad oherwydd disgyrchiant*. Y symbol ar gyfer y cyflymiad hwn yw *g*. Gweler Adran 1.3.8 am drafodaeth bellach ar y pwnc hwn, a hefyd am effaith gwrthiant aer ar fudiant disgyn.

Yn agos at arwyneb y ddaear, mae cyflymiad oherwydd disgyrchiant, *g*, bron yn gyson. Ar uchder o 39 km, sef yr uchder y neidiodd Felix Baumgartner ohono ym mis Hydref 2012, dim ond 1.2% yn llai yw gwerth *g* na'i werth ar lefel y ddaear. Hyd yn oed ar uchder yr Orsaf Ofod Ryngwladol (400 km), dim ond 13% yn llai yw *g* nag ar lefel y ddaear. Oni bai bod rhywun yn dweud yn wahanol, dylech chi dybio bod $g = 9.81$ m s^{-2}. Wrth amcangyfrif, mae'n synhwyrol defnyddio'r gwerth bras 10 m s^{-2} ar gyfer *g*.

Enghraifft

Mae myfyriwr yn gollwng carreg o adeilad uchel. Amcangyfrifwch (a) ei buanedd a (b) ei safle ar ôl 1.0 s, 2.0 s, 3.0 s a 4.0 s, gan dybio nad yw wedi taro'r ddaear!

Ateb

(a) Os yw'r cyflymiad ~ 10 m s^{-2}, mae hyn yn golygu bod y buanedd yn cynyddu 10 m s^{-1} bob eiliad, felly'r buaneddau yw ~ $10, 20, 30$ a 40 m s^{-1} yn ôl eu trefn.

(b) Drwy gymhwyso $x = ut + \frac{1}{2}at^2$ os yw $u = 0$ ac $a = g \approx 10$ m s^{-2}, cawn $x = 5t^2$ sy'n arwain at $x = 5$ m, 20 m, 45 m ac 80 m.

Mae nifer o broblemau sy'n ymwneud â mudiant dan ddisgyrchiant yn cynnwys mudiant i fyny, sy'n lleihau, ac yn y pen draw'n troi'n fudiant tuag i lawr. Er mwyn datrys problemau o'r fath, rhaid penderfynu pa gyfeiriad sy'n bositif.

Os dewiswn *i fyny fel positif* yna $a = -g = -9.81$ m s^{-2}; bydd cyflymder i lawr yn negatif a bydd safle islaw'r pwynt cychwyn yn negatif. Mae'r enghraifft ganlynol yn esbonio'r pwyntiau hyn.

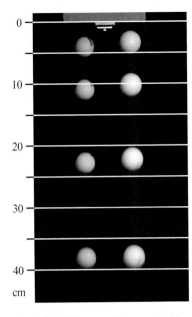

Ffig. 1.2.12 Sfferau yn disgyn yn rhydd

Ffig. 1.2.13 Arbrawf meddwl Galileo

Gwirio gwybodaeth 1.2.13

Mae teithiwr mewn balŵn aer poeth disymud ar uchder 200 m yn taflu carreg i lawr ar 10 m s^{-1}. Cyfrifwch fuanedd y garreg wrth iddi daro'r ddaear.

Pwynt astudio

Gallen ni ddewis tuag i lawr fel y positif. Drwy wneud hyn, mae $a = g = +9.81$ m s^{-2}.

Yn yr enghraifft, mae u yn -80 m s^{-1} ac mae x yn $+250$ m ar y ddaear.

Pwynt astudio

Ni all yr hafaliadau yn yr enghraifft wahaniaethu rhwng y cwestiwn dan sylw, a sefyllfa lle caiff gwrthrych ei daflu i fyny o'r ddaear, gan gyrraedd cyflymder o 80 m s^{-1} ar uchder 250 m ar amser 0. Yn yr ail sefyllfa, byddai amser y tafliad yn -2.7 s a'i gyflymiad yn $+106$ m s^{-1}.

1.2.14 Gwirio gwybodaeth

Gwnewch y cyfrifiadau ar gyfer camau 1 a 2, a dangoswch fod cyfanswm yr amser yn 19.0 s.

Pam na allwn ni ddarganfod cyfanswm amser hediad y roced o'i lansiad drwy ddefnyddio hafaliadau mudiant 1–4?

Ymestyn a herio

Yn enghraifft y roced, defnyddiwch $x = ut + \frac{1}{2}at^2$ ar gyfer yr hediad cyfan o 250 m, i ddarganfod yr amser i daro'r ddaear.

Enghraifft

Mae roced degan yn rhedeg allan o danwydd ar uchder o 250 m a chyflymder fertigol o 80 m s^{-1} tuag i fyny. Cyfrifwch fuanedd y roced wrth iddi daro'r ddaear. Gallwch anwybyddu effeithiau gwrthiant aer.

Ateb

$u = 80$ m s^{-1}, $a = -g = -9.81$ m s^{-2}.

Mae lefel y ddaear 250 m islaw'r pwynt lle mae ein hafaliadau yn dechrau bod yn berthnasol, h.y. $x = -250$ m. Mae angen i ni ddarganfod v ar y pwynt hwn.

$\therefore v^2 = u^2 + 2ax$. $\therefore v^2 = 80^2 + 2(-9.81)(-250) = 11305$

$\therefore v = \pm106$ m s^{-1}

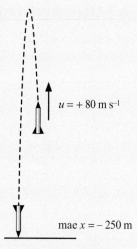

Ffig. 1.2.14 Roced degan

Sut gallwn ni wahaniaethu rhwng y ddau ddatrysiad posibl? Gallen ni ddweud, 'Wel, mae'n amlwg na all $+106$ m s^{-1} fod yn gywir, felly yr ateb yw -106 m s^{-1}, h.y. 106 m s^{-1} tuag i lawr.' Mae hyn yn sicr yn gywir, ond gallen ni edrych ar y broblem yn fwy manwl. Gweler y Pwynt astudio.

Cwestiwn anodd

Byddai'r cwestiwn yn fwy anodd pe bai'n gofyn i chi gyfrifo'r amser tan i'r roced gyrraedd y ddaear. Pam mae hyn yn fwy anodd? Gan ei fod yn golygu datrys hafaliad cwadratig! (Gweler Ymestyn a herio.)

Datrysiad haws

Mae rhai yn ei chael hi'n haws meddwl am y broblem hon mewn dwy ran:

1. Cyfrifo'r amser a'r pellter i frig yr hediad (cam 1), a

2. Cyfrifo'r amser disgyn o'r brig i'r ddaear (cam 2).

I wneud hyn mae angen y dilyniant canlynol:

- Yng ngham 1, mae $v = 0$. Defnyddiwch $v = u + at$ i gyfrifo'r amser i'r brig.

- Defnyddiwch $x = \frac{1}{2}(u + v)t$ neu $x = ut + \frac{1}{2}at^2$ i gyfrifo'r cynnydd mewn uchder yng ngham 1. Adiwch yr uchder cychwynnol (250 m) i roi cyfanswm yr uchder.

- Ar gyfer cam 2, defnyddiwch $x = ut + \frac{1}{2}at^2$ i gyfrifo'r amser mae'n gymryd i ddisgyn 576 m o ddisymudedd. Mae hwn yn gwadratig ond mae'r term ut yn sero (oherwydd bod $u = 0$). [Awgrym: mae'n synhwyrol cymryd *i lawr* fel y positif ar gyfer y rhan hon o'r hediad.]

- Adiwch y ddau amser.

Nawr rhowch gynnig ar Gwirio gwybodaeth 1.2.14.

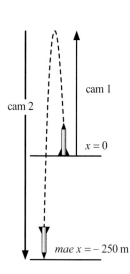

Ffig. 1.2.15 Amser hedfan

1.2.4 Taflegrau

Mae *taflegryn* yn wrthrych sy'n cael ei daflu/gicio/symud i fyny ar ongl, ac sy'n parhau ar hyd ei lwybr dan ddylanwad disgyrchiant, e.e. pêl rygbi sy'n cael ci chicio rhwng y pyst. Yr enw ar astudiaeth o'r math hwn o fudiant yw *balisteg*, wedi'i enwi ar ôl yr arf Rhufeinig, y ballista.

Roedd cofnodion mewn llyfrau milwrol yn yr Oesoedd Canol yn awgrymu bod llwybr hedfan pêl ganon fel sydd i'w weld yn Ffig. 1.2.17.

Ffig. 1.2.16 Jetiau parabolig o ddŵr

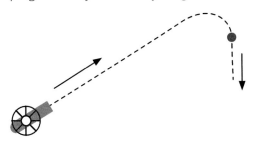

Y syniad oedd bod y bêl ganon yn cael ei 'symbylu' i symud. Pan fyddai'r symbyliad yn dod i ben, byddai disgyrchiant yn cymryd drosodd ac yn gwneud iddi blymio tuag i lawr. Mae hyn yn debyg i lwybr cymeriad cartŵn wrth iddo redeg dros ymyl clogwyn. Mae'r llun o ffrydiau dŵr yn dangos gwir lwybr parabolig unrhyw daflegrau. (Gweler Ffig. 1.2.16).

Ffig. Ffig. 1.2.17 'Damcaniaeth symbyliad' hediad pêl ganon

Er mwyn gweld beth sy'n digwydd, byddwn ni'n edrych ar ddelwedd strôb o ddau sffêr. Mae un yn symud yn fertigol, ac mae'r llall yn dechrau'n llorweddol ar yr un pryd (Ffig. 1.2.18).

Mae'r llinellau gwyn fertigol yr un pellter ar wahân. O'r ddelwedd hon, gwelwn:

1. fod uchder y ddau sffêr yr un peth ar bob ennyd, h.y. maen nhw'n cyflymu i lawr ar yr un gyfradd, sef *g*.

2. fod y sffêr gwyn yn symud yn llorweddol ar gyflymder cyson.

Gallwn gasglu ei bod hi'n bosibl trin mudiant fertigol a llorweddol taflegryn ar wahân.

Ffig. 1.2.19

Ffig. 1.2.18 Mudiant llorweddol a fertigol annibynnol

Wrth ddefnyddio cyfesurynnau x, y, lle mae x yn llorweddol, y yn fertigol tuag i fyny a'r taflegryn yn cychwyn o $(0,0)$ gyda chyflymder cychwynnol u ar ongl θ i'r llorwedd, dyma fydd yr hafaliadau mudiant:

Yn llorweddol mae: $x = u_x t$ a $v_x = u_x$ [h.y. mae'r cyflymder yn gyson].

Yn fertigol, mae: $v_y = u_y - gt$; $y = \frac{1}{2}(u_y + v_y)t$; $y = u_y t - \frac{1}{2}gt^2$; $v_y^2 = u_y^2 - 2gy$

lle $u_x = u \cos \theta$ ac $u_y = u \sin \theta$ yw cydrannau llorweddol a fertigol cychwynnol y cyflymder a v_x a v_y yw cydrannau llorweddol a fertigol cychwynnol y cyflymder ar amser, t. Gan gymryd mai tuag i fyny yw'r positif, mae $a = -g$.

Edrychwch ar Gwirio gwybodaeth 1.2.15. Gallwn ateb y math hwn o gwestiwn mewn ffordd syml drwy nodi'r hafaliad cywir ym mhob cam ac amnewid y data. Awgrymwn ateb y cwestiwn hwn a'i wirio cyn symud ymlaen. Mae angen dull aml-gam ar gyfer rhai problemau, fel yr enghraifft isod. Bydd angen cyfrifo amser cyn y pellter perthnasol yn aml.

Gwirio gwybodaeth 1.2.15

Ar gyfer Ffig. 1.2.19, os yw $u = 30$ m s^{-1} a $\theta = 30°$, cyfrifwch (a) gydrannau llorweddol a fertigol u, (b) gwerthoedd v_x a v_y ar ôl 5 eiliad, (c) y cyflymder ar ôl 5 eiliad ac (ch) y safle ar ôl 5 eiliad.

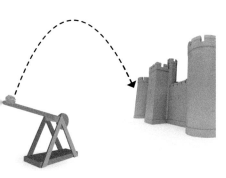

Ffig. 1.2.20 Catapwlt

Enghraifft

Mae catapwlt (peiriant taflegrau canoloesol; gweler Ffig. 1.2.20) yn taflu carreg ar fuanedd 40.0 m s^{-1} ac ongl $30°$ i'r llorwedd tuag at wal fertigol castell 100 m i ffwrdd. Cyfrifwch pa mor uchel i fyny wal y castell y bydd y garreg yn taro.

Cynllun

Defnyddiwch y mudiant llorweddol i gyfrifo'r amser mae'r garreg yn ei gymryd i gyrraedd wal y castell. Yna defnyddiwch y mudiant fertigol i gyfrifo uchder y garreg ar yr amser hwn.

1.2.16 Gwirio gwybodaeth

Defnyddiwch y **cynllun** yn enghraifft y catapwlt i ateb y cwestiwn, yna defnyddiwch yr amser i gyfrifo ar ba gyflymder mae'r garreg yn taro wal y castell.

1.2.5 Mesur *g* drwy ddisgyn yn rhydd

I fesur cyflymiad disgyn yn rhydd, yr unig beth mae angen ei wneud yw mesur yr amser, t, mae'n gymryd i wrthrych ddisgyn o uchder hysbys, h.

Yna, drwy ddefnyddio $x = ut + \frac{1}{2}at^2$, gydag $u = 0$, $x = h$ ac $a = g$, dyma fydd yr hafaliad:

$$h = \tfrac{1}{2}gt^2 \qquad [1]$$

$$\therefore \quad g = \frac{2h}{t^2} \qquad [2]$$

1.2.17 Gwirio gwybodaeth

Os yw $h \sim 50$ cm,

(a) Amcangyfrifwch t gan ddefnyddio $g \sim 10$ m s^{-2}.

(b) Defnyddiwch ± 1 mm a ± 10 ms i amcangyfrif % yr ansicrwydd yn g.

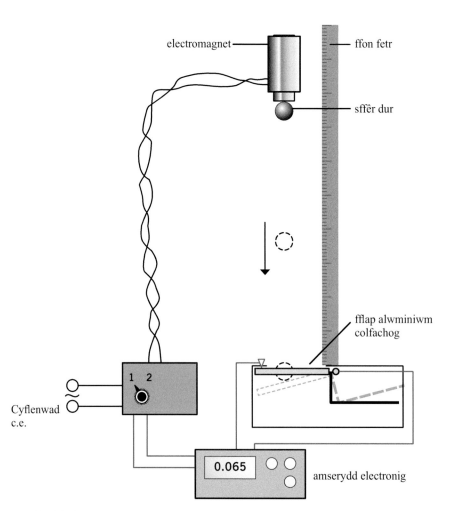

electromagnet — | — ffon fetr

— sffêr dur

fflap alwminiwm colfachog

1 2

Cyflenwad c.e.

0.065 — amserydd electronig

Ffig. 1.2.21 *g* drwy ddisgyn yn rhydd

Mewn egwyddor, gallech ollwng gwrthrych o ffenestr uchel a defnyddio stopwatsh i'w amseru'n disgyn. Y broblem gyda'r dull hwn yw mai dim ond ~2 s mae gwrthrych yn ei gymryd i ddisgyn 20 m [ffenestr weddol uchel]. Felly mae'r ansicrwydd canrannol yn t wrth ddefnyddio stopwatsh â llaw yn eithaf uchel. Wedyn mae'r hafaliad ar gyfer g yn golygu defnyddio t^2 sy'n dyblu'r ansicrwydd. Er enghraifft, os gallwn ni fesur amser ag ansicrwydd o 0.1 s yr ansicrwydd canrannol, p, mewn 2 s fydd:

$$p = \frac{0.1}{2} \times 100 = 5\%$$

Felly bydd yr ansicrwydd yn g yn 10%.

Yn y cyfarpar yn Ffig. 1.2.21, mae'r sffêr dur yn cael ei ddal yn ei le gan electromagnet; daw'r cerrynt o'r cyflenwad c.e. Bydd symud y switsh o 1 i 2 yn diffodd y cerrynt i'r electromagnet (gan ryddhau'r sffêr) ac yn cychwyn yr amserydd electronig ar yr un pryd. Mae'r sffêr yn taro'r fflap alwminiwm, gan achosi iddo symud i lawr a thorri'r gylched goch. Mae hyn yn ei dro yn stopio'r amserydd.

Mesuriadau:

- Uchder y cwymp, h, i ± 1 mm drwy ddefnyddio'r ffon fetr. Yn nodweddiadol mae h hyd at 75 cm.

- Amser, t, drwy ddefnyddio'r amserydd. Gall y raddfa fod i 1 ms neu 10 ms ond, yn nodweddiadol, mae mesuriadau t yn amrywio gydag ansicrwydd o 10 ms.

Dadansoddi'r canlyniadau

Gan amlaf mae t yn cael ei fesur ar gyfer amrediad o werthoedd h hyd at ~75 cm, ac yna mae angen plotio graff h yn erbyn t^2. O hafaliad 1, y graddiant yw $\frac{1}{2}g$, felly mae g yn ddwbl y graddiant.

Cyfeiliornad systematig

Y broblem gyda'r dechneg hon yn aml iawn yw bod ychydig o oedi cyn rhyddhau'r sffêr, gan ei bod yn cymryd ychydig o amser i'r magneteiddiad yn yr electromagnet a/neu'r sffêr dur ddadfeilio. Mae hyn yn ychwanegu amser anhysbys – felly mae gwir amser y cwymp yn llai gan gyfnod anhysbys, τ. Effaith y τ hwn yw cynhyrchu graff crwm ar gyfer h yn erbyn t^2. Gweler y Pwynt astudio am dechneg i ymdrin â hyn.

 Pwynt astudio

Gyda'r oediad amser τ y gwir berthynas yw:

$h = \frac{1}{2}g(t - \tau)^2$

Mae cymryd yr ail isradd yn rhoi:

$$\sqrt{h} = \sqrt{\tfrac{1}{2}g}\, t - \sqrt{\tfrac{1}{2}g}\, \Delta\tau,$$

felly os byddwn yn plotio graff o $\sqrt{h}$ yn erbyn t, dylen ni gael llinell syth â graddiant $\sqrt{\tfrac{1}{2}g}$.

Ymestyn a herio

Gan gyfeirio at y Pwynt astudio uchod:

(a) Beth yw'r rhyngdoriad ar yr echelin $\sqrt{h}$?

(b) Sut gallwn ni ddarganfod τ yn fwy hawdd?

Profwch eich hun 1.2

1. Mae pêl yn cael ei gollwng ar uchder 5.0 m. Mae'n taro'r ddaear ar 10.0 m s^{-1} ar ôl 1 s. Mae'n adlamu ar 8.9 m s^{-1} ac yn cyrraedd uchder mwyaf o 4.0 m mewn 0.90 s. Cyfrifwch:

   (a) y buanedd cymedrig wrth iddi ddisgyn,
   (b) y buanedd cymedrig wrth iddi esgyn,
   (c) y buanedd cymedrig dros yr 1.9 s cyfan,
   (ch) y cyflymder cymedrig dros yr 1.9 s cyfan,
   (d) y newid mewn cyflymder wrth iddi fownsio.

2. Mae'r Ddaear yn troi mewn orbit o gwmpas yr Haul ar bellter cymedrig o 1.496×10^{11} m mewn un flwyddyn (365.25 diwrnod). Cyfrifwch y buanedd orbitol cymedrig i nifer priodol o ffigurau ystyrlon, gan fynegi eich ateb mewn km s^{-1}. (Bydd angen i chi gyfrifo nifer yr eiliadau mewn blwyddyn.)

3. Mae car, sy'n teithio ar fuanedd cyson o 20 m s^{-1}, yn newid cyfeiriad o'r Gogledd i'r Dwyrain mewn 5 eiliad. Cyfrifwch y cyflymiad cymedrig.

4. Mae car yn teithio ar fuanedd cyson o 15 m s⁻¹ o amgylch troad hanner crwn o radiws 60 m, fel sydd i'w weld yn y diagram. Cyfrifwch y canlynol:

(a) y dadleoliad AC [Awgrym: maint a chyfeiriad]
(b) yr amser mae'n gymryd i deithio o A i C
(c) y cyflymder cymedrig, $\overline{v_{AC}}$, rhwng A ac C
(ch) y newid mewn cyflymder rhwng A ac C
(d) y cyflymiad cymedrig rhwng A ac C
(dd) y cyflymder cymedrig rhwng A a B
(e) y cyflymiad cymedrig rhwng A a B.

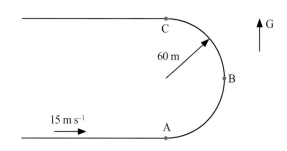

5. Defnyddiwch y graff v–t i ddarganfod:

(a) y cyflymiad rhwng 0 a 10 eiliad;
(b) y pellter a deithiwyd yn yr 20 s cyntaf;
(c) y cyflymiad ar 30 s;
(ch) y cyflymder cymedrig dros y 40 s cyfan.

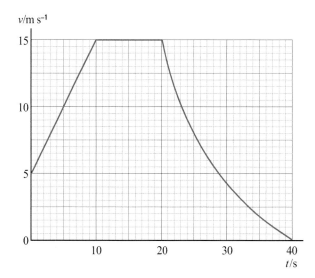

6. Esboniwch pam mae'r hafaliad $v = u + at$ yn homogenaidd, ond dydy $x = u + at^2$ ddim yn homogenaidd ac felly ni all fod yn gywir.

7. Mae trên yn cyflymu o ddisymudedd ar 0.50 m s⁻² am gyfnod o 90 s. Mae'n teithio ar gyflymder cyson am 4.5 km cyn arafu i ddisymudedd ymhen 1800 m arall. Cyfrifwch y cyflymder cymedrig ar gyfer y daith. [Awgrym: Cyfrifwch gyfanswm y dadleoliad a chyfanswm yr amser a gymerwyd.]

8. Mae pêl yn cael ei thaflu'n fertigol i fyny o lefel y ddaear ar 35 m s⁻¹. Gan gymryd mai tuag i fyny sy'n bositif, a defnyddio'r brasamcan, g = 10 m s⁻², cyfrifwch y canlynol: (a) y cyflymder ar ôl 1.0 s, 2.0 s, 5.0 s; (b) yr amser ar y pwynt uchaf [h.y. pan fydd y cyflymder = 0]; (c) yr amser mae'n gymryd i gyrraedd y ddaear eto (gan dybio nad oes gwylan yn pasio ac yn torri ar draws ei llwybr);

9. Mae carreg yn cael ei hyrddio'n llorweddol o ben clogwyn ar fuanedd 30 m s⁻¹. Mae'n taro'r môr 5.0 s yn ddiweddarach. Cyfrifwch:
(a) uchder y clogwyn; (b) cydran fertigol ei chyflymder wrth iddi daro'r dŵr; (c) ei chyflymder wrth iddi daro'r dŵr.

10. Mae saeth yn cael ei saethu ar 50 m s⁻¹ ar ongl 30° i'r llorwedd. Gan anwybyddu gwrthiant aer ac effeithiau aerodynamig eraill, cyfrifwch: (a) uchder mwyaf y saeth; (b) yr amser i gyrraedd yr uchder mwyaf; (c) y cyflymder ar yr uchder uchaf; ac (ch) cyrhaeddiad llorweddol y saeth.

11. Mae arbrawf yn cael ei wneud i ddarganfod gwerth ar gyfer y cyflymiad oherwydd disgyrchiant. Defnyddiwyd y cyfarpar sydd i'w weld yn Ffig. 1.2.21. Defnyddiwyd amserydd centieiliadau. Mae'r tabl yn dangos yr amserau gafodd eu mesur wrth i'r sffêr dur ddisgyn:

Pellter, x / cm	10.0	20.0	30.0	40.0	50.0	60.0	70.0
Amser, t / ms	180	250	280	330	350	390	420

Mae'r magnet yn achosi cyfeiliornad systematig bach. Defnyddiwch graff i gymharu'r ddau ddull dadansoddi yn y testun, a darganfyddwch amser yr oedi cyn i'r magnet ollwng y sffêr.

1.3 Dynameg

Roedd Adran 1.2 yn ymdrin ag iaith fathemategol mudiant – gan ddisgrifio mudiant unffurf a mudiant cyflymol (*accelerated motion*) yn nhermau hafaliadau. Mae'r testun hwn yn ymwneud â'r hyn sy'n achosi mudiant a'r newidiadau i fudiant. Cyn yr ail ganrif ar bymtheg, roedd pobl yn credu mai cyflwr naturiol mudiant gwrthrychau oedd disymudedd. Roedd angen rhyw gyfrwng er mwyn gwneud i wrthrych symud: mae'n anodd gwneud i foncyff symud o gwbl, ac wrth i chi roi'r gorau i'w lusgo, mae'r boncyff yn peidio â symud; bydd hyd yn oed pêl sy'n rholio yn aros yn ei hunfan mewn dim o dro; roedd pawb yn 'gwybod' bod y Ddaear yn ddisymud yng nghanol y bydysawd.

Y gred oedd bod rheolau gwahanol yn berthnasol i wrthrychau oddi allan i'r Ddaear, h.y. y Lleuad a thu hwnt. Doedden nhw ddim wedi cael eu creu o ddefnydd arferol (pridd, aer, tân a dŵr), ond yn hytrach o bumed sylwedd o'r enw'r *pumed hanfod*. Cyflwr naturiol mudiant y defnydd hwn oedd troi o amgylch y Ddaear. Mae Adran 1.3 yn cyflwyno canlyniadau'r chwyldro yn yr unfed ganrif ar bymtheg a'r ail ganrif ar bymtheg, pan adeiladodd Isaac Newton ar waith enwogion fel Copernicus, Kepler, Galileo a Descartes. (Mae'n anodd gorbwysleisio effaith Newton ar ein dealltwriaeth o'r ffordd mae gwrthrychau'n symud. Yng ngeiriau beddargraff Alexander Pope ar ei gyfer, 'Roedd deddfau natur oll mewn t'wyllwch du; "Boed Newton!" meddai Duw, a golau fu.')

Dyma sut gallwn fynegi **tair deddf mudiant Newton**:

N1. Bydd cyflymder gwrthrych yn gyson oni bai fod grym cydeffaith yn gweithredu arno.

N2. Mae cyfradd newid momentwm gwrthrych mewn cyfrannedd union â'r grym cydeffaith sy'n gweithredu arno.

N3. Os yw gwrthrych **A** yn rhoi grym ar wrthrych **B**, yna mae **B** yn gweithredu grym hafal a dirgroes ar **A**.

Rydyn ni'n aml yn cyfeirio'n gryno at y deddfau hyn fel N1, N2 ac N3.

Mae egwyddor **cadwraeth momentwm** yn mynegi:

Mae swm fector momenta'r gwrthrychau mewn system yn gyson, ar yr amod nad oes grym cydeffaith allanol yn gweithredu ar y system.

Mynegiad amgen:

Mae swm fector momenta'r gwrthrychau mewn system arunig yn gyson (gweler y Pwynt astudio).

Mewn gwirionedd, nid yw'r pedwar mynegiad hyn yn annibynnol; gallwn ddeillio'r drydedd ddeddf (N3) o N2 a chadwraeth momentwm. Sylwch fod y deddfau hyn wedi'u gosod yn nhermau cyflymder, momentwm a grym. Byddwn yn ystyried momentwm yn gyntaf.

1.3.1 Momentwm

Diffiniwyd momentwm, p, gwrthrych gan Newton fel

$$p = mv,$$

lle v yw cyflymder y gwrthrych ac m yw'r màs.

Mae màs yn fesur sgalar, ac mae'n mesur **inertia'r** gwrthrych. Tybiwn fod màs inertiaidd yn annibynnol ar gyflymder.

Mae momentwm yn fesur fector, fel dadleoliad a chyflymder, h.y. mae ganddo faint a chyfeiriad. Felly:

1. Os oes gofyn i ni ddarganfod momentwm gwrthrych, dylen ni bob amser nodi'r cyfeiriad (gweler y Pwynt astudio).

2. Rydyn ni'n adio neu'n tynnu momenta yn y ffyrdd a welson ni yn Adrannau 1.1.3 ac 1.1.4.

Uned momentwm yw'r kg m s^{-1}, sy'n gallu cael ei ysgrifennu fel **N** s (gweler Adran 1.3.3).

Enghraifft

Mae cwch, màs $10\,000$ kg, yn hwylio ar 8.0 m s^{-1} ar gyfeiriant o $60°$. Cyfrifwch:

(a) ei fomentwm

(b) cydran ogleddol ei momentwm.

Ateb

(a) $p \quad = mv = 10\,000 \times 8.0$

$\qquad = 80\,000$ kg m s^{-1} ar gyfeiriant o $60°$.

(b) Cydran ogleddol $p_G = 80\,000 \cos 60°$

$\qquad\qquad\qquad = 40\,000$ kg m s^{-1}

Yn y labordy, rydyn ni'n aml yn ymchwilio i newidiadau momentwm drwy ddefnyddio 'teithwyr' (*riders*) ar draciau aer. Mae'r 'teithiwr' yn eistedd ar glustog aer, sy'n golygu bod:

- y grym cydeffaith fertigol yn sero, oherwydd bod y grym i fyny ar y 'teithiwr' o ganlyniad i wasgedd aer yn hafal ac yn ddirgroes i'r grym disgyrchiant i lawr, a bod
- y grym ffrithiant ar y 'teithiwr' yn sero, a'r grym o ganlyniad i wrthiant aer yn fach iawn.

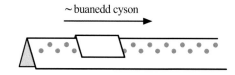

Ffig. 1.3.1 Trac aer

Felly, gallwn ystyried bod casgliad o 'deithwyr' (dau fel arfer) ar drac aer yn ffurfio system sydd bron yn arunig. Gwelwn fod un 'teithiwr' sy'n symud ar fuanedd isel yn teithio ar gyflymder sydd bron yn gyson, yn unol â deddf gyntaf Newton (N1).

a) Pan fydd gwrthrychau sy'n gwrthdaro yn glynu at ei gilydd

Mae Ffig. 1.3.2 yn dangos dau wrthdrawiad ar y trac aer. Yr enw ar y gwrthdrawiadau hyn, pan fydd gwrthrychau'n cyfuno wrth daro yn erbyn ei gilydd, yw **gwrthdrawiadau anelastig**. Er eglurder, rydyn ni wedi defnyddio cyflymderau delfrydol yn fwriadol! Mae'r 'teithwyr' yn unfath, felly mae eu masau yn hafal – dywedwn ni 0.15 kg.

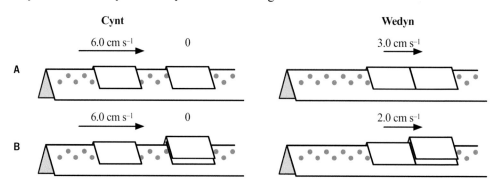

Ffig. 1.3.2 Gwrthdrawiadau anelastig

O dybio bod gan y 'teithwyr' fàs o 0.15 kg bob un, y **momenta** cyn ac ar ôl y gwrthdrawiadau, p_1 a p_2, ar gyfer gwrthdrawiad **A** yw:

$$p_1 = 0.15 \text{ kg} \times 6.0 \text{ cm s}^{-1} + 0.15 \text{ kg} \times 0 = 0.90 \text{ kg cm s}^{-1}$$

$$p_2 = 0.30 \text{ kg} \times 3.0 \text{ cm s}^{-1} = 0.90 \text{ kg cm s}^{-1}.$$

Mae'r momenta yr un peth cyn ac ar ôl y gwrthdrawiad. Wrth gwrs, mae màs gwirioneddol y teithwyr yn amherthnasol cyn belled â'u bod i gyd yr un peth.

b) Pan fydd gwrthrychau sy'n gwrthdaro yn adlamu

Pe baem yn gosod magnetau sy'n gwrthyrru ar y 'teithwyr', efallai bydden ni'n gweld gwrthdrawiad **C** yn Ffig. 1.3.3. Mae dau beth yn wahanol o **A** a **B**:

- Mae symudiad yn y ddau gyfeiriad.

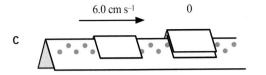
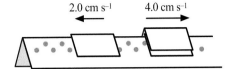

Ffig. 1.3.3 Gwrthdrawiad elastig

- Mae'r 'teithwyr' yn symud ar wahân ar ôl y gwrthdrawiad.

Fel yn achos mudiant dan ddisgyrchiant (Adran 1.2) mae angen i ni ddiffinio cyfeiriad positif. Rydyn ni'n dewis 'tua'r dde' fel y cyfeiriad positif.

Yna, mae:
$$p_1 = 0.15 \text{ kg} \times 6.0 \text{ cm s}^{-1} + 0.30 \text{ kg} \times 0 = 0.90 \text{ kg cm s}^{-1}$$
$$p_2 = 0.15 \text{ kg} \times (-2.0) \text{ cm s}^{-1} + 0.30 \text{ kg} \times 4.0 \text{ cm s}^{-1} = 0.90 \text{ kg cm s}^{-1}.$$

Mae'r enghraifft yn dangos sut i gymhwyso'r egwyddor er mwyn cyfrifo cyflymder terfynol.

Enghraifft

Mae tryc gwag, màs 1000 kg, sy'n teithio ar 6.0 m s^{-1} i'r dde, yn gwrthdaro yn erbyn tryc llawn, màs 4000 kg, sy'n teithio ar 2.0 m s^{-1} yn y cyfeiriad dirgroes. Os ydyn nhw'n cyplu yn ystod y gwrthdrawiad, cyfrifwch eu cyflymder cyffredin ar ôl y gwrthdrawiad.

Ateb

Cam 1: Diagram:

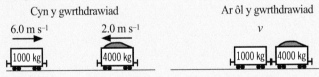

Ffig. 1.3.4

Cam 2: Hafaliad Cadwraeth Momentwm: cyfanswm momenta cychwynnol = cyfanswm momenta terfynol

Cam 3: Gan gymryd y dde fel y positif: $1000 \times 6.0 + 4000 \times (-2.0) = 5000v$

Cam 4 Gan ddatrys hwn $\therefore v = -0.40 \text{ m s}^{-1}$

$\therefore$ Y cyflymder cyffredin yw 0.40 m s^{-1} i'r chwith.

Gwirio gwybodaeth 1.3.3

(a) Yn Ffig. 1.3.2, dangoswch fod 50% o'r EC yn cael ei golli yng ngwrthdrawiad **A**.

(b) Cyfrifwch ganran yr EC sy'n cael ei golli yng ngwrthdrawiad **B**.

Pwynt astudio

Sylwch ar yr arwydd minws (–) yn y cyfrifiad ar gyfer p_2. Mae'r 'teithiwr' ar y chwith yn symud i'r chwith, felly mae $v = -2 \text{ cm s}^{-1}$.

Awgrym

Yn yr enghraifft hon:

(a) Cofiwch fod y momenta yn fectorau.

(b) Nodwch gyfeiriad yn ogystal â maint y cyflymder.

Gwirio gwybodaeth 1.3.4

Dangoswch y cyfrifiadau ar gyfer p_1 a p_2 yn Ffig. 1.3.4 gydag 'i'r chwith' fel y cyfeiriad positif.

Awgrym

Wrth gyfrifo EC, sylwch mai maint y cyflymder yn unig sydd o bwys, ac nid y cyfeiriad. Mae hyn oherwydd bod $(-v)^2$ yr un peth â v^2.

1.3.5 Gwirio gwybodaeth

Dangoswch fod yr egni cinetig cychwynnol a'r egni cinetig terfynol yng ngwrthdrawiad **C** (Ffig. 1.3.3) yn 2.7×10^{-4} J.

1.3.2 Mathau o broblemau cadwraeth momentwm

a) Gwrthdrawiadau elastig ac anelastig

Roedd tri o'r gwrthdrawiadau yn Adran 1.3.1 yn **anelastig**: gwrthdrawiadau **A**, **B** a'r un yn yr enghraifft. Mae'r gwrthdrawiadau hyn yn arwain at golli egni *cinetig*. Sylwch ar y gair cinetig. Mae egni bob amser yn cael ei gadw, ond mae'n bosibl ei drosglwyddo o un gwrthrych i'r llall, neu o un ffurf i'r llall. Dylech allu dangos bod y gwrthdrawiad yn yr enghraifft ar dudalen 41 yn arwain at golli 25.6 kJ o egni cinetig (o 26.0 kJ i 0.4 kJ).

Os ydych chi wedi gwneud Gwirio gwybodaeth 1.3.5, byddwch wedi dangos nad yw egni cinetig yn cael ei golli yng ngwrthdrawiad **C** yn Ffig. 1.3.3. Yr enw ar y math hwn o wrthdrawiad yw gwrthdrawiad **elastig** (neu weithiau **perffaith elastig**). Mae gwrthdrawiad elastig yn wrthdrawiad lle nad oes newid yng nghyfanswm yr egni cinetig. Mewn gwrthdrawiad anelastig, mae egni cinetig yn cael ei golli.

Mae ychydig o egni cinetig yn cael ei golli bob tro mewn gwrthdrawiadau cyffwrdd rhwng gwrthrychau macrosgopig – h.y. gwrthrychau y gallwch eu gweld, fel peli tennis a cheir. Mae'n cael ei drosglwyddo i egni dirgrynol moleciwlau'r gwrthrychau. Mae gwrthdrawiadau egni isel rhwng gronynnau isatomig, neu rhwng moleciwlau nwyon monatomig ar dymheredd ystafell, fel arfer yn elastig. Bydd gwrthdrawiadau rhwng sfferau caled, fel peli snwcer, fel arfer yn cadw 90% o'r egni cinetig. Felly, yn y byd macrosgopig, anaml iawn y mae gwrthdrawiadau o'r fath yn rhai perffaith elastig.

Mae'n fwy anodd dadansoddi gwrthdrawiadau elastig na rhai anelastig oherwydd bod dau gyflymder anhysbys. Mae'n rhaid datrys hafaliadau cydamserol.

Pwynt astudio

Nid i wrthdrawiadau yn unig mae cadwraeth momentwm yn berthnasol. Mae'n berthnasol hefyd i sefyllfaoedd lle mae un gwrthrych yn bwrw un arall allan, fel yn achos niwclews sy'n allyrru gronyn α neu ddryll sy'n saethu bwled. Mae'r momentwm yn sero cyn y digwyddiad, felly mae cyfanswm y momentwm yn sero wedyn.

Felly mae: $mv = MV$. Os ydyn ni'n gwybod beth yw cyfanswm yr egni, E, yna gallwn ysgrifennu

$\frac{1}{2}mv^2 + \frac{1}{2}MV^2 = E$

a datrys yr hafaliadau ar gyfer v a V.

Enghraifft

Mae'r gwrthdrawiad yn Ffig. 1.3.5 yn elastig. Darganfyddwch v_1 a v_2.

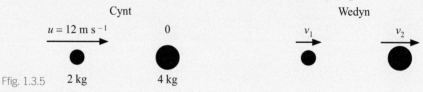

Ffig. 1.3.5

Ateb

Momentwm cyn y gwrthdrawiad $= 2 \times 12 + 4 \times 0 = 24$ N s

$\therefore$ Drwy ddefnyddio egwyddor cadwraeth momentwm: $\qquad 2v_1 + 4v_2 = 24 \qquad$ [1]

Egni cinetig cyn y gwrthdrawiad $\qquad = \frac{1}{2} \times 2 \times 12^2 + \frac{1}{2} \times 4 \times 0 = 144$ J

$\therefore$ Drwy ddefnyddio cadwraeth egni $\qquad \frac{1}{2} \times 2 \times v_1^2 + \frac{1}{2} \times 4 \times v_2^2 = 144$

$\therefore$ Drwy symleiddio $\qquad\qquad\qquad\qquad\qquad v_1^2 + 2v_2^2 = 144 \qquad$ [2]

Nawr rhaid datrys hafaliadau [1] a [2] ar gyfer v_1 a v_2 fel hyn:

Drwy rannu hafaliad [1] â 2 ac ad-drefnu, mae: $\qquad v_1 = 12 - 2v_2$

Gan amnewid yn hafaliad [2] ar gyfer v_1: $(12 - 2v_2)^2 + 2v_2^2 = 144$

Ehangu $\qquad\qquad\qquad\qquad 144 - 48v_2 + 4v_2^2 + 2v_2^2 = 144$

Symleiddio $\qquad\qquad\qquad\qquad\qquad -48v_2 + 6v_2^2 = 0$

Ffactorio $\qquad\qquad\qquad\qquad\qquad 6v_2 - (8 + v_2) = 0$

Felly mae $\qquad\qquad\qquad\qquad\qquad v_2 = 0$ neu 8 m s^{-1}.

Mae datrys hafaliadau 1 a 2 ar gyfer v_2 yn rhoi $v_2 = 0$ neu 8 m s^{-1}. Gallwn anwybyddu'r 0 gan ei fod yn amlwg yn cynrychioli 'dim gwrthdrawiad' [h.y. mae'r bêl 2 kg wedi methu!], felly mae $v_2 = 8$ m s^{-1}. Mae amnewid yn [1] yn rhoi $v_1 = -4$ m s^{-1}, h.y. 4 m s^{-1} i'r chwith: mae'r bêl sydd â'r màs lleiaf wedi adlamu (fel bydden ni'n ei ddisgwyl).

Yn y gwrthdrawiad hwn, sylwch fod y peli'n gwahanu ar yr un gyfradd (12 m s^{-1}) ar ôl y gwrthdrawiad ag roedden nhw cyn iddyn nhw wrthdaro. Mae hyn bob amser yn wir mewn gwrthdrawiadau elastig, a gallwn ddefnyddio'r ffaith hon i symleiddio'r cyfrifiad ar gyfer v_1 a v_2. Gweler Ymestyn a herio.

(b) Problemau 'ffrwydrad'

Gallwn gymhwyso cadwraeth momentwm i wrthdrawiadau, a hefyd i unrhyw ryngweithiadau lle mae'n bosibl anwybyddu grymoedd allanol. Os yw rhan o un gwrthrych yn cael ei thaflu i un cyfeiriad, bydd y rhan sy'n weddill yn symud i'r cyfeiriad dirgroes. Gwelwn hyn mewn adlam gwn pan fydd bwled yn cael ei danio, wrth gyflymu roced pan fydd nwyon gwacáu'n cael eu bwrw allan yn y cefn, neu adlam niwclews atomig pan gaiff gronyn α ei allyrru.

Fe wnawn ni edrych ar y broblem gyffredinol. Mae Ffig. 1.3.6 yn dangos gwrthrych yn rhannu'n ddwy ran gyda masau m ac M. Mae'r rhannau hyn yn symud ar wahân gyda chyflymderau v a V yn ôl eu trefn. Gan dybio bod y gwrthrych gwreiddiol (o fàs $m + M$) yn ddisymud cyn hollti, rhaid i swm momenta'r ddwy ran fod yn sero ar ôl y ffrwydrad, gan dybio ei bod yn bosibl anwybyddu grymoedd allanol.

Byddwn yn edrych ar yr egwyddorion sy'n perthyn i hyn drwy ddefnyddio'r enghraifft ganlynol.

Enghraifft

Mae gofodwr disymud, màs 75 kg, yn yr Orsaf Ofod Ryngwladol, yn taflu pêl, màs 1.5 kg ymlaen yn ysgafn ar fuanedd o 2.0 ms^{-1}. Beth yw'r effaith ar fudiant y gofodwr?

Ateb

Y momentwm cychwynnol yw sero. Rhaid bod momentwm yn cael ei gadw, felly rhaid bod y gofodwr yn symud yn ôl i roi cyfanswm momentwm o sero. Gadewch i gyflymder adlamu'r gofodwr fod yn v.

Yna, gan gymhwyso egwyddor cadwraeth momentwm:

$$1.5 \times 2.0 + 75v = 0$$

Drwy ad-drefnu:

$$v = \frac{-1.5 \times 2.0}{75}$$

$$= -0.040 \text{ m s}^{-1}$$

Felly mae'r gofodwr yn symud yn ôl ar 0.040 m s^{-1}.

Efallai byddwch chi'n dod ar draws cwestiwn mwy anodd ar y testun hwn, lle cewch wybod beth yw cyfanswm yr egni cinetig, E_{cyfanswm}, a ryddhawyd; ynghyd â masau'r ddau wrthrych. Er enghraifft, mae wraniwm 238 yn dadfeilio drwy allyrru gronyn α gyda chyfanswm yr egni sy'n cael ei ryddhau yn 4.2 MeV (6.7×10^{-13} J). O hyn gallwn gyfrifo'r egni cinetig sy'n cael ei ennill gan y gronyn α a'r niwclews sy'n deillio o hynny (thoriwm 234). Mae'n bosibl dangos bod egni, $E_α$ y gronynnau alffa yn cael ei roi gan

$$E_\alpha = \frac{E_{\text{cyfanswm}}}{\left(1 + \dfrac{m_\alpha}{m_{\text{Th}}}\right)}$$

lle m_α a m_{Th} yw masau'r gronyn α a'r niwclews thoriwm yn ôl eu trefn.

►Ymestyn a herio

Os yw $v_2 - v_1 = 12$ m s^{-1} (gweler y testun o dan yr enghraifft), yna gallwn ddefnyddio hwn fel hafaliad 2. Mae hyn yn gwneud y datrysiad yn haws. Gwiriwch hyn trwy ddatrys:

$$2v_1 + 4v_2 = 24 \quad [1]$$

$$v_2 - v_1 = 12 \quad [2]$$

Pam mai dim ond un datrysiad sydd y tro hwn?

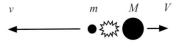

Ffig. 1.3.6 Cadwraeth momentwm mewn ffrwydrad

Gwirio gwybodaeth 1.3.6 ◄

Yn enghraifft y gofodwr, cyfrifwch:

(a) egni cinetig y bêl

(b) egni cinetig y gofodwr

(c) y ffracsiwn o gyfanswm yr egni cinetig sy'n cael ei ennill gan y bêl.

Gwirio gwybodaeth 1.3.7 ◄

Defnyddiwch yr hafaliad

$$E_\alpha = \frac{E_{\text{cyfanswm}}}{\left(1 + \dfrac{m_\alpha}{m_{\text{Th}}}\right)}$$

a'r data i ddarganfod y ffracsiwn o gyfanswm yr egni cinetig sy'n cael ei ennill gan y gronyn α.

(Awgrym: Nid oes angen trawsnewid m_α a m_{Th} i kg.)

Ffig. 1.3.7

1.3.3 Grym a momentwm

Mae'r gricedwraig yn Ffig. 1.3.7 yn chwarae bachiad (*hook shot*). Mae'r bêl, oedd yn wreiddiol yn teithio'n gyflym tuag ati, yn sydyn yn symud i'r ochr yn gyflymach fyth. Mae'r newid momentwm, Δp, i'w weld yn Ffig. 1.3.8.

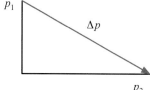

Ffig. 1.3.8

Rydyn ni'n gwybod (o ddeddf 1af Newton – N1) bod cyflymder gwrthrych, ac felly hefyd ei fomentwm, yn aros yn gyson yn absenoldeb grym. Felly mae'r newid momentwm hwn yn digwydd oherwydd bod rhywbeth, sef y bat yn yr achos hwn, yn rhoi **grym** ar y bêl.

Yn ôl 2il ddeddf Newton (N2), mae'r grym cydeffaith a roddir 'mewn cyfrannedd union â chyfradd newid momentwm'. Yn y SI, rydyn ni'n **diffinio** cyfradd newid momentwm i fod yn hafal i'r grym sydd wedi'i fynegi mewn newtonau, h.y. mae

$$F_{\text{cyd}} = \frac{\Delta p}{\Delta t} \text{ neu } \Sigma F = \frac{\Delta p}{\Delta t}$$

lle Δt yw amser gweithredu'r grym.

Enghraifft

Màs pêl griced yw 0.16 kg. Mae'n taro'r bat ar fuanedd 30 m s^{-1}, mae'n troi drwy ongl sgwâr, a gadael y bat ar fuanedd 40 m s^{-1} ac mae'r ardrawiad yn para am 1.5 ms.

Cyfrifwch faint y grym cymedrig mae'r bat yn ei roi ar y bêl.

Ateb

Gan ddefnyddio Ffig. 1.3.8 uchod:

$p_1 = 0.16 \times 30 = 4.8$ N s

$p_2 = 0.16 \times 40 = 6.4$ N s

Gan ddefnyddio theorem Pythagoras $\quad \Delta p = \sqrt{p_1^2 + p_2^2} = 8.0$ N s

∴ Mae'r grym cymedrig, $\quad F = \dfrac{\Delta p}{\Delta t} = \dfrac{8.0}{1.5 \times 10^{-3}} = 5300$ N (i 2 ff.y.)

Yn union fel mae graddiant graff v–t yn rhoi cyflymiad gwrthrych, graddiant y graff momentwm–amser yw'r grym cydeffaith sydd arno.

Mae hyn oherwydd bod $F = \dfrac{\Delta p}{\Delta t}$ ac mai $\dfrac{\Delta p}{\Delta t}$ yw graddiant y graff p–t.

Astudiwch y graff p–t ar gyfer car sy'n symud i'r Dwyrain ar hyd ffordd syth ac sy'n brecio i ddisymudedd (Ffig. 1.3.9). Nawr rhowch gynnig ar ateb Gwirio gwybodaeth 1.3.9.

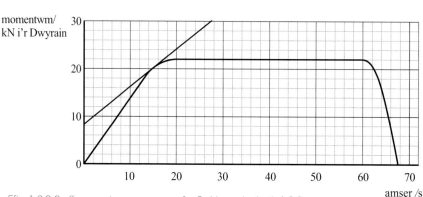

Ffig. 1.3.9 Graff momentwm–amser ar gyfer Gwirio gwybodaeth 1.3.9

1.3.4 Momentwm a 3edd ddeddf mudiant Newton

Fel roedd y cyflwyniad yn sôn, rydyn ni am ddangos bod N3 yn ganlyniad i egwyddor cadwraeth momentwm a'r diffiniad o rym o N2. Mae Ffig. 1.3.10 yn dangos dau wrthrych arunig, **A** a **B**. Mae **A** yn rhoi grym ar **B**, ac fe alwn y grym yn F_{AB}. Mae hwn yn cael ei luniadu fel grym gwrthyrru, ond gallai weithredu mewn unrhyw gyfeiriad.

Ystyriwch gyfnod bach o amser Δt. O N2, mae gwrthrych **B** yn profi newid momentwm, Δp_B sy'n cael ei roi gan:

$$\Delta p_B = F_{AB}\,\Delta t.$$

Ond os yw'r gwrthrychau'n arunig, mae cyfanswm eu momentwm $p_A + p_B$ yn gyson, felly rhaid bod gwrthrych **A** yn profi newid momentwm hafal a dirgroes, Δp_A, h.y.

$$\Delta p_A = -F_{AB}\,\Delta t.$$

Oherwydd bod momentwm **A** wedi newid, rhaid bod grym yn gweithredu arno, a rhaid mai **B** sy'n rhoi'r grym hwn arno (oherwydd bod y gwrthrychau'n arunig). Yna mae F_{BA}, y grym y mae **B** yn ei roi ar **A**, yn cael ei roi gan:

$$F_{BA} = \frac{\Delta p_A}{\Delta t} = -F_{AB} \text{ (o'r uchod)}.$$

Mewn geiriau eraill, mae'r grym mae gwrthrych **B** yn ei roi ar wrthrych **A** yn hafal ac yn y cyfeiriad dirgroes i'r grym mae gwrthrych **A** yn ei roi ar wrthrych **B**. Gadewch i ni ystyried plymiwr awyr yn disgyn. Mae'r grymoedd sy'n gweithredu ar y plymiwr awyr ar ennyd benodol i'w gweld yn Ffig. 1.3.11.

Rydyn ni am ddadansoddi hyn yn nhermau N3, gan edrych am y grym hafal a dirgroes i bob grym yn y diagram.

1. Y pwysau $800\ \text{N}$: Dyma'r grym disgyrchiant mae'r Ddaear yn ei roi ar y plymiwr awyr. Felly mae'r plymiwr awyr yn rhoi grym disgyrchiant hafal a dirgroes ar y Ddaear. Mae grym o $800\ \text{N}$ yn tynnu'r Ddaear i fyny!
[Màs y Ddaear yw $6 \times 10^{24}\ \text{kg}$, felly mae ei gyflymiad yn fach iawn!]

2. Y gwrthiant aer $600\ \text{N}$: Dyma lusgiad y moleciwlau aer ar y dillad wrth i'r plymiwr awyr ddisgyn. Felly mae (dillad) y plymiwr awyr yn rhoi grym llusgiad hafal a dirgroes (h.y. $600\ \text{N}$ tuag i lawr) ar foleciwlau aer, sy'n sicr yn achosi ychydig o gynnwrf yn yr aer.

Byddwch yn ofalus gydag N3: nid yw pob pâr o rymoedd hafal a dirgroes yn barau N3!

Mae Ffig. 1.3.12 yn dangos morlew yn dal pêl i fyny. Mae'r bêl mewn ecwilibriwm dan weithrediad y ddau rym hafal a dirgroes sydd wedi'u labelu.

Pam nad yw'r rhain yn bâr N3? Mae dau brif reswm:

1. **Maen nhw'n gweithredu ar yr un gwrthrych** (y bêl). Mewn pâr N3, mae dau wrthrych: mae un grym yn gweithredu ar un gwrthrych; ac mae'r grym arall yn gweithredu ar ... y gwrthrych arall!

2. **Nid yw'r grymoedd yr un fath.** Mae'r grym mae'r Ddaear yn ei roi ar y bêl yn rym disgyrchiant, felly rhaid bod ei bartner N3 yn rym disgyrchiant hefyd (fel yn achos y plymiwr awyr, hwn yw grym disgyrchiant y bêl ar y Ddaear).

Ffig. 1.3.10 Mae gwrthrych A yn rhoi grym ar B

gwrthiant aer 600 N

pwysau 800 N

Ffig. 1.3.11 Y plymiwr awyr

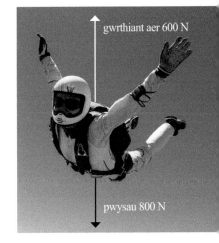

Grym 20 N yn cael ei roi gan y morlew ar y bêl

Grym 20 N yn cael ei roi gan y Ddaear ar y bêl

Ffig. 1.3.12 Grymoedd hafal a dirgroes ond nid N3!

3. [Rheswm ychwanegol] Mae N3 yn ddeddf gyffredinol. Rhaid bod grym hafal a dirgroes bob amser. Dychmygwch fod y morlew yn tynnu ei ben allan o dan y bêl: mae'r grym i lawr yn dal i fodoli, ond mae'r grym i fyny wedi diflannu – felly doedden nhw ddim yn bâr N3!

Meddyliwch am reswm 2. Pa 'fathau' o rymoedd sy'n bodoli? Mae ffisegwyr yn cydnabod pedwar grym sylfaenol: y grym niwclear cryf; y grym gwan; y grym electromagnetig a'r grym disgyrchiant. Dim ond ar gyfer rhyngweithiadau rhwng gronynnau isatomig y mae'r ddau rym cyntaf o bwys, felly mae pob grym arall yn ddisgyrchiant ac yn electromagnetig. Mae'r grymoedd rhwng moleciwlau'r bêl a thrwyn y morlew yn electromagnetig – sy'n cael eu hachosi wrth i electronau allanol y moleciwlau yn y bêl a'r trwyn, sy'n agos iawn i'w gilydd, gael eu gwrthyrru.

Peidiwch â phoeni am y pwynt olaf hwn – rhaid i unrhyw ffordd ddilys o ddisgrifio grym fod yn berthnasol i'w bartner N3 hefyd, e.e. mae'r morlew yn rhoi grym rhyngatomig ar y bêl, felly mae'r bêl yn rhoi grym rhyngatomig ar y morlew.

Enghraifft anodd o N2 ac N3

Ddwy fil o flynyddoedd yn ôl, disgrifiodd Heron o Alexandria beiriant oedd yn cynnwys sffêr wedi'i lenwi â dŵr, oedd yn cael ei wresogi dros dân. Roedd yr ager o'r dŵr berw yn dianc ar hyd dwy beipen blyg, gan achosi i'r cyfan gylchdroi.

Mae model o beiriant Heron – gweler Ffig. 1.3.13 – yn bwrw allan 0.10 g o ager bob eiliad o bob un o ddwy ffroenell ar fuanedd o 12 ms^{-1}.

(a) Esboniwch pam mae'r peiriant yn dechrau cylchdroi'n glocwedd.

(b) Cyfrifwch y foment a roddir ar y peiriant gan y stêm sy'n dianc.

Ateb

(a) Mae'r ager yn ennill momentwm i'r chwith ar y top ac i'r dde ar y gwaelod. Felly mae'r peiriant yn rhoi grym ar yr ager, i'r chwith ar y top. Felly mae'r ager yn rhoi grymoedd hafal a dirgroes ar y peiriant, sy'n cael ei wneud i gylchdroi i'r dde ar y top, h.y. yn glocwedd.

(b) Ar y top:

Newid momentwm bob eiliad = 1.0×10^{-4} kg s^{-1} × 12 m s^{-1}

Grym = cyfradd newid momentwm

∴ Grym i'r chwith ar yr ager = 1.2×10^{-3} N

∴ Drwy N3, grym i'r dde ar y peiriant = 1.2×10^{-3} N

∴ Moment clocwedd ar y peiriant = 1.2×10^{-3} N × 0.15 m = 1.8×10^{-4} N m

Mae'r ager sy'n dod allan o'r ffroenell ar y gwaelod yn cynhyrchu moment gwrthglocwedd hafal, felly mae cyfanswm y moment = 3.6×10^{-4} N m.

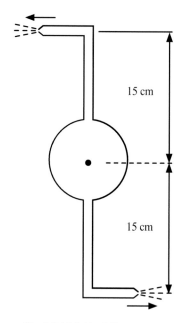

15 cm

15 cm

Ffig. 1.3.13 Peiriant Heron

1.3.5 Grymoedd rhwng defnyddiau sy'n cyffwrdd

Mae grymoedd yn digwydd rhwng gwrthrychau o ganlyniad i ryngweithiadau moleciwlaidd. Byddwn yn ystyried rhai o'r grymoedd hyn: y grym normal, ffrithiant a gwrthiant aer.

(a) Y grym cyffwrdd normal, F_N

Os yw gwrthrych yn gorffwys yn erbyn arwyneb, mae'r arwyneb yn rhoi grym ar y gwrthrych. Mae'r grym hwn yn digwydd oherwydd bod y moleciwlau yn y ddau wrthrych yn agos iawn i'w gilydd. Os yw moleciwlau yn agos iawn i'w gilydd, mae'r electronau yn y plisg allanol yn gwrthyrru ei gilydd ac felly, yn yr achos hwn, mae'r gwrthrychau'n profi grym ar ongl sgwâr i'r arwyneb. Ystyr y gair *normal* yw 'ar ongl o $90°$'.

(b) Ffrithiant

Bydd y blwch ar y llethr yn Ffig. 1.3.14 yn aros yn ddisymud ar y llethr, ar yr amod nad yw'r graddiant yn rhy fawr. Yr unig reswm am hyn yw bod grym yn gweithredu ar y blwch i fyny'r llethr, sy'n gwrthweithio cydran y pwysau, $W \sin \theta$, i lawr y llethr. Gweler Ffig. 1.3.15. Yr enw ar y grym hwn yw *ffrithiant statig*, F_R, neu *gafael* (*grip*).

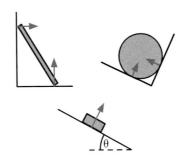

Ffig. Ffig. 1.3.14 Enghreifftiau o rymoedd cyffwrdd normal

Mae'r grym hwn yn gweithredu i atal y ddau arwyneb rhag llithro dros ei gilydd, h.y. mae'n gwrthwynebu mudiant cymharol. Ar gyfer y blwch disymud, mae $F_R = W \sin \theta$, h.y. dyw'r ffrithiant ddim ond yn ddigon mawr i atal mudiant. Mae gan F_R werth mwyaf, sydd yn aml yn cael ei alw yn *ffrithiant terfannol*. Yn achos y blwch ar y llethr, os yw'r llethr yn mynd yn fwy a mwy serth, bydd gwerth F_R yn cynyddu hyd at y gwerth terfannol hwn; ar onglau mwy, mae $W \sin \theta > F_R$ a bydd y blwch yn dechrau cyflymu i lawr y llethr. Mae gafael yn digwydd o ganlyniad i fondiau rhwng moleciwlau'r ddau arwyneb sy'n cyffwrdd.

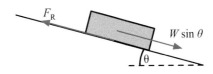

Ffig. 1.3.15 Ffrithiant statig

Ffrithiant hefyd yw'r enw ar y grym sy'n gwrthwynebu'r mudiant cymharol pan fydd un arwyneb yn llithro dros un arall – *ffrithiant dynamig* yn yr achos hwn. Mae'n digwydd o ganlyniad i fondiau dros dro sy'n ffurfio wrth i foleciwlau yn yr arwynebau symud heibio i'w gilydd. Wrth iddyn nhw estyn a thorri, mae'r egni sydd wedi'i storio yn y bondiau yn cael ei drawsnewid yn egni dirgrynol y moleciwlau, h.y. mae tymheredd y gwrthrychau'n codi. Mae gwerth ffrithiant dynamig fel arfer yn llai na gwerth terfannol y gafael. Felly, pan fydd gwrthrych yn dechrau llithro, bydd fel arfer yn cyflymu yn hytrach na dim ond symud yn araf iawn.

(c) Gwrthiant aer

Mae gwrthiant aer yn enghraifft o lusgiad. Fel yn achos ffrithiant, mae'n gwrthwynebu mudiant cymharol rhwng y gwrthrych a'r llifydd [= hylif neu nwy] y mae'r gwrthrych yn symud trwyddo. Mae hefyd yn bodoli pan fydd llifydd yn llifo heibio i wrthrych disymud, e.e. y gwynt ar adeilad. Mae mecanwaith llusgiad yn gymhleth, ond gallwn ei symleiddio drwy ddweud bod moleciwlau'r llifydd yn adlamu oddi ar wrthrych symudol ychydig yn gyflymach nag y maen nhw'n ei daro: maen nhw'n ennill cyflymder yn y cyfeiriad mae'r gwrthrych yn symud. Felly caiff momentwm ei drosglwyddo i'r llifydd – ac mae trosglwyddo momentwm yn golygu bod grym ar y llifydd yng nghyfeiriad mudiant y gwrthrych. Yn ôl N3 mae'r llifydd yn rhoi grym hafal a dirgroes ar y gwrthrych.

 Pwynt astudio

Dylech osgoi cyfeirio at y grym normal fel yr adwaith normal. Mae hyn yn rhy debyg i ffordd wael o fynegi 3edd deddf Newton!

◀ Cyswllt ▶

Mae'r adran hon yn gysylltiedig ag Adran 1.4.5.

 Pwynt astudio

Mae ffrithiant statig a ffrithiant dynamig yn gwrthwynebu mudiant cymharol rhwng arwynebau. Os yw arwyneb yn llithro i'r dde, mae'r grym ffrithiannol arno i'r chwith.

Gwirio gwybodaeth 1.3.10 ◀

Mae tywod yn cael ei fwydo'n fertigol ar hyd cludfelt (*conveyor belt*) llorweddol sy'n symud i'r dde. Ym mha gyfeiriad mae'r ffrithiant yn gweithredu ar (a) y tywod a (b) y cludfelt? Esboniwch eich atebion.

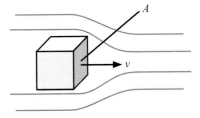

Ffig. 1.3.16 Llusgiad

◀ Cyswllt ▶

Mae fformiwla Stokes ar dudalen 11 yn berthnasol ar fuaneddau isel yn unig.

1.3.11 Gwirio gwybodaeth

Dangoswch nad oes gan c_d unedau (h.y. mae'n ddiddimensiwn).

Pwynt astudio

Un o effeithiau gwrthiant aer yw bod egni'n cael ei drosglwyddo o'r gwrthrych symudol i foleciwlau'r aer, ar ffurf egni cinetig.

1.3.12 Gwirio gwybodaeth

Enwch bartner N3 pob un o'r grymoedd, ar y blwch yn Ffig. 1.3.17.

Pwynt astudio

Sylwch fod a ac ΣF yn fectorau, a bod m yn sgalar (> 0), felly mae cyfeiriad y cyflymiad yr un fath â chyfeiriad y grym cydeffaith.

Mewn llawer o sefyllfaoedd, mae'r grym llusgiad, F_d yn cael ei roi gan yr hafaliad canlynol: $F_d = \frac{1}{2}\rho v^2 c_d A$, lle ρ yw dwysedd y llifydd ac c_d yw'r cyfernod llusgo, sef mesur heb ddimensiynau sy'n ddibynnol ar siâp y gwrthrych. Nid oes angen i chi wybod yr hafaliad hwn, ond dylech wybod bod F_d yn cynyddu gydag arwynebedd, A, y gwrthrych, y cyflymder, v, a dwysedd, ρ, y llifydd.

1.3.6 Diagramau gwrthrych rhydd

Mae lluniadu diagram gwrthrych rhydd yn ddefnyddiol wrth geisio adnabod y grymoedd sy'n gweithredu ar wrthrychau sy'n rhyngweithio.

Ystyriwch y fricsen tŷ sy'n gorffwys ar y plân goleddol yn Ffig. 1.3.17(a). Gallwn adnabod tri grym ar y fricsen. Mae neilltuo'r fricsen o'r llethr yn Ffig. 1.3.17(b) yn ei gwneud yn haws adnabod y grymoedd hyn. Dyma'r grymoedd:

1. grym disgyrchiant, mg, y Ddaear ar y fricsen – yn fertigol tuag i lawr
2. grym cyswllt normal, N, y plân ar y fricsen – ar ongl sgwâr i'r llethr
3. grym ffrithiannol, F, y plân ar y fricsen – i fyny'r llethr.

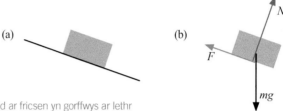

Ffig. 1.3.17 Grymoedd ar fricsen yn gorffwys ar lethr

O'r diagram gwrthrych rhydd, gallwn wneud y canlynol:

(a) cyfrifo'r grym cydeffaith os yw'r holl rymoedd yn hysbys

(b) cyfrifo unrhyw rym anhysbys ar wrthrych mewn ecwilibriwm os yw'r holl rymoedd eraill yn hysbys

(c) adnabod y grymoedd partner N3 ar unrhyw wrthrych rhyngweithiol, e.e. ar y plân yn Ffig. 1.3.17.

1.3.7 Grym a chyflymiad

Wrth gymhwyso 2il ddeddf mudiant Newton i wrthrych unigol gyda màs cyson, sydd â nifer o rymoedd yn gweithredu arno, byddwn yn aml yn ysgrifennu'r hafaliad ar y ffurf canlynol:

$$\Sigma F = ma.$$

Gallwn ni ddeillio hwn o $\Sigma F = \dfrac{\Delta p}{\Delta t}$ fel hyn:

Yn ôl y diffiniad, mae $p = mv$, $\therefore \Delta p = \Delta(mv) = m\Delta v$ oherwydd mae m yn gysonyn.

$\therefore \Sigma F = \dfrac{\Delta p}{\Delta t} = m\dfrac{\Delta v}{\Delta t}$. Ond $\dfrac{\Delta v}{\Delta t} = a$, $\therefore \Sigma F = ma$

Gallwn ad-drefnu hyn ar y ffurf $a = \dfrac{\Sigma F}{m}$.

Felly, mewn geiriau, cyflymiad gwrthrych yw'r grym cydeffaith sy'n gweithredu arno wedi'i rannu â'i fàs inertiaidd.

Enghraifft

Cyfrifwch gyflymiad y gwrthrych yn Ffig. 1.3.18

Ateb

Cam 1: Cyfrifwch y grym cydeffaith:

O'r diagram grymoedd (Ffig. 1.3.19)

$$F_{cyd} = \sqrt{8^2 + 12^2} = 14.4 \text{ N} \quad a \quad \theta = \tan^{-1} \frac{8.0}{12.0} = 33.7°$$

Cam 2: Cyfrifwch y cyflymiad: $a = \dfrac{F_{cyd}}{m} = \dfrac{14.4}{2.5} = 5.8 \text{ m s}^{-2}$ (2 ff.y.).

Ateb: Y cyflymiad yw 5.8 m s^{-2} ar $33.7°$ i'r grym 12 N (gweler yr Awgrym).

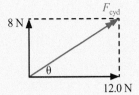

Ffig. 1.3.18 $\Sigma F = ma$

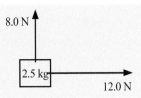

Ffig. 1.3.19

1.3.8 Grym disgyrchiant

Mae'n ffaith arbrofol: os yw gwrthrych yn disgyn yn rhydd, h.y. yn absenoldeb gwrthiant aer, mae ei gyflymiad yn annibynnol ar ei fàs, ei ddwysedd a'i siâp. Mae arbrawf clasurol y 'ceiniog a'r bluen' i'w weld yn Ffig. 1.3.20. Mae hwn yn fersiwn modern o arbrawf meddwl enwog Galileo, lle dychmygodd ollwng dwy bêl ganon â masau gwahanol oddi ar ben Tŵr Cam Pisa. Cafodd yr arbrawf ei ailadrodd ar y Lleuad yn 1971 gan y gofodwr o America, David Scott o Apollo 15, gan ddefnyddio morthwyl a phluen; yn fwy diweddar defnyddiodd Brian Cox gyfleuster NASA i ddangos yr un arbrawf – gallwch ddod o hyd i fideos o'r rhain wrth ddefnyddio peiriant chwilio.

Rhoddir y symbol g i gyflymiad disgyn yn rhydd ac mae hwn hefyd yn cael ei alw'n 'gyflymiad disgyrchiant'. Ei werth ar wyneb y Ddaear yw tua 9.81 m s^{-2}, er bod hyn yn dibynnu ar y lleoliad oherwydd siâp y Ddaear ac uchder y tir.

Ystyriwch wrthrych â màs m sy'n disgyn. Ei gyflymiad yw g, felly dywed N2 fod y grym disgyrchiant arno, sef yr hyn rydyn yn ei alw'n *bwysau*, W, yn cael ei roi gan

$$W = mg.$$

Mae'r enghraifft ganlynol yn esbonio'r defnydd o $W = mg$ mewn cysylltiad â chysyniadau eraill, rhai rydyn ni wedi dod ar eu traws yn barod.

Enghraifft

Mae Ffig. 1.3.21 yn dangos blwch sy'n cyflymu i lawr llethr. Mae gan F, y grym ffrithiannol, werth sydd yn $0.30C$, lle C yw'r grym cyffwrdd normal. Cyfrifwch:

(a) werth lleiaf θ fel bod y blwch yn cyflymu i lawr y llethr,

(b) cyflymiad y blwch os yw $\theta = 20°$. [Tybiwch fod $g = 9.81 \text{ m s}^{-2}$]

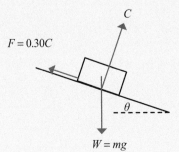

Ffig. 1.3.21 Blwch yn cyflymu ar lethr

Cyswllt

Mae'r Adran hon yn gysylltiedig ag Adran 1.2.3 (c).

Awgrym

Mae cyflymiad yn fector, felly os cewch gwestiwn yn gofyn am gyflymiad, dylech roi cyfeiriad yn ogystal â maint.

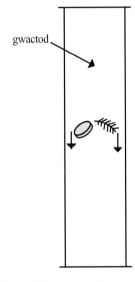

Ffig. 1.3.20 Ceiniog a phluen

Pwynt astudio

Gallwn ad-drefnu'r hafaliad

$W = mg$, gan fod $g = \dfrac{W}{m}$, felly gall

N kg^{-1} gael ei ddefnyddio fel uned g. Os defnyddiwn N kg^{-1}, rydyn ni'n cyfeirio at g fel y *cryfder maes disgyrchiant* – mae'n rhoi'r grym am bob uned màs ar wrthrych sy'n cael ei osod yn y maes disgyrchiant.

1.3.13 Gwirio gwybodaeth

Cyfrifwch gyflymiad beiciwr sy'n symud heb bedlo i lawr llethr $10°$. Màs y beiciwr a'r beic yw 75 kg; y grym gwrthiannol yw 50 N.

Cyswllt

Mae'r adran hon yn gysylltiedig ag Adran 1.2.3(c).

Ateb

(a) Nid oes mudiant yn berpendicwlar i'r llethr, felly y grym cydeffaith yn y cyfeiriad hwn yw 0.

$\therefore$ (Drwy gydrannu'n berpendicwlar i'r llethr): $C = mg \cos \theta$

Ond mae $F = 0.30C$, $\therefore$ $F = 0.3\, mg \cos \theta$

Mae cydran W i lawr y llethr $= W \sin \theta = mg \sin \theta$

$\therefore$ Mae'r grym cydeffaith, ΣF, i lawr y llethr $= mg \sin \theta - 0.3\, mg \cos \theta$

$= mg\, (\sin \theta - 0.3 \cos \theta)$

Ni all y blwch gyflymu oni bai fod $\Sigma F > 0$. $\therefore \sin \theta > 0.3 \cos \theta$

$\dfrac{\sin \theta}{\cos \theta} = \tan \theta \therefore \tan \theta > 0.3 \therefore$ Rhaid i θ fod yn $16.7°$ (0.29 rad) o leiaf.

(b) Ar ongl o $20°$, mae ΣF i lawr y llethr $= mg\, (\sin 20° - 0.3 \cos 20°) = 0.060mg$.

$\therefore$ Drwy ddefnyddio $\dfrac{\Sigma F}{m}$, y cyflymiad yw $0.060g = 0.590$ m s^{-2}.

Nid yw eich *teimlad* o bwysau yr un peth â'r grym disgyrchiant sydd arnoch. Mae'n digwydd o ganlyniad i gywasgiad eich corff rhwng grym disgyrchiant, sydd wedi'i wasgaru drwy eich corff, a'r grym cyffwrdd i fyny arnoch o'r ddaear. Felly ni fydd gan ofodwr ar yr Orsaf Ofod Ryngwladol deimlad o bwysau. Pan fyddwch mewn lifft, mae eich pwysau ymddangosiadol yn dibynnu ar fudiant y lifft. Mae'r enghraifft nesaf yn esbonio'r effaith hon.

Enghraifft

Mae dyn, màs 85 kg, yn sefyll ar glorian mewn lifft sy'n cyflymu tuag i fyny 1.5 m s^{-2}, fel sydd i'w weld yn Ffig. 1.3.22.

(a) Cyfrifwch y grym tuag i fyny, U, y mae'r glorian yn ei roi ar y dyn.

(b) Mae'r glorian yn mesur y grym hwn tuag i fyny, ond mae'r darlleniad, R, mewn kg, sy'n berthnasol i U drwy:

$U = Rg$.

Beth yw'r darlleniad ar y glorian?

Ateb

(a) $W = mg = 85 \times 9.81 = 833.9$ N

O N2, mae: $\Sigma F = ma$. $\therefore U - 833.9 = 85 \times 1.5 = 127.5$ N

$\therefore U = 127.5 + 833.9 = 961.4$ N [$= 961$ N i 3 ff.y.]

(b) $R = \dfrac{U}{g} = \dfrac{961.4}{9.81} = 98.0$ kg

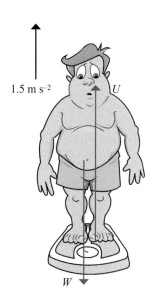

Ffig. 1.3.22 Sut i ennill pwysau.

1.5 m s^{-2}

U

W

 1.3.14 Gwirio gwybodaeth

Beth fyddai'r darlleniad ar y glorian pe bai'r lifft yn cyflymu i lawr ar 1.5 m s^{-2}?

Beth fyddai'r canlyniad yn y lifft hwn ar y Lleuad ($g = 1.5$ m s^{-2})?

Mudiant dan ddisgyrchiant a gwrthiant aer

Os yw'r 'geiniog a'r bluen' yn Ffig. 1.3.20 yn cael eu gollwng mewn aer, bydd y geiniog yn cyrraedd y ddaear yn gyntaf. Mae'r bluen yn ymddangos fel pe bai'n drifftio i lawr yn araf ar fuanedd cyson, ond mae'r geiniog yn cyflymu yr holl ffordd i lawr.

Mae cyflymiad gwrthrychau sy'n disgyn, fel y geiniog, y bluen neu'r plymiwr awyr, yn cael ei benderfynu gan y grym cydeffaith sydd arnyn nhw. Dyma'r ddau rym o bwys:

- Y pwysau, W, ac mae hwn yn gyson yn achos gwrthrychau sy'n agos i'r Ddaear.
- Gwrthiant aer, F_d, sy'n amrywio yn ôl $F_d = \frac{1}{2}\rho v^2 c_d A$ – gweler Adran 1.3.5(c).

Mae Ffig. 1.3.24 yn dangos effaith y cyfuniad hwn o rymoedd ar blymiwr awyr.

Ffig. 1.3.23 Byddai ceiniog wedi'i chlymu wrth barasiwt tegan yn drifftio i lawr ar ôl cyflymiad cychwynnol.

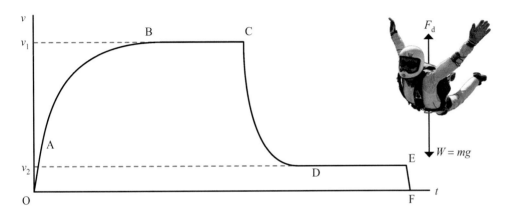

Ffig. 1.3.24 Effaith gwrthiant aer ar blymiwr awyr

Os tybiwn, fel brasamcan cyntaf, fod y dwysedd aer, ρ, yn gyson, yr unig newidynnau o bwys sy'n effeithio ar F_d yw v ac A. Felly rhoddir y grym cydeffaith (F_{cyd} neu ΣF) gan:

$$F_{cyd} = mg - \frac{1}{2}\rho v^2 c_d A$$

Mae'r cyflymiad, $a = \dfrac{F_{cyd}}{m}$ $\therefore a = g - kAv^2$ (lle mae $k = \dfrac{\rho c_d}{2m}$, sy'n gysonyn)

Felly, wrth edrych ar y disgyniad gam wrth gam:

OB Ar **O**, mae $v = 0$ felly mae'r cyflymiad, $a = g$. Wrth i'r plymiwr awyr gyflymu, mae F_d yn cynyddu ac F_{cyd} ac a yn lleihau. Ar **B**, $F_d = mg$, mae'r ddau rym yn cydbwyso, felly mae $F_{cyd} = 0$ ac $a = 0$. Mae'r cyflymder yn gyson $= v_1$ yn Ffig. 1.3.24. Yr enw ar hwn yw'r *cyflymder terfynol*.

BC Gan dybio bod dwysedd yr aer yn aros yn gyson, mae F_d yn gyson, felly mae'r plymiwr awyr yn parhau i ddisgyn ar gyflymder v_1.

C Mae'r parasiwt yn agor: mae A yn cynyddu (yn enfawr); mae F_d yn cynyddu, felly mae $F_{cyd} \ll 0$ ac felly mae $a \ll 0$, h.y. mae'r plymiwr awyr yn arafu'n gyflym iawn.

CD Wrth i'r buanedd leihau, mae F_d yn lleihau ($\propto v^2$) nes bod $F_{cyd} = 0$ unwaith eto, ac felly mae $a = 0$. Dyma'r ail gyflymder terfynol, v_2.

DE Fel BC (ar gyflymder v_2 y tro hwn).

EF Cyffwrdd y ddaear. Mae'r ddaear yn rhoi grym mawr i fyny ar y plymiwr awyr. Nawr mae F_{cyd} yn fawr ac i fyny. Mae'n lleihau'r buanedd yn gyflym i 0.

Gwirio gwybodaeth 1.3.15

Gan dybio bod $c_d = 1$, amcangyfrifwch gyflymder terfynol, v_1, plymiwr awyr. Cymerwch fod $\rho_{aer} = 1$ kg m^{-3}. Nodwch eich tybiaethau ar gyfer mesurau eraill.

Gwirio gwybodaeth 1.3.16

Esboniwch pam mae plymiwr awyr yn disgyn yn gyflymach os yw'n disgyn â'i phen gyntaf yn hytrach nag â'i breichiau a'i choesau ar led (fel sydd i'w weld yn Ffig. 1.3.24).

Manylion

Mae 'teithiwr' ar drac aer yn cynnwys dwy fflans (*flange*) ar ongl $90°$ i'w gilydd ar y naill ochr a'r llall i'r trac. Caiff aer ei bwmpio i mewn i'r trac. Mae'r aer yn dianc drwy dyllau, ac mae'r 'teithiwr' yn eistedd ar y glustog aer hon.

Mae'n bosibl rhoi masau 50 g ar sbigot ar bob fflans.

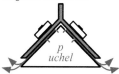

Ffig. 1.3.25

Cynyddu'r manwl gywirdeb

Os defnyddir cerdyn golau mwy llydan, bydd yr amser mae'r cerdyn yn ei gymryd i fynd drwy'r adwy golau yn cynyddu. Defnyddir amserydd milieiliadau fel arfer. Y mwyaf yw'r amser, t, y lleiaf yw'r ansicrwydd yn v.

 1.3.17 Gwirio gwybodaeth

Gan ddefnyddio un adwy golau, cymerwyd y canlyniadau canlynol:

$x = 60$ cm,

$\Delta x = 2.5$ cm

$\Delta t = 51$ ms

Cyfrifwch:

(a) y buanedd ar 60 cm

(b) y cyflymiad.

Pwynt astudio

Os defnyddir dwy adwy golau: cychwynnwch y 'teithiwr' i'r chwith o AG1, mesurwch y cyflymderau ar AG1 (u) ac AG2 (v), a chyfrifwch a drwy ddefnyddio $v^2 = u^2 + 2ax$.

1.3.9 Gwaith ymarferol penodol: Ymchwilio i 2il ddeddf mudiant Newton

Yn Ffiseg Safon Uwch, wrth ymchwilio i 2il ddeddf Newton fel arfer mae angen dangos bod canlyniadau arbrofol yn gyson ag $F = ma$, sy'n golygu

- Ar gyfer masau cyson, bod $a \propto F$
- Ar gyfer grym cyson, bod $a \propto \dfrac{1}{m}$

Y cyfarpar sy'n cael ei ddefnyddio fel arfer mewn ysgolion yw'r trac aer, sef tiwb gwag gyda thrawstoriad trionglog sy'n cynnwys tyllau aer. Caiff aer ei bwmpio i mewn, a chaiff 'teithwyr' metel eu dal uwchben y trac ar glustog aer, sy'n dianc o'r tyllau aer (gweler Ffig. 1.3.25). Mae Ffig. 1.3.26 yn dangos hyn.

Y grym disgyrchiant ar y 'gwrthrych â màs isel' sy'n rhoi'r grym cyflymu, ac yn achosi i'r 'teithiwr' gyflymu.

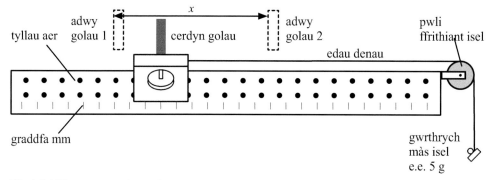

Ffig. 1.3.26 Trac aer yn cael ei ddefnyddio ar gyfer $F = ma$

Mae'r cyfarpar wedi'u cydosod fel yn Ffig. 1.3.26 lle mae dwy adwy golau wedi'u gwahanu gan bellter hysbys, x. Gyda'r trefniant hwn, mae'r 'teithiwr' yn cael ei ryddhau i'r chwith o adwy golau 1 (AG1). Ffordd arall o'i wneud yw defnyddio un adwy golau (AG2) yn unig. Yn y dull hwn mae'r 'teithiwr' yn cael ei ryddhau ar bellter x cyn yr adwy golau. Mae'r disgrifiadau isod ar gyfer un adwy golau. Mae'r amrywiadau gyda dwy adwy golau i'w gweld yn y Pwynt astudio.

(a) Dangos bod y cyflymiad, a, mewn cyfranedd â ΣF (ar gyfer M cyson)

Y peth pwysig yn yr arbrawf hwn yw cadw cyfanswm y màs cyflymu'n gyson. Y màs hwn yw swm masau'r 'teithiwr' a'r gwrthrych ar ben yr edau. Ffordd dda o wneud hyn yw defnyddio set o 5 màs 10 g (er enghraifft) ar hongiwr. Mae'n bosibl trosglwyddo'r rhain yn unigol rhwng pen y llinyn a'r 'teithiwr', felly mae cyfanswm y màs yn gyson.

- Dechreuwch gyda màs isel, e.e. 10 g, ar yr edau (a'r masau eraill ar y 'teithiwr'). Cyfrifwch y grym cyflymu gan ddefnyddio $F = mg$.
- Rhyddhewch y 'teithiwr' o ddisymudedd a defnyddiwch adwy golau (AG2) i fesur yr amser, Δt, a gymerodd y cerdyn golau, lled Δx, i ddiffodd y golau ar ôl i'r teithiwr gyflymu drwy bellter x.
- Defnyddiwch yr hafaliad $v = \dfrac{\Delta x}{\Delta t}$ i gyfrifo cyflymder y teithiwr wrth iddo basio'r adwy golau.
- Defnyddiwch yr hafaliad $v^2 = u^2 + 2ax$, gydag $u = 0$, i gyfrifo'r cyflymiad, h.y. $a = \dfrac{v^2}{2x}$.

- Ailadroddwch gyda chyfres o wahanol rymoedd cyflymu drwy drosglwyddo gwrthrychau màs isel o'r teithiwr i ben yr edau.

- Plotiwch graff o a yn erbyn F. Dylai'r graff fod yn llinell syth, drwy'r tarddbwynt, â graddiant $\frac{1}{M}$ lle mae M yn gyfanswm màs y teithiwr a'r masau ychwanegol.

(b) Dangos bod y cyflymiad, a, mewn cyfrannedd â $\frac{1}{M}$ (ar gyfer F cyson)

Fel yr uchod, ond ychwanegwch gyfres o fasau ychwanegol at y teithiwr, gan gadw'r màs bach ar ben yr edau yn gyson. Plotiwch graff a yn erbyn $\frac{1}{M}$, a ddylai fod yn llinell syth, drwy'r tarddbwynt, â graddiant F ($= mg$).

Gwirio gwybodaeth 1.3.18

Yn arbrawf (a), nodwch y newidynnau dibynnol, annibynnol a rheolydd.

Dadansoddiad arbrawf (a)

Cyfrifo'r cyflymiad ar gyfer pob un o'r masau, m, ar yr edau a phlotio graff a yn erbyn m. Dylai edrych yn debyg i hyn:

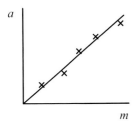

Dadansoddiad arbrawf (b)

Cyfrifo'r cyflymiad ar gyfer pob un o werthoedd cyfanswm y màs, M. Cofiwch gynnwys y màs sydd ar yr edau. Plotio graff a yn erbyn $\frac{1}{M}$. Dylai edrych yn debyg i hyn:

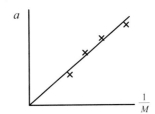

Gwirio gwybodaeth 1.3.19

Yn arbrawf (b), esboniwch sut mae'r newidyn rheolydd yn cael ei gadw'n gyson.

Profwch eich hun 1.3

1. Mae gan ddau wrthrych, A a B, fasau 20 kg a 30 kg, a buaneddau 25 m s⁻¹ a 10 m s⁻¹ yn ôl eu trefn. Cyfrifwch gyfanswm momentwm y gwrthrychau os yw: (a) A a B yn teithio i'r dde; (b) A yn teithio i'r dde a B yn teithio i'r chwith; (c) A yn teithio i'r Gogledd a B yn teithio i'r Dwyrain.

2. Cyfrifwch gyfanswm yr egni cinetig ar gyfer y gwrthrychau yng nghwestiwn 1.

3. Ar drac aer, mae dau 'deithiwr' gyda'i gilydd, sy'n teithio ar 6 cm s⁻¹, yn gwrthdaro'n anelastig â thrydydd 'teithiwr' (unfath â nhw) sy'n ddisymud. Y cyflymder cyffredin ar ôl y gwrthdrawiad yw 4 cm s⁻¹. Dangoswch fod hyn yn union fel byddai egwyddor cadwraeth momentwm wedi ei ragfynegi.

4. Cyfrifwch ffracsiwn yr egni cinetig cychwynnol sy'n cael ei golli yn y gwrthdrawiad yng nghwestiwn 3.

5. Mae car, màs 1300 kg, sy'n teithio ar 40 m s⁻¹, yn gwrthdaro'n benben ag ail gar, màs 1200 kg, sy'n teithio ar 20 m s⁻¹, ac maen nhw'n glynu at ei gilydd. Gan nodi tybiaeth, cyfrifwch (a) cyfanswm y momentwm cyn y gwrthdrawiad a (b) eu cyflymder yn syth ar ôl y gwrthdrawiad. Beth rydych chi wedi ei dybio?

6. Mae niwtron sy'n teithio ar 1200 m s⁻¹ yn gwrthdaro â niwclews U238 disymud, ac mae'n cael ei amsugno. Amcangyfrifwch fuanedd y niwclews U239 dilynol. Gallwch dybio bod gan brotonau a niwtronau yr un màs.

7. Mae Samariwm 147 yn newid drwy ddadfeiliad α. Mae'r gronynnau α, màs 6.68×10^{-27} kg, yn cael eu bwrw allan ar gyflymder o 1.00×10^7 m s⁻¹, gan adael niwclysau $^{143}_{60}$Nd, màs 2.39×10^{-25} kg. Cyfrifwch (a) gyflymder adlamu'r niwclysau a (b) yr egni cinetig sy'n cael ei ryddhau yn ystod y dadfeiliad.

8. Darganfyddwch y cyflymderau dilynol os yw'r gwrthrychau yng nghwestiwn 1 yn gwrthdaro'n benben ac yn elastig.

9. Mae pêl droed, màs 450 g, yn cael ei chicio ar fuanedd o 30 m s⁻¹ yn erbyn wal ar ongl sgwâr. Mae'n adlamu ar fuanedd o 25 m s⁻¹. Os yw'r gwrthdrawiad yn para 0.04 s, cyfrifwch y grym cymedrig mae'r bêl yn ei roi ar y wal. Esboniwch eich ateb yn glir yn nhermau N2 ac N3.

10. Mae dau rym, maint 5 N a 12 N, yn cael eu rhoi ar wrthrych, màs 1.55 kg, ar yr un pryd. Mae'n bosibl amrywio cyfeiriadau gweithredu'r grymoedd.

   (a)   Cyfrifwch feintiau'r cyflymiadau mwyaf a lleiaf.
   (b)   Cyfrifwch gyflymiad y gwrthrych os yw'r ddau rym yn gweithredu ar ongl sgwâr i'w gilydd.

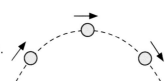

11. Y tyniant, T, yn llinyn y bwa hir yw 4700 N. Màs y saeth yw 0.065 kg.
(a) Cyfrifwch gyflymiad y saeth. (b) Mae'r saeth yn gadael cyswllt â'r llinyn ar ôl 70 cm. Amcangyfrifwch ar ba fuanedd mae'n gadael y bwa. Nodwch eich tybiaeth.

12. (a) 'Mae momentwm yn fesur fector.' Esboniwch ystyr y gosodiad hwn.
   (b) Mynegwch 2il ddeddf mudiant Newton yn nhermau momentwm.

13. Mae Ffig. 1.3.24 yn cynnwys diagram gwrthrych rhydd o'r plymiwr awyr. Ar gyfer pob un o'r grymoedd sydd i'w weld, nodwch y grym N3 'hafal a dirgroes', drwy nodi'r gwrthrych mae'n gweithredu arno, ei gyfeiriad a'i natur.

14. Mae'r diagram yn dangos hediad pêl ar ôl ei thaflu.

Lluniadwch ddiagramau gwrthrych rhydd ar gyfer y bêl ym mhob un o'r 3 safle:
(a) heb wrthiant aer, (b) gyda gwrthiant aer.

15. Casglodd myfyriwr set o ganlyniadau i ddangos bod grym cyson yn cynhyrchu cyflymiad cyson, drwy ddefnyddio techneg y ddwy adwy golau (gweler y Pwynt astudio yn Adran 1.3.9).

x/cm	10.0	20.0	30.0	40.0	50.0	60.0
t / s	0.45	0.74	1.00	1.25	1.38	1.55

Y màs crog, m, oedd 5.0 g. Drwy luniadu graff addas, (a) dangoswch fod y cyflymiad yn gyson; (b) cyfrifwch y cyflymiad, a; ac, (c) darganfyddwch fàs, M, y 'teithiwr'.

16. Mae awyren yn dringo gyda chyflymder cyson. Gan dybio bod y 'grym codi' yn gweithredu ar ongl sgwâr i gyfeiriad y mudiant a bod y llusgiad yn gweithredu'n uniongyrchol yn erbyn mudiant yr awyren, lluniadwch a labelwch ddiagram gwrthrych rhydd.

17. Copïwch y graff v–t ar gyfer y plymiwr awyr yn Ffig. 1.3.24. Ychwanegwch ail graff v–t ar gyfer yr un plymiwr awyr, yn gwneud yr un naid, ond yn cario llwyth ychwanegol. Esboniwch y berthynas rhwng y ddau graff.

◀ Ymestyn a herio

Mae'r diagram yn dangos trac aer wedi'i gydosod. Mae gan y cortyn sy'n cysylltu'r màs 40 g â'r 'teithiwr' dyniant T.

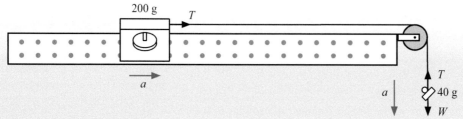

  (a) Cyfrifwch bwysau, W, y màs bach.

  (b) Ysgrifennwch hafaliadau yn nhermau T ar gyfer cyflymiad

      (i) y màs 40 g a'r

      (ii) 'teithiwr' 200g.

  (c) Datryswch y ddau hafaliad, a drwy hynny darganfyddwch y cyflymiad, a.

1.4 Cysyniadau egni

Bu ffisegwyr yn datblygu'r cysyniad o **egni** dros gyfnod hir iawn, rhwng diwedd yr ail ganrif ar bymtheg a dechrau'r ugeinfed ganrif. Yn wahanol i fomentwm, sy'n fesur fector ac yn cael ei gadw dim ond os nad oes grymoedd allanol yn gweithredu, mae egni yn fesur sgalar. Y math cyntaf o egni i gael ei adnabod oedd *egni cinetig* – sef yr egni o ganlyniad i fudiant. Gall gwrthrych sy'n meddu ar egni wneud i bethau ddigwydd, sy'n golygu y gall wneud i bethau symud. Er enghraifft, wrth daro'r Ddaear, gall asteroid ffurfio crater mawr, gan symud meintiau enfawr o ddefnydd (a rhoi diwedd ar y dinosoriaid ar yr un pryd). Byddwn yn mireinio'r syniadau hyn yn yr adran hon o'r llyfr, gan ddechrau drwy ystyried **y gwaith** sy'n cael ei wneud gan rym.

1.4.1 Gwaith ac egni

Os yw grym yn symud rhywbeth, dywedwn fod y grym yn *gwneud gwaith*. Er enghraifft, mae'r grymoedd canlynol yn gwneud gwaith:

- Y grym sy'n cael ei roi gan winsh drydan sy'n tynnu car o ffos.
- Y grym sy'n cael ei roi gan y gwynt er mwyn troi tyrbin sydd wedi'i gysylltu â dynamo.
- Y grym sy'n cael ei roi gan gyhyrau saethwr wrth iddo dynnu'r bwa.
- Y grym sy'n cael ei roi gan fwa saethwr wrth iddo sythu a saethu'r saeth.

Byddwch chi'n sylwi bod angen rhywbeth ar bob un o'r enghreifftiau hyn i'w gyrru. Mae hyn yn wahanol, er enghraifft, i'r grym sy'n cael ei roi gan fwrdd sy'n dal llyfr, neu'r grym sy'n cael ei roi gan hoelen sy'n dal silff. Nid oes mudiant yn y ddwy enghraifft olaf hyn, felly nid oes gwaith yn cael ei wneud – ac nid oes angen 'mewnbwn' i gadw'r gwrthrychau yn eu lle. Rydyn ni'n defnyddio'r cysyniad o waith i ddiffinio egni.

Dyma sut rydyn ni'n diffinio'r gwaith sy'n cael ei wneud gan rym:

$$\text{Gwaith a wneir (J)} = \text{Grym (N)} \times \text{Pellter a symudir yng nghyfeiriad y grym (m)}$$

neu, mewn symbolau: $W = Fx$.

Drwy gymhwyso hyn i Ffig. 1.4.1:

Y gwaith sy'n cael ei wneud gan y grym 100 N, $W = 100 \text{ N} \times 50 \text{ m} = 5\ 000 \text{ J}$ (neu 5 kJ)

Rydyn ni'n diffinio **egni** yn y fath fodd fel bod maint yr egni sy'n cael ei drosglwyddo yn hafal i'r gwaith sy'n cael ei wneud gan y grym. Sut mae'r egni hwn yn cael ei drosglwyddo? Mae hyn yn dibynnu ar y manylion. Mae posibiliadau amrywiol i'w gweld yn Ffigyrau 1.4.2 i 1.4.4.

>> **Termau Allweddol**

Gwaith: Mae gwaith yn cael ei wneud pan fydd grym yn symud ei bwynt gweithredu.

Egni: Egni gwrthrych neu system yw faint o waith mae'n gallu ei wneud.

Uned gwaith yw'r **joule (J)**.

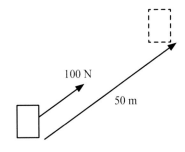

Ffig. 1.4.1 Gwaith sy'n cael ei wneud

>> **Pwynt astudio**

$$\text{Gwaith sy'n cael ei wneud} = \text{Egni a drosglwyddwyd}$$

Felly, os yw grym yn gwneud 5 kJ o waith, caiff 5 kJ o egni ei drosglwyddo.

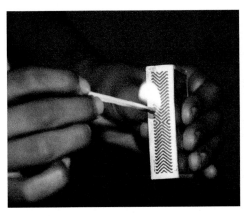

Ffig. 1.4.3 Egni mewnol

Ffig. 1.4.4 Egni potensial disgyrchiant

Ffig. 1.4.2 Egni cinetig

>>> Pwynt astudio

Nid gwaith yw'r unig ffordd o drosglwyddo egni. Mae'n bosibl trosglwyddo egni mewnol drwy wres, h.y. dargludiad, darfudiad neu belydriad.

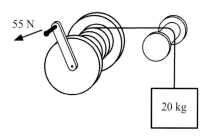

Ffig. 1.4.5 Gwaith sy'n cael ei wneud wrth ddefnyddio winsh

🏠 1.4.1 Gwirio gwybodaeth

I beth mae gormodedd yr egni yn yr enghraifft yn cael ei drosglwyddo? (Awgrym: Peidiwch â dweud *gwres* neu *sain*)

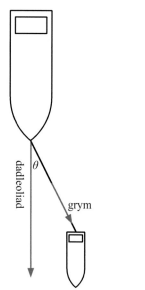

Ffig. 1.4.6 Mudiant ar ongl i'r grym

🏠 1.4.2 Gwirio gwybodaeth

Cyfrifwch W o'r data canlynol:

$F = 500$ kN:

$x = 1.5$ mm: $\theta = 35°$

Mae'r labeli yn Ffigyrau 1.4.2 i 1.4.4 yn rhoi ffurf yr egni ar ôl ei drosglwyddo. Roedd y bwa yn storio egni ar ffurf egni potensial elastig cyn ei drosglwyddo i'r saeth; yn Ffig. 1.4.2 roedd yr egni wedi'i storio cyn hynny gan y cyfansoddyn ATP yn y cyhyrau.

Enghraifft

Mae llwyth 20 kg yn cael ei godi 5.0 m gan winsh, fel sydd i'w weld yn Ffig. 1.4.5. Hyd dolen y winsh yw 0.60 m, a radiws o 0.15 m sydd i'r drwm y mae'r rhaff wedi'i weindio o'i amgylch. Mae angen grym o 55 N i droi'r ddolen. Cyfrifwch:

(a) y gwaith sy'n cael ei wneud ar y bloc 20 kg, a'r

(b) gwaith sy'n cael ei wneud gan y grym 55 N.

Ateb

(a) Y grym sydd ei angen i godi'r llwyth yw $mg = 20 \times 9.81 = 196.2$ N

Y gwaith sy'n cael ei wneud, W, ar y bloc 20 kg $= Fx$

$\therefore W = 196.2 \times 5 = 980$ J (i 2. ff.y.)

(b) Mae angen i ni gyfrifo'r pellter sy'n cael ei symud gan y grym 55 N. Mae hyd y ddolen yn $4 \times$ radiws y drwm, felly y pellter sy'n cael ei symud yw 4×5 m = 20 m.

$\therefore$ Y gwaith sy'n cael ei wneud gan y grym 55N $= 55 \times 20 = 1100$ J

Sylwch fod y gwaith sy'n cael ei wneud gan y person sy'n troi'r cranc yn fwy na'r gwaith sy'n cael ei wneud i godi'r llwyth. Byddwn yn dod yn ôl at hyn yn Adran 1.4.5.

1.4.2 Cyfeiriadau'r grym a'r dadleoliad

Yn yr enghreifftiau yn yr adran ddiwethaf, roedd y grym a'r dadleoliad yn yr un cyfeiriad. Beth os nad yw hyn yn wir?

Mae'r tynfad (*tug boat*) yn Ffig. 1.4.6 yn tynnu ar ongl θ i gyfeiriad mudiant y llong.

Mae'r diagram fector (Ffig. 1.4.7) yn dangos hyn yn gliriach. Y pellter sy'n cael ei deithio yng nghyfeiriad y grym yw $AB = Fx \cos \theta$.

$\therefore W = Fx \cos \theta.$

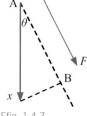

Ffig. 1.4.7

Y mynegiad $x \cos \theta$ yw cydran x yng nghyfeiriad F. Yn cyfateb i hyn, $F \cos \theta$ yw cydran y grym i gyfeiriad y dadleoliad.

Felly dyma sut gallwn ysgrifennu'r diffiniad o'r gwaith sy'n cael ei wneud:

Naill ai:	Gwaith sy'n cael ei wneud	=	Grym	×	Cydran y dadleoliad yng nghyfeiriad y grym
neu:	Gwaith sy'n cael ei wneud	=	Cydran y grym yng nghyfeiriad y dadleoliad	×	Dadleoliad

Gwelwn fod y ddwy ffordd hyn o ysgrifennu'r hafaliad gwaith yn rhoi'r un ateb os ystyriwn y beiciwr ar lethr yn Ffig. 1.4.8.

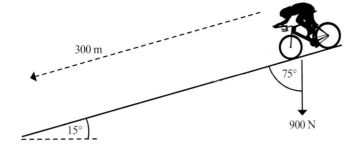

Ffig. 1.4.8 Beiciwr yn symud heb bedalu i lawr llethr

Pwynt astudio

Sylwch, yn achos y beiciwr ar y llethr, fod y beiciwr yn colli egni potensial disgyrchiant a'i fod naill ai'n mynd yn llawer mwy cyflym (h.y. yn ennill egni cinetig) neu mae'r breciau'n mynd yn boeth iawn – neu'r ddau!

Gan ddefnyddio'r data yn y diagram:

Cydran fertigol y dadleoliad mewn **m** yw 300 sin 15°; cydran y pwysau mewn **N** i lawr y llethr yw 900 cos 75°. Felly drwy gymhwyso'r dewis 'naill ai/neu' o dudalen 56:

Naill ai mae: $W = (900 \text{ N}) \times (300 \sin 15° \text{ m}) = 270\,000 \sin 15° \text{ J} = 70 \text{ kJ (2 ff.y.)}$

Neu mae: $W = (900 \cos 75° \text{ N}) \times (300 \text{ m}) = 270\,000 \cos 75° \text{ J} = 70 \text{ kJ}$

Yr ongl rhwng y grym a'r dadleoliad yn Ffig. 1.4.8 oedd 75°. Dyma rai enghreifftiau lle mae'r ongl yn 90° neu'n fwy:

1. Lloeren mewn orbit crwn (Ffig. 1.4.9). Mae'r grym disgyrchiant ar ongl sgŵar i fudiant y lloeren yn ei horbit. Drwy hyn, mae $\theta = 90°$, felly mae $W = 0$. Nid yw'r grym disgyrchiant yn gwneud unrhyw waith! Mae hyn yn cyd-fynd â'r ffaith bod egni'r lloeren yn gyson – nid oes newid i'r egni potensial na'r egni cinetig. **Casgliad**: Os yw $\theta = 90°$, nid oes gwaith yn cael ei wneud; nid oes unrhyw egni'n cael ei drosglwyddo.

2. Saethu bwled i goeden (Ffig. 1.4.10). Mae'r diagram yn dangos y grym ffrithiannol sy'n cael ei roi ar y bwled gan y goeden. Yr ongl rhwng y mudiant a'r grym yw 180°. Ond mae $\cos 180° = -1$, felly mae'r gwaith sy'n cael ei wneud gan y grym yn negatif. Mae'r gwaith negatif hwn yn golygu bod egni negatif yn cael ei drosglwyddo i'r bwled – felly mae ei egni cinetig yn lleihau, h.y. mae'n arafu. **Casgliad**: Os yw $\theta > 90°$, mae'r gwaith yn negatif ac mae egni'n cael ei drosglwyddo **o'r** gwrthrych.

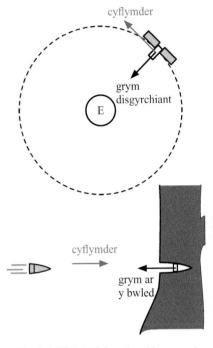

Ffig. 1.4.9 & 1.4.10 Gwerthoedd mawr o θ

1.4.3 Cadwraeth egni: egni cinetig ac egni potensial

(a) Egwyddor cadwraeth egni

Ystyriwch y blwch sy'n llithro i ddisymudedd ar arwyneb yn Ffig. 1.4.11. Mae diagramau gwrthrych rhydd ar gyfer y ddau wrthrych hyn i'w gweld yn Ffig. 1.4.12. Dim ond grymoedd y rhyngweithiad ffrithiannol sy'n cael eu dangos.

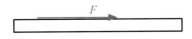

Ffig. 1.4.11 Gwrthrychau'n rhyngweithio

grym sy'n cael ei roi gan yr arwyneb ar y blwch

grym sy'n cael ei roi gan y blwch ar yr arwyneb

Ffig. 1.4.12 Diagramau gwrthrychau rhydd

O N3, rydyn ni'n gwybod bod y ddau wrthrych yn rhoi grymoedd hafal a dirgroes, F, ar ei gilydd. Mewn amser byr, Δt, mae'r blwch yn llithro $v\Delta t$ i'r dde. Yn yr amser hwn, mae'r arwyneb yn gwneud gwaith $-Fv\Delta t$ ar y blwch, gan leihau ei egni cinetig gan $Fv\Delta t$. Ar yr un pryd, mae'r blwch yn gwneud swm o waith $+Fv\Delta t$, gan drosglwyddo'r swm hwn o egni (ar ffurf egni mewnol, wedi'i rannu rhwng yr arwyneb a'r blwch).

Felly mae cyfanswm yr egni yn y system yn gyson; h.y.

$$\Delta E = Fv\Delta t - Fv\Delta t = 0$$

Mae hyn yn dangos **egwyddor cadwraeth egni**.

Nawr, gallwn ddefnyddio'r egwyddor bod:

Gwaith sy'n cael ei wneud = trosglwyddiad egni

i ddeillio mynegiadau ar gyfer egni cinetig ac egni potensial.

(b) Egni cinetig

Gall gwrthrych symudol wneud gwaith ar wrthrychau eraill wrth ddod i ddisymudedd. Felly mae ganddo egni o ganlyniad i'w fudiant. Yr enw ar hwn yw **egni cinetig**. Y symbol ar ei gyfer yw E_k, ond yn aml caiff ei dalfyrru i EC.

Ystyriwch wrthrych, màs m, sy'n symud â chyflymder u gyda grym F yn gweithredu arno dros ddadleoliad x fel sydd i'w weld yn Ffig. 1.4.13:

Mae F ac x yn yr un cyfeiriad,

$\therefore W = F x$.

Ond mae $F = ma \therefore W = max$

Ffig. 1.4.13 Deillio'r fformiwla ar gyfer EC

Y 4ydd hafaliad cinematig ar gyfer cyflymiad cyson yw $v^2 = u^2 + 2ax$.

$\therefore$ Drwy ad-drefnu, mae $ax = \frac{1}{2}v^2 - \frac{1}{2}u^2$

Drwy amnewid ar gyfer ax uchod $\therefore W = \frac{1}{2}mv^2 - \frac{1}{2}mu^2$

O'r hafaliad hwn gwelwn mai'r gwaith sy'n cael ei wneud yw'r newid yng ngwerth y mesur $\frac{1}{2}$ màs $\times$ cyflymder^2. Felly, gan fod y gwaith sy'n cael ei wneud yr un peth â'r egni sy'n cael ei drosglwyddo, gallwn ddod i'r casgliad mai $\frac{1}{2}mv^2$ yw egni cinetig gwrthrych, màs m, sy'n teithio â chyflymder v.

Enghraifft

Mae car, màs 800 kg, sy'n teithio ar 15 m s^{-1} yn cael ei gyflymu gan rym 1200 N dros bellter 250 m. Cyfrifwch y cyflymder terfynol.

Ateb

Y gwaith sy'n cael ei wneud = newid mewn egni cinetig

$\therefore 1200 \times 250 = \frac{1}{2} \times 800(v^2 - 15^2) \therefore 300\,000 = 400(v^2 - 225)$

$\therefore$ Drwy rannu â 400 ac ad-drefnu, mae $v^2 = 750 + 225 = 975 \longrightarrow v = 31.2$ m s^{-1}.

(c) Egni potensial disgyrchiant

Gall gwrthrych mewn safle wedi'i godi wneud gwaith ar wrthrychau eraill wrth iddo ddisgyn. Felly mae ganddo egni o ganlyniad i'w uchder. Yr enw ar hyn yw **egni potensial disgyrchiant**. Defnyddir y symbol E_p ond yn aml caiff ei dalfyrru i EPD neu EP. A bod yn fanwl gywir, nid y gwrthrych ei hun sy'n meddu ar yr egni, ond y system Daear–gwrthrych: mae'r EPD yn dibynnu ar y pellter rhyngddyn nhw.

Fel yn achos yr egni cinetig, dychmygwn wneud gwaith ar wrthrych, màs m fel bod ei EPD yn cynyddu drwy ei godi gan bellter Δh.

Mae hyn i'w weld yn Ffig. 1.4.14. Bydd hyn yn digwydd ar fuanedd cyson, felly ni fydd newid yn yr egni cinetig.

Os nad yw'r gwrthrych yn cyflymu, $\Sigma F = 0$ [deddf 1af Newton]

$$\therefore F = mg$$

Gan mai egni potensial yn unig sy'n newid, nid oes mathau eraill o egni yn gysylltiedig.

$\therefore$ Yn ôl y diffiniad, ΔE_p = y gwaith sy'n cael ei wneud gan $F = F\Delta h$

$$\therefore \Delta E_p = mg\Delta h$$

Rhybudd. Mae'r hafaliad hwn ar gyfer ΔE_p yn berthnasol i newidiadau bach yn yr uchder yn unig. Hynny yw, 'bach' o gymharu â'r pellter o ganol y Ddaear. Gan fod radiws y Ddaear yn fras yn 6400 km, nid yw'r cyfyngiad hwn yn broblem ar gyfer newidiadau yn yr uchder o fewn yr atmosffer, hyd yn oed hyd at naid rydd Felix Baumgartner o 39 km!

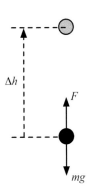

Ffig. 1.4.14 Deillio'r fformiwla ar gyfer EPD

Pwynt astudio

Yn wahanol i egni cinetig, nid oes man amlwg lle mae'r egni potensial disgyrchiant $E_p = 0$.

(ch) Egni potensial elastig

Gall gwrthrychau elastig (e.e. bandiau rwber, sbringiau, prennau mesur) sydd wedi'u hanffurfio (drwy eu hestyn, eu cywasgu neu eu plygu) wneud gwaith ar wrthrychau eraill wrth ddychwelyd i'w siâp arferol. Felly mae ganddyn nhw egni o ganlyniad i'r anffurfiad. Yr enw ar hyn yw egni potensial elastig. Defnyddir yr un symbol, E_p, ag ar gyfer egni potensial disgyrchiant.

Wrth estyn, cywasgu neu blygu gwrthrych, mae maint yr anffurfiad yn dibynnu ar y grym sy'n cael ei roi. Mae nifer o wrthrychau yn ufuddhau i ddeddf Hooke, o leiaf ar gyfer anffurfiadau bach. (gweler Adran 1.5.1.)

Term allweddol

Egni potensial elastig: Yr egni sy'n cael ei storio mewn gwrthrych o ganlyniad i'w anffurfio.

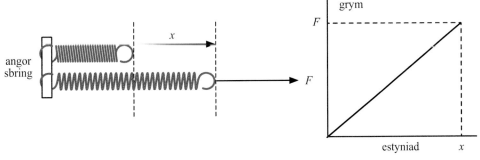

Ffig. 1.4.15 Egni potensial elastig

Pwynt astudio

Mae ffisegwyr gronynnol yn mynegi egni mewn *electron foltiau* (eV). 1 eV yw'r egni sy'n cael ei drosglwyddo pan fydd electron yn symud drwy wahaniaeth potensial o 1 V:

$1\ \text{eV} = 1.6 \times 10^{-19}\ \text{J}$

Pwynt astudio

Ni all gwrthrych disymud gael ei estyn na'i gywasgu oni bai fod **dau** rym yn gweithredu arno mewn cyfeiriadau dirgroes.

Diffinnir y cysonyn sbring, k, gan $F = kx$, lle F yw'r grym sy'n cael ei roi ac x yw'r anffurfiad (e.e. estyniad), fel sydd i'w weld yn Ffig. 1.4.15. Mae cyfrifo'r gwaith sy'n cael ei wneud gan y grym amrywiol yr un peth â chyfrifo'r dadleoliad o graff cyflymder–amser: y gwaith sy'n cael ei wneud yw'r arwynebedd o dan y graff.

$\therefore$ Y gwaith sy'n cael ei wneud wrth estyn y sbring yw $W = \frac{1}{2}Fx$.

$\therefore$ Drwy amnewid ar gyfer F o $F = kx$, mae $W = \frac{1}{2}kx^2$.

Os ydyn ni'n gadael i'r sbring lacio, gall wneud gwaith sy'n hafal i'r gwaith sy'n cael ei wneud o'i estyn, felly mae'r egni potensial elastig yn cael ei roi gan $E_p = \frac{1}{2}kx^2$.

Ymestyn a herio

Mae'r gwaith, W, sy'n cael ei wneud wrth estyn y sbring, yn cael ei roi gan:

$W = \int F(x)\mathrm{d}x$. O wybod bod $F = kx$, dangoswch fod $W = \frac{1}{2}kx^2$. Cofiwch, peidiwch ag anwybyddu'r cysonyn integru!

Gwirio gwybodaeth

Cyfrifwch egni cinetig y canlynol: (a) car, màs 1200 kg, yn teithio ar 30 m s⁻¹; a (b) bwled, màs **0.04 kg** sy'n teithio ar 500 m s⁻¹.

Gwirio gwybodaeth

Mae beiciwr a beic, â màs cyfunol 85 kg, yn symud heb bedalu o ddisymudedd i lawr ffordd oleddol, uchder 20 m, a hyd (wedi'i fesur ar hyd y llethr) 200 m.

(a) Cyfrifwch yr egni potensial disgyrchiant sy'n cael ei golli.

(b) Cyfrifwch y buanedd byddai'r beiciwr yn ei gyrraedd yn absenoldeb grymoedd gwrtheddol.

(c) Mae'r beiciwr yn cyrraedd buanedd 10 m s⁻¹. Cyfrifwch y grym gwrtheddol cymedrig sy'n gweithredu.

> **Term allweddol**
>
> **Pŵer**: Y gwaith sy'n cael ei wneud am bob uned amser, neu'r egni sy'n cael ei drosglwyddo am bob uned amser.
>
> Ei uned SI yw'r wat (**W**) = J s⁻¹.

Gwirio gwybodaeth

Drwy ystyried pŵer **1 kW** ac amser **1 awr**, darganfyddwch sawl joule sydd mewn **1 kW awr**.

Gwirio gwybodaeth

Cyfrifwch yr egni sy'n cael ei drosglwyddo gan degell trydan **2.5 kW** mewn 3 munud.

Rhowch eich ateb mewn (a) **J** a (b) **kW awr**.

> **Pwynt astudio**
>
> Gall allbwn trydanol blynyddol grid cenedlaethol Prydain gael ei fynegi'n synhwyrol mewn **TW awr**.

Enghraifft

Mae màs 200 g yn cael ei hongian ar sbring gyda chysonyn 15 N m⁻¹, fel yn Ffig. 1.4.16, a'i ollwng. Cyfrifwch:

(a) Y pellter, x, mae'r màs yn ei ddisgyn cyn cyrraedd disymudedd.

(b) Buanedd y màs pan fydd wedi disgyn hanner y pellter hwn.

Ffig. 1.4.16

Ateb

(a) Wrth i'r màs ddisgyn, mae'n colli egni potensial disgyrchiant. I ddechrau, mae'r system yn ennill egni cinetig ac egni potensial elastig. Wrth i'r sbring dynhau, mae'r màs yn arafu nes iddo gyrraedd disymudedd am ennyd. Drwy ddefnyddio egwyddor cadwraeth egni:

EPD a gollir = egni cinetig + egni potensial elastig

Wrth i'r màs gyrraedd disymudedd am ennyd, mae'r egni cinetig yn sero felly, ar y pwynt hwn, dyma'r hafaliad cadwraeth egni:

egni potensial elastig = EPD a gollir

Yna mae $\frac{1}{2}kx^2 = mgx$, $\therefore x = \dfrac{2mg}{k} = \dfrac{2 \times 0.2 \times 9.81}{15} = 0.262$ m

(b) Os yw $x = 0.131$ m, Egni cinetig = EP disgyrchiant a gollwyd – EP elastig a enillwyd

$\therefore \frac{1}{2}mv^2 = mgx - \frac{1}{2}kx^2$

Mae amnewid y gwerthoedd ac ad-drefnu yn arwain at $v^2 = 1.28$, $\therefore v = 1.13$ m s⁻¹

1.4.4 Egni a phŵer

Rydyn ni'n cyfrifo pŵer, P, drwy ddefnyddio

$$\text{Pŵer} = \frac{\text{trosglwyddiad egni}}{\text{amser}} \text{ neu, mewn symbolau, } P = \frac{E}{t}.$$

Nid yw hyn wedi'i gyfyngu i drosglwyddo egni yng nghyd-destun gwaith mecanyddol. Er enghraifft, mae bwlb golau 15 W yn trosglwyddo 15 J i belydriad electromagnetig ac egni mewnol pob eiliad. At nifer o ddibenion, mae'r wat yn uned eithaf bach, yn enwedig yng nghyd-destun gwresogi. Yn nodweddiadol, mae gan degell trydan bŵer 2–3 kW; efallai fod gan fferm wynt fach bŵer ~10 MW, ac mae gan orsaf bŵer thermol nodweddiadol bŵer o 1–2 GW. Byddai'n bosibl defnyddio dull tebyg ar gyfer egni (drwy ddefnyddio kJ, MJ, GJ, ac ati) ond, yn aml, mae dull gwahanol yn cael ei ddefnyddio.

Drwy ad-drefnu $P = \dfrac{E}{t}$, cawn, Trosglwyddiad egni = Pŵer × amser

Os ydyn ni'n mynegi pŵer mewn kW a'r amser mewn oriau, yr uned ar gyfer trosglwyddiad egni yw'r cilowat-awr (kW awr). Mae'r uned hon, sydd ddim yn uned SI, yn llawer mwy cyfleus ar gyfer sawl pwrpas.

Enghraifft

Mae gan adweithydd pŵer niwclear bŵer allbwn trydanol o 1.2 GW. Amcangyfrifwch allbwn yr egni trydanol mewn 1 flwyddyn.

Ateb

Mae nifer yr oriau mewn blwyddyn = 365.25 diwrnod × 24 awr/diwrnod = 8766 awr.

$\therefore$ Mae allbwn yr egni trydanol = 1.2 GW × 8766 awr = 11 000 GW awr = 11 TW awr (2 ff.y.)

Os yw'r trosglwyddiad egni yn deillio o waith mecanyddol, yna gallwn ailysgrifennu'r hafaliad pŵer fel hyn:

$$\text{Pŵer} = \frac{\text{Gwaith sy'n cael ei wneud}}{\text{amser}}, \text{ h.y. } P = \frac{W}{t}$$

Ystyriwch rym F sy'n cael ei roi ar wrthrych sy'n symud ar gyflymder v ar ongl θ i F (gweler Ffig. 1.4.17). Mewn amser Δt, mae'r gwaith sy'n cael ei wneud yn cael ei roi gan:
$W = Fv\Delta t \cos\theta$

∴ Drwy rannu â Δt $\quad P = \frac{W}{\Delta t} = Fv\cos\theta$

Os yw F a v yn yr un cyfeiriad, h.y. $\theta = 0$, yna mae $P = Fv$

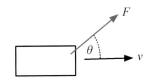

Ffig. 1.4.17 Pŵer a chyflymder

1.4.5 Grymoedd afradlon ac egni

Yn Adran 1.4.3 buon ni'n deillio fformiwlâu ar gyfer gwahanol ffurfiau ar egni drwy ystyried y gwaith sy'n cael ei wneud yn erbyn grymoedd allanol:

- Mae'r cynnydd mewn egni potensial disgyrchiant yn hafal i'r gwaith sy'n cael ei wneud yn erbyn grym disgyrchiant.

- Mae'r cynnydd mewn egni potensial elastig yn hafal i'r gwaith sy'n cael ei wneud yn erbyn y tyniant yn y gwrthrych wrth i ni ei estyn.

Gallwn wneud hynny oherwydd bod y prosesau hyn yn rhai *cildroadwy* (*reversible*). Wrth i ni ryddhau'r systemau, maen nhw'n dychwelyd i'w cyflwr blaenorol yn naturiol – gall yr egni drosglwyddo yn y cyfeiriad dirgroes.

Ond os oes grym yn gwneud gwaith drwy symud gwrthrych yn erbyn grym ffrithiannol neu lusgiad aerodynamig, ni allwn adfer yr egni a drosglwyddwyd yn yr un ffordd. Mae hyn oherwydd bod yr egni nawr i'w gael mewn cynnydd ym mudiant anhrefnus moleciwlau'r system (yr egni mewnol) ac mae hyn fel arfer yn achosi i'r tymheredd godi. Mae'n bosibl cildroi'r broses a newid ychydig o egni'r hapfudiant yn fudiant trefnus unwaith eto, ond mae'r effeithlonrwydd yn cael ei gyfyngu gan 2il ddeddf thermodynameg, sydd y tu hwnt i gynnwys y cwrs hwn.

Mae patrwm cyfarwydd yn Ffig. 1.4.18 i'w weld mewn dŵr ar ôl gollwng gwrthrych, e.e. carreg, i mewn iddo. Mae ffracsiwn bach iawn o'r egni yn cael ei gadw fel mudiant trefnus wrth i'r diferion bach o ddŵr godi a'r crychdonnau ledaenu. Mae'r egni hwn yn fuan yn cael ei drawsnewid yn hapfudiant moleciwlau dŵr drwy weithrediad grymoedd llusgiad gludiog.

Drwy edrych yn ôl ar yr enghraifft yn Adran 1.4.1 ac i Ffig. 1.4.5, gwelwn fod 1100 J o waith yn cael ei fewnbynnu i'r system ond mai cynnydd o 980 J yn unig sydd i'w gael yn yr EPD. Dyma'r egni *defnyddiol* sy'n cael ei drosglwyddo. Mae gweddill y trosglwyddiad, 120 J, yn cynrychioli'r egni defnyddiol a gollwyd. Rydyn ni'n diffinio **effeithlonrwydd** y system fel ffracsiwn yr egni mewnbwn sy'n cael ei drosglwyddo'n ddefnyddiol gan y system. Mae hwn yn cael ei fynegi fel canran yn aml, h.y.

$$\text{Effeithlonrwydd} = \frac{\text{trosglwyddiad egni defnyddiol}}{\text{cyfanswm egni mewnbwn}} \times 100\%$$

Yn yr enghraifft, mae hyn yn golygu: $\text{Effeithlonrwydd} = \frac{980}{1100} \times 100\% = 89\%$

Mewn cyfrifiadau, mae'n fwy cyfleus mynegi effeithlonrwydd fel rhif rhwng 0 ac 1 (h.y. 0.89 ar gyfer y winsh), gyda'r ffigur canrannol yn cael ei gadw i'w gyfathrebu ar y diwedd yn unig. Mewn cadwyn o drosglwyddiadau egni, cyfanswm yr effeithlonrwydd yw lluoswm yr effeithlonrwydd ym mhob cam.

Gallwn ysgrifennu'r hafaliad effeithlonrwydd yn nhermau pŵer yn lle egni, h.y.

$$\text{Effeithlonrwydd} = \frac{\text{trosglwyddiad egni defnyddiol}}{\text{cyfanswm egni mewnbwn}} \times 100\%$$

Gwirio gwybodaeth 1.4.8

Mynegwch allbwn egni trydanol yr adweithydd niwclear mewn **J**.

⟫ Pwynt astudio

Mae'r fformiwla $P = VI$ yn gywerth â $P = Fv$. Mae'r gp, V, yn gyrru'r cerrynt, I, mewn modd tebyg i F yn gyrru v.

Gwirio gwybodaeth 1.4.9

Mae'r llusgiad, F_d, ar gar yn cael ei roi gan $F_d = 0.3\rho_{\text{aer}}v^2$.

(a) Dangoswch mai uned y ffactor 0.3 yw m^2.

(b) Cyfrifwch y pŵer sy'n cael ei ddatblygu gan y peiriant ar fuanedd cyson o 25 m s^{-1}.

[$\rho_{\text{aer}} = 1.3 \text{ kg m}^{-3}$]

Ffig. 1.4.18 Afradloni egni

⟫ Pwynt astudio

Mae'r hyn sy'n gwneud trosglwyddiad yn *ddefnyddiol* yn dibynnu ar y cyd-destun. Efallai eich bod yn ystyried bod y cynnydd yn y tymheredd wrth i chi rwbio'ch dwylo yn erbyn ei gilydd yn allbwn dymunol! Mae'n bosibl defnyddio 'gwres gwastraff' peiriant car i gynhesu'r teithwyr.

Enghraifft

Mae effeithlonrwydd o 60% gan orsaf bŵer tyrbin nwy sydd â phŵer allbwn trydanol o 1.0 GW. Mae'r orsaf wedi'i chysylltu â'r defnyddwyr drwy newidydd codi (98% effeithlon), y grid cenedlaethol (97%) a'r rhwydwaith dosbarthu lleol (95%).

Cyfrifwch gyfanswm yr effeithlonrwydd.

Ateb

Cyfanswm yr effeithlonrwydd $= 0.60 \times 0.98 \times 0.97 \times 0.95$

$$= 0.54 = 54\%$$

Cyswllt

Gweler hefyd Adrannau 1.3.5(b) ac (c).

Profwch eich hun 1.4

1. Mae car, màs 1600 kg, sy'n teithio ar fuanedd 25 m s^{-1}, yn brecio'n unffurf i ddisymudedd mewn pellter o 100 m. Cyfrifwch: (a) egni cinetig cychwynnol y car; a (b) y grym brecio.

2. Mae sffêr dur, màs 4 g, yn cael ei wthio yn erbyn sbring â grym o 5 N, gan gywasgu'r sbring 20 cm. Cyfrifwch: (a) Yr egni potensial elastig pan mae'r sbring wedi'i gywasgu; (b) Y buanedd mae'r sffêr yn ei gyrraedd ar ôl rhyddhau'r sbring.

   Nodwch eich tybiaethau.

3. Mae sffêr bach trwm yn hongian o'r nenfwd ar edau 1.00 m o hyd. Mae pin llorweddol, **P**, yn cael ei osod 50 cm islaw'r pwynt hongian. Mae'r pendil yn cael ei dynnu 30° i'r ochr a'i ryddhau. Cyfrifwch: (a) Buanedd y sffêr ar y pwynt isaf;
   (b) Yr ongl fwyaf mae edau'r pendil yn ei chyrraedd ar y dde.

   Dangoswch eich ymresymu a'ch gwaith cyfrifo yn glir.

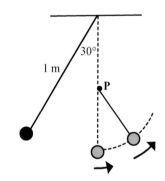

4. Mae disgybl yn rhoi'r diffiniad canlynol o waith: *Gwaith yw'r grym × pellter.* Esboniwch pam nad yw hwn yn ddiffiniad da, a rhowch un gwell.

5. Mae pêl sy'n rholio yn meddu ar egni cinetig o ganlyniad i'w chylchdroi yn ogystal â'i thrawsfudiad (sef symudiad ymlaen). Mae'r egni cinetig cylchdro yn 28.6% o'r cyfanswm. Mae pêl yn rholio i lawr llethr, uchder 1.00 m, sy'n newid i fod yn llorweddol cyn diweddu â gris, uchder 1.00 m. Cyfrifwch y pellter llorweddol o'r gris i'r man lle mae'r bêl yn taro'r ddaear.

   [Sylwch: Gallwch dybio bod $g = 9.81$ m s^{-2}, ond mewn gwirionedd, mae'r ateb yn annibynnol ar werth g! Dylech wirio hyn yn algebraidd.]

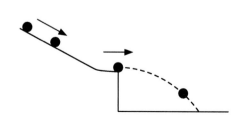

6. Mae saeth 60 g yn cael ei rhoi ar linyn bwa hir sy'n cael ei dynnu'n ôl 0.70 m gyda grym tynnu mwyaf o 650 N. Saethir y saeth i'r awyr ar ongl 30° i'r llorwedd:

(a) Gan dybio bod y bwa'n trosglwyddo 95% o'i egni potensial i'r saeth, a bod y grym tynnu mewn cyfrannedd â'r pellter tynnu, cyfrifwch y buanedd sy'n cael ei roi i'r saeth.

(b) Gan anwybyddu effeithiau aerodynamig a gwrthiant aer, cyfrifwch uchder mwyaf a chyrhaeddiad y saeth (tybiwch fod yr uchder cychwynnol = 0).

7. Mae gan loeren ofod egni cinetig 3.50 MJ. Mae ei fudiant yn cael ei newid drwy danio un o'r gwthwyr (*thrusters*), sy'n rhoi grym 50N. Yn ystod y 'llosgi', mae'r lloeren yn symud pellter 12 km.

(a) Pa wybodaeth ychwanegol sydd ei angen i gyfrifo egni cinetig newydd y lloeren?
Tybiwch nad oes newid yn yr egni potensial disgyrchiant.

(b) Cyfrifwch werthoedd mwyaf a lleiaf posibl yr egni cinetig newydd. Esboniwch sut maen nhw'n digwydd.

8. Caiff pêl, màs 2.0 kg, ei gollwng o glogwyn, uchder 40 m.

(a) Gan gymryd mai egni potensial disgyrchiant y bêl ar waelod y clogwyn yw 0, cyfrifwch EPD y bêl ar yr uchderau canlynol:
(i) 40 m
(ii) 25 m
(iii) 10 m
(iv) 0 m.

(b) Cyfrifwch EC y bêl ar yr uchderau canlynol:
(i) 40 m
(ii) 25 m
(iii) 10 m
(iv) 0 m.
Nodwch eich tybiaeth.

(c) Defnyddiwch un o'ch atebion i ran (b) i gyfrifo buanedd y bêl wrth daro'r ddaear.
Ailadroddwch eich cyfrifiad gan ddefnyddio dull gwahanol. Esboniwch pam mae angen yr un dybiaeth yn yr ail ddull ag yn rhan (b).

9. (a) Nodwch beth yw ystyr y term cysonyn sbring k.
(b) Dangoswch fod uned k yn gallu cael ei ysgrifennu fel kg s^{-2}.

10. Mae gwrthrych **A** yn teithio tua'r Gogledd. Ei fomentwm yw 25 N s a'i egni cinetig yw 40 J. Mae gwrthrych **B** yn teithio tua'r De. Ei fomentwm yw 10 N s a'i egni cinetig yw 50 J.

(a) Gan ddechrau gyda'r hafaliadau

$$E_k = \tfrac{1}{2}mv^2 \text{ a } p = mv, \text{ dangoswch fod } E_k = \frac{p^2}{2m}.$$

(b) Cyfrifwch fasau a chyflymderau gwrthrychau **A** a **B**.

11. Mae pêl, mas 0.20 kg, yn cael ei gollwng i'r ddaear o uchder o 30 m. Ei gyflymder cychwynnol yw sero. Ar gyfer y cwestiwn hwn, gallwch frasamcanu mai'r cryfder maes disgyrchiant yw 10 N kg^{-1}, a chymryd bod y potensial disgyrchiant yn sero ar lefel y ddaear. Ystyriwch y mudiant tuag i lawr yn unig.

Gan anwybyddu effeithiau gwrthiant aer, brasluniwch graffiau, ar yr un echelinau, o'r canlynol:
• egni potensial disgyrchiant, E_p, yn erbyn y pellter disgyn
• egni cinetig, E_k, yn erbyn y pellter disgyn
• cyfanswm yr egni, $E_p + E_k$, yn erbyn y pellter disgyn.

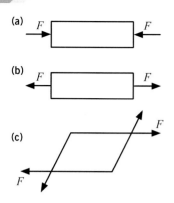

(a)

(b)

(c)

Ffig. 1.5.1 Gwahanol fathau o rymoedd anffurfio

Pwynt astudio

Ni all tonnau ardraws ledaenu drwy nwyon a hylifau gan na allan nhw wrthsefyll croesrymoedd – dyna pam na all tonnau S ledaenu drwy graidd allanol y Ddaear.

1.5.1 Gwirio gwybodaeth

Mae sbring yn estyn 12.5 cm pan fydd llwyth â màs 300 g yn cael ei hongian arno. Cyfrifwch y cysonyn sbring k ($F = k\,\Delta\ell$).

Termau Allweddol

Tyniant: Tyniant yw'r grym mae gwrthrych yn ei roi ar wrthrychau allanol o ganlyniad i gael ei estyn.

Deddf Hooke: Mae'r tyniant mewn cyfrannedd union â'r estyniad, ar yr amod nad yw'r estyniad yn rhy fawr.

Mae defnydd yn **elastig** os yw'n dychwelyd i'w siâp gwreiddiol pan fydd y diriant yn cael ei ddileu.

Pwynt astudio

Pan fyddwn ni'n trafod tyniant, byddwn yn delio â gwrthrychau disymud yn bennaf. Mewn ychydig o achosion lle mae'r gwrthrych yn cyflymu, e.e. yr edau yn Ffig. 1.3.26, rydyn ni'n tybio bod màs y gwrthrych yn ddibwys, felly mae'r grymoedd sy'n cael eu rhoi ar bob pen yn hafal a dirgroes.

Cyswllt

Dylech gyfeirio at Adran 1.4.3(ch) i weld ymdriniaeth bellach o'r cysyniadau hyn.

Os yw grymoedd hafal a dirgroes yn cael eu rhoi ar bennau cyferbyn gwrthrych, bydd ei ronynnau (moleciwlau/atomau/ïonau) yn cael eu gwthio i safleoedd ecwilibriwm newydd mewn perthynas â'i gilydd. Gall y grymoedd fod yn rhai: (a) **cywasgol**, (b) **tynnol** neu (c) **croesrymoedd** (gweler Ffig. 1.5.1). Rydyn ni'n dweud bod y gwrthrychau dan **ddiriant**. Y grymoedd sydd i'w gweld yw'r rhai sy'n cael eu rhoi ar y gwrthrych yn allanol; yn ôl 3edd ddeddf Newton, mae'r gwrthrych yn rhoi grym hafal a dirgroes ar y gwrthrychau allanol.

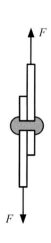

Ffig. 1.5.2 Solidau dan ddiriant

Mae'n amlwg bod y defnydd yng ngholofn Nelson dan gywasgiad o ganlyniad i bwysau'r defnydd uwchben, mae'r cortyn bynji yn dioddef grymoedd tynnol, ac mae croesrymoedd yn gweithredu ar y rhybed. Mae ymateb gwahanol ddefnyddiau i ddiriant yn amrywiol iawn: ni allwn roi nwyon dan dyniant oherwydd nad yw'r moleciwlau wedi'u clymu at ei gilydd; ni all hylifau a nwyon ddioddef croesrymoedd gan nad yw eu siâp yn anhyblyg; mae llawer o ddefnyddiau peirianyddol, e.e. gwaith maen, yn torri'n hawdd o dan dyniant, ond mae dur yn gryf iawn. Mae rhan hon y llyfr yn ymdrin â sut mae defnyddiau'n ymddwyn dan rymoedd tynnol (yn bennaf).

1.5.1 Deddf Hooke

Mae Ffig. 1.5.1(b) yn dangos grymoedd tynnol yn cael eu rhoi ar wrthrych, sydd, mewn enghreifftiau ffiseg, yn aml yn wifren neu'n sbring. Mae 3edd ddeddf Newton yn gymwys (mae'n gymwys bob amser!) felly mae'n rhaid i'r gwrthrych roi grymoedd hafal a dirgroes ar beth bynnag sy'n rhoi'r grymoedd sydd wedi'u labelu. Os dychmygwn dorri'r gwrthrych ar draws, byddai angen inni roi grym o'r un maint i ddal y ddau hanner gyda'i gilydd. Felly mae'r grym hwn, F, yn cael ei drosglwyddo drwy'r gwrthrych: yr enw arno yw'r **tyniant**. Os oes gan wrthrych dyniant, mae'n estyn. Yr enw ar y cynnydd mewn hyd yw **estyniad** ac mae ganddo'r symbol $\Delta\ell$. Mewn llawer o amgylchiadau, mae **deddf Hooke** yn berthnasol.

Sylwch fod tyniant, fel arfer, yn cael ei blotio ar yr echelin fertigol, a'r estyniad ar y llorweddol. O'u plotio fel sydd i'w weld yn Ffig. 1.5.3,

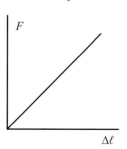

- mae'r graddiant yn rhoi anhyblygedd y gwrthrych, sydd â'r enw **cysonyn sbring**, k, yn achos sbring

- yr arwynebedd o dan y graff yw'r gwaith sy'n cael ei wneud wrth estyn.

Ffig. 1.5.3 Ymddygiad Hookeaidd

1.5.2 Priodweddau mecanyddol defnyddiau

(a) Diriant, straen a modwlws Young

Mae'r tyniant, F, yr estyniad, $\Delta\ell$ a'r cysonyn sbring, k, yn perthyn i wrthrych: sbring penodol, darn o wifren, bloc o goncrit ac ati. Mae'n fwy defnyddiol i beirianwyr ymdrin â mesurau sy'n ymwneud â defnyddiau, a'u defnyddio i ragfynegi priodweddau nifer o wrthrychau gwahanol.

Mae'r bar yn Ffig. 1.5.4, hyd ℓ ac arwynebedd trawstoriadol (a.t./*c.s.a.: cross-sectional area*) A, yn cael ei estyn $\Delta\ell$, sy'n gofyn am rym F. Os dychmygwn ddau far tebyg ochr yn ochr, sy'n rhoi cyfanswm a.t. o $2A$, yna bydd angen F i estyn pob un ohonynt $\Delta\ell$. Felly cyfanswm y tyniant yw $2F$.

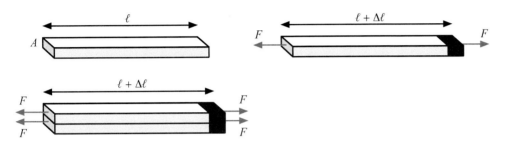

Ffig. 1.5.4 Tyniant ∝ a.t.

Casgliad: bydd dau far o'r un cyfansoddiad, ac o'r un hyd, yn cael eu hestyn yr un faint os yw'r gymhareb $\dfrac{F}{A}$ yr un fath. Yr enw ar y mesur hwn yw'r **diriant (tynnol)**, σ.

Nawr dychmygwch y ddau far wedi'u weldio ben wrth ben i roi cyfanswm hyd o 2ℓ, gyda'r un grym estyn yn cael ei roi. Mae gwerth y tyniant, F, yr un peth ym mhob un o ddau hanner y bar cyfansawdd, felly mae'r naill hanner a'r llall yn estyn $\Delta\ell$. Mae hyn yn golygu mai cyfanswm yr estyniad yw $2\Delta\ell$, fel yn Ffig. 1.5.5.

Ffig. 1.5.5 Estyniad ∝ hyd gwreiddiol

Casgliad: ar gyfer dau far gyda'r un cyfansoddiad, yr un a.t. a'r un tyniant, mae'r gymhareb $\dfrac{\Delta\ell}{\ell}$ yr un peth. Yr enw ar y mesur hwn yw'r **straen (tynnol)**, ε.

Os yw'r bar yn ufuddhau i ddeddf Hooke, yna mae $F \propto \Delta\ell$, felly o ddiffiniadau o σ ac ε, rhaid ei bod hi'n wir bod $\sigma \propto \varepsilon$ ac rydyn ni'n diffinio modwlws Young, E, *y defnydd* fel hyn:

$E = \dfrac{\sigma}{\varepsilon}$, a gallwn ysgrifennu hwn fel $E = \dfrac{F\ell}{A\Delta\ell}$, o'r diffiniadau o σ ac ε.

Gwerthoedd nodweddiadol ar gyfer E, σ a ε

Yn nhermau peirianneg, mae'r newton yn uned grym eithaf bach. Ar y llaw arall, mae'r m^2 yn uned arwynebedd eithaf mawr. Gall defnyddiau peirianyddol, fel dur a choncrit, wrthsefyll anffurfiad yn dda iawn. O ystyried y pwyntiau hyn gyda'i gilydd, nid yw'n syndod bod gwerthoedd diriant yn fawr iawn (yn yr amrediad $100\ \text{MPa}$), a bod straen fel arfer yn fach iawn: straen o 0.001 neu lai ar gyfer *defnydd Hookeaidd* (h.y. un sy'n ufuddhau i ddeddf Hooke). Felly, mae gan **fodwli Young** werthoedd sy'n tueddu i fod yn yr amrediad $100\ \text{GPa}$.

Defnydd	E / GPa
Dur Meddal	210
Copr	117
Alwminiwm	69
Asgwrn hir dynol	14
Concrit	14–30
Derw (ar hyd graen)	11
Gwydr	50–90
Rwber (straen bach)	~0.1
Diemwnt	1220

Tabl 1.5.1 Gwerthoedd amrywiol modwlws Young

1.5.2 Gwirio gwybodaeth

Mae bar, sydd ag a.t. 1 cm² a hyd 2.0 m, o dan dyniant 1 kN. Y modwlws Young yw 100 GPa.

Cyfrifwch yr estyniad a rhowch eich ateb mewn μm.

Termau allweddol

Straen elastig: Y straen sy'n diflannu ar ôl i'r diriant gael ei ryddhau; hynny yw, mae'r sampl yn mynd yn ôl i'w siâp a'i faint gwreiddiol.

Straen plastig: Y straen sy'n lleihau ychydig yn unig ar ôl rhyddhau'r diriant.

Terfan elastig: Y pwynt lle mae'r anffurfiad yn peidio â bod yn elastig.

Pwynt astudio

Gallwn gyfeirio at **derfan elastig** gwrthrych neu ddefnydd:

Ar gyfer gwrthrych (e.e. sbring), **llwyth** yw'r terfan elastig; ar gyfer defnydd (e.e. copr), **diriant** yw'r terfan elastig.

Pwynt astudio

Weithiau defnyddiwn y symbol x ar gyfer estyniad; dro arall defnyddiwn $\Delta\ell$. Felly gallwn ysgrifennu'r fformiwla ar gyfer y gwaith sy'n cael ei wneud wrth estyn fel hyn:

$W = \frac{1}{2}Fx$ neu $W = \frac{1}{2}F\Delta\ell$

Gan fod $F = kx$ [neu $k\Delta\ell$] gallwn hefyd ysgrifennu:

$W = \frac{1}{2}kx^2$ neu $W = \frac{1}{2}k(\Delta\ell)^2$ a

$W = \frac{1}{2}\frac{F^2}{k}$ neu $W = \frac{1}{2}\frac{F^2}{\Delta\ell}$

Mae Tabl 1.5.1 yn dangos E ar gyfer rhai defnyddiau cyffredin.

Os ydyn ni'n gweithio gydag E, σ ac ε, mae angen bod yn ofalus wrth ddefnyddio lluosyddion SI a ffurf safonol. Astudiwch yr enghraifft ganlynol.

Enghraifft

Cyfrifwch estyniad gwifren ddur 100 m o hyd, diamedr 1.0 mm, o'i rhoi dan dyniant drwy hongian màs 10.0 kg arni. [E_{dur} = 210 GPa.]

Ateb

Tyniant = mg = 10.0 × 9.81 = 98.1 N; a.t. = π(0.5 × 10⁻³)² = 7.85 × 10⁻⁷ m².

$\therefore$ diriant, $\sigma = \frac{F}{A} = \frac{98.1 \text{ N}}{7.85 \times 10^{-7} \text{ m}^2} = 1.249 \times 10^8$ Pa [125 MPa]

$E = \frac{\sigma}{\varepsilon} \therefore \varepsilon = \frac{\sigma}{E} = \frac{1.250 \times 10^8 \text{ Pa}}{210 \times 10^9 \text{ Pa}} = 0.000595$

$\therefore \Delta\ell = \varepsilon\ell = 0.000595 \times 100$ m = 0.0595 m = 6.0 cm (2 ff.y.)

Fel arall, gallen ni ddechrau gydag $E = \frac{F\ell}{A\Delta\ell}$ ac amnewid ar gyfer F (mg) ac A.

Eich dewis chi yw pa ddull i'w ddefnyddio.

(b) Straen elastig a straen plastig

Ar gyfer gwerthoedd bach o straen, mae defnyddiau'n dychwelyd i'w maint a'u siâp gwreiddiol os yw'r diriant yn cael ei ryddhau. Mae hwn yn cael ei alw'n ymddygiad elastig, a'r straen yw'r **straen elastig**.

Mae llawer o ddefnyddiau'n arddangos straen plastig (neu anelastig) wrth gael eu hestyn y tu hwnt i bwynt penodol o'r enw'r **terfan elastig**. Pan fydd y diriant yn cael ei ryddhau, maen nhw'n cyfangu ychydig, ond nid i'w maint gwreiddiol – maen nhw'n arddangos anffurfiad parhaol, a'r enw ar y straen hwn yw **straen plastig**.

1.5.3 Gwaith anffurfiad ac egni straen

Fel rydyn ni wedi'i ddangos yn Adran 1.4.3 (ch), y gwaith sy'n cael ei wneud wrth estyn gwrthrych Hookeaidd yw $\frac{1}{2}F\Delta\ell$, sef yr arwynebedd o dan y graff grym–estyniad. Edrychwch ar y Pwynt astudio am ffyrdd eraill o ysgrifennu'r fformiwlâu ar gyfer W. Mae rhyddhau'r tyniant a gadael i'r gwrthrych gyfangu yn caniatáu iddo wneud gwaith yn ei dro. Gan fod y graff ar gyfer llacio yr un peth â'r graff ar gyfer tyniant (ar gyfer defnyddiau Hookeaidd), mae'r gwaith sy'n cael ei wneud gan y gwrthrych wrth lacio yr un peth â'r gwaith sy'n cael ei wneud ar y gwrthrych wrth iddo anffurfio. Felly, mae'r un mynegiadau – $\frac{1}{2}F\Delta\ell$, etc. – yn rhoi'r egni sydd wedi'i storio mewn gwrthrych o ganlyniad i'w anffurfio. Mae'r egni hwn yn cael ei alw'n **egni straen** neu'n **egni potensial** elastig.

Os ydyn ni'n mesur estyniad band rwber sydd wedi'i lwytho (e.e. drwy hongian masau 100 g arno) ac yna wedi'i ddadlwytho, cawn gromlin llwyth–estyniad debyg i'r un sydd yn Ffig. 1.5.6. Mae'r gromlin dadlwytho i'w gweld o dan y gromlin

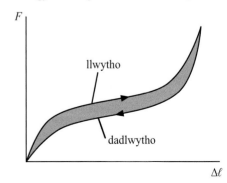

Ffig. 1.5.6 Hysteresis mewn rwber

llwytho. Yr enw ar y ffenomen hon yw **hysteresis** a dyma sy'n gyfrifol am wrthiant rholio mewn teiars ceir. Y gwaith sy'n cael ei wneud ar y rwber o'i estyn yw'r arwynebedd o dan y gromlin llwytho; y gwaith sy'n cael ei wneud gan y rwber wrth iddo gyfangu yw'r arwynebedd o dan y gromlin dadlwytho.

Mae'r arwynebedd rhwng y cromliniau yn cynrychioli'r egni mecanyddol a gollwyd yn y cylchred: mae hwn yn cael ei drosglwyddo i egni mewnol yn y rwber ac yna'i golli ar ffurf gwres. Rydym yn ymdrin ag elastigedd rwber yn Adran 1.5.6.

1.5.4 Diriant a straen mewn metelau hydwyth

Mae priodweddau mecanyddol solid yn dibynnu ar ei adeiledd – hynny yw, y modd mae'r gronynnau wedi'u trefnu a natur y grymoedd rhyngddyn nhw. Mae'r tair isadran nesaf yn ymdrin â hyn ar gyfer dosbarthiadau gwahanol o solidau.

(a) Adeiledd

Mae nifer o fetelau, er enghraifft dur, alwminiwm a chopr, yn **hydwyth**. Mae hyn yn golygu ei bod yn bosibl eu tynnu i ffurfio gwifrau. Mae defnyddiau hydwyth hefyd yn **hydrin**, yn enwedig pan maen nhw'n boeth. Mae'r metelau hyn yn rhai crisialog: mae ganddyn nhw adeiledd cyfnodol o'r enw dellten. Ïonau positif yw'r gronynnau dellt mewn metelau – hynny yw, atomau sydd wedi colli un electron neu fwy. Mae'r rhain wedi'u clymu wrth ei gilydd gan 'fôr' o electronau *dadleoledig* negatif sy'n rhydd i symud rhwng yr ïonau.

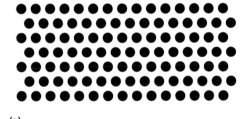

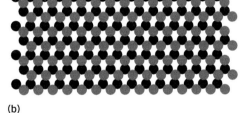

(a)   (b)

Ffig. 1.5.7 Pacio hecsagonol mewn metelau

Gan fod ïonau metel yn sfferau, maen nhw fel arfer yn pacio gyda chyn lleied o egni potensial â phosibl i mewn i blanau sydd â'r trefniant hecsagonol yn Ffig. 1.5.7(a). Mae'r ïonau yn y plân uwchben yn nythu yn y bylchau, sef y sfferau coch yn (b).

Mae llafnau tyrbin nwy sy'n cynnwys grisialau unigol o 'uwchaloi' o nicel wedi cael eu datblygu. Ond mae'r rhan fwyaf o samplau o fetel yn rhai **polygrisialog**. Wrth ymsolido o'r cyflwr tawdd, mae'r metel yn grisialu mewn sawl pwynt ar wahân.

Mae hyn yn arwain at nifer fawr o grisialau bach iawn (graenau) sy'n cydgloi. Gallwn weld hyn yn Ffig. 1.5.8, sy'n cynrychioli darn sgwâr ~100 μm o arwyneb sampl o aloi titaniwm-alwminiwm wedi'i lathru a'i ysgythru. Mae trefniant damcaniaethol o'r ïonau metel i'w weld yn Ffig. 1.5.9. Mae planau'r grisial o un graen i'r nesaf mewn trefniant ar hap. Sylwch nad yw ïonau'r ddellten yn cael eu dangos i'r un raddfa. Mewn gwirionedd, bydd ~10^5 plân dellt mewn graen nodweddiadol. Mae ffiniau'r graenau yn cynnwys nifer mawr o atomau amhuredd, sy'n cael eu gwthio allan o'r graenau yn ystod grisialu.

Nodwedd bwysig arall o adeiledd metelau hydwyth yw presenoldeb afreoleidd-dra o fewn y ddellten. Mae $\frac{1}{2}$-plân ychwanegol o ïonau yn bresennol mewn **afleoliad ymyl**. Mewn **nam pwynt** mae ïon o'r ddellten ar goll, neu mae atom 'estron' neu ïon ychwanegol yn bresennol.

Ffig. 1.5.8 Aloi titaniwm-alwminiwm yn dangos y graenau

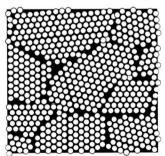

Ffig. 1.5.9 Cynrychioliad sgematig o ïonau

Ffig. 1.5.10 Afleoliad ymyl

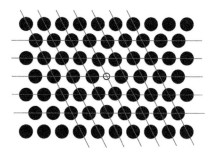

Ffig. 1.5.11 Nam pwynt mewn dellten fetel

Y cyfuniad o ddellten reolaidd, ffiniau graenau ac afleoliadau sy'n gyfrifol am briodweddau mecanyddol metelau polygrisialog.

(b) Graffiau diriant–straen

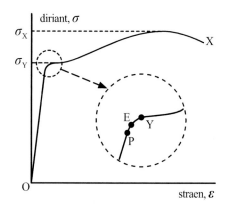

Ffig. 1.5.12 cromlin σ–ε ar gyfer metel hydwyth

Fel arfer, mae cromliniau diriant–straen gan samplau o fetelau hydwyth sy'n debyg i'r hyn sydd yn Ffig. 1.5.12, lle gallwn nodi'r nodweddion canlynol:

- Rhan linol **OP**. Yr enw ar **P** yw **terfan gyfraneddol**. Graddiant y darn hwn yw **modwlws Young** y defnydd.

- Pwynt **E** yw'r **terfan elastig**. Dim ond achosion o straen hyd at **E** sydd yn **elastig**; heibio i **E** maen nhw'n rhai **plastig**.

- Y **pwynt ildio**, **Y**, lle mae'r defnydd yn dangos cynnydd mawr yn y straen gyda dim ond ychydig neu ddim cynnydd o gwbl yn y diriant. Yr enw ar y diriant ar y pwynt hwn yw'r **diriant ildio**, σ_Y.

- Rhanbarth **plastig** eang, **YX**. Yr enw ar y diriant mwyaf yw'r **diriant torri** neu'r **cryfder tynnol eithaf**, σ_X. Mae X ar y graff yn nodi'r pwynt torri.

- Mae rhanbarth straen mwyaf y gromlin σ–ε yn plygu tuag i lawr yn nodweddiadol. Yn y rhanbarth hwn, mae'r sampl yn dangos **gyddfu**, ac mae'r rhanbarth lle bydd y defnydd yn torri yn y pen draw yn culhau. (Mae'r 'gwir' ddiriant yn parhau i gynyddu – gweler y Pwynt astudio.)

Mae union siâp y gromlin σ–ε yn amrywio yn ôl y defnydd a hefyd yn ôl hanes y defnydd (e.e. gwres neu driniaeth weithio).

Mae'r ddelwedd 'cyn ac ar ôl' yn Ffig. 1.5.13 yn dangos effaith gyddfu ac anffurfio plastig mewn sbesimen o ddur meddal. Mae clip fideo o'r prawf tynnol hwn i'w weld ar YouTube.

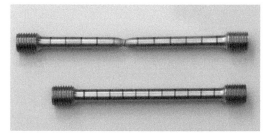

Ffig. 1.5.13 Sbesimen o fetel hydwyth cyn ac ar ôl prawf distrywiol

(c) Adeiledd a phriodweddau

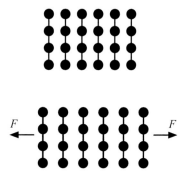

Ffig. 1.5.14 Straen elastig

Pan fydd defnydd yn cael ei roi dan dyniant isel, h.y. fel bod $\sigma < \sigma_E$, mae'r gronynnau (ïonau) yn y ddellten yn gwahanu mwy. Anffurfiad elastig yw hyn, oherwydd bod y grymoedd rhwng y gronynnau yn eu tynnu'n ôl i'w safle gwreiddiol wedi i'r tyniant gael ei ryddhau. Mae hyn i'w weld yn Ffig. 1.5.14 – rydyn ni wedi defnyddio trefniant dellten giwbig gan ei bod yn haws gweld yr effaith – ac mae'n haws tynnu llun ohono!

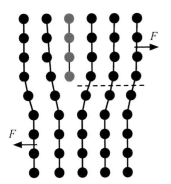
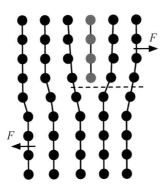
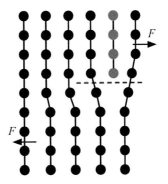
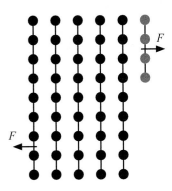

Ffig. 1.5.15 Mae symudiad afleoliad yn cynhyrchu straen plastig

Mae anffurfiad plastig yn digwydd pan fydd y gronynnau wedi'u had-drefnu mewn modd anghildroadwy (*irreversible*). Mae hyn yn bosibl oherwydd presenoldeb afleoliadau ymyl. Mae'r afleoliad sydd i'w weld yn Ffig. 1.5.15 yn symud i'r dde dan ddylanwad y grymoedd gosod. Ychydig iawn yn unig mae'r ïonau unigol yn symud; mae'r ïonau uwchben y llinell doredig yn disgyn i safle egni potensial is yn y plân nesaf, fel bod yr $\frac{1}{2}$-plân ychwanegol yn symud i'r dde nes iddo gyrraedd ffin y graen; mae'r grisial yn mynd yn hirach. Mae hyn yn digwydd ar y **diriant ildio**. Nid yw'r afleoliad yn symud yn ôl wedi i'r diriant gael ei ryddhau, felly mae'r hwyhad yn blastig.

Mae manylion yr hyn sy'n digwydd nesaf yn dibynnu ar sawl ffactor:

1. Gall afleoliadau ymyl fynd yn gymysg (gweler Gwirio gwybodaeth 1.5.5), gan gyfyngu ar eu symudiad.
2. Maint y graenau – y lleiaf yw'r graenau, y lleiaf rhydd yw'r afleoliadau i symud.
3. Presenoldeb afleoliadau pwynt: gall atomau estron atal symudiad afleoliadau ymyl; bydd gwagle yn y ddellten yn cynhyrchu rhagor o afleoliadau ymyl.

Ar gyfer metelau gwahanol, yn enwedig aloion fel dur, gall newid y cyfansoddiad effeithio ar bob un o'r ffactorau hyn. Yn dibynnu ar y metel, gall patrymau gwresogi a throchoeri ei wneud yn fwy neu'n llai hydwyth. Yn gyffredinol, mae gweithio'r metel yn oer yn ei wneud yn fwy anhyblyg ac yn llai hydwyth gan fod hyn yn achosi i'r afleoliadau fynd yn gymysg.

1.5.5 Diriant a straen mewn defnyddiau brau

Mae defnyddiau brau, er enghraifft haearn bwrw, cerameg a gwaith maen, yn gwbl elastig ac fel arfer yn Hookeaidd, hyd at y diriant torri (Ffig. 1.5.16). Mae gan lawer o anfetelau brau adeiledd amorffaidd (anghrisialog). Mae ffigurau 1.5.17 ac 1.5.18 yn dangos y gwahaniaeth rhwng adeileddau grisialog (cwarts) ac adeileddau amorffaidd (gwydr) ar gyfer silicon deuocsid, SiO_2, sydd wedi'i fondio'n gofalent.

Mae gwydr yn ffurfio os yw'r SiO_2 yn oeri o'r cyflwr tawdd yn rhy gyflym i'r moleciwlau allu eu trefnu eu hunain yn y ffurf grisialog.

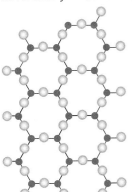

Ffig. 1.5.17 Silicon deuocsid grisialog

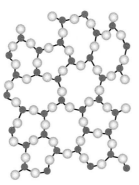

Ffig. 1.5.18 Silicon deuocsid gwydrog

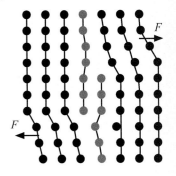

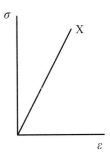

Ffig. 1.5.16 Graff σ–ε ar gyfer defnydd brau

Ffig. 1.5.19 Gwydrfaen plu eira – gwydr naturiol.

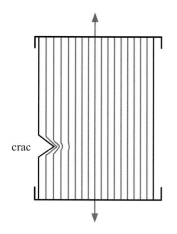

Ffig. 1.5.20 Methiant crac

Mae defnyddiau amorffaidd yn frau oherwydd bod absenoldeb adeiledd grisialog yn golygu nad oes afleoliadau sy'n gallu symud i gynhyrchu anffurfiad plastig. Mae haearn bwrw yn grisialog, ond mae'r grisialau yn fach iawn ac mae presenoldeb cyfran fawr o atomau amhuredd yn golygu bod afleoliadau yn aros yn eu hunfan.

Toriad brau

Mae defnyddiau brau yn wan dan dyniant, h.y. mae eu diriant torri yn isel. Yn wahanol i doriad hydwyth, gallwch roi'r darnau sydd wedi torri yn ôl at ei gilydd – mae'n bosibl gludo cwpan sydd wedi torri. Mae hyn oherwydd absenoldeb anffurfiad plastig.

Mae'r methiant o dan dyniant oherwydd lledaeniad crac. Mae hyn i'w weld yn Ffig. 1.5.20. Gallwn weld llinellau'r diriant mewn coch. Mae'r rhain yn dangos sut mae'r tyniant yn cysylltu'r atomau yn y defnydd. Ni all y grymoedd rhyngatomig groesi'r bwlch, oherwydd bod yr atomau'n rhy bell oddi wrth ei gilydd. Felly rhaid trosglwyddo'r grymoedd o gwmpas blaen y crac. Canlyniad hyn yw bod y diriant yn chwyddo'n fawr. Bydd y defnydd brau yn dechrau torri ar flaen y crac: mae'r crac yn ymestyn, sy'n cynyddu'r diriant ar y blaen, ac felly mae'r crac yn lledaenu (ar fuanedd sain yn y defnydd), gan arwain at fethiant catastroffig.

Mae'n bosibl defnyddio defnyddiau brau mewn adeileddau sy'n cynnal llwyth, cyn belled â bod y darn brau:

- bob amser dan gywasgiad oherwydd dyluniad yr adeiladwaith, fel ym mhileri bricwaith traphont ddŵr Pontcysyllte sy'n cynnal camlas Llangollen (Ffig. 1.5.21),
- neu wedi'i wasgu'n barod wrth ei gynhyrchu.

Ffig. 1.5.21 Traphont ddŵr Pontcysyllte

Mae gwaelod y trawst concrit yn Ffig. 1.5.22 dan dyniant ac mewn perygl o fethu oherwydd lledaeniad crac. Mae'r diagramau yn Ffig. 1.5.23 yn dangos sut mae tendon dur sydd wedi'i roi dan dyniant yn barod, T, yn cael ei ddefnyddio yn y trawst concrit i'w gryfhau:

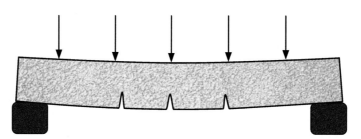

Ffig. 1.5.22 Methiant crac mewn trawst

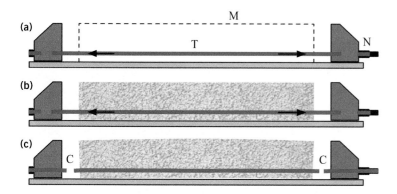

Ffig. 1.5.23 Trin trawst drwy ei wasgu'n barod

(a) Mae'r tendon, T, yn cael ei roi dan dyniant drwy dynhau'r nyten, N.

(b) Mae'r concrit sydd i'w gastio yn cael ei dywallt i'r mowld, M, a'i adael i galedu.

(c) Yna mae'r tendon yn cael ei dorri ac mae'n cyfangu, gan roi arwyneb isaf y concrit dan gywasgiad (ac achosi iddo blygu ychydig, fel sydd i'w weld).

Os yw llwyth yn cael ei roi ar ben y trawst wedyn, fel yn Ffig. 1.5.22, ni fydd arwyneb isaf y trawst dan dyniant oni bai bod y llwyth yn fawr iawn.

1.5.6 Polymerau

(a) Beth yw polymerau?

Mae rwber, polythen, melamin a neilon yn **bolymerau**, h.y. mae eu moleciwlau'n gadwynau hir o unedau ailadroddol.

O ran ei gyfansoddiad, y polymer symlaf yw polythen, sydd wedi'i wneud o'r **monomer** ethen.

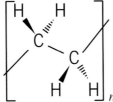

Ffig. 1.5.24 Ethen, ac uned ailadroddol polythen

Un o nodweddion arwyddocaol y bond C–C yw ei allu i gylchdroi, gan alluogi moleciwl y polymer i gymryd nifer enfawr o siapiau sydd ar hap. Mae hyn yn arwyddocaol i briodweddau diriant–straen rwber.

(a)

(b)

Ffig. 1.5.26 Rwber: (a) y polymer; (b) y monomer

(b) Diriant, straen a modwlws Young rwber

Dyma'r nodweddion llwyth–estyniad/diriant–straen:

1. Mae'r graff diriant–straen yn aflinol: mae rwber yn anhyblyg ar gyfer estyniadau bach, yn mynd yn llai anhyblyg ac yna'n anhyblyg iawn. Gweler Ffig. 1.5.27.

2. Mae'r cromliniau llwytho a dadlwytho yn wahanol: yr enw ar hyn yw *hysteresis elastig*.

3. Mae'n arddangos straeniau mawr: mae straeniau hyd at 5, h.y. mae'r hyd terfynol ~5× yr hyd gwreiddiol yn bosibl mewn rhai mathau o rwber.

4. Mae gwerthoedd y diriant dipyn yn is nag ydyn nhw ar gyfer y rhan fwyaf o ddefnyddiau peirianyddol. Gwerth y diriant torri yw ~16 MPa, o'i gymharu â ~80 MPa ar gyfer gwydr a 400 MPa ar gyfer dur meddal.

Oherwydd yr aflinoledd, rhaid bod yn ofalus wrth gyfeirio at fodwlws Young rwber. Yn dibynnu ar y cyd-destun, gallai gyfeirio at un o'r canlynol:

- Graddiant tangiad y gromlin σ-ε ar y tarddbwynt.

- Gwerth $\frac{\sigma}{\varepsilon}$ ar gyfer diriant penodol, e.e. hanner ffordd ar hyd y rhanbarth sydd bron yn llinol.

Dyma raddiant y ddwy linell goch yn Ffig. 1.5.27. Ond beth am broblem hysteresis? Pa un bynnag rydyn ni'n ei ddefnyddio, bydd gwerth E tua 10–20 MPa; mae hyn dipyn yn llai na'r 200 GPa ar gyfer dur. Yn ymarferol, dim ond yn rhanbarth straen isel, llinol y graff σ-ε y mae'r modwlws Young yn gysyniad defnyddiol.

>>> **Termau allweddol**

Polymer: Sylwedd sydd â'i foleciwlau'n cynnwys cadwynau hir o adrannau unfath, sy'n cael eu galw'n unedau ailadroddol

Monomer: Moleciwl sy'n cynnwys bond dwbl sy'n cael ei dorri ar agor i ffurfio uned ailadroddol polymer

>>> **Pwynt astudio**

Argraff artist o foleciwl ethen sy'n dangos orbitalau'r electronau.

Ffig. 1.5.25

Gwirio gwybodaeth 1.5.6

Wrth i rwber estyn, mae ei gyfaint yn aros fwy neu lai'n gyson er gwaethaf ei estyniadau enfawr. Amcangyfrifwch y newid yn nhrwch band rwber sy'n cael ei estyn i 4 gwaith ei hyd gwreiddiol.

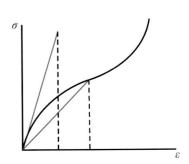

Ffig. 1.5.27 Pa fodwlws Young ar gyfer rwber?

Gwirio gwybodaeth

Mae gan sampl o rwber yr un dimensiynau â gwifren ddur. Rhoddir yr **un tyniant ar y ddau.** Amcangyfrifwch **gymhareb straeniau'r** ddau wrthrych.

Ffig. 1.5.28 Moleciwl rwber dryslyd.

 Ymestyn a herio

Mae damcaniaeth hapgerddediad ystadegol yn rhagfynegi: Os yw llwybr yn cynnwys n cam, hyd $\Delta\ell$, mewn hapgyfeiriadau, bydd cyfanswm y dadleoliad $\sim\Delta\ell\sqrt{n}$. Mae moleciwl rwber yn cynnwys 10^6 uned ailadroddol sydd â hyd $\sim10^{-9}$ m yr un. Amcangyfrifwch faint moleciwl rwber.

 Pwynt astudio

Mae gwyddonwyr defnyddiau yn aml yn cyflwyno trawsgysylltau S–S ychwanegol i rwber, i'w wneud yn fwy anhyblyg. Enw'r broses hon yw *fwlcaneiddio*.

 Pwynt astudio

Rhoddir y modwlws Young gan yr hafaliad $E = \dfrac{F\ell_0}{A\Delta\ell}$. Mae $\Delta\ell$ yn cael ei wneud yn ddigon mawr i'w fesur â thrachywiredd rhesymol drwy wneud ℓ_0 mor hir â phosibl, e.e. hyd mainc mewn labordy (4 m efallai).

 Pwynt astudio

Mae'r wifren yn cael ei chlampio gan ddefnyddio'r blociau pren. Mae hyn yn arbed niwed i'r wifren ar y pwynt clampio.

 Gwirio ymarferol

Gweler Adran 3.2 am awgrym ar sut i fesur diamedr gwifren.

(c) Adeiledd a phriodweddau rwber

Ar yr olwg gyntaf, mae adeiledd moleciwl rwber, Ffig. 1.5.26, yn ymddangos y dylai fod yn llinol. Ond oherwydd bod y bondiau C–C sengl yn gallu cylchdroi'n rhydd, mae polymer rwber yn ffurfio mewn cyflwr dryslyd hap – gweler Ffig.1.5.28 (dim ond y bondiau C–C sydd i'w gweld).

Os rhoddir moleciwl rwber o dan dyniant, mae'n ymateb drwy sythu:

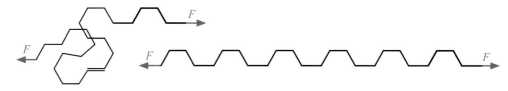

Ffig. 1.5.29 Sythu moleciwl rwber

Mae'r (band) rwber yn gallu estyn i sawl gwaith ei hyd gwreiddiol. Mae'r grym sydd ei angen yn llawer llai nag yw wrth estyn defnyddiau grisialog neu amorffaidd oherwydd nad yw'r bondiau'n cael eu hestyn – dim ond eu cylchdroi. Mae presenoldeb **trawsgysylltau** rhwng moleciwlau, neu hyd yn oed plethiad moleciwlau gwahanol drwy'i gilydd, yn cyfyngu ar gyfanswm posibl yr estyniad. Mae mudiant thermol yr atomau yn y moleciwlau, sy'n tueddu i wneud i'r siâp fod ar hap, yn rhoi'r gwrthwynebiad i'r estyniad, h.y. yr anhyblygedd.

Wrth ryddhau'r tyniant, mae hapfudiant moleciwlaidd yr atomau o fewn y moleciwlau yn gwneud i siâp y moleciwlau ail-hapio (*re-randomise*), gan achosi i'r rwber gyfangu. Bydd rhywfaint o egni yn trawsnewid yn egni cinetig hap y moleciwlau drwy wrthdrawiadau rhwng moleciwlau, felly ni fydd cymaint o waith yn cael ei wneud wrth gyfangu. Mae hyn yn arwain at yr effaith hysteresis.

1.5.7 Gwaith ymarferol penodol

(a) Darganfod modwlws Young ar gyfer defnydd gwifren fetel

Mae Ffig. 1.5.30 yn dangos cyfarpar cyffredin sydd mewn dosbarthiadau Ffiseg Safon Uwch i ddarganfod modwlws Young metelau, er enghraifft copr a dur meddal, ar ffurf gwifrau.

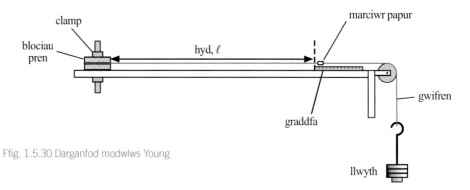

Ffig. 1.5.30 Darganfod modwlws Young

Dull:

1. Mesur diamedr, d, y wifren gyda micromedr neu galiperau fernier sydd â chydraniad 0.01 mm. Cyfrifo'r a.t., A, o'r hafaliad $A = \pi\left(\dfrac{d}{2}\right)^2$.

2. Cysylltu llwyth bach i roi tyniant gwreiddiol er mwyn sythu'r wifren.

3. Mesur hyd gwreiddiol, ℓ_0, y wifren o'r blociau pren i'r marciwr papur, gan ddefnyddio ffon fetr â chydraniad 1 mm.

4. Ychwanegu màs hysbys, m, er enghraifft màs 10 g / 50 g / 100 g i'r hongiwr.

5. Mesur yr estyniad, $\Delta\ell$, o'r llwyth sero.

6. Ailadrodd camau 4 a 5 i gael cyfres o werthoedd ar gyfer $\Delta\ell$ ac m.

7. Ailadrodd camau 4 a 5 gyda gwerthoedd m yn lleihau.

8. Plotio graff o'r tyniant, T, wedi'i gyfrifo o $T = mg$, yn erbyn $\Delta\ell$.

9. Mesur graddiant mwyaf a graddiant lleiaf y graff llinell syth.

10. Cyfrifo E a'i ansicrwydd drwy ddefnyddio $E = \dfrac{\ell_0}{A} \times$ graddiant.

Sylwch fod cwestiynau 9 a 10 wedi'u dylunio i'ch herio, gan eu bod yn gofyn am sgiliau Safon Uwch.

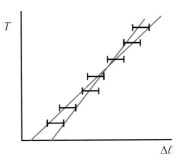

Ffig. 1.5.31 Graff T–$\Delta\ell$ nodweddiadol

Nodiadau:

1. Efallai na fydd y graff ffit orau yn mynd drwy'r tarddbwynt. Y rheswm am hyn yw bod gan y wifren, yn aml, grychion mân, ac mae angen sythu'r rhain.
2. Mae'n bosibl gwella manwl gywirdeb mesuriadau $\Delta\ell$ drwy ddefnyddio lens llaw neu (yn well fyth) ficrosgop teithiol.

(b) Ymchwilio i'r berthynas grym–estyniad ar gyfer rwber

Yn syml iawn, gallwn lwytho a dadlwytho'r band rwber, a mesur yr estyniadau o'r hyd gwreiddiol (mewn gwirionedd, yr hyd gyda llwyth bach iawn er mwyn sicrhau bod y band yn syth i ddechrau). Dylid llwytho'r band nes bod ei estyniad ychwanegol gyda llwythi ychwanegol yn fach iawn. Yn yr arbrawf hwn, er mwyn dangos hysteresis, rydyn ni'n plotio'r estyniadau wrth lwytho a dadlwytho ar wahân, yn hytrach na defnyddio'r cyfartaledd.

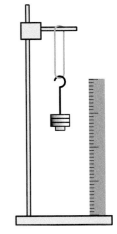

Ffig. 1.5.32 Ymchwilio i lwyth ac estyniad ar gyfer rwber

Profwch eich hun 1.5

1. Mae sbring yn estyn 8.0 cm pan fydd llwyth â màs 200 g yn cael ei hongian arno. Cyfrifwch: (a) y cysonyn sbring, k; (b) yr egni potensial elastig yn y sbring sydd â'r llwyth; (c) y gostyngiad yn egni potensial disgyrchiant y llwyth wrth iddo estyn y sbring 8.0 cm.

2. Mae'r llwyth yng nghwestiwn 1 yn cael ei hongian ar sbring arall. Mae cysonyn y sbring hwn yn hanner yr un yng nghwestiwn 1. Heb ailadrodd y cyfrifiadau, ysgrifennwch estyniad y sbring a'r atebion i (a), (b) ac (c).

3. Mae'r llwyth yn cael ei osod ar y sbring diestyn yng nghwestiwn 1, ac yna'n cael ei ollwng. Cyfrifwch: (a) buanedd y llwyth pan fydd yr estyniad yn 8.0 cm; (b) estyniad mwyaf y sbring; (c) cyflymiad y llwyth tuag i fyny ar bwynt yr estyniad mwyaf.

4. Cysonyn, k, sbring yw 24 N m^{-1}. Gan nodi eich rhesymau'n glir, darganfyddwch gysonyn dau sbring o'r fath wedi'u cysylltu: (a) ben wrth ben; a (b) ochr yn ochr [cyfeiriwn at y rhain weithiau fel 'mewn cyfres' ac 'mewn paralel' yn ôl eu trefn].

5. Mae rhoden silindrog, hyd 50 cm â diamedr 5 mm, wedi'i gwneud o wydr gyda chryfder tynnol eithaf o 33 MPa a modwlws Young o 60 GPa. Cyfrifwch y tyniant mwyaf y gall y rhoden ei gymryd, a'r cynnydd yn ei hyd ar dyniant sydd 50% o'r gwerth mwyaf hwn.

6. Mae rhaff wedi'i gwneud o neilon sydd â modwlws Young o 3.0 GPa; cafodd ei dylunio i'w defnyddio'n ddiogel ar ddiriant hyd at 30 MPa. Diamedr y rhaff yw 5.0 cm a'i hyd yw 1 km (tybiwch fod deddf Hooke yn cael ei ufuddhau hyd at 30 MPa): (a) Cyfrifwch y llwyth mwyaf y dylid ei roi ar y rhaff; (b) Cyfrifwch yr egni sy'n cael ei storio yn y rhaff gyda'r llwyth hwn; (c) Mae'r rhaff yn cael ei chlymu i gwch, màs 20 tunnell fetrig [1 t = 10^3 kg], sy'n arnofio i ffwrdd ar gyflymder o 4 m s^{-1}, er mwyn ei ddal yn ei unfan. Cyfrifwch pa mor bell mae'r rhaff yn estyn cyn stopio'r cwch; (ch) Cyfrifwch yr hyd lleiaf o raff fyddai'n stopio'r cwch, heb fynd y tu hwnt i'r diriant diogel mwyaf.

7. Mae gwydr sydd wedi'i wasgu'n barod, sydd weithiau'n cael yr enw *gwydr golwg*, yn cael ei gynhyrchu mewn dalennau fel bod yr haenau allanol dan gywasgiad a'r canol dan dyniant. Esboniwch pam mae'r gwydr hwn yn fwy anodd i'w dorri na gwydr arferol.

8. Mae dau silindr, sydd â'r un hyd a diamedr yn union, yn cael eu cysylltu'n sownd ben wrth ben. Mae modwlws Young defnydd un silindr (**A**) ddwywaith modwlws Young y llall (**B**). Mae'r silindr cyfansawdd yn cael ei roi dan dyniant. Cymharwch werthoedd y mesurau canlynol ar gyfer y ddwy ran: y tyniant; yr estyniad: y diriant; y straen; yr egni sy'n cael ei storio.

9. Gan ddechrau o ddiffiniadau diriant (σ), straen (ε), a modwlws Young (E), (a) esboniwch pam mae gan E a σ yr un uned, a nodwch yr uned hon; (b) Mynegwch uned diriant yn nhermau'r unedau SI sylfaenol yn unig.

10. Mae'r diagram yn dangos rhoden fetel, wedi'i gwneud o ddau fetel gwahanol, dan dyniant. Mae'r arwynebedd trawstoriadol ar **X** yn ddwbl yr arwynebedd trawstoriadol ar **Y**. Mae modwlws Young y metel ar **X** yn $1.5\times$ modwlws Young y metel ar **Y**. Mae hyd rhan **Y** yn $1.5\times$ hyd rhan **X**.

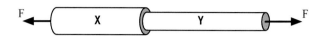

Cymharwch werthoedd y mesurau canlynol ar gyfer **X** ac **Y**: tyniant; diriant; straen; yr egni elastig sy'n cael ei storio am bob uned cyfaint; cyfanswm yr egni a storiwyd.

11. Gofynnwyd i rai myfyrwyr fesur modwlws Young defnydd gwifren efydd mor fanwl gywir â phosibl. Dywedwyd wrthyn nhw fod terfan elastig efydd yn fwy na 100 MPa.

   (a) Mesuron nhw ddiamedr y wifren mewn sawl man gan ddefnyddio micromedr digidol, gyda chydraniad ± 1 μm, a phob mesuriad yn cael ei ailadrodd ar ongl sgwâr. Dyma oedd eu darlleniadau (mewn mm):
   $0.273, 0.275, 0.275, 0.273, 0.285, 0.275, 0.273, 0.277$

   (i) Penderfynodd y myfyrwyr anwybyddu'r darlleniad 0.285 mm. Awgrymwch pam.
   (ii) Pam gwnaethon nhw ailadrodd y darlleniadau diamedr ar ongl sgwâr?
   (iii) Cyfrifwyd arwynebedd trawstoriadol y wifren fel 0.0591 ± 0.009 mm². Cyfiawnhewch y canlyniad hwn.

   (b) Maen nhw'n gosod y wifren fel yn Ffig. 1.5.30 ac yn mesur yr hyd, ℓ, gan ddefnyddio ffon fetr, gyda chydraniad o 1 mm, fel 4.365 m. Gan gadw cyfanswm y llwyth o dan 5 N, maen nhw'n gosod màs ychwanegol o 0.250 kg ($\pm 1\%$) ar y wifren. Gan ddefnyddio microsgop teithiol, maen nhw'n mesur y cynnydd mewn hyd ac yn cael 1.73 ± 0.02 mm.

   (i) Esboniwch pam maen nhw wedi cadw cyfanswm y llwyth o dan 5 N.
   (ii) Cyfrifwch fodwlws Young efydd, ynghyd â'i ansicrwydd absoliwt.

   (c) Dywedodd un o'r myfyrwyr na fyddai defnyddio gwifren fyrrach yn effeithio ar yr ansicrwydd, oherwydd bod yr ansicrwydd canrannol yn yr hyd yn ddibwys o'i gymharu ag achosion eraill o ansicrwydd. Gwerthuswch y gosodiad hwn.

   (ch) Awgrymodd myfyriwr arall y byddai defnyddio gwifren deneuach yn rhoi llai o ansicrwydd yng ngwerth y modwlws Young, oherwydd byddai'r estyniad yn fwy. Trafodwch yr awgrym hwn.

12. Mae myfyrwraig, Nia, yn mesur modwlws Young defnydd gwifren. Mae Nia'n mesur estyniad y wifren pan roddir llwyth arno, gan sicrhau ei bod yn cadw o fewn y terfan elastig.

   (a) Nodwch beth yw ystyr 'y terfan elastig' ac esboniwch sut byddai Nia yn gwybod a oedd y wifren wedi mynd heibio iddi.

   (b) Nodwch pa fesuriadau eraill byddai angen i Nia eu gwneud, a sut byddai'n eu defnyddio i gyfrifo gwerth ar gyfer modwlws Young.

   (c) Mae myfyriwr arall, Alex, yn dweud y dylai Nia fod wedi mesur yr estyniadau ar gyfer cyfres o wahanol lwythi a phlotio graff. Esboniwch pam mae syniad Alex yn un da, a nodwch sut gallai Alex ddefnyddio'r graff i gael gwerth ar gyfer y modwlws Young.

13. Mae'r diagram yn graff llwyth–estyniad ar gyfer band rwber sy'n cael ei gymryd drwy un gylchred o lwytho a dadlwytho – fel mae pennau'r saethau'n ei ddangos.

   (a) Esboniwch mewn termau moleciwlaidd pam mae graddiant y graff estyniad ar **B** yn llai nag ar **C**.

   (b) Beth yw'r enw ar yr effaith lle mae'r gromlin cyfangu o dan y gromlin ymestyn?

   (c) Esboniwch pam mae tymheredd band rwber, sy'n cael ei gymryd drosodd a throsodd yn ystod y cylch llwytho–dadlwytho, yn codi.

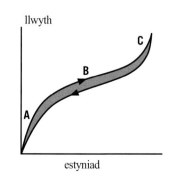

1.6 Defnyddio pelydriad i ymchwilio i sêr

Daw bron yr holl wybodaeth sydd gennym am y bydysawd o belydriad electromagnetig. Cafodd y ddelwedd o gytser Y Tarw yn Ffig. 1.6.1 ei thynnu gan ddefnyddio pelydriad gweladwy, h.y. gyda thonfeddi rhwng ~400 a 700 nm. Tan yn ddiweddar, dim ond yr amrediad hwn o donfeddi oedd ar gael i ni, gan fod atmosffer y Ddaear yn ddi-draidd i'r rhan fwyaf o'r sbectrwm electromagnetig. Ond mae telesgopau gofod, er enghraifft Spitzer a Chandra, wedi caniatáu i ni 'weld' y bydysawd ar draws yr amrediad cyfan, o belydrau radio i belydrau gama. Mae seryddiaeth amldonfedd yn rhoi dealltwriaeth lawer mwy cyflawn i ni o brosesau'r bydysawd.

Tynnwyd y delweddau o'r Haul, Ffig. 1.6.2, mewn (a) golau gweladwy (450 nm) a (b) mewn golau uwchfioled (17.1 nm) o Arsyllfa Dynameg yr Haul (Solar Dynamics Observatory) ar 10 Hydref 2014.

Ffig. 1.6.1 Y Tarw

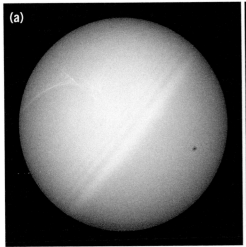
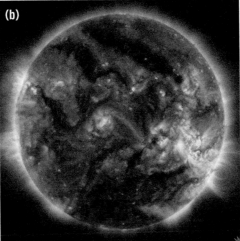

Ffig. 1.6.2 Yr Haul mewn golau (a) gweladwy a (b) uwchfioled

Pwynt astudio

Mae safleoedd y brychau haul sy'n weladwy ar y ddelwedd 450 nm (a) hefyd yn amlwg yn safleoedd lle mae prosesau nerthol i'w gweld ar y ddelwedd 17.1 nm (b).

Mae Adran 1.6.5 yn ymdrin â seryddiaeth amldonfedd yn fwy manwl.

Mae gwyddonwyr yn dadansoddi'r golau a ddaw o sêr drwy wahanu'r tonfeddi gwahanol, e.e. ei basio drwy brism neu **gratin diffreithiant** (gweler Adran 2.5.4), ac yna maen nhw naill ai'n creu delwedd neu'n plotio dwysedd yr egni ar donfeddi gwahanol. Mae enghreifftiau o'r ddau sbectrwm hyn ar gyfer y seren agosaf aton ni, yr Haul, i'w gweld ar y dudalen nesaf yn Ffig. 1.6.3.

Sbectrwm graffigol yr Haul, a gyhoeddwyd gan Fudiad Meteoroleg y Byd (WMO: *World Meteorological Organisation*), yw'r graff di-dor yn rhan uchaf y ffigur. Amrediad y donfedd yw ~ 200–1500 nm. Gallwn ni anwybyddu'r gromlin doredig am y tro. Mae'r ddelwedd liw yn dangos sut mae sbectrwm gweladwy'r Haul yn edrych. Dyma beth rydyn ni'n gallu ei weld (neu ei ddelweddu) mewn gwirionedd pan fydd golau haul yn cael ei wasgaru drwy brism neu ei basio drwy gratin diffreithiant. Mae amrediad y donfedd tua 400–700 nm, ac mae ei berthynas â'r graff sbectrwm i'w weld hefyd.

Mae sbectrwm yr Haul mewn dwy ran:

- **Sbectrwm di-dor** (y band disglair).
- **Sbectrwm llinell** (y llinellau tywyll, sydd hefyd i'w gweld ar y graff).

Cyswllt

Gratin diffreithiant – gweler Adran 2.5.4.

Termau allweddol

Sbectrwm di-dor: Mae'n cynnwys pob tonfedd o fewn amrediad penodol.

Sbectrwm llinell: Mae'n cynnwys cyfres o donfeddi unigol (neu, yn fwy manwl gywir, cyfres o fandiau tonfedd cul iawn).

Yr enw ar y llinellau tywyll yn sbectrwm yr Haul yw llinellau *Fraunhofer*, ar ôl y gwyddonydd o'r Almaen a sylwodd arnyn nhw yn 1814. Roedd y cemegydd o Loegr, William Hyde Wollaston, wedi eu darganfod yn 1802.

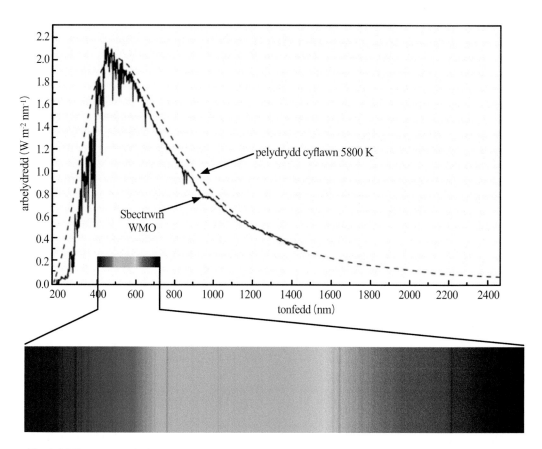

Ffig. 1.6.3 Sbectrwm yr Haul

Ffig. 1.6.4 Pelydriad thermol

Pelydrydd cyflawn: Gwrthrych (neu arwyneb) sy'n amsugno'r holl belydriad electromagnetig sy'n drawol arno. Mae hefyd yn allyrru mwy o belydriad ar unrhyw donfedd yn y sbectrwm di-dor na chorff sydd ddim yn belydrydd cyflawn.

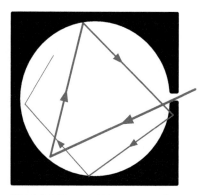

Ffig. 1.6.5 Mae ceudod yn amsugno'r pelydriad trawol bron i gyd

Mae'r sbectra hyn yn cynnwys llawer iawn o wybodaeth am y seren, yn arbennig tymheredd ei haen allanol a'i chyfansoddiad cemegol. Mae'r wybodaeth hon i'w chael yn y sbectrwm di-dor a'r sbectrwm llinell. Drwy ddefnyddio siâp y sbectrwm di-dor a safleoedd y llinellau tywyll (llinellau *Fraunhofer*), gall seryddwyr gymharu sêr a chasglu tystiolaeth am eu mudiant hefyd, ac oed y bydysawd hyd yn oed. Bydd yr adran hon yn archwilio sut cawn afael ar wybodaeth o'r fath.

1.6.1 Pelydriad cyflawn

Pan fydd gof yn gwresogi pedol mewn gefail (Ffig. 1.6.4), mae'n dechrau allyrru pelydriad gweladwy. I ddechrau, mae'n tywynnu'n goch pŵl; wrth i'r tymheredd gynyddu, mae'r disgleirdeb yn cynyddu ac mae'r lliw'n newid o goch i oren i felyn. Mae union fanylion sbectrwm y pelydriad sy'n cael ei allyrru yn amrywio o ddefnydd i ddefnydd: yn gyffredinol, y mwyaf o belydriad mae'r defnydd yn ei amsugno, y mwyaf bydd yn ei allyrru. Mae gwyddonwyr yn defnyddio'r syniad o **belydrydd cyflawn** perffaith fel safon ddamcaniaethol i gymharu yn erbyn cyrff eraill. Pelydrydd cyflawn yw corff (neu arwyneb) sy'n amsugno'r holl belydriad electromagnetig sy'n drawol arno.

Fel brasamcan ardderchog o belydriad cyflawn perffaith, mae gwyddonwyr wedi mesur y pelydriad sy'n dod o dwll bach yn ochr ffwrnais. Enw arall ar y pelydriad hwn yw **pelydriad ceudod**. Pam mae ceudod yn ymddwyn fel pelydrydd cyflawn? Mae Ffig. 1.6.5 yn dangos pelydriad yn mynd i mewn i geudod o'r fath. Mae'n cael ei adlewyrchu sawl gwaith. Os yw'r defnydd sy'n leinio'r ceudod yn dywyll iawn, bydd yn amsugno'r rhan fwyaf o'r pelydriad ar bob adlewyrchiad, felly ni fydd dim, bron, o'r pelydriad trawol yn ailymddangos o'r twll.

Gan fod y ffwrnais yn boeth, mae hefyd yn allyrru pelydriad, ac mae ychydig o hwn yn dianc drwy'r twll. Mae sbectra'r pelydriad hwn ar wahanol dymereddau i'w weld yn Ffig. 1.6.6. Mae'r canlyniadau hyn yn gyson ag arsylwadau o'r gwrthrychau sy'n tywynnu, fel y bedol yn Ffig. 1.6.4:

- Islaw tua 1000 °C, nid oes unrhyw belydriad gweladwy i'w weld.

- Ar 1400 °C mae ychydig bach o olau coch yn cael ei allyrru.

- Ar 1800 °C mae llawer mwy o belydriad gweladwy yn cael ei allyrru, yn bennaf ar y pen tonfedd hir (coch) ond gyda rhai tonfeddi byrrach.

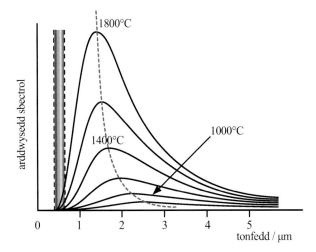

Ffig. 1.6.6 Sbectra pelydryddion cyflawn

Drwy astudio'r sbectra hyn yn y bedwaredd ganrif ar bymtheg, cynhyrchwyd dwy ddeddf empirig, a gafodd eu hesbonio'n ddamcaniaethol yn ddiweddarach gan y ffisegydd o'r Almaen, Max Planck.

Deddf dadleoliad Wien

Mae tonfedd yr allyriad λ_{mwyaf} o belydrydd cyflawn mewn cyfrannedd gwrthdro â **thymheredd absoliwt**, T, y pelydrydd:

$$\lambda_{mwyaf} = \frac{W}{T}, \text{ lle } W \text{ yw'r cysonyn Wien, } 2.90 \times 10^{-3} \text{ m K.}$$

Deddf Stefan (neu ddeddf Stefan–Boltzmann)

Mae cyfanswm pŵer, P, yr egni electromagnetig pelydrol sy'n cael ei allyrru gan belydrydd cyflawn ag arwynebedd arwyneb A a thymheredd T yn cael ei roi gan:

$P = A\sigma T^4$, lle σ yw'r cysonyn Stefan $= 5.67 \times 10^{-8}$ W m^{-2} K^{-4}.

Sylwch mai'r raddfa dymheredd sy'n cael ei defnyddio yn y deddfau hyn yw'r raddfa **dymheredd absoliwt** (neu Kelvin).

Mae'r tymheredd, T (mewn kelvin) yn perthyn i'r tymheredd, θ (mewn °C) drwy $T / K = \theta/°C + 273.15$.

Mewn gwirionedd, mae'r hafaliad hwn yn diffinio graddfa dymheredd celsius yn hytrach na **graddfa dymheredd kelvin**.

 Termau allweddol

Mynegir **tymheredd absoliwt**, T, mewn kelvin (K).

Diffinnir **tymheredd Celsius**, θ, gan: θ /°C $= T$ / K $- 273.15$

Ar y **raddfa kelvin**, mae iâ yn ymdoddi ar 273.15 K, mae dŵr yn berwi ar 373.15 K a'r sero absoliwt yw 0 K.

 Pwynt astudio

Sylwch mai uned y cysonyn Wien yw m K [metr kelvin] nid mK [milikelvin]. Mae'r bwlch yn bwysig!

 **Pwynt astudio**

Nid yw pob **pelydriad** yn belydriad cyflawn, e.e. mae'r pylsiau sy'n cael eu hallyrru gan bylsar yn deillio o electronau sy'n troelli o gwmpas llinellau maes magnetig (*pelydriad syncrotron* yw'r enw ar hyn).

 **1.6.1 Gwirio gwybodaeth**

Mae'r seren fwyaf disglair yn Y Tarw, α Tau, (gweler Ffig. 1.6.1) yn amlwg yn gochlyd.

Esboniwch sut mae ei thymheredd yn cymharu ag α Cen.

Termau allweddol

Arddwysedd, I: Y pŵer am bob uned arwynebedd sy'n croesi'r arwyneb ar ongl sgwâr i'r pelydriad. Yr uned yw $W\,m^{-2}$.

Goleuedd, L, seren yw cyfanswm y pŵer sy'n cael ei allyrru fel pelydriad electromagnetig. Yr uned yw W.

1.6.2 Gwirio gwybodaeth

Mae cannwyll yn allyrru golau gyda phŵer o 0.1 W. Beth fydd arddwysedd ei phelydriad ar bellter o:

(a) 1 m, (b) 10 m ac (c) 1 km?

Pwynt astudio

Nid yw goleuedd a disgleirdeb seren yr un peth. Gall seren bŵl agos ymddangos yr un mor ddisglair ag un oleuol bell!

Enghraifft

Mae gan y seren Alffa Centauri (α Cen) dymheredd o 5260 K.

(a) Cyfrifwch donfedd brig ei sbectrwm.

(b) Esboniwch pam mae lliw α Cen bron yn wyn.

Ateb

(a) Gan gymhwyso deddf Wien: $\lambda_{mwyaf} = \dfrac{W}{T} = \dfrac{2.90 \times 10^{-3}\,m\,K}{5260\,K} = 5.51 \times 10^{-7}\,m$

(b) Mae'r donfedd frig (~550 nm) bron yng nghanol y sbectrwm gweladwy (400-700 nm), felly mae pob lliw'n bresennol gyda'r un cryfder fwy neu lai.

Mae'r canlyniadau hyn yn bwysig i seryddwyr, oherwydd bod nifer o wrthrychau seryddol yn allyrru pelydriad thermol, sy'n agos iawn at fod yn belydriad cyflawn. Dyma enghreifftiau: sêr, gyda thymheredd arwyneb hyd at ddegau o filoedd o kelvin; disgiau croniant o amgylch tyllau du (hyd at 10^6 K); pelydriad cefndir microdonnau cosmig (2.713 K).

1.6.2 Goleuedd, arddwysedd a phellter

Y ddeddf sgwâr gwrthdro

Yn gyntaf, mae angen i ni ddiffinio dau derm, **arddwysedd** a **goleuedd**.

Os edrychwn yn ôl ar y sêr yn Y Tarw yn Ffig. 1.6.1, sylwn fod ganddyn nhw amrediad o ddisgleirdeb (a lliw). Ydyn nhw'n wahanol mewn gwirionedd, neu ydyn nhw ar bellterau gwahanol yn unig, gyda'r rhai sy'n edrych yn wannach yn bellach i ffwrdd? Mae'r diagram yn Ffig. 1.6.7 yn dangos sut mae'r pelydriad o ffynhonnell fach, fel seren, yn lledaenu wrth iddo symud allan. Y pellaf i ffwrdd oddi wrth y seren, y mwyaf yw'r arwynebedd mae'n rhaid i'r un faint o belydriad ei gwmpasu, felly y lleiaf yw **arddwysedd** y pelydriad.

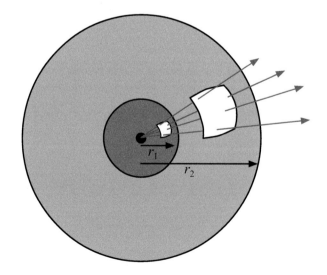

Ffig. 1.6.7 Deddf sgwâr gwrthdro

Dyma sut gallwn ni ddeillio'r ddeddf sgwâr gwrthdro, drwy ystyried geometreg y sefyllfa:

Gadewch i L gynrychioli goleuedd y seren.

Wrth groesi'r sffêr cyntaf, sydd â radiws r_1, mae'r pelydriad hwn wedi'i ledaenu ar draws arwyneb y sffêr, sydd ag arwynebedd o $4\pi r_1^2$, felly rhoddir **arddwysedd**, I, y pelydriad gan:

$$I = \frac{L}{4\pi r_1^2}.$$

Ar r_2 yr arddwysedd yw

$$I = \frac{L}{4\pi r_2^2}.$$

Felly mae arddwysedd y pelydriad yn lleihau mewn cyfrannedd gwrthdro â sgwâr y pellter: bydd seren sydd $10 \times$ yn bellach i ffwrdd na seren o'r un fath yn ymddangos dim ond $\frac{1}{100}$ mor ddisglair.

Pwynt astudio

Mae $\odot$ yn symbol cyffredin ar gyfer yr Haul. Felly $L_\odot$ yw goleuedd yr Haul $(3.85 \times 10^{26}$ W$)$. $M_\odot$ a $T_\odot$ yw màs a thymheredd (arwyneb) yr Haul.

◀**Ymestyn a herio**

Mesur y pellter at seren

Ar wahân i'r Haul, mae sêr yn anhygoel o bell i ffwrdd. Pa mor bell yn union? Ar gyfer pellterau hyd at ~ 1000 blwyddyn golau, gall seryddwyr ddefnyddio'r ffaith bod sêr cyfagos yn edrych fel pe baen nhw'n newid safle wrth i'r Ddaear symud o gwmpas yn ei orbit. Mae Ffig. 1.6.8 yn dangos hyn – ond wedi cael ei orliwio rywfaint!

Gwirio gwybodaeth 1.6.3◀

Mae sêr A a B yn ymddangos yr un mor ddisglair. Mae seren B ddwywaith mor bell i ffwrdd â seren A. Cymharwch oleuedd y ddwy seren.

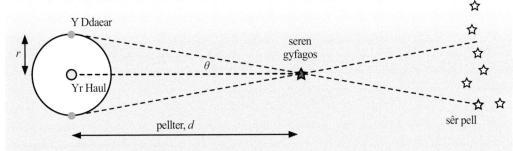

Ffig. 1.6.8 Paralacs serol

Gwirio gwybodaeth 1.6.4◀

Mae'r pellter i seren X wedi'i fesur fel 10 blwyddyn golau [1 blwyddyn golau = 9.5×10^{15} m]. Mae arddwysedd y pelydriad a ddaw oddi arni yn cael ei fesur fel 42.8 nW m^{-2}. Dangoswch fod ei goleuedd tua 5×10^{27} W.

Dros gyfnod o hanner blwyddyn, mae'n ymddangos fel pe bai'r seren agos yn symud, o edrych arni yn erbyn cefndir o sêr sy'n llawer pellach i ffwrdd. Mae hyn oherwydd bod y Ddaear yn symud o gwmpas yn ei orbit. Os ydyn ni'n gwybod radiws yr orbit r, ac yn gallu mesur yr ongl, θ, yna gallwn gyfrifo'r pellter d i'r seren.

Drwy ddefnyddio trigonometreg: mae $\tan \theta = \frac{r}{d}$, felly $d = \frac{r}{\tan \theta}$. Gan fod θ yn fach iawn (10^{-8} rad fel arfer) gallwn ddefnyddio'r brasamcan $\tan \theta \approx \theta$ (gyda θ mewn radianau) i gyfrifo'r pellter gan ddefnyddio $d = \frac{r}{\theta/\text{rad}}$, gan ddefnyddio radiws orbitol y Ddaear 1.50×10^{11}km.

Drwy ddefnyddio telesgopau ar y ddaear, gall seryddwyr fesur θ i drachywiredd o tua 10^{-8} radian. Bydd taith Gaia, y telesgop gofod a lansiwyd ym mis Rhagfyr 2013 gan Asiantaeth Gofod Ewrop, yn mesur paralacsau serol mor fach â $\sim 5 \times 10^{-11}$ **rad**. Bydd hyn yn galluogi'r asiantaeth i fesur pellterau hyd at ddegau o filoedd o flynyddoedd golau.

Er mwyn mesur pellterau mwy, mae seryddwyr yn defnyddio gwrthrychau sydd â disgleirdeb hysbys. Os ydyn ni'n gwybod gwir oleuedd gwrthrych ac yn mesur arddwysedd y pelydriad a dderbyniwyd, gallwn ddefnyddio'r ddeddf sgwâr gwrthdro i gyfrifo ei bellter. Ar gyfer pellterau i'r galaethau sy'n gymharol agos, gall seryddwyr ddefnyddio sêr newidiol Cepheid; ar gyfer galaethau pellach, maen nhw'n defnyddio uwchnofâu Math 1a.

> Mae lloeren Gaia yn mesur paralacs serol blynyddol seren ac yn cael 2.0×10^{-10} radian. Cyfrifwch bellter y seren (a) mewn **m** a (b) mewn **blynyddoedd golau**.

Cyngor mathemateg

Gweler Pennod 4 am onglau mewn radianau, ac am y brasamcan onglau bach, $\theta = \tan \theta$

Ffig. 1.6.9 Gaia, Asiantaeth Gofod Ewrop.

1.6.3 Pelydriad cyflawn a sêr

Nawr rydyn ni'n barod i ddehongli rhan graffigol Ffig. 1.6.3. Mae'r llinell doredig yn rhoi siâp y sbectrwm ar gyfer pelydrydd cyflawn perffaith gyda thymheredd o 5800 K. Ar gyfer tonfeddi o 400–1000 nm, h.y. y rhanbarth gweladwy ac isgoch agos, mae siâp cyffredinol y sbectrwm dan sylw yn cyfateb yn weddol agos i'r sbectrwm 5800 K. Mae hyn yn awgrymu bod yr Haul a sêr eraill yn allyrru pelydriad mewn modd sy'n debyg iawn i belydrydd cyflawn, ond nid yn union yr un peth. Efallai ei bod yn ymddangos braidd yn rhyfedd ystyried yr Haul fel pelydrydd *cyflawn*. Ond yn nhermau pelydriad, dyna'n union (neu bron iawn) beth yw'r Haul! O'r graff, mae'n ymddangos bod tymheredd effeithiol ffotosffer (haen allanol) yr Haul ychydig yn is na 5800 K. Mae mesuriadau diweddar yn rhoi amcangyfrif ffit orau o dymheredd yr Haul o 5770 K. Mae'n amlwg bod mwy i'w ddweud am hyn. Byddwn yn ystyried llinellau Fraunhofer yn Adran 1.6.4.

Wrth dybio ei bod yn iawn i ni drin sêr fel pelydryddion cyflawn, gallwn gyfrifo tymheredd a diamedr seren o fesuriadau a wnawn o'i sbectrwm, ar yr amod ein bod yn gwybod ei phellter. Mae'r enghraifft yn gwneud hyn gyda'r Haul.

Enghraifft

Defnyddiwch y sbectrwm yn Ffig. 1.6.3 a'r data canlynol i amcangyfrif:
(a) tymheredd yr Haul, a (b) pŵer yr Haul.

- Mae **arddwysedd** cymedrig pelydriad yr Haul ar y Ddaear = 1.36 kW m^{-2}.

- Mae radiws cymedrig orbit y Ddaear = 1.50×10^{11} m

Ateb

(a) O Ffig. 1.6.3, mae'r donfedd frig λ_{mwyaf} = 500 nm

∴ Drwy ddefnyddio deddf Wien, mae'r tymheredd,

$$T = \frac{W}{\lambda_{\text{mwyaf}}} = \frac{2.90 \times 10^{-3} \text{ m K}}{500 \times 10^{-9} \text{ m}} = 5800 \text{ K}$$

(b) Ar orbit y Ddaear, mae pelydriad yr Haul wedi'i ledaenu dros arwyneb sffêr, radiws 1.50×10^{11} m. Arwynebedd sffêr = $4\pi r^2$.

∴ Pŵer yr Haul = 1.36×10^3 W m$^{-2} \times 4\pi \times (1.50 \times 10^{11}$ m$)^2 = 3.85 \times 10^{26}$ W

1.6.4 Sbectra llinell: llinellau Fraunhofer

(a) Sbectra allyrru

Mae cemegwyr yn adnabod ïonau drwy ddefnyddio'r prawf fflam (gweler Tabl 1.6.1). Mae'r fflam yn Ffig. 1.6.10 yn goch fel lliw brics, ac mae hyn yn dangos bod ïonau calsiwm yn bresennol. Yn yr un modd, mae'r rhannau sy'n tywynnu'n binc ym mreichiau troellog galaeth y Trobwll, M51, yn Ffig. 1.6.11 yn dangos cymylau o hydrogen atomig. Mae seryddwyr yn galw'r rhain yn gymylau HI, ac maen nhw'n dangos rhanbarthau lle mae sêr newydd yn ffurfio.

Ni allai ffynonellau'r golau fod yn fwy gwahanol. Ond, a dweud y gwir, yr un yw'r ffiseg sy'n achosi i'r gronynnau yn y fflam ac yn y cymylau nwy allyrru golau. Mae ffynhonnell yr egni yn wahanol: mae'r

Ffig. 1.6.10 Prawf fflam yn dangos calsiwm

Ffig. 1.6.11 M51, Galaeth y Trobwll

ïonau calsiwm yn y fflam yn deillio eu hegni o wrthdrawiadau â gronynnau eraill yn y fflam; pelydriad uwchfioled sy'n rhoi egni i'r atomau hydrogen, ac mae hwnnw'n dod o sêr cawr sydd newydd eu ffurfio yng nghanol y cymylau nwy. Mae'r ffynonellau hyn yn cynhyrchu golau sy'n wahanol iawn i belydriad cyflawn, fel mae sbectra hydrogen atomig a chalsiwm yn ei ddangos: yr enw ar y sbectra hyn yw *sbectra llinell*, am resymau amlwg. Er mwyn cymharu, mae Ffig. 1.6.12 yn cynnwys sbectrwm pelydrydd cyflawn sy'n cyfateb yn fras i dymheredd yr Haul – tua $5800\ \mathrm{K}$. Cyfuniad o'r llinellau coch a glas sy'n gyfrifol am liw'r cymylau HI; ac mae lliw 'coch brics' y fflam calsiwm yn codi o bob llinell yn ei sbectrwm.

Dim ots os ydyn nhw mewn fflam Bunsen neu yn y cymylau HI galaethol; bydd y rheswm pam mae nwyon dwysedd isel yn cynhyrchu tonfeddi arwahanol yn unig, yn hytrach na sbectrwm di-dor, yn cael ei archwilio'n fanwl yn Adran 2.7.3. Yn bwysig iawn i seryddwyr (a chemegwyr), mae elfennau gwahanol yn allyrru cyfuniadau gwahanol o donfeddi, felly mae'n bosibl defnyddio'r llinellau fel rhyw fath o 'ôl bys' spectrol i adnabod y nwyon sy'n bresennol.

(b) Sbectra amsugno

Er mwyn ein cyrraedd ni, mae'n rhaid i belydriad yr Haul deithio drwy nwy gwasgedd isel ei 'atmosffer' – y cromosffer a'r corona. Nid yw'r rhain fel arfer yn weladwy, oni bai fod diffyg llwyr ar yr Haul (eclips), oherwydd er eu bod yn allyrru golau, mae ffotosffer yr Haul yn llawer iawn mwy disglair. Tynnwyd y llun yn Ffig. 1.6.14 yn ystod diffyg ar yr Haul yn India yn 1980, a'r llun yn Ffig. 1.6.15 yn Ffrainc yn 1999. Sylwch fod lliw pinc yr *amlygeddau* (*prominences*) yn y cromosffer yn union yr un peth â'r rhanbarthau HI yn M51 gan mai'r un broses sy'n gyfrifol amdanyn nhw – nwy hydrogen sy'n tywynnu ydyn nhw.

Yn union fel mae hydrogen sy'n tywynnu yn allyrru golau ar nifer bach o donfeddi nodweddiadol yn unig, mae'r nwy hefyd yn amsugno golau ar yr un tonfeddi yn unig. Pan fydd pelydriad gweladwy gyda sbectrwm di-dor yn pasio drwy nwy, bydd y nwy yn amsugno'r tonfeddi hyn yn unig.

Mae Ffig. 1.6.13 yn dangos rhan weladwy **sbectrwm amsugno** hydrogen (mae'n allyrru ac yn amsugno yn yr uwchfioled a'r isgoch hefyd). Mae'r diagram hefyd yn dangos y berthynas rhwng y sbectrwm gallwch ei weld a'r cynrychioliad graffigol.

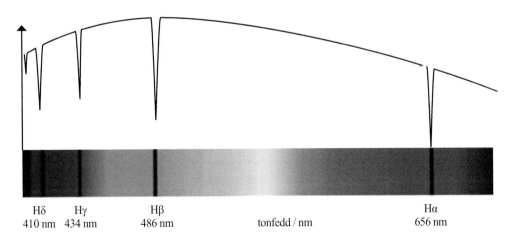

| Hδ | Hγ | Hβ | | Hα |
| 410 nm | 434 nm | 486 nm | tonfedd / nm | 656 nm |

Ffig. 1.6.13 Sbectrwm amsugno hydrogen

Y labeli, Hα – Hδ, yw'r enwau mae seryddwyr yn eu rhoi ar y llinellau amsugno. Mae'n amlwg bod y llinellau'n ffurfio'r un patrwm â'r rhai yn y sbectrwm allyrru yn Ffig. 1.6.12.

Mae sbectrwm yr Haul yn Ffig. 1.6.3 yn dangos nifer aruthrol o **linellau Fraunhofer** o ganlyniad i'r nifer mawr o elfennau sy'n bresennol yn atmosffer yr Haul. Mae Ffig. 1.6.16 yn dangos sbectrwm yr Haul wedi'i symleiddio a'r llinellau Fraunhofer mwyaf amlwg. Mae Gwirio gwybodaeth 1.6.8 yn rhoi rhai o'r tonfeddi yn sbectra gwahanol elfennau; gallwn ddefnyddio'r rhain i adnabod elfennau sy'n bresennol yn yr Haul.

Lliw'r fflam	Elfen
Di-liw	Mg, Be
Coch	Li
Rhuddgoch	Sr
Coch brics	Ca
Coch-borffor	Rb
Porffor	K
Melyn	Na
Gwyrdd afal	Ba
Gwyrdd tywyll	Cu
Glas	Cs

Tabl 1.6.1 Lliwiau profion fflam safonol

pelydrydd cyflawn

hydrogen

calsiwm

Ffig. 1.6.12 Sbectra allyrru atomig

⟩⟩ Term allweddol

Sbectrwm amsugno: Amrywiad arddwysedd pelydriad gyda thonfedd pan fydd defnydd yn ei amsugno.

Ffig. 1.6.14 Corona'r Haul

Ffig. 1.6.15 Cromosffer yr Haul

1.6.8 Gwirio gwybodaeth

Defnyddiwch y tonfeddi sbectra allyrru canlynol (mewn nm) i enwi'r llinellau sydd wedi'u labelu A–F yn Ffig. 1.6.16:

- Hydrogen (Hα) 656, (Hβ) 486
- Ocsigen (O_2) 759, 687
- Sodiwm (NaI) 431, 589, 590
- Haearn (FeI) 440, 441, 452, 489, 492, 496, 525, 527
- Calsiwm (CaI) 610, 612
- Calsiwm wedi'i ïoneiddio (CaII) 397, 393
- Bariwm wedi'i ïoneiddio (BaII) 455
- Magnesiwm (MgI) 470, 518, 552

Cyswllt

Adran 2.7 Ffotonau.

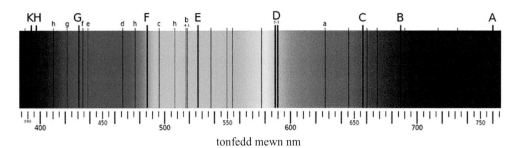

Ffig. 1.6.16 Sbectrwm yr Haul wedi'i symleiddio

(c) 'Llinellau coll' a thymheredd

O'r Gwirio gwybodaeth 1.6.8, byddwch yn sylwi nad yw rhai o'r llinellau sy'n bodoli yn sbectrwm allyrru elfen (neu ïon) yn ymddangos yn sbectrwm yr Haul, yn ôl pob golwg, er bod llinellau eraill o'r un elfen yn bresennol. Er enghraifft, mae'r llinell $470\,$nm ar gyfer magnesiwm atomig ar goll, ond mae'n bosibl adnabod y llinell 518nm. Y rheswm am hyn yw bod rhaid i'r atom fod yn y cyflwr egni isaf o ddau, gyda'r gwahaniaeth rhyngddyn nhw yn hafal i egni'r ffoton er mwyn iddo amsugno'r ffoton hwnnw. Rydyn ni'n trafod hyn yn fwy manwl yn Adran 2.7. Os yw'r tymheredd yn rhy uchel, nifer bach iawn o atomau fydd yn y cyflwr egni isaf (bydd gwrthdrawiadau grymus yn eu rhoi mewn cyflwr mwy cynhyrfol) felly fyddan nhw ddim ar gael i amsugno'r ffoton; os yw'r tymheredd yn rhy isel, mae'n bosibl bydd hyd yn oed y cyflwr egni is yn rhy uchel i feddu ar boblogaeth o bwys.

Mae arsylwi ar ba linellau sy'n bresennol, a nodi eu hamlygedd, yn rhoi gwybodaeth i seryddwyr am dymheredd y nwy sy'n gyfrifol am y sbectrwm amsugno.

1.6.5 Seryddiaeth amldonfedd

Mae gwahanol ranbarthau'r sbectrwm electromagnetig yn rhoi gwybodaeth i ni am brosesau gwahanol yn y bydysawd. Rydyn ni wedi gweld bod rhan helaeth o bŵer yr Haul yn cael ei allyrru ar ffurf pelydriad isgoch agos, pelydriad gweladwy a phelydriad uwchfioled agos. Mae hyn oherwydd bod tymheredd y ffotosffer tua $5800\,$K. Yr uchaf yw tymheredd gwrthrych, y byrraf fydd tonfeddi'r sbectrwm di-dor mae'r gwrthrych yn ei allyrru.

Mae tymereddau lefelau is cromosffer yr Haul yn debyg i dymheredd y ffotosffer, ond mae'r tymheredd yn codi wrth bellhau oddi wrth arwyneb yr Haul, ac mae tymheredd corona'r Haul yn cyrraedd dros $10^6\,$K. Gall y tymheredd gyrraedd degau o filiynau o K yn ystod fflêr solar.

Mae rhai prosesau anthermol yn arwain at allyrru pelydriad: $21\,$cm HI a phelydriad syncrotron. Gall y rhain roi mwy o wybodaeth i ni am gymylau hydrogen ac am feysydd magnetig. Felly mae astudio pelydriad ar draws y sbectrwm e-m yn rhoi llawer mwy o wybodaeth nag arsylwadau mewn un rhanbarth sbectrol yn unig.

Pwynt astudio

Mae cymylau llwch rhyngserol ar eu cryfaf wrth wasgaru pelydriad os oes gan y pelydriad donfedd sy'n debyg i faint y gronynnau llwch, neu'n llai na nhw.

Pwynt astudio

Mae *Arsyllfa Dynameg yr Haul* yn cadw golwg barhaus ar yr Haul o'r gofod, o'r gweladwy ($450\,$nm) i'r uwchfioled eithaf ($17.1\,$nm) a phelydrau X meddal ($9.4\,$nm), er mwyn monitro'r gwahanol brosesau yn yr Haul.

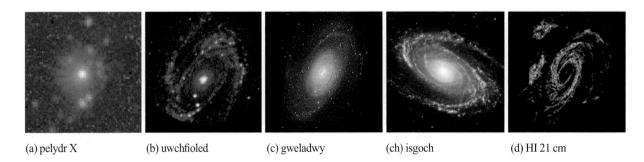

(a) pelydr X (b) uwchfioled (c) gweladwy (ch) isgoch (d) HI 21 cm

Ffig. 1.6.17 Delweddau o M81 mewn gwahanol fandiau tonfedd

Ystyriwch y delweddau yn Ffig. 1.6.17 sy'n dangos galaeth droellog M81. Mae rhanbarthau gwahanol y sbectrwm electromagnetig yn datgelu prosesau gwahanol.

Ffig. 1.6.17(c) mewn golau gweladwy yw'r ddelwedd seryddol gyfarwydd o alaeth droellog. Mae'r ddelwedd hefyd ar ddiffiniad uchel. Mae'r breichiau troellog i'w gweld yn glir, yn ogystal â'r ymchwydd yn y canol. Hen sêr gyda màs isel yw'r sêr yn y canol yn bennaf, ac mae'r rhain yn ymddangos yn felynaidd. Mae'n bosibl gweld llwybrau o lwch hefyd. Ar y llaw arall, mae'r ddelwedd uwchfioled yn amlygu rhanbarthau poethach, ac yn dangos grwpiau o sêr cawr ifanc yn ffurfio ymhell o'r canol. Mae'r ddelwedd isgoch yn dangos rhanbarthau lle mae'r sêr yn gwresogi llwch, yn enwedig yn y breichiau troellog.

Yn Ffig. 1.6.17(a) (y ddelwedd pelydr X) dim ond y rhanbarthau ar dymheredd uchel iawn sy'n ymddangos. Mae'r grŵp disglair yn y canol yn cael ei wresogi gan fater sy'n troelli i mewn i'r twll du enfawr yng nghalon yr alaeth. Nid yw'r ddau smotyn disglair arall oddi tano yn rhan o'r alaeth o gwbl. *Cwasarau* sy'n llawer pellach i ffwrdd ac sy'n digwydd bod y tu ôl i M81 yw'r rhain. Ni allwn eu gweld yn yr un o'r delweddau eraill. Mae Ffig. 1.6.17(d) yn dangos yr allyriad $21\,\text{cm}$ sy'n nodweddiadol o hydrogen niwtral. Mae'n amlwg ar goll o ganol yr alaeth.

Cawn rywfaint o syniad o allu radioseryddiaeth $21\,\text{cm}$ i ddatgelu prosesau nad yw'n bosibl eu canfod ar donfeddi eraill yn Ffig. 1.6.18. Mae'n dangos M81 unwaith eto, ond y tro hwn mae galaethau cyfagos llai i'w gweld hefyd. Wrth i'r galaethau gyfarfod, mae ffilamentau hir o hydrogen wedi'u tynnu allan i'r gofod sydd rhwng y galaethau. Dim ond sensitifedd telesgopau radio $21\,\text{cm}$ sy'n ei gwneud hi'n bosibl creu'r delweddau hyn ac astudio dynameg rhyngweithiadau llanw galaethau.

>>> Pwynt astudio

Mae seryddwyr yn cyfeirio fwyfwy at **seryddiaeth amlnegesydd**. Mae hyn yn cynnwys gwybodaeth o niwtrinoeon cosmig a thonnau disgyrchiant

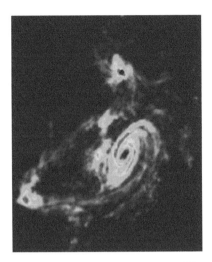

Ffig. 1.6.18 Effeithiau llanw yn y grŵp M81

Profwch eich hun 1.6

1. Mae gan seren corrach gwyn dymheredd 24 000 K a diamedr 14 000 km. Cyfrifwch:

   (a) ei goleuedd; a
   (b) tonfedd frig ei sbectrwm.

2. Heb ddefnyddio cyfrifiannell, cymharwch oleuedd a thonfedd frig y seren corrach gwyn yng nghwestiwn 1 â'r gwerthoedd cyfatebol ar gyfer yr Haul. Cymerwch fod tymheredd a diamedr yr Haul yn 6000 K ac 1.4 miliwn km yn ôl eu trefn.

3. Drwy gyfrifo, awgrymwch pa ranbarthau o'r sbectrwm e-m sy'n briodol ar gyfer astudio prosesau sy'n digwydd ar:

   (a) 10 K, (b) 10^3 K, (c) 10^5 K (ch) 10^7 K.

4. Disgrifiwch, yn ansoddol, sut byddai angen newid graddfeydd Ffig. 1.6.6 er mwyn cynnwys sbectrwm pelydrydd cyflawn ar 6000 K (tymheredd bras yr Haul).

5. Mae gan seren cawr coch ddiamedr 1000 gwaith diamedr seren corrach coch sydd â'r un tymheredd arwyneb. Cymharwch eu pellterau o'r Ddaear, o wybod bod y cawr coch yn ymddangos 100 gwaith yn fwy disglair. Dangoswch eich gwaith cyfrifo.

6. Mae'r ymchwydd yng nghanol galaeth droellog yn cynnwys hen sêr yn bennaf. Ychydig iawn o sêr newydd sy'n ffurfio. Beth yw'r cysylltiad rhwng hyn a diffyg allyriad 21 cm o ganol M81?

7. Maint nodweddiadol gronynnau llwch rhyngserol yw 0.1–1 μm. Mae sêr yn ffurfio o gymylau moleciwlaidd oer sy'n cynnwys gronynnau llwch. Esboniwch pam mai'r ffordd hawsaf o wylio sêr yn ffurfio yw drwy ddefnyddio pelydriad isgoch.

8. Rydyn ni'n credu bod systemau planedol yn datblygu o ddisgiau o lwch a nwy sydd o gwmpas sêr ifanc. Mae'r disgiau hyn yn cael eu gwresogi (i sawl 100 K) gan y seren wreiddiol. Awgrymwch sut rydyn ni'n canfod hyn yn sbectrwm y seren.

9. Mae'r pelydriad o sêr ifanc poeth yn gwresogi cymylau cyfagos o hydrogen atomig (HI). Esboniwch ymddangosiad rhanbarthau HI yn M51 (Ffig. 1.6.11) yn nhermau sbectrwm allyrru hydrogen (Ffig. 1.6.12).

10. Mae pylseren pelydr X yn seren niwtron (gweddillion uwchnofa) sy'n tynnu nwy o arwyneb ei seren gymar, sy'n gawr coch. Mae'r nwy hwn yn troelli i mewn i'r seren niwtron mewn *disg croniant*, sydd ym mhlân cyhydedd y seren. Mae'r pwynt lle mae'r gwrthdrawiad ag arwyneb y seren niwtron yn digwydd yn cael ei wresogi i ~10^7 K, ac mae'r safle hwn yn cylchdroi gyda'r seren. Mae cyfnod cylchdroi'r seren yn llai nag 1 s. Disgrifiwch sut byddai hyn yn ymddangos i seryddwr pell sy'n gwylio ar ongl ymhell i ffwrdd o'r echelin cylchdro.

11. Mae sêr yn allyrru pelydriad fel *pelydryddion cyflawn*.

(a) Nodwch beth yw ystyr y term *pelydrydd cyflawn*.
(b) Mynegwch ddwy ddeddf pelydriad mae pelydryddion cyflawn yn ufuddhau iddyn nhw.

12. Mae golau o ffotosffer (arwyneb) seren wen yn pasio drwy gwmwl o nwy hydrogen atomig ar ei ffordd at arsylwr. Esboniwch ymddangosiad sbectrwm y golau sy'n cael ei arsylwi.

13. Mae gan ddau sffêr unfath dymereddau o 3000 K a 6000 K. Defnyddiwch ddeddfau Wien a Stefan i gymharu'r pelydriad sy'n cael ei allyrru o'r ddau sffêr (gan dybio eu bod yn ymddwyn fel pelydryddion cyflawn).

14. Mae tonfedd frig sbectrwm pelydrydd cyflawn seren, X, yn cael ei mesur fel 200 nm.

(a) Nodwch ranbarth y sbectrwm e-m sy'n cynnwys 200 nm.
(b) Nodwch amrediad tonfedd y sbectrwm gweladwy.
(c) Disgrifiwch ac esboniwch ymddangosiad X.
(ch) Gan gymryd tymheredd arwyneb yr Haul i fod yn 6000 K a thonfedd frig ei sbectrwm i fod yn 500 nm, amcangyfrifwch dymheredd arwyneb X.

15. Mae gan seren corrach gwyn ddiamedr o 2.0×10^7 m a thymheredd arwyneb o 50 000 K. Mae ei phellter o'r Ddaear yn 25 blwyddyn golau. Cyfrifwch:

(a) ei goleuedd;
(b) tonfedd yr allyriad brig; ac
(c) arddwysedd ei phelydriad sy'n cael ei arsylwi o'r Ddaear
    (1 blwyddyn golau = 9.46×10^{15} m).

16. Mae dwy blaned, A a B, yn troi mewn orbit o gwmpas seren. Mae planed B ddwywaith mor bell i ffwrdd o'r seren ag yw A. Pam mae tymheredd arwyneb cymedrig planed B yn llai na thymheredd arwyneb cymedrig planed A? Allwch chi amcangyfrif cymhareb y ddau dymheredd hyn? Nodwch unrhyw dybiaethau rydych yn eu gwneud.

17. Mae gan yr Haul dymheredd arwyneb o tua 6000 K. Mae ei allyriad brig tua 500 nm.

(a) Nodwch ranbarth y sbectrwm e-m sy'n cynnwys y pelydriad 500 nm.
(b) Defnyddiwch y data ar gyfer yr Haul i ateb y cwestiynau canlynol:

(i) Mae gan seren cawr glas dymheredd o 12 000 K. Beth yw ei thonfedd frig? Nodwch ranbarth sbectrwm electromagnetig y donfedd frig hon.
(ii) Mae gan seren cawr coch dymheredd o 3000 K. Beth yw ei thonfedd frig? Nodwch ranbarth sbectrwm electromagnetig y donfedd frig hon.

(c) Mae gan y seren cawr glas ddiamedr sydd 10 gwaith diamedr Yr Haul; mae'r cawr coch 100 gwaith mor fawr â'r Haul. Cymharwch oleuedd y ddwy seren hyn â goleuedd yr Haul.

Tan ddiwedd y bedwaredd ganrif ar bymtheg, roedd yr atom yn cael ei ystyried yn ronyn elfennol. Roedd tabl cyfnodol yr elfennau, a gyhoeddwyd am y tro cyntaf gan y cemegydd o Rwsia, Dmitri Ivanovich Mendeleev yn yr 1860au, yn awgrymu'n gryf fod gan atomau adeiledd sylfaenol. Erbyn diwedd y ganrif, roedd yr electron, oedd wedi'i wefru'n negatif, wedi cael ei adnabod fel cydran gyffredinol atomau. Cafodd y niwclews atomig, sydd wedi'i wefru'n bositif ac sy'n cynnwys màs yr atom i gyd bron, ei ddarganfod o ganlyniad i waith Rutherford, Geiger a Marsden rhwng 1908 ac 1913. Erbyn dechrau'r 1930au roedd dau brif gyfansoddyn y niwclews – y proton a'r niwtron – wedi'u darganfod, a'r gred yn wreiddiol oedd eu bod yn ronynnau **elfennol**.

Mae datblygiad dealltwriaeth o adeiledd yr atom ers y cyfnod hwnnw yn cael ei ddangos yn sgematig ar gyfer atom dewteriwm (hydrogen trwm) yn Ffig. 1.7.1. Wrth i ddamcaniaeth cwantwm ddatblygu yn ystod yr 1920au, sylweddolwyd bod electronau'n bodoli mewn rhanbarth sydd y mymryn lleiaf o nanometr ar ei draws, sef, yn nodweddiadol, 100 000 × diamedr y niwclews. Yn yr 1930au, dangoswyd bod y niwclews yn cynnwys protonau (**p**) a niwtronau (**n**), yr enw ar y rhain gyda'i gilydd yw niwcleonau. Yn yr 1960au a'r 1970au, dangosodd canlyniadau arbrofion gwrthdrawiad, o'r enw *gwasgariad anelastig dwfn*, fod niwcleonau'n cynnwys 3 gronyn o'r enw cwarciau sydd wedi'u clymu at ei gilydd gan y *rhyngweithiad cryf*. Y gred yw bod y cwarciau hyn yn ronynnau elfennol.

Cafodd toreth o ronynnau eu darganfod yn ystod degawdau canol yr ugeinfed ganrif gan gynnwys hadronau, ffermionau, bosonau, mesonau, niwcleonau, baryonau a niwtrinoeon. Mae model safonol ffiseg gronynnau yn helpu i symleiddio'r darlun hwn: dyma'i ddisgrifio'n gryno yma.

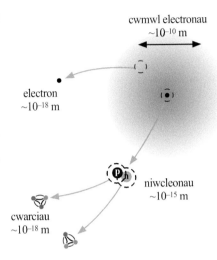

Ffig. 1.7.1 Strwythur atom dewteriwm

1.7.1 Y model safonol – tair cenhedlaeth o leptonau a chwarciau

Mae bron yr holl fater arferol yn y bydysawd (hynny yw, gan anwybyddu'r *mater tywyll* dirgel y byddwn ni'n ymdrin ag ef yn ddiweddarach) yn cynnwys protonau a niwtronau trwm, a'r electronau sy'n llawer ysgafnach. Rydyn ni'n tybio bod gronynnau eraill o'r enw niwtrinoeon, sydd bron yn ddi-fàs, yn bodoli (gweler Adran 1.7.4), ac yn sylwi, wrth daro protonau a niwtronau yn erbyn ei gilydd, ein bod yn cynhyrchu cawod o ronynnau eraill, canolig eu màs. Yr enw ar y rhain yw **mesonau**. Wrth i ronynnau pelydrau cosmig wrthdaro ag atomau yn yr uwch atmosffer, maen nhw'n cynhyrchu cawod o ronynnau o'r enw miwonau, sy'n ffurfio rhan o'r pelydriad cefndir y gallwn ei ganfod drwy ddefnyddio tiwb Geiger-Müller. Rydyn ni'n gwybod erbyn hyn bod yr electronau, y miwonau a'r niwtrinoeon (a rhai gronynnau eraill) yn ronynnau elfennol, ac rydyn ni'n eu galw'n **leptonau**. Yr enw ar y gronynnau eraill, sef y rhai trwm, yw **hadronau**, ac nid yw'r rhain yn elfennol – cyfuniadau o **gwarciau** ydyn nhw.

Mae Tabl 1.7.1 yn dangos y gronynnau elfennol sydd yn y **model safonol**.

Tabl 1.7.1 Gronynnau model safonol

Cenhedlaeth	Leptonau		Cwarciau	
1af	**electron** Symbol: e^- gwefr: $-e$	**niwtrino electron** Symbol: ν_e gwefr: 0	**i fyny** Symbol: u gwefr: $\frac{2}{3}e$	**i lawr** Symbol: d gwefr: $-\frac{1}{3}e$
2il	**miwon** Symbol: μ^- gwefr: $-e$	**niwtrino miwon** Symbol: ν_μ gwefr: 0	**swyn** Symbol: c gwefr: $\frac{2}{3}e$	**rhyfedd** Symbol: s gwefr: $-\frac{1}{3}e$
3ydd	**tawon** Symbol: τ gwefr: $-e$	**niwtrino tawon** Symbol: ν_τ gwefr: 0	**top** Symbol: t gwefr: $\frac{2}{3}e$	**gwaelod** Symbol: b gwefr: $-\frac{1}{3}e$

1.7.2 Màs ac egni mewn ffiseg gronynnau

(a) Egni–màs

Er mwyn cael dealltwriaeth sylfaenol hyd yn oed o ronynnau isatomig, mae angen i ni wybod am y berthynas rhwng màs ac egni. Nid yw cwrs Ffiseg UG CBAC yn ymdrin â hyn, ond mae'r cwrs Safon Uwch yn gwneud hynny; mae'n bosibl gosod cwestiynau yn yr unedau Uwch sy'n ymwneud â'r syniad o egni–màs yng nghyd-destun ffiseg gronynnau.

Mae'r cysylltiad rhwng màs ac egni yn cael ei roi gan berthynas egni–màs Einstein:

$$E = mc^2$$

Sut rydyn ni i fod i ddeall yr hafaliad hwn? Mae'n golygu bod màs ac egni yr un fath yn y bôn – ond ein bod wedi arfer eu mynegi mewn gwahanol unedau, kg a J yn ôl eu trefn. Byddwn ni'n defnyddio'r syniad hwnnw sawl gwaith yn y testun hwn.

Enghraifft

Cyfrifwch egni–màs electron. Y màs yw 9.11×10^{-31} kg.

Ateb

$E = mc^2 = 9.11 \times 10^{-31}$ kg $\times (3.00 \times 10^8$ m s$^{-1})^2 = 8.20 \times 10^{-14}$ J

Mewn termau atomig, mae hyn yn swm enfawr o egni. Mae'n $40\,000$ gwaith yr egni, bron, sydd ei angen i ïoneiddio atom hydrogen, sef 2.18×10^{-18} J. Felly, pan fydd gronynnau isatomig yn cael eu difodi, e.e. mewn rhyngweithiadau â'u gwrthronynnau, mae maint arwyddocaol iawn o egni'n cael ei ryddhau.

(b) Unedau egni

Yn ddieithriad, mae ffisegwyr gronynnau yn mynegi egni gronynnau yn nhermau'r **electron folt** (eV) neu, yn fwy arferol, ei luosrifau: **keV**, **MeV**, **GeV** neu **TeV**. Rydyn ni'n diffinio'r uned ddefnyddiol hon, sydd ddim yn uned SI, fel yr egni a drosglwyddir pan fydd electron yn symud drwy wahaniaeth potensial o 1 V (1.00 eV $= 1.60 \times 10^{-19}$ J).

1.7.3 Gwrthronynnau

Nid mewn ffuglen wyddonol yn unig mae gwrthfater yn bodoli. Ar gyfer pob un o'r gronynnau yn Nhabl 1.7.1, mae gwrthronyn cyfatebol sydd â'r un màs yn union; os oes gan y gronyn wefr, mae gan y gwrthronyn wefr hafal a dirgroes. Rydyn ni'n ffurfio'r symbol ar gyfer y rhan fwyaf o'r gwrthronynnau y byddwch yn eu gweld drwy roi bar dros y symbol am y gronyn, e.e. $\bar{u}$, $\bar{v}_e$, $\bar{p}$ ar gyfer y gwrthgwarc i fyny, y gwrthniwtrino electron [neu 'niwtrino gwrthelectron'] a'r gwrthbroton yn ôl eu trefn. Yr eithriadau yw gwrthronynnau'r electron, y miwon a'r tawon; rydyn ni'n ysgrifennu'r rhain fel e^+, μ^+ a τ^+ yn ôl eu trefn. Mae gan y gwrthelectron ei enw ei hun: y *positron*.

Wrth i ronyn a'i wrthronyn ryngweithio maen nhw'n difodi ei gilydd; hynny yw, maen nhw'n diflannu ac mae eu hegni-màs yn ei amlygu ei hun fel dau ffoton o belydriad electromagnetig. Rydyn ni'n rhoi'r symbol γ i'r ffotonau hyn gan eu bod ar y pen egni uchel iawn yn y sbectrwm e-m. Mae cyfanswm egni'r ffotonau yn hafal i swm egni–màs ac egni cinetig y gronynnau gafodd eu difodi.

Gwirio gwybodaeth 1.7.1

Dangoswch mai tua 510 keV yw egni-màs electron. (Defnyddiwch yr ateb i'r Enghraifft.)

Term allweddol

Electron folt: (eV) Yr egni a drosglwyddir pan fydd electron yn symud drwy wahaniaeth potensial o 1 V. 1.00 eV $= 1.60 \times 10^{-19}$ J

Pwynt astudio

Wrth i electron a phositron ddifodi ei gilydd, maen nhw'n cynhyrchu dau ffoton γ. Caiff y rhain eu hallyrru i gyfeiriadau dirgroes – fel arall ni fyddai momentwm yn cael ei gadw.

Enghraifft

Mae positron ac electron yn gwrthdaro'n benben â'i gilydd ac yn difodi ei gilydd. Mae gan y ddau ronyn egni cinetig o $100\ \text{keV}$. Cyfrifwch egni pob un o'r ffotonau a gynhyrchir.

Ateb

Gan ddefnyddio Gwirio gwybodaeth 1.7.1:

Egni–màs electron $= 510\ \text{keV}/c^2$, felly yr egni–màs yw $510\ \text{keV}$.

$\therefore$ Cyfanswm yr egni = cyfanswm yr egni–màs + cyfanswm yr egni cinetig

$$= 2 \times 510\ \text{keV} + 2 \times 100\ \text{keV}$$

$$= 1220\ \text{keV}$$

$\therefore$ Mae gan bob ffoton egni $\frac{1}{2} \times 1220\ \text{keV} = 610\ \text{keV}$

Gwirio gwybodaeth 1.7.2

Cyfrifwch amledd, tonfedd a momentwm y ffotonau yn yr enghraifft.

Gall y broses ddirgroes ddigwydd hefyd: os oes ganddo ddigon o egni, gall ffoton egni uchel greu pâr electron–positron. Mae angen iddo hefyd ryngweithio â gronyn arall (niwclews atomig fel arfer) er mwyn sicrhau bod egni a momentwm yn cael eu cadw ar yr un pryd. Yn Ffig. 1.7.2 mae ffoton egni uchel yn mynd i mewn o'r pen uchaf ac yn rhyngweithio ag atom hydrogen ar A (mae hyn yn digwydd mewn siambr swigod, sef tanc llawn o hydrogen hylifol). Mae'r ffoton hefyd yn bwrw allan electron egni uchel ac yn creu pâr electron–positron egni isel. Mae ail ffoton sy'n parhau ar B, lle mae'n creu ail bâr e⁻ e⁺ (egni uwch). Mae maes magnetig ar ongl sgwâr i'r dudalen yn achosi i'r gronynnau sydd wedi'u gwefru deithio mewn llinellau crwm: mae gwefrau dirgroes electronau a phositronau yn arwain at yr effaith 'corn hwrdd' nodweddiadol ar A. (Sylwch nad yw llwybrau'r ffotonau yn ymddangos yn y ddelwedd siambr swigod.)

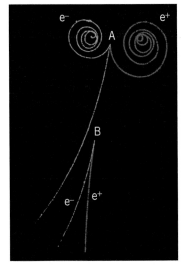

Ffig. 1.7.2 Cynhyrchu pâr e⁻e⁺

1.7.4 Y dystiolaeth dros niwtrinoeon

Mae niwtrinoeon yn ronynnau niwtral, màs isel iawn, sy'n rhyngweithio drwy'r grym gwan yn unig (gweler Adran 1.7.6). Mae hyn yn golygu bod angen iddyn nhw ddod o fewn $\sim 10^{-18}\ \text{m}$ i ryngweithio, felly prin iawn yw'r rhyngweithiadau rhyngddyn nhw: er enghraifft, gallai niwtrino nodweddiadol o'r Haul ddisgwyl treiddio i blwm o drwch 1–2 flwyddyn golau!

Cafwyd y dystiolaeth gyntaf dros fodolaeth niwtrinoeon o astudiaethau yn yr 1930au o sbectrwm egni gronynnau beta. Mae ffosfforws-32, $^{32}_{15}\text{P}$, yn dadfeilio drwy allyriad β^-. Cyn darganfod niwtrinoeon, roedd disgwyl i'r adwaith cyflawn fod fel hyn:

$$^{32}_{15}\text{P} \longrightarrow {}^{32}_{16}\text{S} + {}^{0}_{-1}\text{e}$$

Mae $1.5\ \text{MeV}$ o egni'n cael ei ryddhau yn y dadfeiliad. Drwy gymhwyso egwyddor cadwraeth momentwm, gallwn gyfrifo y dylai'r gronynnau beta gymryd yr egni bron i gyd (>99.9%), gyda'r niwclews sylffwr trymach yn cymryd y mymryn lleiaf. Cymharwch hyn â'r sbectrwm egni gwirioneddol yn Ffig. 1.7.3: $1.5\ \text{MeV}$ yw egni'r gronyn beta mwyaf, ond mae sbectrwm di-dor o egnïon, gyda'r brig yn llai na $0.5\ \text{MeV}$. Nid yw'r sbectrwm egni hwn yn bosibl oni bai fod trydydd gronyn hefyd yn ffurfio, a all rannu'r egni gyda'r gronyn beta. Yr enw ar y gronyn hwn yw'r niwtrino (a bod yn fanwl gywir, y gwrthniwtrino electron), a dyma'r adwaith cyflawn:

$$^{32}_{15}\text{P} \longrightarrow {}^{32}_{16}\text{S} + {}^{0}_{-1}\text{e} + \bar{\nu}_e$$

Mae'r ffotograff yn Ffig. 1.7.4 yn dangos dadfeiliad β niwclews He-6. Fel yn Ffig. 1.7.2, mae hyn yn digwydd mewn siambr swigod. Y llwybr crwm yw'r gronyn β; y llwybr byr, tew yw adlam y niwclews Li-7 sy'n ffurfio. Er mwyn cadw momentwm, rhaid i ronyn (niwtrino) gael ei allyrru tuag i lawr yn y ffotograff. Nid yw'r niwtrino yn rhyngweithio ac felly nid yw'n gadael ôl.

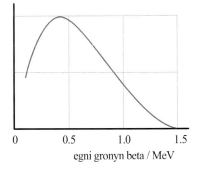

amledd cymharol

egni gronyn beta / MeV

Ffig. 1.7.3 Sbectrwm P-32 β

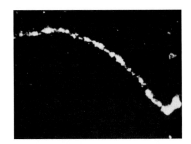

Ffig. 1.7.4 Dadfeiliad He-6 mewn siambr swigod

1.7.5 Adeiladu gronynnau trwm

Gan fod electronau'n leptonau, gronynnau elfennol ydyn nhw; hynny yw, dydyn nhw ddim yn cynnwys gronynnau eraill. Mae **hadronau**, e.e. protonau a niwtronau (sydd hefyd, gyda'i gilydd, yn cael eu galw'n niwcleonau), wedi'u gwneud o gwarciau sydd wedi'u clymu wrth ei gilydd gan y **grym cryf** (gweler Adran 1.7.6). Nid oes tystiolaeth uniongyrchol dros fodolaeth cwarciau. Nid yw cwarciau unigol byth yn cael eu darganfod. Maen nhw bob amser yn bodoli mewn cyfuniad.

Mae tri math gwahanol o hadron:

- Mae **baryonau**, er enghraifft protonau a niwtronau, yn cynnwys tri chwarc. Mae baryonau cenhedlaeth gyntaf yn cynnwys cyfuniad o gwarciau i fyny (u) ac i lawr (d) yn unig.
- Mae **gwrthfaryonau**, er enghraifft gwrthbrotonau, yn cynnwys tri gwrthgwarc.
- Mae mesonau yn cynnwys cwarc a gwrthgwarc.

Mae adeiledd cwarc protonau a niwtronau i'w gweld yn sgematig yn Ffig. 1.7.5 a gallwn ei grynhoi fel hyn:

$$p = uud, \quad n = udd$$

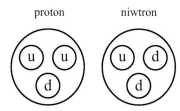

Ffig. 1.7.5 Cyfansoddiad cwarc niwcleonau

Mewn ffiseg gronynnau, sylwch mai'r symbol ar gyfer proton yw p yn hytrach na $^1_1 H$, fel sy'n arferol mewn ffiseg niwclear; y symbol ar gyfer niwtron yw n yn hytrach nag $^1_0 n$. Ar ben hyn, nid oes trefn arbennig ar gyfer ysgrifennu'r cwarciau: mae $p = udu$ ac $n = ddu$, etc., yn ffyrdd derbyniol o ysgrifennu'r adeiledd. Protonau yw'r unig baryonau sefydlog: mae yna ddamcaniaethau sy'n awgrymu eu bod yn ansefydlog gyda hanner oes o tua 10^{32} o flynyddoedd!

Mae nifer mawr o fesonau'n cael eu creu mewn gwrthdrawiadau egni cymedrig i egni uchel (mwy nag ychydig gannoedd o MeV) rhwng baryonau. Yr enw ar y mesonau cenhedlaeth gyntaf yw **pionau** (neu mesonau pi).

Dyma adwaith cynhyrchu meson nodweddiadol:

$$p + p \longrightarrow p + n + \pi^+$$

a gallwn ysgrifennu hwn, ar lefel y cwarc, fel hyn:

$$uud + uud \longrightarrow uud + udd + u\bar{d}$$

Chwe baryon cenhedlaeth gyntaf yn unig sy'n bodoli. Mae Tabl 1.7.2 yn rhoi crynodeb ohonyn nhw.

Teulu	Baryonau
Niwcleonau	p (uud); n (udd)
Δ	Δ^{++} (uuu); Δ^+ (uud); Δ^0 (udd); Δ^- (ddd)

Tabl 1.7.2 Baryonau cenhedlaeth 1af

Y symbol Δ yw'r briflythyren Roeg delta, felly enwau'r teulu Δ yw delta plws dwbl, delta plws, etc. Sylwch fod adeileddau cwarc y Δ^+ a'r Δ^0 yr un peth â rhai p ac n yn ôl eu trefn, ond mae gan Δ^+ egni–màs $1232\ \text{MeV}$ o'i gymharu â $938\ \text{MeV}$ ar gyfer y proton. Gallwn ystyried mai Δ^+ yw cyflwr cynhyrfol y proton: yn yr un modd, Δ^0 yw cyflwr cynhyrfol y niwtron.

1.7.6 Rhyngweithiadau (grymoedd) rhwng gronynnau

Mae gwrthrychau macrosgopig yn profi dau fath o rym: disgyrchiant ac electromagnetig. Mae dau rym arall hefyd yn effeithio ar ronynnau isatomig: y rhyngweithiadau cryf a gwan. Nid yw'r rhain yn cael eu profi o gwbl ar y raddfa arferol gan fod eu hamrediad pellter mor fach. Mae Tabl 1.7.3 yn rhoi crynodeb o'r pedwar grym yn ôl trefn cryfder sy'n cynyddu.

Rhyngweithiad	Yn effeithio ar	Amrediad	Sylwadau
disgyrchiant	pob mater	anfeidraidd	dibwys ar gyfer gronynnau isatomig
gwan	pob gronyn	~10^{-18} m	arwyddocaol yn unig pan nad oes rhyngweithiadau e-m a chryf yn gweithredu
electromagnetig (e-m)	pob gronyn wedi'i wefru	anfeidraidd	mae hadronau niwtral yn teimlo'r rhain hefyd oherwydd bod gan gwarciau wefr
cryf	pob cwarc	~10^{-15} m	mae rhyngweithiadau rhwng hadronau yn teimlo'r rhain hefyd (e.e. rhwymo niwclear)

Tabl 1.7.3 Crynodeb o'r rhyngweithiadau

Mae gan y tri grym sydd heb fod yn rymoedd disgyrchiant rolau pwysig o ran sefydlogrwydd atomau:

- Mae electronau yn cael eu clymu wrth y niwclews gan y grym electromagnetig.
- Mae protonau a niwtronau yn cael eu clymu wrth ei gilydd yn y niwclews gan y grym cryf sy'n gwrthwynebu gwrthyriad e-m y protonau.
- Mae'r grym gwan yn gyfrifol am ddadfeiliad niwtronau mewn niwclysau sy'n gyfoethog o niwtronau, ac mae hyn yn arwain at ddadfeiliad β^-

Yn gyffredinol, y grym sy'n gyfrifol am unrhyw ryngweithiad yw'r un cryfaf y mae pob gronyn ar ddwy ochr yr hafaliad yn ei deimlo. Er enghraifft:

Ystyriwch yr adwaith yn Adran 1.7.5:

$$p + p \longrightarrow p + n + \pi^+$$

Mae'r holl ronynnau'n cynnwys cwarciau, ac nid oes unrhyw newid blas cwarc (gweler Adran 1.7.7). Felly, mae'r adwaith hwn yn cael ei reoli gan y rhyngweithiad cryf sy'n golygu, cyn belled â bod digon o egni i greu'r $\pi+$, fod yr adwaith yn debygol iawn o ddigwydd.

Dim ond y grym gwan mae niwtrinoeon yn ei deimlo, felly rhaid bod unrhyw ryngweithiad sy'n ymwneud â niwtrinoeon (e.e. dadfeiliad β) yn wan. Mae hyn yn arwain at allu uchel niwtrinoeon i dreiddio drwy fater.

Mae amserau dadfeilio gwahanol gronynnau, a'r grym sy'n gyfrifol, yn esbonio cryfderau gwahanol y rhyngweithiadau. Dyma enghreifftiau:

Cryf	Δ^- (ddd) $\longrightarrow$ n + π^-	hyd oes ~ 10^{-24} s
Electromagnetig	π^0 (u$\bar{\text{u}}$) $\longrightarrow$ γ + γ	hyd oes ~ 10^{-12} s
Gwan	n (udd) $\longrightarrow$ p + e$^-$ + $\bar{\nu}_e$	hyd oes ~ 15 mun

Sylwch fod gan ddadfeiliad niwtron hyd oes anarferol o hir. Mae'r rhan fwyaf o ddadfeiliadau gwan tua $10^{-8} - 10^{-10}$ s.

Gwirio gwybodaeth 1.7.3

Mae angen ffracsiwn fwy o niwtronau ar niwclysau trymach i oresgyn gwrthyriad e-m cynyddol y protonau. Ystyriwch ffracsiwn y niwtronau yn y niwclysau sefydlog, $^{12}_{6}$C, $^{56}_{26}$Fe ac, $^{197}_{79}$Au

>>> Pwynt astudio

Defnyddiwn y gair *rhyngweithiad* yn aml yn lle *grym* oherwydd bod y cysyniad yn golygu mwy nag atyniad a gwrthyriad yn unig. Mae'n cynnwys rheolaeth ar greu gronynnau neu ar eu dadfeiliad.

>>> Pwynt astudio

Wrth ystyried pa rym sy'n gyfrifol am adwaith, rhaid i ni gadw golwg ar y deddfau cadwraeth hefyd (Adran 1.7.7).

< Awgrym

Mewn adwaith dadfeilio, y cryfaf yw'r grym, y byrraf yw'r amser dadfeilio.

Mewn adwaith gwrthdaro, y cryfaf yw'r grym, y mwyaf tebygol yw'r adwaith o ddigwydd.

Pwynt astudio

Sylwch fod gwerthoedd y wefr yn cael eu rhoi yn nhermau e. Felly:

$Q_{proton} = +1$; $Q_{niwtron} = 0$;

$Q_{electron} = -1$, etc.

Gronyn	L
e^-	1
e^+	-1
ν_e	1
$\bar{\nu}_e$	-1

Tabl 1.7.4

1.7.5 Gwirio gwybodaeth

Dangoswch fod yr adwaith

$p + e^- \longrightarrow n + \nu_e$

yn cadw gwefr a rhif lepton.

1.7.7 Deddfau cadwraeth mewn ffiseg ronynnol

Mae deddfau cyfarwydd cadwraeth màs, egni a momentwm yn gymwys i ffiseg ronynnol, er bod rhaid iddyn nhw ystyried buaneddau y gronynnau, sy'n agos at fuanedd goleuni. Felly, mae'r fformiwla ar gyfer momentwm wedi'i haddasu ac yn hytrach na màs ac egni ar wahân, yr egni–màs sy'n cael ei gadw. (Nid yw hyn yn cael ei arholi mewn Ffiseg Safon Uwch.)

(a) Cadwraeth gwefr, Q

Ar ôl gweld triliynau o adweithiau, nid yw ffisegwyr erioed wedi gweld enghraifft o dorri deddf cadwraeth gwefr.

Felly gallwn weld yr adwaith canlynol:

$$p + p \longrightarrow p + n + \pi^+$$

Gwerthoedd Q:

$$1 + 1 \longrightarrow 1 + 0 + 1$$

Cyfanswm gwerth Q ar bob ochr = 2. Felly, mae'r wefr yn cael ei chadw.

Ond dydyn ni ddim yn gweld yr adwaith canlynol **byth**:

$$p + p \longrightarrow p + n + \pi^-$$

oherwydd byddai cyfanswm gwerth Q yn newid o 2 i 0, h.y. ni fyddai'n cael ei gadw.

(b) Cadwraeth rhif lepton, L

Mae diffiniad y rhif lepton, L, ar gyfer y genhedlaeth gyntaf o leptonau i'w weld yn Nhabl 1.7.4. Mae rhif lepton o 0 wedi'i neilltuo ar gyfer gronynnau cenhedlaeth gyntaf eraill, ffotonau, cwarciau (ac felly baryonau a mesonau). Yn arbrofol, gwelwn fod rhif lepton bob amser yn cael ei gadw, h.y. mewn unrhyw adwaith sy'n cael ei arsylwi, mae cyfanswm y rhif lepton yn aros yr un fath.

Felly, nid yw'r adwaith canlynol **erioed** wedi cael ei arsylwi: $p + e^- \longrightarrow n + \pi^0$

Gwerthoedd L: $0 + 1 \neq 0 + 0$

Ond mae niwtronau rhydd yn dadfeilio yn ôl yr adwaith $n \longrightarrow p + e^- + \bar{\nu}_e$

Gwerthoedd L: $0 = 0 + 1 + (-1)$

ac mae'r adwaith gwrthdro canlynol **yn cael** ei arsylwi $p + e^- \longrightarrow n + \nu_e$

(c) Cadwraeth rhif baryon, B

Yn yr un modd â rhifau lepton, rydyn ni'n diffinio rhif baryon, B. Mae gan bob baryon, e.e. proton, $B = 1$; mae gan wrthfaryonau $B = -1$; mae gan leptonau a mesonau $B = 0$. Unwaith eto, mae rhif baryon bob amser yn cael ei gadw.

Ni allai'r adwaith canlynol ddigwydd: $p + \pi^- \longrightarrow n + n$

hyd yn oed pe bai gan y p a'r π⁻ ddigon o egni cinetig, ac er bod y wefr a'r rhif lepton yn cael eu cadw. Pam hynny? Oherwydd bod cyfanswm y rhif baryon ar y chwith yn 1 ac ar y dde mae'n 2!

Mewn gwirionedd, mae cadwraeth rhif baryon yn achos arbennig o gadwraeth rhif cwarc, q. Gan edrych unwaith eto ar yr 'adwaith amhosibl', a rhoi rhif cwarc o -1 i wrthgwarciau, gallwn gyfrif y cwarciau fel hyn:

Ochr chwith: $q = 3 + (1 - 1) = 3$ Ochr dde: $q = 3 + 3 = 6$

Felly byddai'r 'adwaith amhosibl' hwn yn torri cadwraeth rhif cwarc. Gan edrych eto ar adwaith **sydd yn** bodoli:

$$p + p \longrightarrow p + n + \pi^+$$

mae cyfansymiau'r cwarciau yr un fath (6) ar gyfer yr adweithyddion a'r cynhyrchion. Gallwn ddadansoddi'r un adwaith yn nhermau'r **rhif cwarc i fyny (U)** a'r **rhif cwarc i lawr (D)**. Gan ysgrifennu'r adwaith hwn ar lefel cwarc:

$$uud + uud \longrightarrow uud + udd + u\overline{d}$$

U	2	2	2	1	1	Cyfanswm 4
D	1	1	1	2	-1	Cyfanswm 2

Felly, mae'r rhifau cwarc i fyny ac i lawr yn cael eu cadw. Mae hyn yn wir am yr holl newidiadau sy'n cael eu rheoli gan y rhyngweithiadau cryf ac electromagnetig.

Ond mae'n bosibl newid rhifau cwarc **unigol drwy ± 1 mewn rhyngweithiadau gwan**.

Gan edrych unwaith eto ar ddadfeiliad niwtron:

$$n\,(udd) \longrightarrow p + e^- + \overline{\nu}_e$$

Gan ysgrifennu hyn yn nhermau cwarciau: $udd \longrightarrow uud + e^- + \overline{\nu}_e$,

U	$= 1$	2	0	0
D	$= 2$	1	0	0

Gwelwn fod U yn newid o 1 i 2 a D o 2 i 1. Mae cyfanswm y rhif cwarc q yn 3 ar y ddwy ochr ond mae un o'r cwarciau wedi newid ei flas o lawr i fyny.

Gwirio gwybodaeth 1.7.6

Ar gyfer y dadfeiliad: $\pi^+ \longrightarrow e^+ + \nu_e$,

(a) Esboniwch pa ryngweithiad sy'n gyfrifol.

(b) Dangoswch pa ddeddfau cadwraeth sy'n cael eu harddangos.

Pwynt astudio

Dywedir bod y mathau gwahanol o gwarciau, i fyny, i lawr, etc., yn cario **blasau** gwahanol. Mae'n bosibl bod y defnydd rhyfedd (!) hwn o'r gair yn gysylltiedig â'r cynnyrch llefrith sur o'r Almaen (quark), sy'n aml â blas ffrwythau arno.

Awgrym

Dyma'r arwyddion o rym gwan:

1. Mae niwtrinoeon yn cymryd rhan: dydyn nhw ddim yn teimlo'r grym e-m na'r grym cryf.
2. Os oes cwarciau yn cymryd rhan, mae newid mewn blas cwarc yn digwydd.
3. Os yw'n ddadfeiliad, mae'r hyd oes yn fwy na $\sim 10^{-10}$ s.

Profwch eich hun 1.7

1. Mae'n bosibl disgrifio rhai gronynnau fel gronynnau *elfennol*; mae eraill yn ronynnau *cyfansawdd*. Gwahaniaethwch rhwng y ddau fath hyn o ronyn gan ddefnyddio'r proton a'r electron fel enghreifftiau.

2. Nodwch y gwahaniaeth rhwng baryonau a mesonau yn nhermau adeiledd cwarc.

3. Cymharwch brotonau ac electronau yn nhermau eu hadeileddau a'u rhyngweithiadau.

4. Mae momentwm ac egni–màs bob amser yn cael eu cadw mewn rhyngweithiadau gronynnau. Nodwch i ba raddau mae gwefr, rhif baryon, rhif lepton a rhif cwarc yn cael eu cadw.

5. Mae gronyn yn dadfeilio drwy ryngweithiad gwan. Pa ddeddfau cadwraeth sy'n berthnasol?

6. Mae baryon â gwefr o $+1$ yn rhyngweithio'n gryf (h.y. gyda'r rhyngweithiad cryf) gyda meson â gwefr -1. Pa ragfynegiadau gallwch chi eu gwneud am gynnyrch y rhyngweithiad? Esboniwch eich ateb.

7. Mae niwtron a gwrthbroton yn gwrthdaro â'i gilydd. Mae'r rhyngweithiad yn gryf. Pa ragfynegiadau gallwch chi eu gwneud am gynnyrch y rhyngweithiad? Esboniwch eich ateb.

8. Mae gan feson cenhedlaeth gyntaf wefr $+1$. Nodwch ei adeiledd cwarc.

9. Mae gan faryon cenhedlaeth gyntaf wefr -1. Nodwch ei adeiledd cwarc.

10. Mae niwtrino electron yn gwrthdaro â niwtron ac mae dau ronyn cenhedlaeth gyntaf yn cael eu cynhyrchu.

(a) Nodwch y teulu o ronynnau (leptonau, baryonau, mesonau) y mae pob un o'r gronynnau sy'n gwrthdaro yn perthyn iddo.

(b) Nodwch ddeddfau cadwraeth a'u defnyddio i enwi cynhyrchion yr adwaith cyn belled ag y gallwch.

(c) Nodwch y rhyngweithiad (cryf, e-m, gwan) sy'n gyfrifol am y rhyngweithiad hwn. Rhowch resymau.

11. Mae electron a phositron yn difodi ei gilydd ac yn cynhyrchu dau ffoton.

(a) Esboniwch pa ryngweithiad (cryf, e-m, gwan) sy'n gysylltiedig.

(b) Pam na all digwyddiad difodi o'r fath gynhyrchu un ffoton yn unig? (Gallwch dybio bod gan yr electron a'r positron fomentwm dibwys cyn eu rhyngweithiad.)

12. Mae proton a niwclews heliwm yn cael eu cyflymu drwy wahaniaeth potensial o 500 V. Nodwch y cynnydd yn yr egni cinetig ar gyfer pob un:

(a) mewn eV ac

(b) mewn J.

13. Mae'r isotop ymbelydrol $^{13}_{7}\text{N}$ yn dadfeilio drwy allyrru positron, pan fydd un o'r protonau yn ei niwclews yn trawsnewid yn niwtron. Dyma'r hafaliad:

$$p \longrightarrow n + e^+ + X$$

lle mae X yn ronyn anhysbys. Hanner oes y dadfeiliad yw 10.1 munud.

(a) Enwch X a defnyddiwch y deddfau cadwraeth perthnasol i gyfiawnhau eich dewis.

(b) Nodwch pa un o'r rhyngweithiadau sy'n rheoli'r dadfeiliad hwn. Ceisiwch gyfiawnhau eich dewis.

14. (a) Rhowch yr hafaliad dadfeiliad ar gyfer dadfeiliad niwtron.

(b) Esboniwch ystyr *cadwraeth rhif lepton*. Esboniwch eich ateb gan ddefnyddio dadfeiliad niwtron.

(c) Esboniwch pa ddeddfau cadwraeth eraill sy'n cael eu hesbonio gan yr hafaliad dadfeiliad niwtron.

(ch)

◀ **Ymestyn a herio** ▼

Egni-màs protonau, niwtronau ac electronau yw 938.3 MeV, 939.6 MeV a 0.5 MeV yn ôl eu trefn. Mae egni-màs niwtrino yn ddibwys. Defnyddiwch y wybodaeth hon i esbonio, er y gall niwtron arunig ddadfeilio i broton, pam nad oes dadfeiliad proton rhydd wedi cael ei weld erioed.

15. Mae'r gronynnau delta fel arfer yn dadfeilio naill ai'n broton neu'n niwtron ynghyd â pion wedi'i wefru (π^+ neu π^-) mewn tua 10^{-24} s. Gweler diwedd Adran 1.7.6 ar gyfer dadfeiliad Δ^-. Gallwn ysgrifennu'r dadfeiliad hwn mewn dwy ffordd:

$$\Delta^- \longrightarrow n + \pi^- \quad \text{a} \quad ddd \longrightarrow udd + \bar{u}d$$

Ysgrifennwch hafaliadau ar gyfer dadfeiliad y gronynnau Δ eraill. Pa arwyddion sydd yna i ddangos mai'r rhyngweithiad cryf sy'n gyfrifol am y dadfeiliadau hyn?

Hafaliadau Uned 1

Yn yr arholiad byddwch yn cael Llyfryn Data CBAC sy'n cynnwys yr hafaliadau y gallai fod angen i chi eu defnyddio yn yr arholiad. Nid yw'r symbolau yn yr hafaliadau wedi'u nodi yn y llyfryn Data: maen nhw'n symbolau safonol ac mae disgwyl i chi eu hadnabod. Yr hafaliadau isod yw'r rhai sydd eu hangen ar gyfer Uned 1.

Hafaliad	Disgrifiad
$\rho = \dfrac{m}{V}$	Yr hafaliad dwysedd: ρ = dwysedd, m = màs, V = cyfaint
$v = u + at$ $x = \dfrac{1}{2}\left(u + v\right)t$ $x = ut + \dfrac{1}{2}at^2$ $v^2 = u^2 + 2ax$	Yr hafaliadau cinematig ar gyfer cyflymiad cyson. Dyma'r symbolau: t = amser x = dadleoliad ($x = 0$ os yw $t = 0$) u = cyflymder cychwynnol v = cyflymder terfynol
$\Sigma F = ma$	Hafaliad o 2il ddeddf mudiant Newton. ΣF = grym cydeffaith m = màs, a = cyflymiad
$p = mv$	Diffiniad momentwm, p, gyda m = màs a v = cyflymder
$W = Fx \cos\theta$	Diffiniad o'r gwaith, W, sy'n cael ei wneud gan rym: F = grym, x = dadleoliad, θ = yr ongl rhwng F ac x.
$\Delta E = mg\Delta h$	Cynnydd yn egni potensial disgyrchiant, ΔE
$E_\text{p} = \dfrac{1}{2}kx^2$	Egni potensial elastig, E_p. k = cysonyn sbring, x = estyniad
$E_\text{c} = \dfrac{1}{2}mv^2$	Egni cinetig, E_c
$Fx = \dfrac{1}{2}mv^2 - \dfrac{1}{2}mu^2$	Gwaith sy'n cael ei wneud = newid mewn egni cinetig
$P = \dfrac{W}{t} = \dfrac{\Delta E}{t}$	Pŵer $= \dfrac{\text{gwaith}}{\text{amser}} = \dfrac{\text{trosglwyddiad egni}}{\text{amser}}$
effeithlonrwydd $= \dfrac{\text{trosglwyddiad egni defnyddiol}}{\text{cyfanswm egni mewnhwn}} \times 100\%$	
$F = kx$	Deddf Hooke. F = grym, k = cysonyn sbring, x = estyniad
$\sigma = \dfrac{F}{A}$	Diffiniad diriant, σ. F = grym, A = arwynebedd trawstoriadol
$\varepsilon = \dfrac{\Delta\ell}{\ell}$	Diffiniad straen, ε. $\Delta\ell$ = cynnydd mewn hyd, ℓ
$E = \dfrac{\sigma}{\varepsilon}$	Diffiniad modwlws Young
$W = \dfrac{1}{2}Fx$	Gwaith, W, sy'n cael ei wneud wrth estyn defnydd Hookeaidd. F = grym terfynol (mwyaf), x = estyniad
$\lambda_{\text{mwyaf}} = \dfrac{W}{T}$	Deddf Wien. λ_{mwyaf} = tonfedd yr allyriad mwyaf, W = cysonyn Wien, T = tymheredd kelvin
$P = A\sigma T^4$	Deddf Stefan–Boltzmann. P = pŵer sy'n cael ei allyrru, A = arwynebedd arwyneb, σ = cysonyn Stefan, T = tymheredd kelvin

Uned 1

1 **(a)** Nodwch, mewn geiriau, yr hafaliad rydyn ni'n ei ddefnyddio i gyfrifo moment grym o amgylch pwynt. **[1]**

(b) Mae'r llun a'r diagram yn dangos ffenestr â cholfach *(hinge)* ar yr arwyneb uchaf. Mae'r ffenestr yn cael ei hagor drwy wthio'r bar metel llorweddol sydd wedi'i gysylltu wrth ei harwyneb isaf. Mae tyllau wedi'u drilio yn y bar metel er mwyn iddo allu dal y ffenestr ar agor mewn nifer o safleoedd; mae un o'r rhain i'w weld isod ac wedi'i labelu fel Safle 1. Dydy'r colfach ddim yn darparu gwrthiant i symudiad y ffenestr.

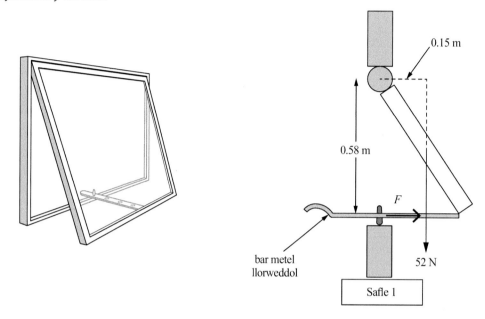

(i) Dangoswch fod y moment clocwedd sy'n cael ei gynhyrchu gan bwysau'r ffenestr tua 8 N m. **[1]**

(ii) Drwy hyn, cyfrifwch y grym, F, mae'r bar metel yn ei roi ar y ffenestr. **[2]**

(c) Mae Tom a Bethan yn trafod sut mae'r grym yn y bar metel yn newid wrth i'r safle newid. Mae Tom yn meddwl bod y grym yn y bar yn fwy pan fydd y ffenestr yn Safle 2, ac mae Bethan yn credu bod y grym yn fwy pan fydd y ffenestr yn Safle 1. Trafodwch pwy sy'n gywir, gan roi esboniad manwl yn nhermau momentau. Tybiwch fod y bar metel yn llorweddol yn y ddau safle. **[4]**

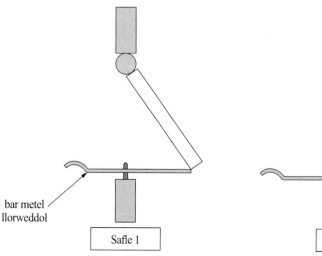

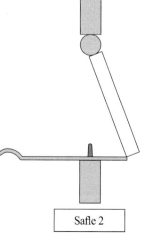

(Cyfanswm 8 marc)

[CBAC Ffiseg UG Uned 1 2018 Cwestiwn 1]

2 (a) Disgrifiwch ddull o ymchwilio i briodweddau grym–estyniad rwber ar ffurf band elastig wrth iddo gael ei lwytho. Dylech chi ddisgrifio sut i fesur estyniad y rwber yn fanwl gywir. **[3]**

(b) Mae canlyniadau arbrawf o'r fath ar gyfer band rwber, hyd 8.0 cm cyn ei ymestyn, yn cael eu plotio mewn graff.

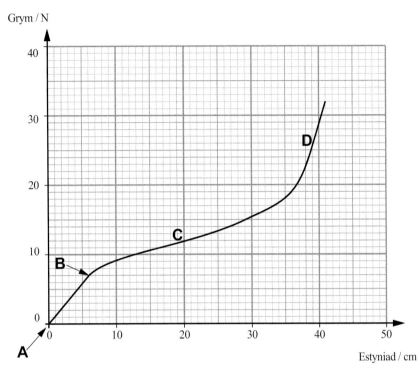

Grym / N

Estyniad / cm

(i) Cyfrifwch y straen yn y rwber ar bwynt **B**. **[1]**

(ii) Darganfyddwch fodwlws Young y rwber yn rhanbarth **AB**. Tybiwch mai cyfanswm arwynebedd trawstoriadol y band yw 0.050 cm². **[3]**

(c) Drwy gyfeirio at adeiledd moleciwlaidd rwber, esboniwch pam mae'r graddiant yn **C** yn llai na'r graddiant yn **D**. **[3]**

(Cyfanswm 10 marc)

[CBAC Ffiseg UG Uned 1 2018 Cwestiwn 3]

3 (a) Mae'r tabl yn dangos gwybodaeth am rai gronynnau isatomig.

Gronyn	Symbol	Cyfuniad cwarc	Gwefr / e	Rhif baryon
proton	p	uud	+1	1
gronyn delta	Δ^{++}	uuu	....	....
electron	e^-	dim cwarciau	....	....
pion	π^-	....	−1	....

(i) Cwblhewch y tabl. **[3]**

(ii) Enwch y lepton yn y tabl. **[1]**

(b) Cafodd yr electron ei ddarganfod gan J. J. Thomson wrth iddo astudio priodweddau pelydrau catod yn 1897. Cafodd y proton ei ddarganfod ar ddechrau'r ugeinfed ganrif gan Ernest Rutherford, wrth iddo gynnal cyfres o arbrofion ar sylweddau ymbelydrol. Rydyn ni wedi arsylwi ar y rhyngweithiad canlynol rhwng protonau ac electronau drwy ddefnyddio cyflymyddion *(accelerators)* gronynnau egni uchel.

$$e^- + p \longrightarrow e^- + \Delta^{++} + \pi^-$$

Dangoswch sut mae cadwraeth gwefr a chadwraeth rhif lepton yn digwydd yn y rhyngweithiad uchod. **[2]**

(c) Mae'r Δ^{++} yn dadfeilio mewn tua 6×10^{-24} s fel sydd i'w weld isod.

$$\Delta^{++} \longrightarrow p + \pi^+$$

(i) Dangoswch yn glir fod cadwraeth rhif cwarc i fyny a chadwraeth rhif cwarc i lawr yn digwydd yn y dadfeiliad hwn. **[2]**

(ii) Rhowch **ddau** reswm dros gredu bod y dadfeiliad hwn yn rhyngweithiad grym cryf. **[2]**

(ch) Yn ystod cynhadledd i'r wasg, mae'r cwestiwn canlynol yn caei ei ofyn i lefarydd *(spokesman)* ar gyfer canolfan ymchwil niwclear:

'Rydych chi wedi darganfod llawer o ronynnau newydd, ond does dim un ohonyn nhw wedi cael unrhyw effaith amlwg ar gymdeithas. Sut gallwch chi gyfiawnhau cost enfawr parhau â'r arbrofion hyn?'

Wrth ymateb, mae'r llefarydd yn cyfeirio at waith J. J. Thomson ac Ernest Rutherford.

Awgrymwch pam mae'r llefarydd yn ymateb fel hyn. **[2]**

(Cyfanswm 12 marc)

[*CBAC Ffiseg UG Uned 1 2018 Cwestiwn 4*]

4   Mae'r diagram yn dangos rhan o reid mewn parc thema.

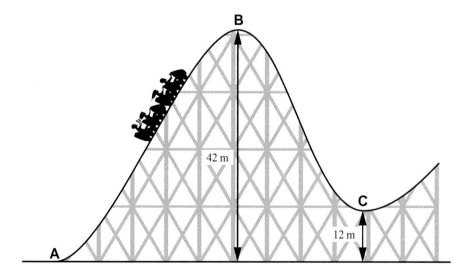

(a) Mae modur gyda phŵer allbwn 65 kW a mecanwaith cadwyn yn tynnu'r cerbydau sydd â màs 2600 kg, o **A** i **B** mewn 32s.

(i) Dangoswch fod y gwaith sy'n cael ei wneud gan y modur mewn 32 eiliad tua 2 MJ. **[1]**

(ii) Drwy hyn, cyfrifwch effeithlonrwydd y mecanwaith, gan dybio bod y cerbydau'n ddisymud *(at rest)* am ennyd ar **B**. **[3]**

(b) Yn **B**, mae'r cerbydau'n datgysylltu oddi wrth y modur ac mae'r cerbydau'n symud o dan ddylanwad disgyrchiant am weddill y reid. Wrth symud o **B** i **C**, sef pellter ar hyd y trac o 36 m, mae'r cerbydau'n profi grym gwrtheddol (*resistive force*) cymedrig o 2.8 kN. Cyfrifwch fuanedd y cerbydau yn **C**. **[5]**

(Cyfanswm 9 marc)

[CBAC Ffiseg UG Uned 1 2018 Cwestiwn 7]

5 **(a)** Mae graff pelydrydd cyflawn (*black body*) o arddwysedd sbectrol yn erbyn tonfedd ar gyfer seren i'w weld. Mae rhan o'r graff wedi'i chwyddo i'w weld hefyd, sy'n dangos y sbectrwm yn fanylach. Mae sbectrwm llinell cysylltiedig hefyd i'w weld.

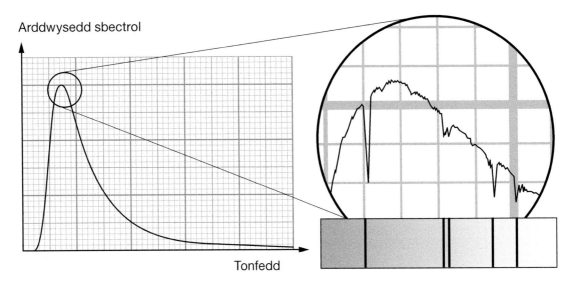

Esboniwch sut gallwn ni ddefnyddio'r graff a'r sbectra i roi gwybodaeth am y seren a'r elfennau sydd ynddi. **[6 AYE]**

(b) **(i)** Altair yw'r seren fwyaf disglair yng nghytser (*constellation*) Aquila. Mae hi 1.58×10^{17} m i ffwrdd, ac arddwysedd ei phelydriad electromagnetig sy'n cyrraedd y Ddaear yw 1.32×10^{-8} W m^{-2}.
Dangoswch fod goleuedd y seren tua 4×10^{27} W. **[3]**

(ii) Cyfrifwch ddiamedr Altair o wybod bod tymheredd ei harwyneb yn 7700 K. **[3]**

(Cyfanswm 12 marc)

[CBAC Ffiseg UG Uned 1 2018 Cwestiwn 6]

Uned 2

Trydan a golau

Mae tri maes amlwg i ganolbwyntio arnyn nhw yn yr uned hon, ac mae cysylltiad agos rhyngddyn nhw:

- Trydan

  Mae'r testun hwn yn ymchwilio i natur cerrynt trydanol, ynghyd â'r ffordd mae defnyddiau a dyfeisiau gwahanol yn ymateb i geryntau. Mae'n archwilio priodweddau cylchedau a chyflenwadau pŵer, gan ganiatáu i fyfyrwyr ragfynegi eu hymddygiad.

- Tonnau

  Yn debyg i drydan, mae mudiant tonnau yn un o gonglfeini ffiseg fodern. Mae'r testun hwn yn dosbarthu tonnau ac yn archwilio eu priodweddau mewn manylder mathematigol. Defnyddiwn y model tonnau ar gyfer golau i esbonio ffenomenau plygiant, diffreithiant ac ymyriant.

- Ffotonau

  Erbyn hyn rydyn ni'n deall bod pelydriad electromagnetig, yn ogystal â'r ffaith fod ganddo briodweddau tonnau, yn ymddwyn fel llif o ronynnau, o'r enw ffotonau. Mae'r testun hwn yn cyflwyno tystiolaeth o blaid hyn ac yn defnyddio'r model hwn, ynghyd â gwybodaeth am atomau, i esbonio'r sbectra amsugno atomig, gafodd eu cyflwyno yn Uned 1. Bydd elfennau sylfaenol gweithrediad laser yn cael eu harchwilio.

Cynnwys

2.1 Dargludiad trydan
2.2 Gwrthiant
2.3 Cylchedau cerrynt union
2.4 Natur tonnau
2.5 Priodweddau tonnau
2.6 Plygiant golau
2.7 Ffotonau
2.8 Laserau

Gwaith ymarferol

Mae Uned 2 yn cynnig cyfoeth o gyfleoedd, yn arbennig yn yr adrannau ar drydan a thonnau, er mwyn i fyfyrwyr barhau i ddatblygu eu sgiliau ymarferol.

2.1 Dargludiad trydan

Mae'r adran fer hon yn rhoi'r ffeithiau elfennol am wefr drydanol (grymoedd rhwng gwefrau, pam rydyn ni'n dweud bod gan electronau wefr *negatif*, cadwraeth gwefr, etc.). Yna gallwn drafod gwefrau sy'n symud, a gwneud cysylltiad meintiol rhwng cyflymder gwefrau sy'n symud mewn gwifren a'r cerrynt yn y wifren.

2.1.1 Gwefr drydanol

Mae'r adran hon yn ymdrin yn bennaf â *gwefr drydanol* (gwefr yn unig o hyn allan) sy'n llifo mewn dargludyddion trydanol. Mae *dargludydd* trydanol, o'i gyferbynnu ag *ynysydd* trydanol fel aer, yn cael ei ddiffinio fel defnydd, neu ddarn o ddefnydd, y gall gwefr lifo drwyddo.

Cafodd gwefrau eu harchwilio i ddechrau drwy astudio gwefr *statig* (h.y. disymud) – roedd yn bodoli ar arwynebau defnyddiau a oedd wedi eu rhwbio â defnyddiau eraill. (Os yw'r defnydd sy'n cael ei rwbio yn ddargludydd, rhaid ei ddal ag ynysydd i atal y wefr rhag cael ei dargludo i ffwrdd, er enghraifft gan ddwylo.)

Cynigiwyd bod dau fath o wefr. Roedd y rhain yn ddigon i esbonio'r grymoedd atynnol a'r grymoedd gwrthyrru oedd yn cael eu harsylwi rhwng *unrhyw* ddefnyddiau oedd wedi eu rhwbio.

- Dywedwyd bod gan wydr, ar ôl ei rwbio â sidan, wefr *bositif*.
- Dywedwyd bod gan ambr, o'i rwbio â ffwr, wefr *negatif*.

Felly roedd y grymoedd atynnol a'r grymoedd gwrthyrru yn ufuddhau i'r rheol:

Mae gwefrau tebyg (e.e. dau bositif) yn gwrthyrru, ac mae gwefrau annhebyg yn atynnu (gweler Ffig. 2.1.2).

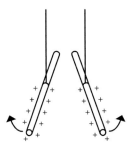 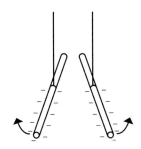 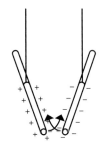

rhodenni gwydr (neu berspecs...) wedi'u rhwbio'n gwrthyrru	rhodenni ambr (neu bolython...) wedi'u rhwbio'n gwrthyrru	rhoden wydr (neu berspecs) a rhoden ambr (neu bolython) wedi'u rhwbio'n atynnu

Ffig. 2.1.2 Atyniad a gwrthyriad gwrthrychau wedi'u gwefru

Mae *positif* a *negatif* yn enwau addas, oherwydd gall y gwefrau gwahanol ganslo, neu niwtralu, ei gilydd. Dyna sy'n digwydd pan fydd metelau sydd wedi'u gwefru'n ddirgroes yn cyffwrdd.

Dros ganrif ar ôl gwneud y darganfyddiadau hyn, cafodd y gronynnau sydd y tu mewn i'r atom eu darganfod. Mae gan brotonau wefr bositif (yn ôl y diffiniad 'rhwbio gwydr â sidan') ac mae gan electronau wefr negatif. Felly, erbyn hyn, rydyn ni'n esbonio sut mae'r gwydr yn cael ei wefru drwy ddweud bod rhai electronau'n cael eu rhwbio oddi ar rai o'r atomau ar arwyneb y gwydr, a'u trosglwyddo i'r sidan.

Mae'n bosibl meintioli (*quantify*) gwefr, ac mae swm y wefr yn fesur sgalar sydd fel arfer yn cael ei ddynodi gan Q neu q. Mae'r wefr ar broton, h.y. swm y wefr sydd gan broton, yn cael ei ddynodi gan e. Mae gwefr electron yn cael ei dynodi gan $-e$. At ddibenion ymarferol, rydyn ni'n defnyddio uned sy'n llawer mwy nag e.

Yr uned SI ar gyfer gwefr, Q, yw'r coulomb (C). Erbyn hyn, dyma ddiffiniad y coulomb:

$$1 \text{ C} = 6.241\,509\,074 \times 10^{18} \times e. \text{ (Gweler y Pwynt astudio.)}$$

Ffig. 2.1.1 Charles-Augustin de Coulomb

>> **Pwynt astudio**

Mae'r coulomb wedi'i enwi ar ôl Charles-Augustin de Coulomb. Llwyddodd ef i ddarganfod (yn yr 1780au) sut roedd cryfder y grymoedd rhwng gwrthrychau bach wedi'u gwefru yn dibynnu ar y gwahaniad rhyngddyn nhw.

Gwirio gwybodaeth `2.1.1`

Mae gan waelod cwmwl taran nodweddiadol wefr negatif 150 C. Cyfrifwch nifer y gormodedd electronau mae'n eu cario.

Gwirio gwybodaeth `2.1.2`

Mae rhoden bolython yn ennill gwefr negatif 3.2 nC pan gaiff ei rhwbio â ffwr. Esboniwch beth sy'n digwydd yn nhermau electronau, gan gyfrifo sawl un sy'n gysylltiedig.

>> **Pwynt astudio**

Tan yn ddiweddar, roedd y coulomb yn cael ei ddiffinio mewn ffordd eithaf gwahanol. Dewiswyd y rhif mawr sy'n cael ei luosi â gwefr y proton, e, yn y diffiniad newydd fel bod maint gwefr y coulomb yn aros yr un fath.

Felly y wefr ar broton yw $e = \dfrac{1 \text{ C}}{6.2415 \times 10^{18}} = 1.602 \times 10^{-19}$ C

Er y gall gwefrau positif a negatif 'niwtralu' ei gilydd, mae gennyn ni:

> **Deddf Cadwraeth Gwefr**
>
> Mae'r wefr net mewn system yn aros yn gyson (ar yr amod na all gwefrau fynd i mewn iddi na'i gadael).

Nid oes gan y ddeddf hon unrhyw eithriadau, hyd y gwyddom. Mae'n gymwys hyd yn oed pan fydd gronynnau'n cael eu creu neu eu dinistrio, er enghraifft pan fydd niwtron (dim gwefr) yn 'dadfeilio' i roi proton ac electron (sydd â gwefrau hafal a dirgroes) a gwrthniwtrino (dim gwefr). Enghraifft fwy cyffredin o gadwraeth gwefr fyddai dau sffêr metel yn cyffwrdd â'i gilydd, un â gwefr bositif a'r llall â gwefr negatif. Mae'r wefr net yn aros yr un peth; mae 'niwtraliad' – llwyr neu rannol – yn digwydd yn syml oherwydd bod yr electronau rhydd yn cael eu hailddosbarthu.

2.1.2 Cerrynt trydanol

Mae gwefr yn llifo drwy wifrau mewn cylched drydanol. Dywedwn fod cerrynt trydanol yn y gylched. Ni allwn weld y llif, felly sut rydyn ni'n gwybod bod hyn yn digwydd o gwbl? Mae'r cyfarpar sy'n cael ei ddefnyddio i gynnal arbrawf i ddangos hyn i'w weld yn Ffig. 2.1.3.

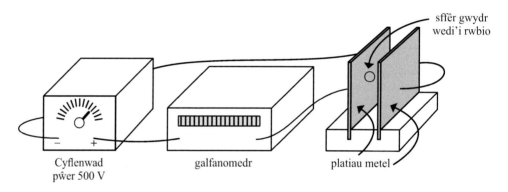

Ffig. 2.1.3 Llif gwefr a cherrynt

Pan gaiff y cyflenwad pŵer ei gynnau, mae'r galfanomedr (canfodydd cerrynt trydanol sensitif) yn allwyro am ychydig. Yna, os yw pêl fach wydr (un wag, fel pelen ar goeden Nadolig, i sicrhau màs isel) yn cael ei rhwbio â sidan a'i hongian ar edefyn ynysu hir yn y bwlch, bydd yn cyflymu oddi wrth un plât (sydd, mae'n rhaid felly, wedi'i wefru'n bositif) tuag at y llall (sydd wedi'i wefru'n negatif).

Mae allwyriad y galfanomedr yn digwydd pan fydd y platiau yn ennill gwefr – sy'n digwydd, mae'n rhaid, drwy'r gwifrau cysylltiol. Mae'r cyflenwad pŵer yn gyrru electronau i un cyfeiriad drwy'r gwifrau a thrwy ei lwybr dargludo mewnol ei hun, gan dynnu rhai electronau oddi ar un plât a rhoi electronau ychwanegol ar y llall.

(a) Cerrynt confensiynol

Cyn darganfod protonau ac electronau, doedd neb yn gwybod p'un ai gwefr bositif neu wefr negatif oedd yn llifo mewn dargludyddion. Cytunodd gwyddonwyr ar y confensiwn (cytundeb) i dybio mai gwefr bositif ydoedd. *Mewn diagramau cylched, mae'r saethau sy'n dangos y cerrynt yn dal i ddangos i ba gyfeiriad byddai gwefr bositif yn llifo.*

Erbyn hyn, rydyn ni'n gwybod mai electronau sy'n llifo mewn metelau – a hynny yn y cyfeiriad dirgroes i'r cerrynt confensiynol! Mae niwclews positif pob atom wedi'i amgylchynu gan y rhan fwyaf o electronau'r atom, i ffurfio ïon positif. Mae'r ïonau'n dirgrynu ar hap o gwmpas safleoedd sefydlog mewn *dellten* risial reolaidd (Ffig. 2.1.4). Yn y rhan fwyaf o fetelau, cyfran fach yn unig o'r electronau sy'n rhydd i lifo. Er enghraifft, mewn copr, mae pob atom yn cyfrannu un electron i'r 'casgliad' o electronau rhydd.

O hyn ymlaen byddwn ni'n trafod cylchedau sydd â llwybrau dargludol cyflawn. Mae'r symlaf o'r rhain i'w weld yn Ffig. 2.1.5. Mae'r wefr yn llifo'n barhaus. Nodwch y bydd y symbolau a ddefnyddir mewn diagramau cylched yn cael eu labelu *y tro cyntaf* byddan nhw'n cael eu defnyddio. Bydd angen i chi ddysgu'r rhai nad ydych yn gyfarwydd â nhw.

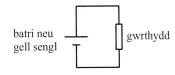
batri neu gell sengl — gwrthydd

Ffig. 2.1.5 Cylched syml

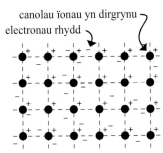
canolau ïonau yn dirgrynu
electronau rhydd

Ffig. 2.1.4 Enghraifft syml o adeiledd metel

(b) Cerrynt fel mesur mesuradwy

Dyma sut rydyn ni'n diffinio cerrynt trydan:

Y **cerrynt trydanol**, I, drwy ddargludydd yw cyfradd llif y wefr (y wefr sy'n pasio am bob uned amser drwy drawstoriad o'r dargludydd).

Mewn symbolau, mae: $I = \dfrac{\Delta Q}{\Delta t}$

Uned: amper = A = C s⁻¹

Enghraifft: defnyddio diffiniad cerrynt

Drwy ddefnyddio cyflenwad pŵer newidiol, mae'r cerrynt drwy lamp drydan yn cael ei amrywio fel sydd i'w weld yn Ffig. 2.1.6. Cyfrifwch y wefr sy'n pasio drwy'r lamp:

(a) rhwng 40 s a 100 s

(b) rhwng 0 a 40 s.

Ateb

(a) $I = \dfrac{\Delta Q}{\Delta t}$ felly $\Delta Q = I\,\Delta t = 2.0\ \text{A} \times 60\ \text{s} = 120\ \text{C}$

Sylwch mai dyma'r 'arwynebedd' o dan y llinell graff rhwng 40 s a 100 s, wedi'i gyfrifo nid yn llythrennol mewn unedau arwynebedd ond mewn unedau wedi'u darllen o'r graddfeydd!

(b) Ni allwn ddefnyddio $\Delta Q = I\,\Delta t$ lle mae $\Delta t = 40$ s, oherwydd bod I yn newid o hyd dros yr amser hwnnw. Ond gallwn ddefnyddio'r dull 'arwynebedd' o dan linell y graff.

Felly, $\Delta Q = \frac{1}{2} \times 2.0\ \text{A} \times 40\ \text{s} = 40\ \text{C}$

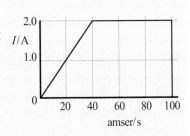
Ffig. 2.1.6 Graff cerrynt–amser

Amedrau

Teclyn ar gyfer mesur cerrynt yw amedr (Ⓐ). Rhaid i'r cerrynt sydd i gael ei fesur basio drwyddo. Mae mathau analog (pwyntydd a graddfa) a mathau digidol yn gweithio ar egwyddorion eithaf gwahanol, ond mae gan y ddau lwybr dargludol gwrthiant isel ar gyfer y cerrynt, gan nad ydyn ni eisiau i'r cerrynt leihau'n sylweddol wrth eu cynnwys mewn cylched.

Mae'r cerrynt yr un peth yr holl ffordd o gwmpas cylched gyfres.

Mae hyn yn golygu, er enghraifft, mai yn Ffig. 2.1.7, $I_1 = I_2 = I_3$. Mae hyn yn dilyn o ddeddf cadwraeth gwefr. Ystyriwch $I_1 = I_2$; mae'n golygu bod cyfradd llif y wefr i mewn i'r gwrthydd yr un peth â chyfradd llif y wefr allan ohono; ni all gwefr ddiflannu na chael ei chreu. Ond ydy hi'n bosibl i electronau rhydd gasglu yn y gwrthydd? Nac ydy: byddai gormodedd o electronau rhydd, pob un â'r un math o wefr (negatif), yn gwrthyrru ei gilydd.

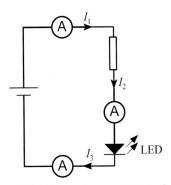
Ffig. 2.1.7 Cerrynt mewn cylched gyfres

Yn arbrofol, byddech yn disgwyl i'r tri amedr ddangos yr un darlleniad. Os nad yw hyn yn wir, beth byddech chi'n ei wneud cyn honni eich bod wedi gwrthbrofi bod $I_1 = I_2 = I_3$? Gallech gyfnewid safleoedd yr amedrau i weld a yw'r darlleniadau'n dilyn y mesuryddion. Os felly, beth byddech chi'n ei gasglu o hynny? Neu gallech osod un amedr mewn lleoedd gwahanol yn eu tro!

2.1.3 Sut mae'r cerrynt yn dibynnu ar gyflymder drifft electronau rhydd mewn metel

(a) Mudiant thermol a chyflymder drifft

Mae electronau rhydd yn rhannu egni thermol hap y metel. Maen nhw'n gwrthdaro'n barhaus â'r ïonau dirgrynol yn y metel, gan newid yng nghyfeiriadau eu mudiant yn ogystal ag yn eu buaneddau. (Mae 100 km s^{-1} yn fuanedd thermol nodweddiadol ar gyfer electron ar dymheredd ystafell.) Nid yw'r mudiant hap hwn yn cynhyrchu llif gwefr ar hyd y wifren.

Mae gwefr yn llifo ar hyd y wifren os byddwn yn cysylltu batri ar draws ei ddau ben, wrth i electronau gael yr hyn sy'n cael ei alw'n gyflymder *drifft* ar hyd y wifren. Er bod y cyflymder drifft hwn yn cael ei arosod ar eu cyflymder thermol hap, yn yr hyn sy'n dilyn gallwn anghofio am y mudiant hap a thrin pob electron fel petai'n symud gyda'r cyflymder drifft cymedrig.

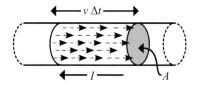

Ffig. 2.1.8 I helpu i ddangos bod $I = nAve$

(b) Deillio'r hafaliad $I = nAve$

Tybiwch mai v yw cyflymder drifft cymedrig yr electronau rhydd mewn gwifren.

Yna, mewn amser Δt bydd yr electronau rhydd mewn gwifren, hyd $v\Delta t$, h.y. mewn cyfaint $Av\Delta t$, yn pasio drwy'r croestoriad ag arwynebedd A sydd wedi'i dywyllu. (Gweler Ffig. 2.1.8.)

Nawr gadewch i n ddynodi *crynodiad yr electronau rhydd* yn y metel, h.y. nifer yr electronau rhydd am bob uned cyfaint.

Yna, mewn cyfaint $Av\Delta t$ o'r wifren, mae $nAv\Delta t$ electron.

Felly, mewn amser Δt, y wefr, ΔQ, sy'n pasio drwy'r croestoriad yw $\Delta Q = nAve\Delta t$

Ond mae'r cerrynt, $I = \dfrac{\Delta Q}{\Delta t}$ \qquad\qquad Felly $I = nAve$

Sylwch: Gwefr electron yw $-e$, felly gallen ni fod wedi ysgrifennu'r hafaliad olaf fel $I = -nAve$. Ond mae'r minws fel arfer yn cael ei adael allan ac rydyn ni'n *cofio* bod y cerrynt confensiynol (gweler adran 2.1.2) i'r cyfeiriad dirgroes i gyflymder drifft yr electronau.

2.1.4 Gwirio gwybodaeth

Tybiwch fod gan y wifren gopr, yn yr enghraifft o ddefnyddio $I = nAve$, hanner y diamedr yn unig. Cyfrifwch v ar gyfer yr un cerrynt. Ceisiwch wneud hyn drwy nodi'r un ffactor mae angen ei roi i mewn, yn hytrach na drwy wneud yr un cyfrifiad am yr eilwaith gydag 1.25×10^{-3} m yn lle 2.5×10^{-3} m!

Enghraifft: defnyddio $I = nAve$

Mae gwifren gopr wedi'i hynysu yng nghylched prif oleuadau car yn cludo cerrynt 8.0 A. Diamedr y dargludydd copr yw 2.5 mm. Cyfrifwch gyflymder drifft yr electronau rhydd yn y wifren. Crynodiad yr electronau rhydd mewn copr yw 8.47×10^{28} m^{-3}.

Ateb

$I = nAve$ felly $v = \dfrac{I}{nAe} = \dfrac{I}{n\,\pi\left(\frac{d}{2}\right)^2 e}$ lle d yw diamedr y wifren.

Felly, gan amnewid y rhifau, mae

$$v = \frac{8.0\,\text{A}}{8.47 \times 10^{28}\,\text{m}^{-3}\,\pi\left(\dfrac{2.5 \times 10^{-3}\,\text{m}}{2}\right)^2 1.60 \times 10^{-19}\,\text{C}} = 1.2 \times 10^{-4}\,\text{m s}^{-1}$$

Sylwadau ar yr enghraifft

- Gwiriwch fod yr unedau'n gweithio.

- Nodwch pa mor isel yw'r cyflymder drifft, er bod 8.0 A yn gerrynt gweddol fawr. Byddai'n cymryd dros 2 awr i electron rhydd deithio 1 metr drwy'r wifren!

- Ond mae'r electronau rhydd yn dechrau drifftio drwy'r wifren o fewn nanoeiliadau o gau'r switsh sy'n cynnau'r prif olau. Mae'r 'maes trydanol', sy'n achosi iddyn nhw ddechrau drifftio, yn teithio ar hyd y wifren ar gyflymder goleuni bron.

Profwch eich hun 2.1

1. Cyfrifwch y wefr ar niwclews $^{235}_{92}$U.

2. Pan fydd generadur Van de Graaff yn barod i gynhyrchu gwreichion, y wefr negatif am bob m^2 ar arwyneb ei gromen yw tua 10 μC m^{-2}.

   (a) Cyfrifwch:
      (i) nifer y gormodedd electronau am bob m^2 ar arwyneb ei gromen
      (ii) nifer y gormodedd electronau ar arwyneb ei gromen, gan ystyried y gromen fel sffêr sydd â radiws 13 cm.
   (b) Mae *cyfanswm* nifer yr electronau ym metel y gromen tua 1×10^{13} gwaith yn fwy na'r ateb i (a) (ii). Esboniwch sut gall fod yn bosibl unrhyw bryd i'r gromen fod yn drydanol niwtral.

3. Mae'r defnydd ymbelydrol artiffisial $^{99}_{43}$Tc yn allyrru gronynnau β. Mae gan sampl 1.0 mg o $^{99}_{43}$Tc actifedd o 640 MBq, h.y. mae'n allyrru 640 miliwn o ronynnau β bob eiliad.

   Cyfrifwch y cerrynt trydanol rhwng y sampl $^{99}_{43}$Tc a'i gynhalydd er mwyn i'r sampl aros yn drydanol niwtral. Nodwch gyfeiriad y cerrynt.

4. Mae'r cerrynt yn cael ei gyflenwi gan fatri Ni-Cd ailwefradwy. Mae'n cael ei fonitro wrth iddo ddadwefru, gan gynhyrchu'r graff isod.

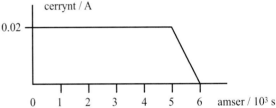

   (a) Cyfrifwch gyfanswm y wefr sy'n pasio drwy'r batri.
   (b) Mae label ar y batri yn nodi bod ganddo gynhwysedd o 100 mA awr (miliamper awr). Gwnewch sylwadau ar hyn

◀ Ymestyn a herio

1. Mae 69.1% o atomau naturiol copr yn $^{63}_{29}$Cu, sydd â màs 1.046×10^{-25} kg yr un, ac mae 30.9% yn $^{65}_{29}$Cu, sydd â màs 1.079×10^{-25} kg.

   Dwysedd copr yw 8930 kg m^{-3}. Cyfrifwch gyfanswm y wefr sy'n cael ei chario gan yr holl electronau mewn ciwb 1 cm o gopr.

2. Mae'r cwestiwn hwn yn cynnwys rhai cysyniadau o Adran 2.2.

   Mae cynhwysydd, C, (gweler cwestiwn 5) heb ei wefru i ddechrau. Mae wedi'i gysylltu yn y gylched sydd i'w gweld:

   Pan fydd y switsh ar gau, mae'r gp ar draws y gwrthydd yn amrywio gydag amser fel hyn:

amser / s	2.0	5.0	7.0	10.0	12.0	15.0	20.0
gp / V	6.53	3.54	2.02	1.19	0.78	0.41	0.14

   (a) Drwy luniadu graff addas, amcangyfrifwch gyfanswm y wefr a drosglwyddir o amgylch y gylched wrth i'r cynhwysydd gael ei wefru.
   (b) Darganfyddwch hanner oes y berthynas *I–t*.
   (c) Pa ffracsiwn o gyfanswm y wefr sy'n cael ei drosglwyddo yn yr hanner oes y gwnaethoch ei ddarganfod yn rhan (b)?

   Sylwch fod y cwestiwn hwn wedi'i ddylunio i'ch herio, ac mae'n defnyddio testunau Safon Uwch.

5. Mae cynhwysydd yn ddyfais ar gyfer storio gwefrau wedi'u gwahanu. Mae myfyriwr yn cysylltu gwrthydd ar draws cynhwysydd sydd wedi'i wefru, ac mae'n dadwefru. Mae'r wefr, Q, ar un o'i blatiau yn cael ei blotio yn erbyn amser (gweler y graff).

Defnyddiwch y graff i gyfrifo:

(a) Y cerrynt cymedrig rhwng $t = 0$ a 15 s.
(b) Y cerrynt cychwynnol, h.y. y cerrynt ar $t = 0$ s.

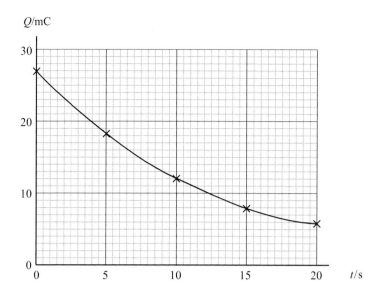

6. Sylwodd y myfyriwr yng nghwestiwn 5 fod y graff yn edrych yn debyg i graff dadfeiliad ymbelydrol. Mae hyn yn golygu y dylai'r amser mae Q yn ei gymryd i haneru fod yr un peth bob tro. Drwy gymryd darlleniadau o'r graff, dangoswch ei bod hi'n ymddangos bod hyn yn wir, a darganfyddwch werth yr hanner oes hwn.

7. Mae'r cerrynt mewn gwifren fetel ag arwynebedd trawstoriadol A yn cael ei roi gan $I = nAve$.

(a) Nodwch ystyron n a v.
(b) Mae dwy wifren gopr, P a Q, wedi'u cysylltu mewn cyfres. Mae diamedr P 3.0 gwaith diamedr Q.

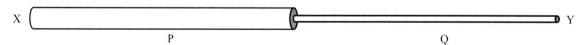

   (i) Rhestrwch y mesurau yn yr hafaliad sydd â'r un gwerth yn P a Q.
   (ii) Diddwythwch sut mae gwerth v yn Q yn cymharu â gwerth v yn P, gan esbonio eich ymresymu.

8. Radiws ïonig alwminiwm yw 63 pm. Mae gan alwminiwm metelig 3 electron rhydd am bob ïon o alwminiwm.

(a) Drwy ystyried cyfaint ïon o alwminiwm, amcangyfrifwch nifer yr electronau rhydd am bob m^3 o alwminiwm metelig.
(b) Cyfrifwch gyflymder drifft yr electronau rhydd mewn dargludydd alwminiwm, diamedr 1 cm, sy'n cludo cerrynt 1 kA.

9. Mae germaniwm yn lled-ddargludydd. Mae ganddo lawer llai o gludyddion gwefr symudol nag sydd gan ddargludyddion metelig. Mewn germaniwm ar dymheredd ystafell, mae tua 18 cludydd gwefr symudol i bob miliwn atom o germaniwm. Mae gwifren germaniwm, diamedr 1 mm, yn cludo cerrynt 10 mA.

Amcangyfrifwch gyflymder drifft y cludyddion gwefr o'r data canlynol:

Mae màs atom o germaniwm = 1.20×10^{-25} kg;

Mae dwysedd germaniwm = 5.3×10^3 kg m^{-3}

10. Mae gwifren gopr, diamedr 1 mm, yn cludo cerrynt eiledol sy'n amrywio fel sydd i'w weld yn y graff ar y dde. Crynodiad yr electronau rhydd yw 8.5×10^{28} m^{-3}.

(a) Brasluniwch graff yn dangos sut mae cyflymder drifft yr electronau yn amrywio gydag amser.
(b) Defnyddiwch eich graff i amcangyfrif y pellter sy'n cael ei ddrifftio gan electron rhydd mewn hanner cylchred. Rhowch sylwadau ar eich ateb.

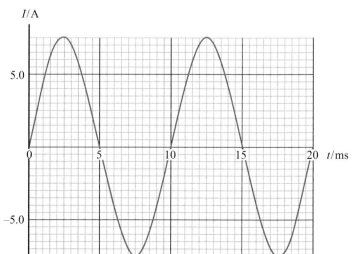

2.2 Gwrthiant

Wedi astudio cerrynt fel cyfradd llif gwefr, nawr gallwn droi ein sylw at y trosglwyddiadau *egni* cysylltiedig. Y syniad allweddol yw'r **gwahaniaeth potensial** (gp), ac rydyn ni'n mynd i'r afael â hwn yn gyntaf. Mae'n ein galluogi ni i ddiffinio cysyniad defnyddiol iawn, *gwrthiant*, a byddwn yn trafod yn fanwl beth sy'n rhoi gwrthiant i wifren fetel. Yn olaf, edrychwn yn fyr ar y ffenomen anghyffredin, uwchddargludedd.

2.2.1 Gwahaniaeth potensial

Mae foltmedr (Ⓥ) yn darllen y *gwahaniaeth potensial* (gp) rhwng dau bwynt, X ac Y, mewn cylched – ar yr amod bod un o'r gwifrau wedi'i chysylltu ag X a'r llall ag Y! Felly, yn Ffig. 2.2.1, bydd y foltmedr yn dangos y gp ar draws y gwrthydd, ac *nid* ar draws y lamp ffilament. Os ydyn ni am wybod y gp ar draws cydran benodol, rhaid cysylltu'r foltmedr ar draws y gydran honno.

Dywedwn fod X ar botensial uwch nag Y os yw'r foltmedr yn rhoi darlleniad positif pan fydd gwifren goch, neu '+', y mesurydd wedi'i chysylltu ag X.

Tybiwch fod y foltmedr yn darllen **6.0 V**. Mae hyn yn dweud wrthyn ni, *am bob coulomb sy'n pasio rhwng* X ac Y, *bod* 6.0 J *o waith yn cael ei wneud, gan achosi i* 6.0 J *o egni newid categori: o egni potensial trydanol i ffurf arall.*

Defnyddiwn y term foltedd yn aml i olygu gwahaniaeth potensial. Mae diffiniad ffurfiol ar gyfer *gwahaniaeth potensial* i'w weld yn y blwch 'Term allweddol' uchod.

Os oes gwrthydd rhwng X ac Y, fel yn Ffig. 2.2.1, mae gwefr yn gwneud gwaith wrth iddi deithio drwy'r gwrthydd. Mae'r electronau rhydd yn gwrthdaro'n barhaus gydag ïonau (mwy am hyn yn Adran 2.2.4) ac mae'r gwrthdrawiadau hyn yn gyfystyr â grym gwrtheddol, gyda'r gwaith yn cael ei wneud yn ei erbyn. Wrth iddo symud drwy'r gwrthydd, mae'r wefr yn colli egni potensial trydanol ac mae'r gwrthydd yn ennill egni thermol hap (mae'r ïonau'n dirgrynu'n fwy egnïol!). Yn aml rydyn ni'n galw'r broses hon yn *afradlonedd egni*. Mae'r egni thermol hap yn dianc i'r amgylchedd fel gwres yn fuan.

Enghreifftiau

1. Os yw'r gp ar draws gwrthydd yn 6.0 V, a'r cerrynt drwyddo yn 1.5 A, cyfrifwch faint o egni sy'n cael ei afradloni ynddo bob munud.

Ateb

Afradlonedd egni = Egni a drosglwyddir am bob uned gwefr × gwefr sy'n pasio

$$= \text{gp} \times (\text{cerrynt} \times \text{amser})$$

$$= 6.0\ \text{V} \times 1.5\ \text{A} \times 60\ \text{s}$$

$$= 540\ \text{J}$$

2. Gan gyfeirio at Ffig. 2.1.3, mae'r bêl wydr yn colli egni potensial trydanol wrth iddi symud ar draws y bwlch, o'r plât positif i'r plât negatif. Mae'n ennill egni cinetig. (Dyma egwyddor y cyflymydd gronynnau.)

Tybiwch fod gan y bêl fàs 10 g a gwefr 6.0 nC, a'i bod yn dechrau o ddisymudedd ac yn cyrraedd buanedd 0.060 m s⁻¹. Beth fyddai'r gp rhwng y platiau?

Ateb

$$\text{gp} = \frac{\text{EP trydanol a gollir}}{\text{gwefr sy'n pasio}} = \frac{\text{EC a enillir}}{\text{gwefr sy'n pasio}} = \frac{\frac{1}{2} \times 0.010 \times 0.060^2\ \text{J}}{6.0 \times 10^{-9}\ \text{C}} = 3000\ \text{V}.$$

▶▶▶ Term allweddol

Gwahaniaeth potensial, V: Y gwaith sy'n cael ei wneud rhwng dau bwynt, X ac Y; hynny yw, yr egni potensial trydanol sy'n cael ei golli, am bob uned gwefr sy'n pasio rhwng X ac Y,

Uned: folt (V) = J C⁻¹.

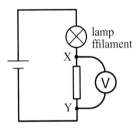

Ffig. 2.2.1 Y foltmedr: yn y man cywir

▶▶▶ Pwynt astudio

Y symbol ar gyfer gp yw V (neu ΔV), ac fel gyda phob symbol ar gyfer mesurau ffisegol, mae'r V mewn teip italig. Y symbol ar gyfer ei uned yw V, sef llythyren mewn teip arferol neu 'Rufeinig', fel pob symbol ar gyfer unedau.

▶▶▶ Pwynt astudio

Er mwyn ceisio osgoi camgymeriadau, cysylltwch y foltmedr yn olaf wrth adeiladu cylched.

Gwirio gwybodaeth 2.2.1

Rydyn ni'n amcangyfrif bod un fellten nodweddiadol yn cludo cerrynt cymedrig 30 kA am amser 0.5 ms, a'i bod yn afradloni 450 MJ. Cyfrifwch y gp.

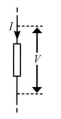

Ffig. 2.2.2 Pŵer trydanol

2.2.2 Pŵer trydanol

Dyma rywbeth i'n hatgoffa o ystyr *pŵer* ym mhwnc Ffiseg:

> Ystyr pŵer yw cyfradd gwneud gwaith neu gyfradd trosglwyddo egni
>
> Felly, Pŵer $= \dfrac{\text{gwaith sy'n cael ei wneud}}{\text{amser mae'n gymryd}} = \dfrac{\text{egni sy'n cael ei drosglwyddo}}{\text{amser mae'n gymryd}}$
>
> Uned: wat $= \text{W} = \text{J s}^{-1}$

Drwy gyffredinoli'r ymresymu yn Enghraifft 1 yn Adran 2.2.1, pan fydd cerrynt I am amser Δt drwy ddargludydd sydd â gp V ar ei draws (gweler Ffig. 2.2.2), yna

Gwaith sy'n cael ei wneud = Gwaith sy'n cael ei wneud am bob uned gwefr × y wefr sy'n pasio

Felly   Gwaith sy'n cael ei wneud $= V \times I\Delta t$

Felly   Pŵer $= \dfrac{\text{gwaith sy'n cael ei wneud}}{\text{amser mae'n gymryd}} = \dfrac{V \times I\Delta t}{\Delta t}$ hynny yw $P = VI$

Enghraifft

Mewn cyflymydd gronynnau syml, mae paladr o brotonau yn pasio o blât metel X at blât metel Y. Y gp rhwng y platiau hyn yw 150 kV, gyda phlât X ar y potensial uwch. Nifer y protonau sy'n gadael X (ac yn cyrraedd Y) bob eiliad yw $7.0 \times 10^{16} \, \text{s}^{-1}$. Cyfrifwch y pŵer trydanol.

Ateb

Cerrynt = gwefr sy'n llifo am bob uned amser $= 7.0 \times 10^{16} \, \text{s}^{-1} \times e$

$= 7.0 \times 10^{16} \, \text{s}^{-1} \times 1.60 \times 10^{-19} \, \text{C} = 11.2 \, \text{mA}$

$\therefore$ Pŵer $P = VI = 150 \, \text{kV} \times 11.2 \, \text{mA} = 1.7 \, \text{kW}$.

2.2.3 Graffiau I yn erbyn V (I–V) ar gyfer dargludyddion

Mae cysylltiad rhwng y cerrynt drwy ddargludydd a'r gp ar ei draws. Pan fydd un yn sero, felly hefyd y llall. Wrth i un gynyddu, felly hefyd y llall (bron bob tro). Rydyn ni'n defnyddio 'dargludydd' i olygu unrhyw beth sy'n dargludo; er enghraifft, darn o wifren, gwrthydd, lamp ffilament, deuod wedi'i gysylltu yn y cyfeiriad 'ymlaen', fel y deuod allyrru golau sydd i'w weld yn Ffig. 2.1.7.

Cymharu â llif dŵr

Mae'r cerrynt trydanol drwy ddargludydd yn debyg i gyfradd llif dŵr o un tanc i'r llall drwy beipen (Ffig. 2.2.3). Mae'r *gwahaniaeth uchder* rhwng lefelau'r dŵr yn y tanciau yn debyg i'r *gwahaniaeth potensial* mewn cylched drydanol. Pan fydd y gwahaniaeth uchder yn sero, mae cyfradd y llif yn sero. Y mwyaf yw'r gwahaniaeth uchder, y mwyaf yw cyfradd y llif. Byddai'n bosibl cynnwys pwmp i symud y dŵr o'r tanc isaf yn ôl i'r tanc uchaf er mwyn cadw lefelau'r dŵr yn gyson. Byddai hwn yn gweithredu fel batri mewn cylched drydanol. Nawr dylech astudio Ffig. 2.2.4.

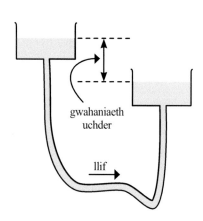

Ffig. 2.2.3 Cymharu â llif dŵr

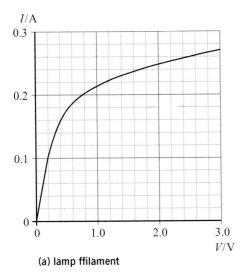

(a) lamp ffilament

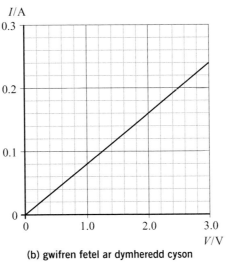

(b) gwifren fetel ar dymheredd cyson

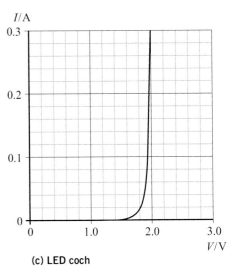

(c) LED coch

Ffig. 2.2.4 Graffiau $I–V$ ar gyfer gwahanol ddargludyddion

Mae Ffig. 2.2.4(b) ar gyfer y wifren fetel ar dymheredd cyson yn sefyll allan am ei fod yn llinell syth drwy'r tarddbwynt. Mae'r cerrynt mewn cyfrannedd â'r gp ar ei draws. Os ydyn ni'n dyblu'r gp, yna mae'r cerrynt yn dyblu, ac yn y blaen. Dywedwn fod y dargludydd yn *ohmig*, gan ei fod yn ufuddhau i ddeddf Ohm.

Deddf Ohm
Mae'r cerrynt drwy ddargludydd mewn cyfrannedd â'r gp ar ei draws.

Mae'r ddeddf yn cael ei ufuddhau gan y rhan fwyaf o ddargludyddion un sylwedd ar dymheredd cyson, fel gwifrau metel a gwrthyddion carbon er enghraifft.

Fel y gwelwch o'r ddau graff arall, mae rhai dyfeisiau dargludo eithaf adnabyddus yn *anohmig*. Ceisiwch gofio siâp y graff ar gyfer y lamp ffilament (Ffig. 2.2.4 (a)). Cewch rywfaint o esboniad am ei siâp yn Adran 2.2.6.

2.2.4 Gwrthiant

Mae **gwrthiant**, R, dargludydd yn cael ei ddiffinio fel

$$R = \frac{\text{gp ar draws dargludydd}}{\text{cerrynt drwy ddargludydd}}$$ neu, mewn symbolau, $$R = \frac{V}{I}$$

Uned: $V\,A^{-1} = \text{ohm} = \Omega$

Mae gan ddargludydd sy'n ufuddhau i ddeddf Ohm wrthiant *cyson* beth bynnag yw'r gp rydyn ni'n ei roi ar ei draws – cyhyd â'i fod yn *parhau* i ufuddhau i ddeddf Ohm!

Er mwyn i chi weld bod yr honiad hwn yn wir, cyfrifwch y gwrthiant ar dri foltedd gwahanol ar gyfer y wifren fetel sydd â'i graff $I–V$ i'w weld yn Ffig. 2.2.4 (b). Os yw hyn yn rhy hawdd, ewch i'r dasg Ymestyn a Herio.

Mae gan ddargludydd, sydd ddim yn ufuddhau i ddeddf Ohm, wrthiant *sydd* yn dibynnu ar y gp ar ei draws. Drwy ystyried y gymhareb V/I dylech allu diddwytho o'r graff (Ffig. 2.2.4 (c)) fod gwrthiant yr LED yn gostwng (yn ddramatig) wrth i'r gp gynyddu.

Er enghraifft, ar 1.8 V, $R \cong \dfrac{1.8\ \text{V}}{0.016\ \text{A}} \cong 100\ \Omega$ (1 ffigur ystyrlon),

ond, *fel dylech wirio*, ar 2.0 V, mae $R = 6.7\ \Omega$.

◀Ymestyn a Herio

Defnyddiwch *drionglau cyflun* ar graff $I–V$, sydd yn llinell syth drwy'r tarddbwynt, i ddangos bod rhaid i R fod yn gyson ar gyfer dargludydd ohmig.

Gwirio gwybodaeth 2.2.4 ◀

Ar gyfer y wifren fetel yn Ffig. 2.2.4(b), cyfrifwch y gp sydd ei angen ar gyfer cerrynt 0.40 A.

Gwirio gwybodaeth 2.2.5 ◀

Mae cerrynt 2.5 µA drwy wrthydd pan roddir gp 9.0 V ar ei draws. Cyfrifwch wrthiant y gwrthydd, gan roi eich ateb mewn MΩ.

Gwirio gwybodaeth 2.2.6 ◀

Cyfrifwch y cerrynt drwy wrthydd 4.7 kΩ pan roddir gp 12 V ar ei draws. Rhowch eich ateb mewn mA.

2.2.7 Gwirio gwybodaeth

Cyfrifwch wrthiant y lamp ffilament o'r graff yn Ffig. 2.2.4 (a), os y gp sy'n cael ei roi yw: (a) 0.20 V, (b) 3.0 V.

Mae gwrthiant y lamp ffilament (Ffig. 2.2.4 (a)), ar y llaw arall, *yn codi* wrth i'r gp gynyddu, er nad yw'n newid llawer hyd at **tua 0.2 V**. Ar gp bach iawn fel hyn, mae'r lamp yn ufuddhau i ddeddf Ohm oherwydd bod tymheredd y ffilament (gwifren fetel denau iawn) bron yn gyson.

Sylwch, yn syml, mai *V/I* yw gwrthiant; *nid yw* yn cael ei ddiffinio yn nhermau *graddiannau* graff. Mae'n wir, ar gyfer dargludydd ohmig, *bod* y gwrthiant yn hafal i gilydd graddiant y graff *I–V*, ond nid yw hyn yn wir am ddargludyddion anohmig, ac eithrio ar gp isel iawn.

(a) Gwrthiant mewn metel: darlun yr electronau rhydd

Y peth cyntaf i'w wneud yw cofio (gweler Adrannau 2.1.2 a 2.1.3) mai drwy ddrifft electronau rhydd y mae gwefr yn llifo mewn metel. Er mwyn i ddrifft ddigwydd drwy wifren fetel, mae angen i rym weithredu ar bob electron rhydd, i'w yrru ar hyd y wifren. O'i roi mewn ffordd arall, rhaid cael gp ar draws y wifren. [Mae gp yn awgrymu bod *gwaith* yn cael ei wneud ar y gwefrau, sy'n awgrymu bod grymoedd yn gweithredu arnyn nhw yng nghyfeiriad eu mudiant.]

Mae'n ymddangos bod gwendid yn y ddadl uchod: bydd grym cyson ar electron rhydd yn rhoi cyflymiad cyson iddo, yn hytrach na chyflymder cyson. Mae hyn yn wir – tan i'r electron wrthdaro yn erbyn un o'r ïonau sy'n dirgrynu. [Mae buaneddau thermol uchel yr electronau rhydd yn golygu bod gwrthdaro o'r fath yn digwydd yn aml iawn.] Mae'r gwrthdrawiad yn dileu'r cyflymder drifft y mae'r electron wedi'i ennill: ar gyfartaledd, mae'n rhaid iddo gyflymu unwaith eto o ddisymudedd. Ac felly ymlaen. Y canlyniad (gweler Ffig. 2.2.5 am gynrychioliad bras) yw cyflymder drifft *cymedrig* penodol, *v*, a, gan fod *I = nAve*, mae'n rhoi cerrynt penodol ar gyfer gp penodol ar draws y wifren. Mewn geiriau eraill, bydd gan y wifren *wrthiant* meidraidd – o ganlyniad i wrthdrawiadau rhwng electronau rhydd ac ïonau dirgrynol.

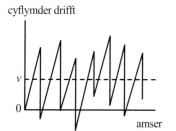

Ffig. 2.2.5 Cyflymder drifft cymedrig, *v* (wedi'i symleiddio)

2.2.8 Gwirio gwybodaeth

Esboniwch pam mae rhoi gp cyson ar draws gwifren fetel (ar dymheredd cyson) yn arwain at gyflymder drifft cyson o electronau rhydd.

(b) Afradlonedd egni mewn metel: darlun yr electronau rhydd

Mae'r ïonau dirgrynol yn y metel yn rhwystro drifft electronau rhydd, ond mae'r drifft electronau rhydd yn cael effaith ar yr ïonau! Mae'r cyflymder drifft yn rhoi ychydig mwy o egni cinetig i'r electronau rhydd na'u hegni thermol hap arferol, felly maen nhw'n taro'r ïonau'n galetach (ar gyfartaledd). Mae hyn yn rhoi mwy o egni dirgrynol *ar hap* i'r ïonau (ac yn wir yr electronau rhydd), felly mae'r wifren yn mynd yn boethach. Weithiau yr enw sy'n cael ei roi ar y gwresogi trydanol hwn yw 'gwresogi Joule', ar ôl James Prescott Joule a helpodd i sefydlu'r syniad o gadwraeth egni. Mae'r trosglwyddiadau egni mewn gwresogi trydanol yn cael eu disgrifio'n ehangach yn Adran 2.2.1.

Efallai na fyddwch chi'n synnu o ddarllen mai gwresogi Joule yw egwyddor y gwresogydd trydan, y sychwr gwallt, y tostiwr a'r ffwrn 'gonfensiynol'. Roedd lampau ffilament twngsten, lle mae'r ffilament yn troi'n boethwyn (neu'n *wynias*), yn gyffredin mewn cartrefi hyd at ychydig flynyddoedd yn ôl. Maen nhw bellach yn cael eu collfarnu – a hynny'n ddigon teg – am wastraffu egni, gan eu bod yn rhoi llawer mwy o belydriad isgoch nag o olau.

Ffig. 2.2.6 James Prescott Joule

(c) Hafaliadau defnyddiol ar gyfer afradlonedd pŵer

Tybiwch ein bod yn gwybod mai'r cerrynt drwy wrthydd 5.0 Ω yw 0.30 A. Faint o bŵer sy'n cael ei afradloni ynddo? Gallen ni wneud hyn mewn dau gam:

gp ar draws gwrthydd yw $V = IR = 0.30\ \text{A} \times 5.0\ \Omega = 1.5\ \text{V}$,

felly $P = VI = 1.5\ \text{V} \times 0.30\ \text{A} = 0.45\ \text{W}$.

Ond nid oes angen i ni *gyfrifo'r* gp mewn gwirionedd, oherwydd drwy gadw at symbolau am ychydig eto, mae

$P = VI = (IR)I$, h.y. $P = I^2R$

Yn yr un modd, os ydyn ni'n gwybod beth yw gwrthiant, R, dargludydd, a'r gp, V, ar ei draws, gallwn gael

$P = VI = V \times \dfrac{V}{R} = \dfrac{V}{R}$.

Felly, gan grynhoi:
$$P = IV = I^2R = \frac{V^2}{R}$$

Enghraifft

Mae gan wrthydd, gwrthiant $47\ \Omega$, gyfradd pŵer mwyaf o $5.0\ \text{W}$. Cyfrifwch y gp mwyaf y gellir ei roi ar ei draws yn ddiogel.

Ateb

Felly, $P = \dfrac{V^2}{R}$

Felly, $V = \sqrt{PR} = \sqrt{5.0\ \text{W} \times 47\ \Omega} = 15\ \text{V}$ (2 ff.y.)

Gwirio gwybodaeth 2.2.9

Cyfrifwch y cerrynt sydd ei angen er mwyn i goil gwresogi $2.0\ \Omega$ gynhyrchu $50\ \text{W}$ o bŵer.

2.2.5 Gwrthedd

Pa ffactorau sy'n effeithio ar wrthiant darn o wifren?

- Tybiwch fod cerrynt I mewn gwifren, hyd ℓ, pan fydd gp V yn cael ei roi ar ei draws. Mae egni yn newid categori (o egni potensial trydanol i egni thermol) yn unffurf ar ei hyd. Mae'n rhaid i'r gp ar draws ei hanner (Ffig. 2.2.7) felly fod yn $V/2$.

  Felly rhaid bod gwrthiant hyd $\ell/2$ yn: $\dfrac{V/2}{I} = \dfrac{1}{2}\dfrac{V}{I} = \dfrac{1}{2} \times$ gwrthiant hyd ℓ.

  Gan gyffredinoli, mae gwrthiant gwifren, R, mewn cyfrannedd â'i hyd, ℓ.

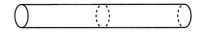

Ffig. 2.2.7 Dwy hanner gwifren

- Ond gallwn hefyd ystyried bod y darn o wifren wedi'i gwneud o ddau 'hanner ar ei hyd', y ddau gyda hanner arwynebedd trawstoriadol y wifren wreiddiol (Ffig. 2.2.8). Bydd y ddau hanner yn cludo cerrynt (hanner yr un cyfan), felly rhaid i wrthiant gwifren, arwynebedd $\dfrac{A}{2}$, fod yn $\dfrac{V}{I/2} = 2\dfrac{V}{I} = 2 \times$ gwrthiant y wifren, arwynebedd A.

  Gan gyffredinoli, mae gwrthiant gwifren mewn cyfrannedd gwrthdro ag arwynebedd ei thrawstoriad, A. (Nid oes ots beth yw siâp y trawstoriad, gan mai crynodiad yr electronau rhydd sy'n penderfynu sut mae'r cerrynt yn rhannu, ac mae hwn yr un peth drwy'r metel i gyd, beth bynnag yw ei siâp.)

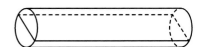

Ffig. 2.2.8 Gwifren wedi'i hollti ar ei hyd

Gallwn ymgorffori'r dibyniaethau ar ℓ ac A mewn un hafaliad fel hyn:

Mae gwrthiant, R, gwifren, hyd ℓ ac arwynebedd trawstoriadol A, yn cael ei roi gan

$$R = \frac{\rho\ell}{A} \qquad \text{sy'n gywerth â} \qquad \rho = \frac{RA}{\ell}$$

ρ yw'r cysonyn ar gyfer defnydd y wifren ar dymheredd penodol, a'r enw ar hyn yw'r **gwrthedd**. Uned gwrthedd: $\Omega\ \text{m}$

Gwirio gwybodaeth 2.2.10

Mae gwresogydd acwariwm yn cynnwys coil o wifren y tu mewn i diwb ynysu gwrth-ddŵr. Mae'r gwresogydd yn cyflenwi $50\ \text{W}$ o wres pan fydd wedi'i gysylltu â'r 'prif gyflenwad' $230\ \text{V}$. Diamedr y wifren yw $0.122\ \text{mm}$ ac mae wedi'i gwneud o'r aloi 'nicrom', gyda gwrthedd o $1.25\ \mu\Omega\ \text{m}$ ar ei dymheredd gweithio. Cyfrifwch y gwrthiant, ac felly hyd, y wifren.

 Ymestyn a Herio

Caiff gwifren fetel ei hymestyn fel bod ei hyd yn cynyddu 1.0%. Os yw ei chyfaint a'i gwrthedd yn aros yr un peth, beth yw canran cynnydd y gwrthiant?

Gall y naill hafaliad neu'r llall gael ei ddefnyddio fel *diffiniad* gwrthedd, ρ, os yw ystyron y llythrennau eraill yn cael eu nodi!

Yr isaf yw'r gwrthedd, y gorau yw'r metel am ddargludo trydan. Arian yw'r dargludydd confensiynol gorau, gyda gwrthedd o 1.59×10^{-8} Ω m, ar 20°C, wedi'i ddilyn gan gopr (1.68×10^{-8} Ω m), aur (2.44×10^{-8} Ω m) ac alwminiwm (2.82×10^{-8} Ω m). Nid yw haearn (9.72×10^{-8} Ω m) yn dda iawn. Cyferbynnwch fetelau ag ynysyddion: gwrthedd sylffwr yw tua 1×10^{15} Ω m.

Rydyn ni'n trafod mesur gwrthedd metel, ar ffurf gwifren, yn Adran 2.2.8.

Enghraifft

Rydyn ni wedi canfod bod gan wifren fetel, hyd 2.00 m, a diamedr 0.400 mm, wrthiant o 1.50 Ω ar 18 °C. Darganfyddwch wrthedd y metel ar y tymheredd hwn.

Ateb

$$\rho = \frac{RA}{\ell} = \frac{1.50 \ \Omega \times \pi \ (0.200 \times 10^{-3} \ \text{m})^2}{2.00 \ \text{m}} = 9.42 \times 10^{-8} \times \frac{\Omega \ \text{m}^2}{\text{m}} = 9.42 \times 10^{-8} \ \Omega \ \text{m}$$

Sylwch sut mae unedau gwrthiant, arwynebedd a hyd wedi'u mewnosod ynghyd â'r rhifau, a sut cawson nhw eu lluosi a'u rhannu fel meintiau algebraidd i roi Ω m fel uned gwrthedd.

2.2.6 Sut mae gwrthiant metel yn dibynnu ar y tymheredd

Mae gwrthiant gwifren fetel yn cynyddu gyda thymheredd. Gallwn ymchwilio i hyn drwy ddefnyddio cyfarpar syml iawn ar draws yr amrediad tymheredd 0°C i 100°C, fel sy'n cael ei ddisgrifio yn adran 2.2.8. Mae'r effaith bron yn gyfan gwbl oherwydd y newid yng ngwrthedd, ρ, y metel, gan fod ehangiad thermol y wifren yn gwneud dim ond newidiadau ffracsiynol bach iawn i ℓ ac A.

Mae'r graff bras yn Ffig. 2.2.9 yn dangos perthynas nodweddiadol, a gafodd ei darganfod drwy arbrofi dros amrediad ehangach o dymheredd nag sy'n bosibl ei gael mewn labordy arferol.

* Sylwch ein bod wedi defnyddio'r tymheredd celsius, θ.
* Ar yr echelin fertigol mae'r gwrthedd, ρ, wedi'i rannu â chysonyn ρ_0, y gwrthedd ar 0°C. (Nid yw'n hanfodol rhannu ρ â ρ_0; mantais gwneud hynny yw y bydd y graff yn ffitio'r rhan fwyaf o fetelau pur yn fras o leiaf.)

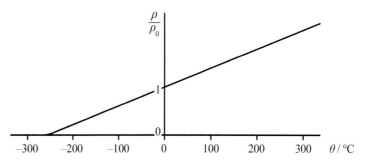

Ffig. 2.2.9 Gwrthedd gwifren metel pur yn erbyn tymheredd

Mae'r graff bron yn syth dros amrediad eithaf mawr o dymereddau (o leiaf o −100 °C i +200 °C). Yma mae'r graddiant yn wahanol ar gyfer metelau gwahanol, ond mae'r gwerth tua 0.004 °C^{-1} ar gyfer y rhan fwyaf o fetelau pur. Mae'n is ar gyfer aloion.

Byddwn yn ystyried gwrthedd metelau ar dymereddau isel iawn yn nes ymlaen.

Gwrthiant a thymheredd ar gyfer metel: esboniad electronau rhydd

Ar gyfer gp penodol wedi'i roi ar draws gwifren, mae cyflymder drifft cymedrig yr electronau rhydd yn cael ei gyfyngu gan y gwrthdrawiadau rhyngddyn nhw a'r ïonau dirgrynol. Yr uchaf yw'r tymheredd, y mwyaf yw osgled y dirgryniad a'r byrraf yw'r amser cymedrig rhwng y gwrthdrawiadau. Mae hyn yn lleihau'r cyflymder drifft cymedrig, v, a hefyd, gan fod $I = nAve$, y cerrynt (ar gyfer gp penodol). Felly, gan fod $R = V/I$, mae'r gwrthiant yn cynyddu!

Sylwch nad yw crynodiad yr electronau rhydd, n, mewn metel yn dibynnu ar y tymheredd.

Enghraifft: siâp y graff $I–V$ ar gyfer lamp ffilament (Ffig. 2.2.4 (a))

Bydd rhoi gp digon mawr yn achosi gwresogi Joule (oherwydd gwrthdrawiadau caletach rhwng yr electronau rhydd a'r ïonau). Wrth i'r tymheredd godi, mae'n cynyddu gwrthiant y ffilament (oherwydd y cynnydd yn osgled dirgrynu'r ïonau)! Felly wrth i ni ddyblu'r gp, mae'r cerrynt yn cynyddu – ond bydd yn llai na dwbl. Sylwch y gall gwrthiant ffilament ar ei dymheredd gweithredu o 2500 °C, efallai, fod dros 10 gwaith yn fwy na'i wrthiant ar dymheredd ystafell; gweler Gwirio gwybodaeth 2.2.12.

2.2.7 Uwchddargludedd

Yn 1911, penderfynodd ffisegydd o'r Iseldiroedd, Heike Kamerlingh Onnes, oeri gwifren oedd wedi'i gwneud o fercwri (wedi'i rewi) i dymheredd is ac is. Gwnaeth y darganfyddiad syfrdanol bod ei gwrthiant yn gostwng yn sydyn i sero ar –269.0 °C; neu, o leiaf, aeth y gwrthiant yn rhy fach i'w fesur. Roedd wedi dod yn *uwchddargludol*, fel rydyn ni'n ei alw bellach. Mercwri oedd yr **uwchddargludydd** cyntaf i gael ei ganfod.

Erbyn hyn, mae ffisegwyr wedi arsylwi uwchddargludedd mewn nifer o fetelau. Mae'r tymereddau trosiannol i gyd o fewn ychydig raddau i sero absoliwt (–273.15 °C). Sylwch ar graff bras y gwrthiant yn erbyn tymheredd sydd yn Ffig. 2.2.10. Ymysg y metelau sydd *heb* gael eu gwneud i uwchddargludo, er gwaethaf eu hoeri i dymheredd sydd y mymryn lleiaf uwchlaw sero absoliwt, mae copr, arian ac aur – sef y dargludyddion gorau ar dymereddau arferol! Gweler Ffig. 2.2.11.

Yn 1986, gwelwyd ei bod hi'n bosibl gwneud i rai defnyddiau ceramig arbennig uwchddargludo, gyda thymereddau trosiannol tipyn uwch nag ar gyfer metelau, ac ychydig uwchben –196 °C yn bennaf, sef pwynt berwi nitrogen hylifol. Mae hyn yn arwyddocaol oherwydd, gall nitrogen hylifol gael ei ddefnyddio fel oerydd (cymharol rad), i gadw'r *uwchddargludyddion tymheredd uchel* hyn yn uwchddargludol.

A yw gwrthiant uwchddargludydd yn sero mewn gwirionedd? Cafodd ei ddarganfod nad yw cerrynt, wedi iddo gael ei gychwyn mewn cylch o fetel uwchddargludol, yn gostwng yn amlwg dros gyfnodau o flynyddoedd, hyd yn oed yn absenoldeb gwahaniaeth potensial!

Defnyddio uwchddargludyddion

Mae gwifrau uwchddargludol yn cario cerrynt heb afradloni unrhyw egni. Yn ogystal â'r egni sy'n cael ei *arbed*, nid oes angen cael gwared ar unrhyw wres diangen.

Mae terfyn i'r cerrynt y gall gwifren uwchddargludol ei gario. Nid oherwydd bod y wifren yn poethi (nid oes unrhyw wresogi Joule!), ond oherwydd ei bod yn cynhyrchu maes magnetig. Mae maes magnetig rhy fawr yn achosi i uwchddargludydd 'ymddwyn yn normal' *hyd yn oed ar dymereddau islaw* θ_c.

Mae sawl cebl trawsyrru pŵer trydanol prototeip wedi cael eu cydosod, gan ddefnyddio uwchddargludyddion (cerameg) 'tymheredd uchel'. Mae cadw'r cebl yn oer iawn ar ei hyd yn gostus iawn, ond gallai'r arbedion egni olygu bod systemau o'r fath yn gwneud synnwyr economaidd.

Cyswllt

Gweler Gwrthiant mewn metel: darlun yr electronau rhydd yn Adran 2.2.4.

Gwirio gwybodaeth 2.2.13

Esboniwch, yn nhermau electronau rhydd, pam mae gwrthiant ffilament lamp yn cynyddu pan fydd y gp ar ei draws yn cynyddu.

Gwirio gwybodaeth 2.2.14

Mae myfyriwr yn ysgrifennu: 'Pan fydd y gp ar draws lamp ffilament yn cynyddu, mae gwrthiant y ffilament yn cynyddu, felly mae'r cerrynt yn lleihau.' Ailysgrifennwch y gosodiad hwn fel ei fod yn gywir.

⟫ Term allweddol

Uwchddargludydd: Defnydd sy'n colli ei holl wrthiant trydanol o dan dymheredd penodol, y *tymheredd trosiannol uwchddargludol* (neu'r tymheredd critigol uwchddargludol), θ_c.

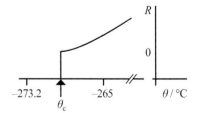

Ffig. 2.2.10 Trosiad uwchddargludol

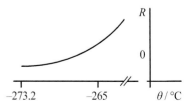

Ffig. 2.2.11 Metel anuwchddargludol

Mae mwy i uwchddargludyddion na gwrthiant sero. Er enghraifft, o'i oeri drwy'r tymheredd trosiannol, mae un dosbarth o uwchddargludyddion yn gyrru pob llinell maes magnetig allan o'i du mewn.

Nid ydyn ni'n ceisio *esbonio* uwchddargludedd yma. Mae esboniad arferol (ond anodd iawn) o'r effaith hon mewn metelau, ond nid oes esboniad y mae pawb yn cytuno arno'n gyffredinol ar gyfer uwchddargludyddion ar dymereddau uchel.

Ffig. 2.2.12 Coil magnet MRI

Mae angen electromagnetau sy'n cynhyrchu meysydd magnetig mawr dros ofod eithaf mawr mewn peiriannau delweddu cyseiniant magnetig (*MRI: magnetic resonance imaging*) ar gyfer gwneud diagnosis meddygol. Mae eu hangen hefyd ar gyfer y rhan fwyaf o fathau o gyflymyddion gronynnau ac ar gyfer cerbydau sy'n hofran drwy gyfrwng magnetau. Defnyddir gwifrau uwchddargludol yn rheolaidd ar gyfer coiliau'r electromagnetau hyn. Mae angen craidd o haearn ar y coil mewn electromagnet confensiynol, ond nid oes angen un mewn coil uwchddargludol oherwydd bod ceryntau llawer uwch yn bosibl. Mewn peiriant MRI, mae hyn yn gadael lle i'r claf – sy'n dipyn o fantais. (Er mwyn atal yr uwchddargludydd rhag ymddwyn yn normal o ganlyniad i'r maes magnetig, rhaid ei oeri *ymhell islaw* ei dymheredd trosiannol.)

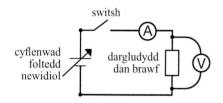
Ffig. 2.2.13 Cylched ar gyfer gwneud darlleniadau V ac I

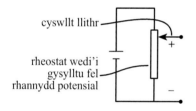
Ffig. 2.2.14 Cyflenwad foltedd newidiol

2.2.8 Gwaith ymarferol penodol

(a) Ymchwilio i nodweddion I–V ffilament lamp a gwifren fetel ar dymheredd cyson

Rydyn ni'n gosod y dargludydd sydd i gael ei brofi yn y gylched sydd i'w weld yn Ffig. 2.2.13. Sylwch fod yr amedr mewn cyfres ag ef, a bod y foltmedr wedi'i gysylltu ar ei draws.

- Gallai'r cyflenwad foltedd newidiol fod yn uned at y pwrpas wedi'i phweru gan y prif gyflenwad, neu gallai fod yn gylched 'rhannwr potensial' fel sydd i'w weld yn Ffig. 2.2.14. Rydyn ni'n esbonio sut mae hwn yn gweithio yn Adran 2.3.3.
- *Gan ddechrau ar sero*, rydyn ni'n cynyddu'r gp, fesul cam, o sero hyd at yr uchafswm sy'n cael ei ganiatáu ar gyfer y dargludydd i'w brofi (e.e. efallai fod label '3 V, 0.45 A' ar lamp ffilament), gan gymryd darlleniadau ar gyfer I a V bob tro.
- Mae'n arferol cyflwyno'r canlyniadau ar graff I–V: I (fertigol) yn erbyn V. Rydyn ni'n cymryd darlleniadau ychwanegol os nad yw siâp lleol y graff yn glir, er enghraifft lle mae'n plygu. Ar gyfer graff crwm, bydden ni'n disgwyl cymryd tua deg pâr o ddarlleniadau, a llai, efallai, ar gyfer graff syth.

(b) Darganfod gwrthedd metel

Y peth hawsaf yw ymchwilio i wifren heb ei hynysu (gwifren noeth) sydd wedi'i gwneud o aloi (e.e. constantan), ac sydd â gwrthedd cymharol uchel. Yn y bôn, mae angen i ni fesur gwrthiant, R, hyd, ℓ, a diamedr, d, y wifren gan fod:

$$R = \frac{\rho\ell}{A} = \frac{\rho\ell}{\pi\left(\frac{d}{2}\right)^2} \text{ hynny yw } R = \frac{4\rho\ell}{\pi d^2} \text{ felly } \rho = \frac{\pi d^2 R}{4\ell}.$$

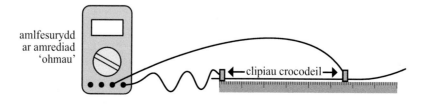
Ffig. 2.2.15 Mesur gwrthiant a hyd gwifren denau

R Gallwn ddefnyddio mesurydd digidol ar ei amrediad *ohmau*. Rhaid tynnu ei gyfeiliornad sero (y darlleniad pan fydd y clipiau crocodeil ar bennau'r gwifrau'n cael eu dal gyda'i gilydd) o unrhyw ddarlleniad ar gyfer gwrthiant. Ar y llaw arall, gallen ni ddefnyddio batri, amedr a foltmedr, wedi'u cysylltu fel sy'n cael ei awgrymu yn Ffig. 2.2.16.

ℓ Mae hyd y wifren rhwng y clipiau crocodeil yn cael ei fesur gyda phren mesur metr. Rhaid i ni leihau ansicrwydd oherwydd paralacs, ac oherwydd i'r wifren beidio â bod yn syth.

d Mae'n debygol bod diamedr y wifren yn llai na 0.3 mm, felly byddai ansicrwydd absoliwt o 0.01 mm yn creu ansicrwydd o dros 3% yn *d* a dros 6% yn d^2, gan mai d^2 sy'n ymddangos yn yr hafaliad ar gyfer *ρ*. Yn bendant, mae angen offeryn sydd â chydraniad o ddim mwy na 0.01 mm: bydd naill ai caliperau electronig neu fedrydd sgriw micromedr yn gwneud y tro. Rydyn ni'n cymryd cymedr pump neu chwe mesuriad wedi'u gwasgaru ar hyd y wifren, ac ar draws diamedrau gwahanol ac ar ongl sgwâr (Ffig. 2.2.17).

Gallen ni ddarganfod *ρ* drwy roi un set o fesuriadau cymedrig yn yr hafaliad. Ond mae'n fantais mesur gwrthiant darnau hirach a hirach o'r un wifren, a phlotio graff *R* yn erbyn *ℓ* fel yn Ffig. 2.2.18.

Gan fod $R = \dfrac{4\rho\ell}{\pi d^2}$, rydyn ni'n disgwyl i'r graff fod yn llinell syth drwy'r tarddbwynt,

gyda graddiant o $\dfrac{4\rho}{\pi d^2}$. Felly $\rho = \dfrac{\pi d^2}{4} \times$ graddiant. Gweler y Pwynt astudio.

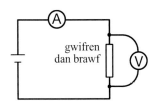

Ffig. 2.2.16 Cylched arall ar gyfer mesur gwrthiant

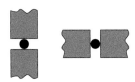

Ffig. 2.2.17 Mesur ar ongl sgwâr

≫ Pwynt astudio

Gwerth cymedrig *d*, sef diamedr y wifren y plotiwyd y graff *R–ℓ* uchaf ar ei chyfer yn Ffig. 2.2.18, oedd 0.215 mm (± 0.01 mm). Graddiant y graff yw

$$\frac{(9.60 - 0.00)\ \Omega}{(0.700 - 0.000)\ \text{m}} = 13.7\ \Omega\ \text{m}^{-1}$$

Mae hyn yn rhoi gwrthedd

$$\rho = \frac{\pi d^2}{4} \times \text{graddiant}$$

$$= \frac{\pi (0.000215\ \text{m})^2}{4} \times 13.7\ \Omega\ \text{m}^{-1}$$

$$= 5.0 \times 10^{-7}\ \Omega\ \text{m}$$

Gwirio gwybodaeth 2.2.15

Mae'r llinell **isaf** yn Ffig. 2.2.18 wedi'i phlotio o fesuriadau *R* ac *ℓ* wedi'u cymryd o ddarn mwy trwchus o wifren constantan. Darganfyddwch raddiant y graff, a drwy hynny ddiamedr y wifren, gan gymryd bod gwrthedd constantan yn $5.0 \times 10^{-7}\ \Omega$ m.

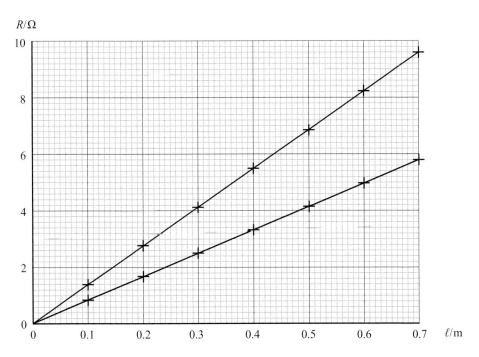

Ffig. 2.2.18 Gwrthiant yn erbyn hyd ar gyfer gwifrau constantan

◀ Ymestyn a Herio

Er mwyn i'r tymheredd godi'r un faint wrth i'r dŵr boethi, bydd angen amserau gwresogi hirach a hirach. Awgrymwch pam.

(c) Ymchwilio i amrywiad gwrthiant gyda thymheredd ar gyfer gwifren fetel

Mae'r cyfarpar i'w weld yn Ffig. 2.2.19. Gallen ni naill ai ddefnyddio tegell trydan pŵer isel neu ddefnyddio bicer o ddŵr wedi'i wresogi gan losgydd Bunsen. Yn hytrach na mesur gwrthiant y coil gydag amlfesurydd ar ei amrediad ohmau, gallen ni ddefnyddio'r gylched yn Ffig. 2.2.15 a chyfrifo'r gwrthiant drwy ddefnyddio $R = V/I$.

- Rydyn ni'n dechrau heb unrhyw wres (gyda'r llosgydd Bunsen wedi'i ddiffodd a'r tegell wedi'i ddiffodd wrth y wal), a chymysgedd o iâ wedi'i dorri'n fân a dŵr o gwmpas y coil o wifren.

- Ar ôl ei droi, rydyn ni'n darllen y tymheredd a'r gwrthiant. Peidiwch ag anghofio tynnu'r cyfeiliornad sero o ddarlleniad yr amlfesurydd, sef y darlleniad pan fydd ei chwiliedyddion (*probes*) yn cael eu cyffwrdd â'i gilydd.

- Rydyn ni'n rhoi gwres (drwy gynnau'r tegell) am ddigon o amser i'r iâ ymdoddi.

- Ar ôl diffodd y tegell, rydyn ni'n troi'r dŵr yn ysgafn gan ddefnyddio tröydd hir nes i'r tymheredd sefydlogi. Yna byddwn yn cymryd pâr arall o ddarlleniadau.

- Rydyn ni'n dal ati i ailadrodd y broses, gan anelu at godi'r tymheredd rhwng $10°$ a $15°$ bob tro, nes cyrraedd 100 °C.

- Plotiwch graff o'r gwrthiant yn erbyn y tymheredd. Rydyn ni'n disgwyl i'r graff fod yn llinell syth â graddiant positif. Mae'n werth cyfrifo'r tymheredd lle byddai'r gwrthiant yn sero, pe bai'r berthynas llinell syth yn parhau hyd at dymereddau isel.

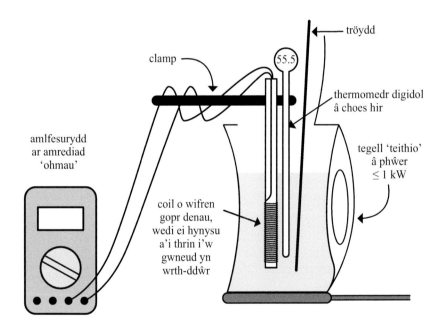
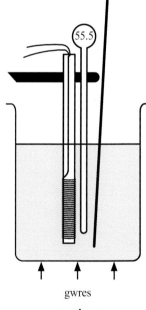

Ffig. 2.2.19 Dibyniaeth gwrthiant ar dymheredd

gwresogi amgen

Profwch eich hun 2.2

1. (a)   Mae gan LED (deuod allyrru golau) gp 1.6 V ar ei draws. Esboniwch y gosodiad hwn yn nhermau *egni*.

(b)   Ar gyfer y gp hwn, mae cerrynt o 12 mA drwy'r LED. Cyfrifwch yr egni a drosglwyddwyd yn yr LED mewn hanner awr.

2. Mae tegell trydan wedi'i labelu '230 V, 2.5 kW'.

(a)   Esboniwch, yn nhermau *egni*, beth mae 2.5 kW yn ei olygu.

(b)   Cyfrifwch y cerrynt mae'r tegell yn ei gymryd ar 230 V.

(c)   Cyfrifwch wrthiant yr elfen wresogi (coil o wifrau wedi'u hynysu'n drydanol mewn gwain gwrth-ddŵr).

(ch)   Yn y DU, gp nodweddiadol y 'prif gyflenwad' yw 240 V. Yn yr Almaen, gp nodweddiadol y prif gyflenwad yw 220 V. Cyfrifwch bŵer gwirioneddol y tegell pan gaiff ei ddefnyddio (i) yn y DU, (ii) yn yr Almaen.

(d)   Esboniwch pa wahaniaeth ym mherfformiad y tegell gallai defnyddiwr sylwi arno yn y ddwy wlad.

3. (a)   Nodwch ddeddf Ohm.

(b)   Mae'r graff yn dangos sut mae'r cerrynt drwy ffilament metel lamp yn dibynnu ar y gwahaniaeth potensial ar ei draws.

Cyfrifwch wrthiant y ffilament ar gyfer gp
(i) 0.60 V, (ii) 6.0 V.

(c)   Trafodwch i ba raddau, os o gwbl, mae deddf Ohm yn berthnasol i'r ffilament.

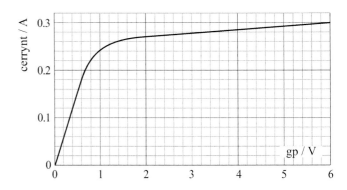

4. Mae'r diagram yn dangos gwn electron, dyfais sy'n gweithredu mewn gwactod. Mae'n cynnwys coil metel wedi'i wresogi, sef y catod, K, sy'n allyrru electronau, ac anod siâp cwpan, A. Mae'r electronau'n cael eu cyflymu gan y gp rhwng A a K. Mae'r rhan fwyaf o'r electronau'n taro'r anod, ond mae ffracsiwn bach yn dod allan mewn paladr cul drwy'r twll yn yr anod.

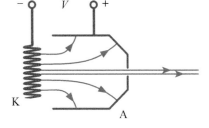

Caiff y gwn electronau ei gydosod gyda gp o 2500 V rhwng ei derfynellau. Mae'r catod yn allyrru 5.0×10^{15} electron bob eiliad, ac mae 95% o'r rhain yn taro'r anod. Cyfrifwch:

(a) y cerrynt yn y wifren rhwng A a'r derfynell +; (b) y pŵer sy'n cael ei gyflenwi gan ffynhonnell y foltedd; (c) yr egni a drosglwyddir wrth i electron deithio o K i A; (ch) buanedd electron sy'n cyrraedd A ($m_e = 9.11 \times 10^{-31}$ kg); (d) momentwm electron sy'n cyrraedd A.

5. Mae gwifren haearn â thrawstoriad sgwâr i'w gweld. Gwrthedd haearn ar dymheredd ystafell yw 9.7×10^{-8} Ω m.

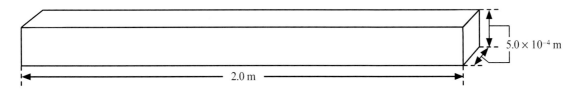

(a)   Cyfrifwch wrthiant y wifren ar dymheredd ystafell.

(b)   Mae Liam yn cyfrifo gwrthiant gwifren arall, sydd â *phob un* o'i dimensiynau llinol ddwywaith yn fwy na'r wifren sydd i'w gweld yn y diagram, ac mae'n darganfod ei fod yn hanner gwrthiant y wifren yn y diagram. Esboniwch pam dylai Liam fod wedi disgwyl y canlyniad hwn.

6. (a) Mae gwifren hyblyg wedi'i gwneud o 7 llinyn unfath, paralel o wifren gopr, **pob un** â hyd 15.0 m a **diamedr** 0.12 × 10^{-3} m. Gwrthedd copr yw 1.8 × 10–8 Ω m.

(i) Cyfrifwch wrthiant un llinyn o gopr.
(ii) Gan ddefnyddio eich ateb i (a)(i), darganfyddwch wrthiant cyfunol y wifren 7 llinyn, gan drin y llinynnau fel gwrthiannau mewn paralel.
(iii) Esboniwch sut byddai'n bosibl cyfrifo gwrthiant y wifren 7 llinyn o'r data ar ddechrau'r cwestiwn, heb ddarganfod gwrthiant un llinyn yn gyntaf.

(b) (i) Dangoswch, mewn camau clir, fod P/ℓ, y pŵer sy'n cael ei afradloni am bob uned hyd y wifren, yn cael ei roi gan:

$$\frac{P}{\ell} = \frac{\rho I^2}{A}$$

lle mae gan ρ, I ac A eu hystyron arferol.

(ii) Mae **X** ac **Y** yn wifrau sydd wedi'u gwneud o'r un defnydd. Mae gan **X** ddiamedr d ac mae'n cario cerrynt I. Mae gan **Y** ddiamedr $2d$ ac mae'n cario cerrynt $2I$. Defnyddiwch y fformiwla yn (b)(i) i ddangos pa un, os oes un, o **X** ac **Y** sydd â'r mwyaf o afradlonedd pŵer am bob uned hyd.

7. Mae dau fyfyriwr yn ymchwilio i'r berthynas cerrynt–foltedd (I–V) ar gyfer bwlb ffilament prif olau car sydd wedi'i labelu 12 V, 24 W. Maen nhw'n cydosod cylched addas i archwilio amrywiad y foltedd isel a'r foltedd uchel. Roedden nhw'n disgwyl i'r ffilament ufuddhau i ddeddf Ohm ar gyfer folteddau isel, ond nid ar gyfer folteddau uchel.

(a) Esboniwch yn fras pam roedden nhw'n disgwyl dau ymddygiad gwahanol.

(b) Roedd eu cyflenwad pŵer yn rhoi allbwn mewn camau o 2.0 V yn unig. Lluniadwch gylched y gallen nhw ei defnyddio i ymchwilio i'r cerrynt ar folteddau isel, ac esboniwch sut mae'n gweithio.

(c) Mae eu canlyniadau i'w gweld yn y tabl. Plotiwch graff I yn erbyn V ac amcangyfrifwch werth V pan fydd yr ymddygiad yn newid.

(ch) Cyfrifwch wrthiant y ffilament ar folteddau isel ac ar y foltedd gweithredol.

(d) Mae'r myfyrwyr yn darllen mai'r berthynas rhwng I a V, ar folteddau uchel, yw $I = kV^n$ a bod gwerth n tua 0.6. Plotiwch graff I yn erbyn $V^{0.6}$ i ymchwilio i hyn, a thrafodwch i ba raddau mae'r llinell yn cytuno ag $I = kV^{0.6}$ ar gyfer folteddau uwchben y trosiad. Addaswch eich ateb i'r foltedd trosiannol rhwng yr ymddygiad ohmig a'r ymddygiad anohmig.

V / V	I / A	V / V	I / A
0.00	0.000	2.00	0.741
0.25	0.117	4.00	1.078
0.50	0.234	6.00	1.342
0.75	0.352	8.00	1.568
1.00	0.469	10.00	1.768
1.50	0.634	12.00	1.951

(dd) [Ar gyfer ymgeiswyr Safon Uwch] Plotiwch graff log addas i ddarganfod gwerth mwy manwl gywir ar gyfer n. Defnyddiwch y canlyniadau i gael gwerth ar gyfer k.

2.3 Cylchedau cerrynt union

Byddwn yn delio â chylchedau sy'n gallu cael eu cydrannu i gyfuniadau cyfres a/neu baralel o elfennau dargludol (er enghraifft, gwrthyddion, lampau) a chyflenwad pŵer. Byddwn ni'n dangos sut i gyfrifo'r ceryntau a'r gpau yn y cylchedau hyn, ac yn gorffen drwy ystyried dau achos pwysig, y rhannwr potensial a'r cyflenwad pŵer sydd â gwrthiant mewnol.

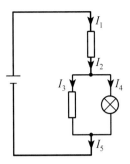

Ffig. 2.3.1 Canghennau mewn cylched

2.3.1 Ceryntau a gp mewn cylchedau cyfres a pharalel

(a) Ceryntau

Rydyn ni wedi gweld yn barod (yn Adran 2.1.2) sut mae deddf cadwraeth gwefr yn dangos bod rhaid i'r cerrynt fod yr un peth yr holl ffordd o amgylch cylched *gyfres* syml (hynny yw, pob cydran mewn cylch heb unrhyw ganghennau). Ond tybiwch yn lle hynny *fod* yna ganghennau, ac felly fod gennym gydrannau *mewn paralel*, fel yn achos y gwrthydd isaf a'r lamp ffilament yn Ffig. 2.3.1. Oherwydd cadwraeth gwefr, rhaid bod y ceryntau (cyfraddau llif gwefr) drwy'r ddwy gydran hyn yn adio i roi'r cerrynt sydd yn y gylched 'cyn' ac 'ar ôl' iddi rannu. Mewn geiriau eraill:

$$I_1 = I_2 = (I_3 + I_4) = I_5$$

Mae hyn yn dangos y rheol syml (sy'n cael ei galw yn *ddeddf gyntaf Kirchhoff*): *Mae swm y ceryntau sy'n dod i mewn i bwynt mewn cylched yn hafal i swm y ceryntau sy'n mynd allan o'r pwynt hwnnw.*

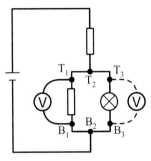

Ffig. 2.3.2 Dewis foltmedr

(b) Gwahaniaethau potensial

Rydyn ni'n dechrau drwy edrych ar y cyfuniad paralel yn Ffig. 2.3.2. Os yw'r foltmedr yn y safle ar y chwith neu ar y dde, mae'n rhaid i'r darlleniad fod yr un peth, oherwydd bod T_1 a T_3 wedi'u cysylltu â gwifren (o wrthiant dibwys), ac felly, i bob pwrpas, yr un pwynt ydyn nhw. Mae'r un peth yn wir ar gyfer B_1 a B_3.

Mewn geiriau eraill, pan fydd y cydrannau mewn paralel, mae'r gp yr un peth ar draws pob un ohonyn nhw: dim ond *un* gp sydd! Ar gyfer y cyfuniad paralel yn Ffig. 2.3.3, mae'r gp hwn wedi'i labelu V_2.

Yn fwy sylfaenol: mae'r gp yn codi o rymoedd ar electronau rhydd o ganlyniad i ddosbarthiad gwefr sy'n cael ei achosi gan y batri. Mae'r grymoedd yn gwneud gwaith ar yr electronau rhydd sy'n mynd o un pwynt i'r llall (e.e. o B_2 i T_2). Mae swm y gwaith yn annibynnol ar y llwybr rhwng y pwyntiau, yn union fel y gwaith sy'n cael ei wneud arnon ni gan dynfa'r Ddaear wrth i ni newid lefelau drwy ddefnyddio grisiau yn lle ramp goleddol.

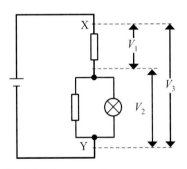

Ffig. 2.3.3 Gp mewn cyfres

Yn olaf, ystyriwch y gp ar draws cydrannau mewn cyfres, fel sydd i'w weld yn Ffig. 2.3.3. Ar gyfer electron sy'n mynd o Y i X, mae'r gwaith sy'n cael ei wneud arno wrth iddo basio trwy naill ai'r gwrthydd isaf neu'r lamp ffilament yn eV_2, ac wrth iddo basio trwy'r gwrthydd uchaf mae'n eV_1. Felly mae cyfanswm y gwaith wrth iddo fynd o Y i X yn $(eV_1 + eV_2)$, ond mae hefyd yn eV_3. Felly $eV_1 + eV_2 = eV_3$. Gan rannu'r cwbl gydag e:

$$V_1 + V_2 = V_3.$$

Felly mae mwy nag un gp mewn cyfres yn adio.

Mae'r rheolau ar gyfer gp mewn cylchedau sy'n cynnwys cydrannau mewn cyfres ac mewn paralel, felly, yn ganlyniad i gadwraeth *egni*.

Gwirio gwybodaeth 2.3.1

Ar gyfer y graffiau yn Ffig. 2.3.4, darganfyddwch:

(a) y ceryntau drwy R_2 ac R_3

(b) y gp ar draws R_1 a'r gp ar draws R_2

(c) y gwrthiannau R_1, R_2 ac R_3.

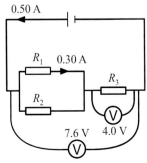

Ffig. 2.3.4

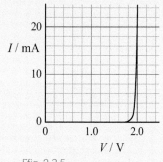

Ffig. 2.3.5

Enghraifft

Mae gan yr LED coch, sydd â'i graff I–V i'w weld yn Ffig. 2.3.5, y disgleirdeb delfrydol gyda cherrynt 20 mA. Cyfrifwch wrthiant y gwrthydd mae'n rhaid ei osod mewn cyfres â'r LED i'w redeg ar y cerrynt hwn oddi ar gyflenwad 6.0 V.

Ateb

Yn gyntaf, rydyn ni'n rhoi'r wybodaeth ar ddiagram cylched (Ffig. 2.3.6). Ond mae Ffig. 2.3.5 yn dangos, ar gyfer cerrynt o 20 mA, fod angen gp o 2.0 V (i 2 ff.y.) ar draws yr LED. Gan fod mwy nag un gp mewn cyfres yn adio, mae angen i'r gp ar draws y gwrthydd fod yn $(6.0$ V$–2.0$ V$)$, felly mae'n rhaid mai ei werth, R, yw:

$$R = \frac{4.0 \text{ V}}{0.020 \text{ A}} = 200 \ \Omega$$

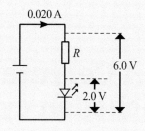

Ffig. 2.3.6 Data i ddarganfod R

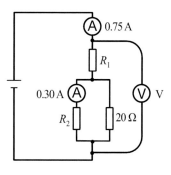

Ffig. 2.3.7 Mesuryddion a'u darlleniadau

2.3.2 Gwirio gwybodaeth

Cyfrifwch R yn Ffig. 2.3.8.

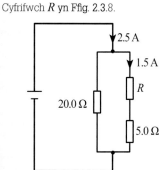

Ffig. 2.3.8 Cylched ymarfer

(c) Nodyn ar wrthiant amedrau a foltmedrau

Mae'r mesurau yn ymyl y mesuryddion yn Ffig. 2.3.7 yn nodi eu darlleniadau. Ni fyddai'n wirion gofyn: ai dyma'r gp a'r ceryntau *cyn cysylltu'r mesuryddion*? Yr ateb yw ie, ond dim ond os yw'r canlynol yn wir:

- Mae gwrthiant y foltmedr mor uchel fel bod y cerrynt drwyddo yn ddibwys.
- Mae gwrthiant pob amedr mor isel (o'i gymharu â'r gwrthyddion) fel na fydd y cerrynt yn lleihau wrth ei roi mewn cyfres.

Fel arfer, gyda mesuryddion modern, mae'n ddiogel tybio bod hyn yn wir. Er enghraifft, mae gan amlfesurydd digidol nodweddiadol sy'n dewis ei amrediad ei hun (*auto-ranging*), ac sydd wedi'i osod ar yr amrediad 'foltiau c.u.', wrthiant 10 MΩ neu fwy. Ar ei amrediad 10 A, mae ei wrthiant fel arfer yn ffracsiwn bach o ohm. Gweler yr Awgrym.

Enghraifft aml-gam

Darganfyddwch y gwrthiannau R_1 ac R_2 yn Ffig. 2.3.7.

[Mae'r enghraifft hon, yn wahanol i'r un ddiwethaf, braidd yn annaturiol, ond mae'n dangos bron pob un o reolau sylfaenol cylchedau ar waith.]

Ateb

Rydyn ni'n gwybod beth yw'r ceryntau drwy R_1 ac R_2, ond nid y gp ar draws y naill na'r llall – hyd yma. Rydyn ni'n dechrau drwy gyfrifo un o'r pethau y gallwn eu cyfrifo ar unwaith. Mae hyn yn rhoi un peth arall i ni, ac yn y blaen.

- Ar gyfer y gwrthydd 20 Ω, mae'r cerrynt $= 0.75$A $– 0.30$ A $= 0.45$ A.
- Felly'r gp ar draws y gwrthydd 20 Ω yw $V = IR = 0.45$ A $\times 20$ $\Omega = 9.0$ V.
- Dyma hefyd yw'r gp ar draws R_2.
- Felly $R_2 = \dfrac{9.0 \text{ V}}{0.30 \text{ A}} = 30 \ \Omega$.
- Ond mae R_1 mewn cyfres â'r cyfuniad paralel, sydd â gp o 9.0 V ar ei draws. Felly y gp ar draws R_1 yw $V = 15.0$ V $– 9.0$ V $= 6.0$ V.
- Felly $R_1 = \dfrac{6.0 \text{ V}}{0.75 \text{ A}} = 8.0 \ \Omega$.

Mae hyn yn syml iawn, ar yr amod eich bod yn sicrhau eich bod yn cysylltu pob gp â'r gydran/cydrannau yn y gylched mae'n perthyn iddi. Hynny yw, sicrhewch fod eich gwaith cyfrifo'n glir.

2.3.2 Fformiwlâu ar gyfer gwrthiannau mewn cyfres ac mewn paralel

(a) Gwrthiannau mewn cyfres

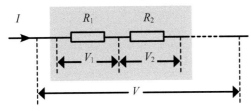

Ffig. 2.3.9 Gwrthiannau mewn cyfres

Edrychwch ar Ffig. 2.3.9. Pe bai mesuryddion yn cael eu rhoi i fesur y gp V a'r cerrynt I sydd i'w gweld yn Ffig. 2.3.9, yna byddai V / I yn rhoi gwrthiant cyfunol neu gywerth, R, popeth sydd yn y blwch llwyd – hynny yw, y gwrthyddion mewn cyfres.

Ond, rydyn ni wedi dangos bod mwy nag un gp mewn cyfres yn adio – hynny yw, mae:

$$V = V_1 + V_2$$

Mae'r cerrynt, I, yr un peth ym mhob gwrthydd, felly gallwn ailysgrifennu'r hafaliad fel hyn:

$$IR = IR_1 + IR_2$$

Rhannu gydag I: $\qquad R = R_1 + R_2$

Mae'n bosibl ymestyn yr ochr dde i gynnwys unrhyw nifer o wrthiannau mewn cyfres. Efallai fod yr hafaliad yn ymddangos yn rhy amlwg i fynnu deilliant, ond sylwch nad yw gwrthiannau *bob amser* yn adio (gweler isod).

Gwirio gwybodaeth 2.3.3

(a) Ysgrifennwch wrthiant tri gwrthydd 12 Ω mewn paralel.

(b) Sut byddech chi'n defnyddio pedwar gwrthydd 12 Ω i wneud cyfuniad gyda gwrthiant o 16Ω?

(b) Gwrthiannau mewn paralel

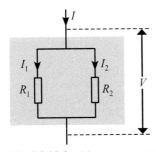

Ffig. 2.3.10 Gwrthiannau mewn paralel

Gwirio gwybodaeth 2.3.4

Cyfrifwch y ceryntau x ac y.

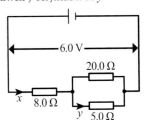

Mae'r gwrthyddion yn Ffig. 2.3.10 mewn paralel. Y tro hwn, y ceryntau drwy'r gwrthyddion unigol sy'n adio i roi'r cerrynt, I, sy'n mynd i mewn i'r cyfuniad ac yn ei adael.

Felly $\qquad I = I_1 + I_2 + \ldots$

Dim ond un gp sydd, sef V, felly $\dfrac{V}{R} = \dfrac{V}{R_1} + \dfrac{V}{R_2} + \ldots$

Mae rhannu'r cwbl â V yn rhoi $\dfrac{1}{R} = \dfrac{1}{R_1} + \dfrac{1}{R_2} + \ldots$

Yma, R yw gwrthiant cywerth (neu gyfunol) y cyfuniad paralel, fel bydden ni'n ei ddarganfod drwy fesur V ac I a chyfrifo V/I. (Mater o ddiddordeb yn unig: ar gyfer gwrthiannau mewn paralel, y dargludiannau, sy'n cael eu diffinio gan I/V, sy'n adio.)

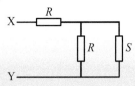

Gadewch i g fod y gymhareb $\frac{S}{R}$.

Darganfyddwch werth g os yw'r gwrthiant a fesurir rhwng X ac Y yn S. Dylai fod gennych hafaliad cwadratig i'w ddatrys yn g. [Yna, er diddordeb, chwiliwch am wybodaeth am *y gymhareb aur*.]

Enghraifft

Darganfyddwch wrthiant gwrthyddion $3.0\ \Omega$ a $4.0\ \Omega$ mewn paralel. .

Ateb

Gan adael unedau allan, $\frac{1}{R} = \frac{1}{3} + \frac{1}{4}$

Gallen ni ddarganfod R yn gyflym iawn gyda chyfrifiannell, ac mae hynny'n iawn os ydyn ni angen yr ateb yn unig. Ond at ein dibenion ni, mae'n fwy defnyddiol adio'r ffracsiynau drwy roi'r naill a'r llall dros yr *enwadur cyffredin* o 3×4.

Drwy wneud hynny, $\frac{1}{R} = \frac{4}{3 \times 4} + \frac{3}{4 \times 3} = \frac{3 + 4}{3 \times 4} = \frac{7}{12}$

Felly mae $R = \frac{12}{7} = 1.71\ \Omega$.

Sylwch fod y gwrthiant cyfunol yn llai nag unrhyw un o'r ddau wrthiant unigol. Dyna sut dylai fod, oherwydd gyda dau wrthydd wedi'u cysylltu rhwng yr un ddau bwynt, bydd y cerrynt yn fwy (ar gyfer yr un gp) na phe bai un gwrthydd yn unig.

Y lluoswm wedi'i rannu â'r swm ar gyfer dau wrthiant mewn paralel

Mae'n ddefnyddiol ail-wneud yr enghraifft uchod mewn algebra ar gyfer dau wrthiant, R_1 ac R_2.

$$\frac{1}{R} = \frac{1}{R_1} + \frac{1}{R_2} = \frac{R_2 + R_1}{R_1 R_2} \qquad \text{felly} \qquad R = \frac{R_1 R_2}{R_2 + R_1} = \frac{\text{lluoswm } R_1 \text{ ac } R_2}{\text{swm } R_1 \text{ ac } R_2}.$$

Mae'r canlyniad (sydd ddim i'w weld yn Llyfryn Data CBAC) yn hawdd i'w gofio (mae'r *unedau* yn dweud wrthych y dylai'r lluoswm fod ar y top) *ac* mae'n hawdd ei ddefnyddio, *ac* nid oes rhaid cofio cymryd cilydd ar y diwedd! Ond dim ond ar gyfer dau wrthiant ar y tro mae'n gweithio.

n o wrthiannau hafal mewn paralel

Dylech ddangos drosoch eich hun fod y gwrthiant cywerth yn cael ei roi gan

$$R = \frac{1}{n} \times \text{un gwrthiant unigol.}$$

Nid yw'n bosibl cydrannu rhwydweithiau gwrthyddion bob amser yn gyfuniadau o wrthyddion mewn cyfres ac mewn paralel, ond bydd yn bosibl gwneud hynny gydag unrhyw un y byddwch yn dod ar ei draws ar y cwrs UG.

2.3.3 Y rhannwr potensial

Dyma'r enw sy'n cael ei roi ar wrthiannau wedi'u cysylltu mewn cyfres er mwyn 'rhannu'r' gp, V_{cyfan}, sy'n cael ei roi ar draws y cyfuniad. Yn Ffig. 2.3.11 mae gennyn ni

$$V_1 = IR_1, V_2 = IR_2 \ldots \qquad V_{\text{cyfan}} = I(R_1 + R_2 + \ldots) \qquad \text{hynny yw, mae} \qquad V_{\text{cyfan}} = IR_{\text{cyfan}}.$$

Drwy rannu, $\dfrac{V_1}{V_2} = \dfrac{R_1}{R_2}$ ac yn y blaen, $\qquad \dfrac{V_1}{V_{\text{cyfan}}} = \dfrac{R_1}{R_{\text{cyfan}}}, \qquad \dfrac{V_2}{V_{\text{cyfan}}} = \dfrac{R_2}{R_{\text{cyfan}}} \qquad$ ac yn y blaen.

Mae cymhareb y gwahaniaethau potensial, yn syml iawn, yn hafal i gymhareb y gwrthiannau y byddai'r gwahaniaethau potensial yn cael eu mesur ar eu traws!

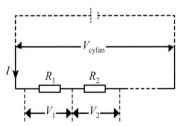

Ffig. 2.3.11 Rhannwr potensial (cyffredinol)

(a) Defnyddio rhannwr potensial i roi gp allbwn penodol

Os ydyn ni'n rhoi gp *mewnbwn*, V_{mewn}, ar draws dau wrthydd, fel yn Ffig. 2.3.12, gallwn gael gp *allbwn* ar draws y naill wrthydd neu'r llall (rydyn ni wedi dewis R_2). Drwy ddewis y gwrthyddion yn gywir, gallwn gael unrhyw V_{allan} o'n dewis (ar yr amod bod $V_{allan} \leq V_{mewn}$) gan fod

$$\frac{V_{allan}}{V_{mewn}} = \frac{R_2}{R_{cyfan}} \quad \text{hynny yw} \quad V_{allan} = \frac{R_2}{R_{cyfan}} \times V_{mewn}.$$

Fel enghraifft, dewiswn R_1 ac R_2 fel bod $V_{allan} = 3.0$ V pan fydd $V_{mewn} = 9.0$ V.

$$\frac{R_2}{R_{cyfan}} = \frac{3.0 \text{ V}}{9.0 \text{ V}} = \frac{1}{3}.$$

Felly mae'n ymddangos ei bod hi'n bosibl cael $R_1 = 2.0$ Ω, $R_2 = 1.0$ Ω, neu $R_1 = 30$ Ω, $R_2 = 15$ Ω, neu $R_1 = 2000$ Ω, $R_2 = 1000$ Ω ac yn y blaen.

Yn ymarferol, bydden ni'n osgoi gwrthiannau *isel* iawn, er mwyn peidio â chymryd gormod o egni o'r cyflenwad pŵer a gorboethi R_1 ac R_2. Ystyriwch y cyfuniad $R_1 = 2.0$ Ω, $R_2 = 1.0$ Ω. Yn yr achos hwn byddai cyfanswm yr afradlonedd pŵer yn y gwrthyddion yn

$$\frac{V^2}{R} = \frac{(9.0 \text{ V})^2}{3.0 \text{ Ω}} = 27 \text{ W: sy'n hafal i bŵer haearn sodro bach!}$$

Gallai R_1 ac R_2 hefyd fod yn rhy *uchel*, fel sy'n cael ei esbonio yn yr adran isod.

Y rhannwr potensial wedi'i lwytho

Dangosodd yr enghraifft ddiwethaf sut i ddefnyddio rhannwr potensial i gynhyrchu V_{allan} o 3.0 V o gyflenwad 9.0 V (V_{mewn}). Ond pam bydden ni eisiau gwneud hyn? Yn ôl pob tebyg, oherwydd bod angen i ni gyflenwi 3.0 V i ryw ddyfais. Byddai'r ddyfais yn cael ei chysylltu fel *llwyth*, R_L, ar draws y terfynellau allbwn, hynny yw ar draws R_2, fel yn Ffig. 2.3.13.

Nawr rydyn ni'n dod ar draws problem. Mae R_2 i bob pwrpas wedi'i ddisodli gan wrthiant is, sef gwrthiant R_2 ac R_L mewn paralel. Mae hyn yn gwneud y foltedd allbwn yn is na'r disgwyl.

Tybiwch fod $V_{mewn} = 9.0$ V, $R_1 = 2000$ Ω, $R_2 = 1000$ Ω, $R_L = 1000$ Ω.

Gwrthiant R_2 ac R_L mewn paralel yw 500 Ω, felly mae hwn yn disodli R_2, gan roi

$$V_{allan} = \frac{500 \text{ Ω}}{R_{cyfan}} \times V_{mewn} = \frac{500 \text{ Ω}}{2000 \text{ Ω} + 500 \text{ Ω}} \times 9.0 \text{ V} = 1.8 \text{ V}$$

Mae hyn yn llawer llai na'r 3.0 V oedd wedi'i gynllunio. Ond os ydyn ni'n dewis gwneud R_1 ac R_2 yn llawer llai na'r gwrthiant llwyth, R_L, mae'r gostyngiad mewn foltedd allbwn yn fach iawn. Gallwch weld drosoch eich hun drwy wneud Gwirio gwybodaeth 2.3.5.

(b) Rhannwr potensial newidiol

Mae'r syniad yn syml: rydyn ni'n gwneud y gymhareb R_1 i R_2 yn newidiol. Gallwn wneud hyn drwy ddefnyddio rheostat labordy cyffredin (Ffig. 2.3.14). Sylwch fod ganddo dair terfynell. Mae'r ddwy isaf – 'A' a 'B' – yn cysylltu â dau ben coil un haen o wifren noeth sydd â gwrthedd uchel. Felly mae gwrthiant sefydlog (yn aml tua 15 Ω) rhwng A a B. Mae'r derfynell uchaf, 'S', yn cysylltu â *chyswllt llithr* (*sliding contact*) sy'n gallu gwasgu yn erbyn y coil ar unrhyw bwynt ar ei hyd. Felly mae ei 'rannu' yn ddwy ran, AS ac SB, yn rhoi R_2 ac R_1, ond gallwn ni amrywio eu cymhareb.

Mae Ffig. 2.3.15 yn dangos y symbol cylched ar gyfer rhannwr potensial newidiol. Sylwch yn ofalus sut mae'r cysylltiadau â hwn yn cyfateb i'r terfynellau ar y rheostat, a sut mae V_{mewn} yn cael ei gysylltu ar draws AB. Bydd V_{allan} yn ⅓ o V_{mewn} os yw'r cyswllt llithr ⅓ o'r ffordd rhwng A a B, ac yn y blaen.

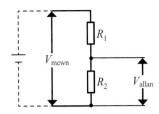

Ffig. 2.3.12 Rhannwr potensial

Gwirio gwybodaeth 2.3.5

Os yw $R_1 = 30$ Ω, $R_2 = 15$ Ω, a $V_{mewn} = 9.0$ V yn y rhannwr potensial yn Ffig. 2.3.12, cyfrifwch ganran y gostyngiad yn V_{allan} pan gysylltir R_L, llwyth o 1000 Ω, ar draws R_2.

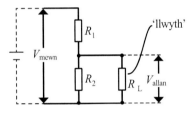

Ffig. 2.3.13 Rhannwr potensial wedi'i lwytho

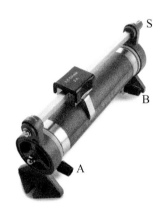

Ffig. 2.3.14 Rheostat

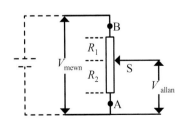

Ffig. 2.3.15 Rhannwr potensial newidiol

Pwynt astudio

Mae thermistorau ntc wedi'u gwneud o ddefnydd lled-ddargludol, sef ocsid metel fel arfer, gydag atomau 'amhuredd' wedi'u hychwanegu'n fwriadol. Pan fydd y tymheredd yn cynyddu, mae nifer y cludwyr gwefr symudol yn cynyddu.

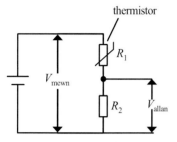

Ffig. 2.3.16 Thermistor fel rhan o rannydd potensial

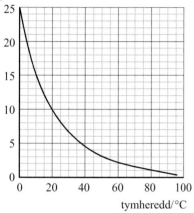

Ffig. 2.3.17 Gwrthiant yn erbyn tymheredd ar gyfer thermistor

2.3.6 Gwirio gwybodaeth

Yn dilyn ymlaen o'r enghraifft, os caiff R_2 ei newid i 2.4 kΩ, darganfyddwch ar ba dymheredd byddai'r larwm yn cychwyn.

Mae sawl ffordd o ddefnyddio rhanwyr potensial newidiol mewn electroneg. Mae'r ffurf arferol yn cynnwys 'trac' carbon, ar ffurf arc fawr cylch gyda chyswllt llithr y gallwch ei symud ar ei hyd drwy droi gwerthyd (*spindle*).

(c) Rhanwyr potensial sy'n cynnwys synwyryddion gwrtheddol

Mae synwyryddion yn ddyfeisiau sy'n 'ymateb' i newidiadau o'u hamgylch. Byddwn yn ystyried dau synhwyrydd sy'n ymateb drwy newid eu gwrthiant. Mae *thermistor* yn gwneud hyn wrth i'r tymheredd newid, ac mae *gwrthydd golau-ddibynnol* (*LDR: light-dependent resistor*) yn gwneud hyn wrth i lefel y golau newid. Drwy sicrhau bod un o'r gwrthiannau mewn rhannwr potensial yn thermistor neu'n LDR, bydd y newid yn arwain at newid yn y gp allbwn – mae hyn yn ddefnyddiol ar gyfer 'ysgogi' neu gychwyn systemau digidol, larymau ac ati.

Cylched thermistor

Dim ond thermistor cyfernod tymheredd negatif (*ntc: negative temperature coefficient*) byddwn ni'n ei ystyried. Mae ei wrthiant yn gostwng wrth i'r tymheredd godi.

Mae Ffig. 2.3.16 yn dangos thermistor yn cael ei ddefnyddio fel un o'r gwrthiannau mewn cylched rhannwr potensial – sylwch ar y symbol ar gyfer thermistor. Wrth i'r tymheredd godi, bydd ei wrthiant, R_1, yn lleihau, ond bydd R_2 yn aros (bron) yr un fath, felly bydd V_{allan} yn cynyddu.

Enghraifft

Yn Ffig. 2.3.16, mae V_{mewn} yn 9.0 V, ac mae V_{allan} i'w gysylltu â mewnbwn larwm sy'n cael ei ysgogi pan fydd V_{allan} yn cyrraedd 2.5 V. Mae perthynas gwrthiant–tymheredd ar gyfer y thermistor i'w weld yn Ffig. 2.3.17. Cyfrifwch werth y gwrthydd sefydlog, R_2, sydd ei angen i ysgogi'r larwm pan fydd y tymheredd yn cyrraedd 40 °C.

Ateb

Yn gyntaf rydyn ni'n sylwi o'r graff ar 40 °C, mai gwrthiant y thermistor, R_1, yw 4.5 kΩ.

Gan fod $\dfrac{R_2}{R_1} = \dfrac{\text{gp ar draws } R_2}{\text{gp ar draws } R_1}$ mae angen $\dfrac{R_2}{4.5 \text{ kΩ}} = \dfrac{2.5 \text{ V}}{9.0 \text{ V} - 2.5 \text{ V}}$

felly $R_2 = 4.5 \text{ kΩ} \times \dfrac{2.5}{6.5} = 1.7 \text{ kΩ}$

Sylwch ar y canlynol:

1. O dan 40 °C, $R_1 > 4.5$ kΩ, felly gyda $R_2 = 1.7$ kΩ, rydyn ni'n cael $V_{allan} < 2.5$ V.

2. Gallen ni fod wedi defnyddio $\dfrac{V_{allan}}{V_{mewn}} = \dfrac{R_2}{R_{cyfan}}$ gyda $R_{cyfan} = R_2 + 4.5$ kΩ, ond mae'r fathemateg yn fwy blêr.

3. Rydyn ni wedi tybio bod gan y larwm wrthiant mewnbwn uchel iawn, er mwyn peidio â 'llwytho'r' rhannwr potensial yn sylweddol.

Cylched LDR

Mae gan rai lled-ddargludyddion, fel cadmiwm sylffid, wrtheddau uchel iawn yn y tywyllwch, ond maen nhw'n dargludo'n well ac yn well wrth i lefel y golau gynyddu. Mae LDR (*gwrthydd golau-ddibynnol* neu *ffotowrthydd*) yn cael ei wneud drwy roi haen o led-ddargludydd o'r fath fel 'trac' igam-ogam ar is-haen ynysu sydd wedi'i hamgáu mewn cas tryloyw (Ffig. 2.3.18).

Mae Ffig. 2.3.19 yn dangos LDR sy'n cael ei ddefnyddio yn un o'r gwrthyddion mewn cylched rhannwr potensial. Yn syml, mae'r LDR yn cymryd lle'r thermistor yn Ffig. 2.3.16, felly y mwyaf disglair yw'r golau sy'n disgyn ar yr LDR, y mwyaf yw V_{allan}. Mae'r cylch yn aml yn cael ei adael allan o'r symbol LDR.

Ffig. 2.3.18 LDR

Gwirio gwybodaeth 2.3.7

Nodwch sut byddai'r V_{allan} yn ymddwyn pe baem yn cyfnewid yr LDR a'r gwrthydd sefydlog yn Ffig. 2.3.19.

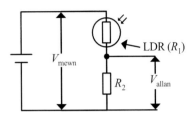
Ffig. 2.3.19 LDR fel rhan o rannydd potensial

2.3.4 Cyflenwadau pŵer

Yma, rydyn ni'n ystyried rôl batri, neu gyflenwad pŵer arall, mewn cylched. Mewn gwirionedd, cyfuniad o gelloedd mewn cyfres yw *batri*, ond yn aml caiff un gell ei galw'n fatri. Mae cell yn cynnwys dau *electrod* wedi'u gwneud o ddefnyddiau dargludol gwahanol, sydd wedi'u gwahanu gan *electrolyt* past neu hylif dargludol mewn cas – gan obeithio nad yw'r cas yn gollwng. Mae Ffig. 2.3.20 yn ddiagram wedi'i symleiddio o'r gell *alcalïaidd* boblogaidd.

Mae Ffig. 2.3.21 yn dangos cell (y blwch dotiog) gyda *llwyth* wedi'i gysylltu ar draws ei derfynellau. Gallai'r llwyth fod yn lamp ffilament, gwrthydd neu LED mewn cyfres gyda gwrthydd amddiffyn. Byddwn yn cymryd bod gan y llwyth wrthiant R.

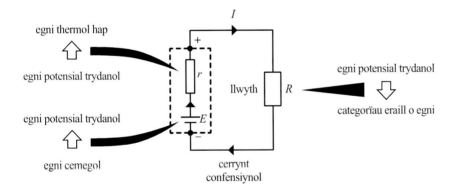
Ffig. 2.3.21 Trosglwyddiadau egni mewn cylched â chell

Mae'r gell yn 'pwmpio' gwefr o gwmpas y gylched. Y tu allan i'r gell, mae'r cerrynt confensiynol yn llifo o derfynell bositif y gell (wedi'i marcio '+') i'w therfynell negatif. O'r fan honno, mae'r cerrynt yn parhau y tu mewn i'r gell o'r derfynell negatif yn ôl i'r positif (drwy symud 'ïonau' wedi'u gwefru).

(a) g.e.m. cell

Wrth i'r wefr lifo, mae trosglwyddiadau egni'n digwydd. Ar y rhyngwynebau rhwng yr electrodau a'r electrolyt, mae'r wefr yn codi egni potensial trydanol, sy'n cael ei drosglwyddo o egni cemegol. Yn Ffig. 2.3.21, rydyn ni wedi dynodi'r broses hon drwy symbol confensiynol 'dwy strôc' cell neu fatri. Rydyn ni'n trosglwyddo swm penodol o egni am bob uned gwefr (h.y. coulomb) sy'n pasio, ac rydyn ni'n gwneud y diffiniad canlynol:

g.e.m. ffynhonnell, E, yw'r egni sy'n cael ei drawsnewid o ryw ffurf arall (e.e. cemegol) i egni potensial trydanol am bob coulomb o wefr sy'n llifo drwy'r ffynhonnell.
Uned: $J\ C^{-1} = folt = V$

Pwynt astudio

Er diddordeb yn unig: Mewn LDR, mae'r cerrynt yn cynyddu pan fydd arddwysedd y golau'n cynyddu, oherwydd gall ffotonau gyflenwi digon o egni i fwrw cyfran fach o'r electronau allan o'r bondiau rhwng atomau, gan greu electronau rhydd (a 'thyllau' positif fel rydyn ni'n eu galw).

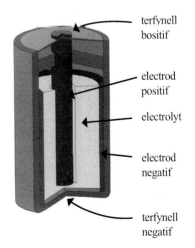
Ffig. 2.3.20 Cell (wedi'i symleiddio)

terfynell bositif

electrod positif

electrolyt

electrod negatif

terfynell negatif

Pwynt astudio

Ystyr g.e.m. yw *grym electromotif,* enw gwirion ar fesur sydd â'r uned V, felly mae'n well ei dalfyrru na'i ddefnyddio'n llawn. *Mae electromotedd* yn gynnig gwell ar gyfer yr enw.

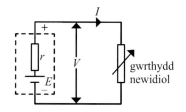

Ffig. 2.3.22 Cell â llwyth gyda gwrthiant amrywiol

(b) Gwrthiant mewnol cell

Pwrpas y gell yw galluogi trosglwyddo egni *yn ddefnyddiol* yn y llwyth, fel sydd i'w weld yn Ffig. 2.3.21. Ond mae hyn yn cyd-fynd ag 'afradloneddd' egni nad yw'n bosibl ei osgoi yn y gell ei hun (wrth i'r ïonau daro eu ffordd trwy'r electrolyt). Yn wir, mae'r gell yn ymddwyn fel pe bai ganddi *wrthiant mewnol*, r, cyson bron. Yn aml, mae'n help cynnwys r mewn diagramau cylched, fel yn Ffig. 2.3.22, ond sylwch nad yw'n bosibl mesur r yn uniongyrchol (e.e. drwy ddefnyddio amlfesurydd ar ei amrediad 'ohmau'). Y rheswm am hyn yw ei bod yn amhosibl gwahanu'r gwrthiant mewnol oddi wrth rôl pwmpio gwefr y gell, fel rydyn ni wedi'i ddangos drwy roi E ac r y tu mewn i'r blwch dotiog.

(c) $V = E - Ir$

Mae'r gwrthiant mewnol yn dod i'r amlwg pan fyddwn yn amrywio gwrthiant y llwyth rydyn ni'n ei gysylltu ar draws terfynellau'r gell (Ffig. 2.3.22). Os dechreuwn gyda gwrthiant uchel iawn a'i ostwng yn raddol, nid yn unig mae'r cerrynt yn cynyddu (fel dylech ei ddisgwyl), ond mae'r gp, V, ar draws terfynellau'r gell (hynny yw, ar draws y llwyth) yn lleihau. [Mewn byd delfrydol ni fyddai hyn yn digwydd: os ydych chi'n prynu cell wedi'i labelu 1.6 V, dyna'r gp rydych chi am i'r gell ei roi i chi, dim ots beth yw'r llwyth!] Mewn gwirionedd, gwelwn fod:

$$V = E - Ir$$

Gallwn ddiddwytho'r hafaliad hwn o *egwyddor cadwraeth egni*, gan fod pob term yn yr hafaliad yn swm o egni am bob uned gwefr. Dyma sut mae'n gweithio:

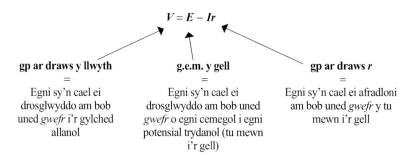

(ch) gp ar draws terfynellau cylched agored

Mae'r hafaliad $V = E - Ir$ yn dangos, wrth i ni leihau'r cerrynt I (drwy gynyddu gwrthiant y llwyth) mae'r gp, Ir, ar draws r yn lleihau, gan ganiatáu gp mwy, V, ar draws y llwyth – hynny yw, ar draws terfynellau'r gell. Ar gyfer gwrthiant llwyth anfeidraidd, mae I yn sero, felly mae $V = E$. Ond sut mae gwneud gwrthiant y llwyth yn anfeidraidd? Yn syml, drwy adael y gell yn 'gylched agored', hynny yw, heb ei chysylltu ag unrhyw beth (ac eithrio foltmedr gyda gwrthiant nodweddiadol o 10 MΩ). Dywedwn fod gp ar draws terfynellau cell mewn *cylched agored* yn hafal i'r g.e.m.

(d) Pŵer

Gan luosi drwy'r hafaliad 'foltedd' ($V = E - Ir$) gydag I, cawn hafaliad defnyddiol ar gyfer *pŵer*:

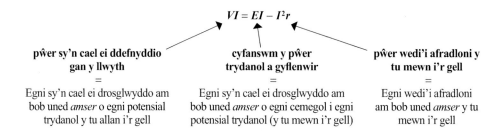

Enghraifft 1

Mae gan gell g.e.m. o 1.62 V. Pan fydd gwrthydd $1.50\ \Omega$ yn cael ei gysylltu ar draws ei therfynellau, mae'r gp yn gostwng i 1.39 V. Cyfrifwch: (a) gwrthiant mewnol y gell, (b) ffracsiwn cyfanswm y pŵer sy'n cael ei afradloni yn y gwrthiant mewnol.

Ateb

(a) Yn gyntaf rydyn ni'n rhoi'r data ar ddiagram, fel sydd i'w weld.

Gan ystyried y llwyth $1.50\ \Omega$:

$$I = \frac{1.39\ \text{V}}{1.50\ \Omega} = 0.927\ \text{A}.$$

Felly (gweler y diagram)

$$r = \frac{1.62\ \text{V} - 1.39\ \text{V}}{0.927\ \text{A}} = 0.25\ \Omega.$$

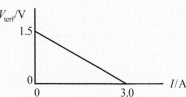

(b) $\dfrac{\text{pŵer yn } r}{\text{pŵer a gynhyrchwyd}} = \dfrac{I^2 r}{EI} = \dfrac{Ir}{E} = \dfrac{1.62\ \text{V} - 1.39\ \text{V}}{1.62\ \text{V}} = 0.14.$

Enghraifft 2

Brasluniwch graff o V yn erbyn I ar gyfer cell â g.e.m. 1.50 V a gwrthiant mewnol $0.50\ \Omega$.

Ateb

Mae gennyn ni $V = 1.50\ \text{V} - I \times 0.50\ \Omega$.
Mae V yn gostwng yn llinol gydag I.
Pan fydd $I = 0$, $V = 1.50$ V; pan fydd $I = 1.00$ A, bydd $V = 1.00$ V ac yn y blaen, ac felly cawn y graff sydd wedi'i fraslunio.

Sylwch fod $I_{\text{mwyaf}} = \dfrac{E}{r}$, sy'n cyfateb i wrthiant allanol

o sero; dywedwn fod y gell mewn *cylched fer*. Mae celloedd yn poethi ac yn colli eu hegni'n gyflym mewn cylched fer. Dydyn nhw ddim yn ei hoffi.

(dd) Batrïau

Yn aml, caiff celloedd eu cysylltu mewn cyfres fel 'batri' i gynhyrchu g.e.m. mwy. Yn ymarferol, nid oes llawer o bwynt defnyddio unrhyw beth heblaw am gelloedd unfath.

Mae g.e.m. y batri = swm g.e.m. y celloedd mewn cyfres

Rhaid cysylltu positif un gell â negatif y nesaf, ac yn y blaen. Mae g.e.m. unrhyw gell sydd wedi'i chysylltu'r ffordd anghywir yn cyfrif fel g.e.m. negatif. Gweler yr enghraifft yn y Pwynt astudio.

Sylwch hefyd fod:

Gwrthiant mewnol batri = swm gwrthiannau mewnol y celloedd

Yma, nid oes unrhyw arwyddion minws hyd yn oed pan fydd cell wedi'i chysylltu o chwith.

Gwirio gwybodaeth 2.3.9

Mae gan gell g.e.m. 1.60 V. Mae'r gp ar draws ei derfynellau yn gostwng i 1.35 V pan fydd gwrthydd $3.0\ \Omega$ wedi'i gysylltu ar eu traws. Cyfrifwch (a) gwrthiant mewnol y gell, (b) y gp ar draws terfynellau'r gell os yw'r gwrthydd $3.0\ \Omega$ yn cael ei ddisodli gan wrthydd $2.0\ \Omega$.

Gwirio gwybodaeth 2.3.10

Pan gaiff dau wrthydd $2.5\ \Omega$ eu cysylltu mewn paralel ar draws cell, y cerrynt drwy'r gell yw 0.88 A. Pan fydd y ddau wrthydd wedi'u cysylltu mewn cyfres ar draws y gell, y cerrynt yw 0.28 A. Ysgrifennwch ddau hafaliad, y naill a'r llall yn cynnwys E ac r, a'u datrys yn gydamserol i ddarganfod gwerthoedd E ac r.

Ymestyn a Herio

Mae gwahanol wrthiannau, R, yn cael eu cysylltu ar draws cell, g.e.m. E a gwrthiant mewnol r.

(a) Gan ysgrifennu I_{mwyaf} yn lle E/r, nodwch werthoedd I/I_{mwyaf} os yw
$R = 0$, $R = r$, $R = 3r$.

(b) Drwy hynny, brasluniwch graff I/I_{mwyaf} yn erbyn R.

(c) A yw hwn yn graff dadfeiliad esbonyddol? Esboniwch eich ateb.

Pwynt astudio

Tybiwch fod batri wedi ei adeiladu o 4 cell, pob un ag $E = 1.60$ V, $r = 0.25\ \Omega$.

Yna ar gyfer y batri ⊣⊢⊢⊢⊢

$E = 6.4$ V, $r = 1.0\ \Omega$.

Ond ar gyfer batri wedi'i gysylltu'n anghywir ⊣⊢⊣⊢⊢

$E = 3.2$ V, $r = 1.0\ \Omega$.

Gwirio gwybodaeth 2.3.11

Mae batri'n cynnwys tair cell, pob un ag $E = 1.60$ V, $r = 0.25\ \Omega$.

(a) Cyfrifwch y cerrynt mae'n ei yrru drwy lwyth $2.0\ \Omega$ a'r gp ar draws y llwyth.

(b) Ailadroddwch ar gyfer yr achos pan fydd un gell y ffordd anghywir o gwmpas.

2.3.5 Gwaith ymarferol penodol: Darganfod gwrthiant mewnol cell

Rydyn ni'n rhoi dau ddull yma:

Mae dull (a) yn defnyddio $V = E - Ir$ yn uniongyrchol.

Mae dull (b), yr un yn y llyfr labordy, yn defnyddio hafaliad sy'n hawdd i'w ddeillio o $V = E - Ir$.

Gallai fod yn fwy cyfleus gweithio gyda batri o gelloedd yn hytrach nag un gell. Os felly, gallwn rannu gwerthoedd E ac r a welwn ar gyfer y batri gyda nifer y celloedd, er mwyn rhoi E ac r cymedrig pob cell.

(a) Drwy fesur V ac I

Rydyn ni'n cydosod y gylched sydd i'w gweld yn Ffig. 2.3.23. Gallai'r gwrthydd newidiol fod yn rheostat labordy. Gallai hefyd fod yn ddetholiad o wrthyddion gwahanol, a gallen ni eu defnyddio'n unigol neu mewn cyfuniadau. Yn ddelfrydol, dylai fod yn bosibl mynd i lawr i 1 ohm neu'n is. Nid ydyn ni'n defnyddio gwerthoedd gwirioneddol gwrthiant.

Y syniad yw cymryd sawl pâr o ddarlleniadau ar gyfer V ac I (mae o leiaf 7 yn dda), a phlotio graff V yn erbyn I. Gan mai'r berthynas rhwng V ac I yw

$$V = E - Ir$$

rydyn ni'n disgwyl graff llinol gyda graddiant negatif, sy'n hafal i $-r$, gyda rhyngdoriad E ar yr echelin V.

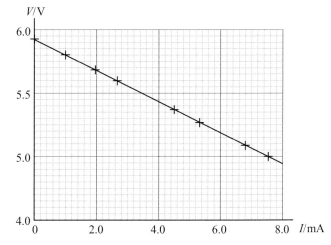

Ffig. 2.3.24 Graff V–I nodweddiadol ar gyfer cyflenwad pŵer â gwrthiant mewnol uchel

Dylid cymryd y darlleniad cyntaf gyda'r switsh ar agor, fel bod $I = 0$. Os nad oes gennyn ni werth bras ar gyfer y gwrthiant mewnol, mae angen cymryd darlleniadau prawf i sefydlu gwerth y cerrynt sy'n lleihau V yn sylweddol, ac yna set o ddarlleniadau gyda cheryntau cytbell (*equally spaced*) bras, hyd at sawl gwaith y gwerth hwn.

Mae'r graff yn Ffig. 2.3.24 yn dangos set nodweddiadol o ganlyniadau ar gyfer cyflenwad pŵer gyda gwrthiant mewnol uchel.

(b) Drwy fesur I a'r gwrthiant allanol

Y tro hwn rydyn ni'n defnyddio gwahanol wrthyddion, neu gyfuniadau o wrthyddion â gwerthoedd hysbys neu werthoedd y gallwn eu mesur, fel gwrthiant y 'llwyth' R. Y fantais yw nad oes angen i ni fesur I a V. Dyna pam nad yw Ffig. 2.3.25 yn dangos foltmedr! Rydyn ni'n mesur ac yn cofnodi'r cerrynt, I, ar gyfer sawl gwerth hysbys o R. Rydyn ni'n plotio graff o R yn erbyn $1/I$.

 2.3.12 Gwirio gwybodaeth

(a) Dangoswch fod y pŵer sy'n cael ei afradloni mewn gwrthiant R sydd wedi'i gysylltu ar draws terfynellau cell, g.e.m. E a gwrthiant mewnol r, yn cael ei roi gan

$$P = \frac{E^2 R}{(R+r)^2}$$

(b) Ar gyfer cell, g.e.m. 1.50 V a gwrthiant mewnol 0.50 Ω brasluniwch graff P yn erbyn R. Y gwerthoedd a argymhellir ar gyfer R i'w hystyried yw 0, 0.25 Ω, 0.50 Ω, 1.0 Ω, 2.0 Ω.

(c) Ar gyfer y pŵer mwyaf yn R, sut byddai'n ymddangos bod gwerth R yn cymharu ag r?

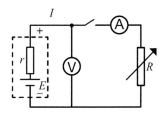

Ffig. 2.3.23 Dull (a) o ddarganfod r cell

Gwirio ymarferol >>

Dylech adael y switsh ar agor pan nad ydych yn cymryd darlleniadau neu pan ydych yn addasu'r gwrthydd newidiol; mae celloedd go iawn yn dioddef o ddrifft tuag i lawr yn y g.e.m. dan lwyth – mae hwn yn niwsans ac rydyn ni'n ceisio ei leihau.

Gwirio ymarferol >>

Yn yr arbrawf hwn, nid oes llawer o werth mewn ailadrodd darlleniadau. Mae'n well cymryd mwy o barau o werthoedd.

 2.3.13 Gwirio gwybodaeth

Ar gyfer y cyflenwad pŵer gyda'r graff $V - I$ yn Ffig. 2.3.24

(a) darganfyddwch y g.e.m. a'r gwrthiant mewnol, a

(b) drwy hynny, cyfrifwch y cerrynt a'r gp ar draws y terfynellau ar gyfer gwrthiant (llwyth) allanol o 200 Ω.

Dyma pam rydyn ni'n gwneud hynny:

Ar gyfer gwrthiant y llwyth, $V = IR$.

Gan amnewid ar gyfer V yn $V = E - Ir$,

rydyn ni'n cael $IR = E - Ir$.

Drwy rannu ag I, $R = \dfrac{E}{I} - r$.

O gymharu $R = \dfrac{E}{I} - r$ gydag $y = mx + c$, gwelwn y

dylai'r graff fod yn llinell syth gyda rhyngdoriad $-r$ a graddiant E.

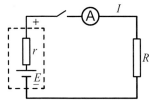

Ffig. 2.3.25 Dull (b) o ddarganfod gwrthiant mewnol cell

Gwirio gwybodaeth 2.3.14

Nodwch sut i ddarganfod g.e.m. a gwrthiant mewnol cyflenwad pŵer o wybod graddiant a rhyngdoriad graff $\dfrac{1}{I}$ yn erbyn R.

Gwirio gwybodaeth 2.3.15

Nodwch sut i ddarganfod g.e.m. a gwrthiant mewnol cyflenwad pŵer, o wybod graddiant a rhyngdoriad graff $\dfrac{1}{V}$ yn erbyn $\dfrac{1}{R}$.

Profwch eich hun 2.3

1. (a) Ar gyfer y gylched sydd i'w gweld, cyfrifwch:
    (i) y gp rhwng B ac C,
    (ii) y cerrynt, x,
    (iii) y cerrynt, y.

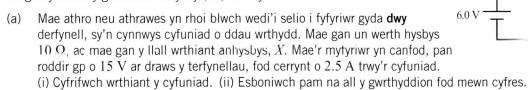

   (b) Drwy hyn, dangoswch yn glir mai'r gp rhwng A ac C yw 22.5 V.

   (c) (i) Defnyddiwch fformiwlâu gwrthiant i gyfrifo gwrthiant y cyfuniad o dri gwrthydd yn y diagram.
      (ii) Gwiriwch eich ateb i (c) (i) gan ddefnyddio cerrynt a gp wedi'u dewis o rannau (a) a (b), gan esbonio eich ymresymu.

2. Yn y gylched sydd i'w gweld, mae gwrthiant mewnol y cyflenwad pŵer yn ddibwys. Darganfyddwch y gwrthiant anhysbys, R, i 2 ff.y.

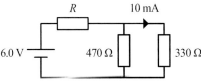

3. (a) Mae athro neu athrawes yn rhoi blwch wedi'i selio i fyfyriwr gyda **dwy** derfynell, sy'n cynnwys cyfuniad o ddau wrthydd. Mae gan un werth hysbys 10 Ω, ac mae gan y llall wrthiant anhysbys, X. Mae'r myfyriwr yn canfod, pan roddir gp o 15 V ar draws y terfynellau, fod cerrynt o 2.5 A trwy'r cyfuniad.
   (i) Cyfrifwch wrthiant y cyfuniad. (ii) Esboniwch pam na all y gwrthyddion fod mewn cyfres.

   (b) (i) Ychwanegwch y cyfuniad o wrthyddion i gwblhau'r diagram, a dangoswch yn glir y cerrynt ym mhob gwrthydd. (ii) **Drwy hynny,** cyfrifwch y gwrthiant, X. (iii) Defnyddiwch y fformiwla cyfuniad gwrthyddion priodol i wirio a yw eich atebion i (a) (i) a (b) (ii) yn gyson.

4. Mae'r gp ar draws deuod allyrru golau (LED) nodweddiadol wrth allyrru golau tua 2 V dros amrediad eang o geryntau. Cyfrifwch werth addas ar gyfer gwrthydd i'w roi mewn cyfres gydag LED er mwyn ei redeg o gyflenwad 5.0 V ar y cerrynt a argymhellir, sef 15 mA.

5. (a) Mae'r diagram yn dangos rhannydd potensial amrywiol sy'n ddefnyddio trac carbon, AB, â gwrthiant 100 Ω. Mae 'mewnbwn' o 12 V yn cael ei roi ar draws AB. Mae'r cyswllt llithr, S, wedi'i leoli fel bod y gp rhwng S a B yn 8.4 V. Cyfrifwch: (i) gwrthiant y trac carbon rhwng S a B; (ii) y gp rhwng A ac S.

   (b) Nawr mae lamp ffilament yn cael ei chysylltu rhwng S a B, gyda S yn yr un safle ag yn rhan (a). Mae cerrynt, I, drwy'r lamp fel sydd i'w weld.
   Nodwch, **gyda rhesymau**, a yw'r mesurau canlynol yn cynyddu, yn lleihau neu'n aros yr un fath pan fydd y lamp wedi'i chysylltu: (i) y cerrynt drwy'r trac rhwng A ac S; (ii) y gp rhwng A ac S; (iii) y gp rhwng S a B.

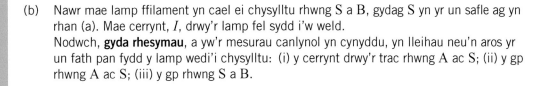

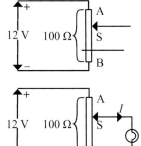

6. Mae'r diagram yn dangos cylched sy'n cael ei defnyddio i ymchwilio i sut mae'r gp ar draws terfynellau cell yn dibynnu ar y cerrynt. Cymerwyd pedwar pâr o ddarlleniadau. Maen nhw wedi'u plotio ar y grid fel A, B, C a D.

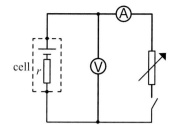

(a) (i) Ar gyfer pa un o'r pwyntiau roedd y switsh ar agor?
   (ii) Diffiniwch g.e.m. cell.
   (iii) Ysgrifennwch g.e.m. y gell uchod.

(b) (i) Ar gyfer pwynt D, cyfrifwch y gp ar draws y gwrthiant mewnol.
   (ii) **Drwy hyn**, cyfrifwch wrthiant mewnol y gell.

(c) (i) Cwblhewch y graff, a drwy hynny cyfrifwch y mesur:

$$\frac{\text{g.e.m. cell}}{\text{y cerrynt mwyaf gall cell ei gyflenwi}}$$

   (ii) Beth yw arwyddocâd ffisegol y mesur hwn?

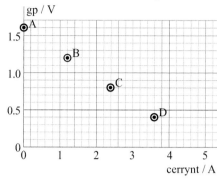

7. Mewn arbrawf i ddarganfod g.e.m., E, a gwrthiant mewnol, r, batri, cafodd y batri, switsh, amedr a gwrthydd 22 Ω eu cysylltu mewn cyfres (Ffig. 2.3.25). Gyda'r switsh ar gau cofnodwyd y cerrynt, I. Ailadroddwyd hyn gyda gwrthyddion oedd â'u gwrthiannau'n lleihau, i lawr hyd at 1.5 Ω.

Gwerth gwrthydd, R / Ω	22.0	15.0	10.0	4.7	1.5
Darlleniad cerrynt, I / A	0.203	0.289	0.414	0.762	1.548

(a) Deilliwch y berthynas ddisgwyliedig rhwng y cerrynt, I, a gwerth y gwrthydd, R, ar y ffurf $R = \frac{E}{I} - r$; (b) Plotiwch graff R yn erbyn $1/I$. Nid oes angen plotio barrau cyfeiliornad; (c) Trafodwch a yw eich graff yn cefnogi'r hafaliad yn (a) neu beidio; (ch) Defnyddiwch y graff i ddarganfod gwerthoedd ar gyfer E ac r; (d) Gadawyd y switsh ar agor, heblaw pan oedd darlleniadau'n cael eu cymryd. Awgrymwch pam.

8. Mae cwestiwn hwn yn ymwneud â chylchedau sy'n cynnwys bwlb dangosydd 6.0 V, 60 mA gyda'r nodwedd sydd i'w gweld, a gwrthydd 100 Ω.

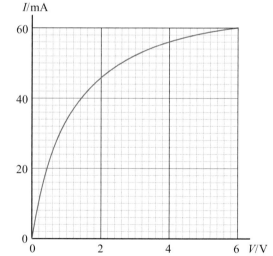

(a) Defnyddiwch y graff i ddarganfod gwrthiant y bwlb:
   (i) pan mae'n gweithredu ar ei foltedd cywir, a
   (ii) pan mae'r gp ar ei draws yn 2.0 V.

(b) Cyfrifwch y canlynol:
   (i) cyfanswm y gp ar draws y bwlb a'r gwrthydd mewn cyfres gyda cherrynt 45 mA, a
   (ii) cyfanswm y cerrynt mewn cyfuniad paralel o'r ddau gyda gp 4.0 V ar eu traws.

(c) Cysylltir y bwlb a'r gwrthydd mewn paralel, a chyfanswm y cerrynt yn y pâr yw 80 mA. Darganfyddwch y cerrynt yn y naill a'r llall a'r gp ar draws y pâr. [Awgrym: yn gyntaf, lluniadwch graff cerrynt–foltedd ar gyfer y gwrthydd ar yr un echelinau ag ar gyfer y bwlb.]

(ch) Rhoddir gp o 6.0 V ar draws y bwlb a'r gwrthydd mewn cyfres. Darganfyddwch y gp ar draws y naill a'r llall a'r cerrynt.

2.4 Natur tonnau

Sut mae'n bosibl trosglwyddo egni o un lle i'r llall? Dyma rai enghreifftiau:

1. Mae bwled sy'n cael ei danio o wn yn cario egni cinetig.
2. Mae olew neu nwy sy'n llifo mewn piblinell yn cludo ychydig o egni cinetig ond, yn bwysicach, mae'n cludo egni cemegol.
3. Mae tonnau seismig sy'n teithio drwy gramen y Ddaear, a tswnamïau sy'n teithio drwy'r môr, yn trosglwyddo symiau brawychus o egni dros gyfnodau byr o amser.
4. Mae tonnau sain sy'n teithio drwy'r aer yn cario egni sy'n gallu actifadu niwronau yn y glust fewnol, neu gynhyrchu 'signalau' trydanol mewn microffonau.

Yn 1 a 2, mae mater (defnydd) yn teithio o un lle i'r llall, gan fynd ag egni gydag ef. Mae 3 a 4 yn gwbl wahanol: mae cynnwrf, sy'n cario egni, yn teithio (neu'n *lledaenu*) drwy *gyfrwng* (solid, hylif neu nwy) fel *ton gynyddol*. Mae gronynnau'r cyfrwng yn cael eu dadleoli dros dro o'u safleoedd arferol wrth i'r don basio, gan ddirgrynu neu osgiliadu fel arfer o amgylch y safleoedd hyn. I grynhoi:

> Patrwm o gynhyrfau yw ton gynyddol, sy'n teithio drwy gyfrwng gan gludo egni gydag ef. Mae gronynnau'r cyfrwng yn osgiliadu o amgylch eu safleoedd ecwilibriwm.

Pan fydd tswnami mawr yn cyrraedd y lan, efallai bydd y gronynnau dŵr yn cael eu dadleoli sawl metr, ond mae'n bosibl y bydd y don ei hun wedi teithio degau neu gannoedd o gilometrau.

Ffig. 2.4.1 Tswnami

2.4.1 Sut mae tonnau'n lledaenu

Mae pob ton fecanyddol (fel tonnau seismig, tonnau sain a thonnau dŵr) yn lledaenu yn yr un ffordd gyffredinol. Mae *ffynhonnell* ton – ar gyfer ton sain mae'n bosibl mai côn seinydd fydd hon – yn dadleoli'r cyfrwng nesaf ati, sy'n rhoi grym ar ran gyfagos y cyfrwng, gan achosi iddo gyflymu o ddisymudedd a chael ei ddadleoli, gan roi grym ar y rhan 'nesaf', ac yn y blaen.

Fel arfer, mae'r *buanedd* mae tonnau'n lledaenu arno yn dibynnu ar briodweddau'r cyfrwng, yn hytrach nag ar natur y cynnwrf sy'n cael ei gynhyrchu gan y ffynhonnell. Gweler Gwirio gwybodaeth 2.4.2 a 2.4.3.

Ymestyn a Herio

Er na fyddwch yn cael eich profi ar hyn, mae'n werth edrych ar sut mae ton yn teithio mewn rhaff dynn. Mae'n bosibl dadlau mai dyma'r enghraifft symlaf o don. Mae Ffig. 2.4.2 (a) yn dangos y rhaff, wedi i un pen i'r rhaff gael ei ddadleoli'n sydyn, ryw fymryn bach i gyfeiriad sydd ar ongl sgwâr i'r rhaff ei hun. Mae Ffig. 2.4.2 (b) yn ddiagram gwrthrych rhydd ar gyfer cyfran fach P o'r rhaff. Mae'n dangos bod y grym cydeffaith ar P ar ongl sgwâr (bron) i linell y rhaff, neu'n *ardraws* iddi, felly bydd P yn cyflymu (o ddisymudedd) yn y cyfeiriad hwnnw, a chaiff ei ddadleoli ei hun ymhen dim, gan roi grym ardraws ar y gyfran 'nesaf'. Yn y modd hwn, mae'r dadleoliad ardraws yn cael ei gludo ar hyd y rhaff. Gweler Ffig. 2.4.2 (c).

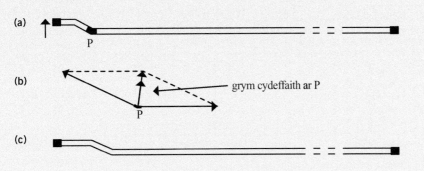

(a)

(b) grym cydeffaith ar P

(c)

Gwirio gwybodaeth 2.4.1

Rhowch ddwy enghraifft arall o drosglwyddiad egni: un sy'n galluogi bywyd ar y Ddaear, ac un a ddatblygwyd gan fodau dynol.

Gwirio gwybodaeth 2.4.2

Rhoddir buanedd tonnau ardraws ar raff estynedig gan

$$v = \left(\frac{T}{\mu}\right)^n$$

lle μ yw'r màs am bob uned hyd y rhaff, a T yw'r tyniant ynddi. Drwy ystyried *unedau*, darganfyddwch werth n.

Gwirio gwybodaeth 2.4.3

Rhoddir cyflymder sain mewn aer gan

$$v = \sqrt{\frac{1.40p}{\rho}}$$

lle p yw'r gwasgedd aer. Mae ρ yn briodwedd arall aer. Awgrymwch pa un, a cheisiwch gadarnhau eich awgrym drwy wirio unedau.

Ffig. 2.4.2 Lledaeniad tonnau ardraws ar raff

2.4.2 Tonnau ardraws

Rydyn ni eisoes wedi dod ar draws un enghraifft: **ton ardraws** mewn rhaff, llinyn neu wifren dynn (Ffig. 2.4.2). Enghraifft arall yw'r don *eilaidd* (S) neu *groesrym* (Ffig. 2.4.3) sy'n teithio drwy gramen y Ddaear o ddigwyddiad tanddaearol, fel un màs o graig yn llithro yn erbyn un arall.

Mae tonnau golau a **thonnau electromagnetig (e-m)** eraill hefyd yn donnau ardraws. Maen nhw'n arbennig oherwydd gallan nhw deithio mewn gwactod, lle mae eu buanedd, c, yn 2.998×10^8 m s^{-1}. Mae eu buanedd mewn aer yr un peth, i bedwar ffigur ystyrlon. Er nad oes angen cyfrwng arnyn nhw, mae tonnau e-m yn ymddwyn yn union fel tonnau ardraws eraill mewn sawl ffordd. Ond, gallech feddwl, mewn gwactod nid oes gronynnau i osgiliadu!

Yn hytrach na *gronynnau* yn osgiliadu wrth i don e-m deithio, mesurau fector o'r enw *cryfder maes trydanol* a *chryfder maes magnetig* sy'n osgiliadu ar bob pwynt. Mae'r ddau fector yn osgiliadu ar ongl sgwâr i gyfeiriad teithio'r don (ac i'w gilydd). Eu hosgiliadau *yw'r* don. Pan fydd ton e-m yn rhyngweithio â mater (er enghraifft wrth ysgogi celloedd yn ein retinâu) mae fel arfer yn digwydd drwy ei faes *trydanol* (mesur sy'n perthyn yn agos i'r gwahaniaeth potensial). Yn wir, pan soniwn am *ddadleoliad* ar gyfer ton e-m, drwy gonfensiwn rydyn ni'n golygu cryfder y maes *trydanol*. Mae'r fector cryfder maes *magnetig* bob amser yn bresennol mewn ton e-m, ond wnawn ni ddim cyfeirio ato eto yma.

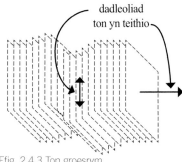

dadleoliad ton yn teithio

Ffig. 2.4.3 Ton groesrym

(a) Polareiddiad tonnau ardraws

Mae Ffig. 2.4.4 (a) yn giplun o raff sy'n cael ei hysgwyd ar un pen mewn mudiant osgiliadol. Mae'r tonnau ardraws yn rhai **polar** (neu'n *llinol bolar* i fod yn fanwl gywir).

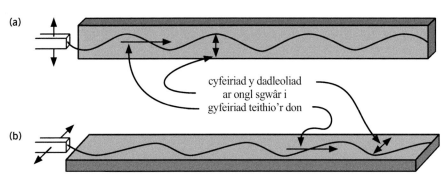

(a)

(b)

cyfeiriad y dadleoliad ar ongl sgwâr i gyfeiriad teithio'r don

Ffig. 2.4.4 Tonnau ardraws polar ar raff

Mae golau o'r rhan fwyaf o ffynonellau 'cyffredin' (fel yr Haul, fflamau, lampau ffilament a LEDau) yn *amholar*. Mae'n cynnwys cyfres ar hap o ddilyniannau osgiliadol gyda meysydd trydanol ar wahanol onglau, er bod pob un ohonyn nhw ar ongl sgwâr i gyfeiriad y lledaeniad. Mae hyn i'w weld ar ffurf symbolaidd yn Ffig. 2.4.5 (a).

Mae'r rhan fwyaf o laserau yn cynhyrchu golau *polar*: mae osgiliadau'r maes trydanol wedi'u cyfyngu i un cyfeiriad ar ongl sgwâr i'r cyfeiriad teithio, fel yn Ffig. 2.4.5 (b) neu (c). (Yr union derm yw *llinol bolar*, ond byddwn ni'n defnyddio *polar*.)

(a) amholar

(b) polar yn fertigol

(c) polar yn llorweddol

Ffig. 2.4.5 Golau'n dod allan o'r dudalen tuag at y gwyliwr: cyfeiriadau osgiliadau'r maes trydanol

Gallwn ddarganfod a yw golau'n bolar neu'n amholar drwy roi *hidlydd polareiddio* (neu *'polaroid'*) ar lwybr y golau. Mae'r hidlydd yn ddalen blân o ddefnydd sy'n cynnwys moleciwlau syth hir arbennig wedi'u trefnu'n baralel ac yn agos at ei gilydd. Bydd cydrannau'r maes trydanol sy'n baralel â'r moleciwlau yn cael eu rhwystro; bydd cydrannau sy'n berpendicwlar i'r moleciwlau yn cael eu trawsyrru (eu gadael drwodd).

Edrychwch yn ofalus ar Ffig. 2.4.6, sy'n dangos yr effaith ar **olau polar fertigol** o droi'r hidlydd drwy wahanol onglau.

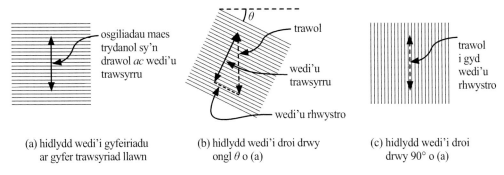

(a) hidlydd wedi'i gyfeiriadu ar gyfer trawsyriad llawn

(b) hidlydd wedi'i droi drwy ongl θ o (a)

(c) hidlydd wedi'i droi drwy 90° o (a)

Ffig. 2.4.6 Effaith hidlydd polareiddio ar olau wedi'i bolareiddio'n fertigol

Os edrychwn ar olau **amholar** drwy hidlydd polareiddio, mae ei ddisgleirdeb yn cael ei leihau (oherwydd bod cydrannau maes trydanol sy'n baralel â'r moleciwlau yn cael eu dileu). Mae'r hidlydd yn polareiddio'r golau – yn ei wneud yn olau polar.

Os yw'r hidlydd yn cael ei gylchdroi, nid yw disgleirdeb y golau a drawsyrrir yn newid. Mae cydrannau maes trydanol sy'n baralel â'r moleciwlau, ac sydd newydd eu cyfeiriadu, yn cael eu dileu. Ond bydd hyn yn cymryd yr un faint o egni allan o'r golau ag oedd yno cyn cylchdroi. Gweler Ffig. 2.4.7.

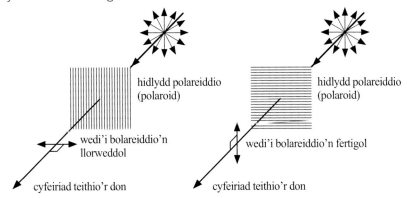

hidlydd polareiddio (polaroid)

wedi'i bolareiddio'n llorweddol

cyfeiriad teithio'r don

hidlydd polareiddio (polaroid)

wedi'i bolareiddio'n fertigol

cyfeiriad teithio'r don

Ffig. 2.4.7 Defnyddio hidlydd polareiddio i bolareiddio golau amholar

Mae Tabl 2.4.1 yn crynhoi'r hyn sydd i'w weld drwy hidlydd polareiddio pan fydd yn cael ei droi'n raddol drwy gylchdro cyfan sy'n dechrau o'r ongl ar gyfer y disgleirdeb mwyaf a arsylwyd.

	0°	90°	180°	270°	360°
Golau polar yn drawol	disgleiriaf	tywyll	disgleiriaf	tywyll	disgleiriaf
Golau amholar yn drawol	disgleirdeb cyson, ond yn dywyllach na heb hidlydd				

Term allweddol

Ton arhydol: Ton lle mae dirgryniadau'r gronynnau yn yr un llinell (neu'n baralel) â chyfeiriad teithio (lledaenu) y don.

Pwynt astudio

Nid yw tonnau dŵr yn ardraws nac yn arhydol. Mae'r gronynnau'n symud mewn cylchoedd fertigol, gydag un diamedr yn fertigol a'r llall yn baralel i gyfeiriad y lledaeniad. Mae'r cylchoedd yn mynd yn llai wrth i'r dyfnder gynyddu. O edrych ar arwyneb y dŵr, efallai mai dim ond cydran fertigol y mudiant a welwn.

2.4.3 Tonnau arhydol

Ni all tonnau ardraws (croesrym) deithio drwy nwyon neu hylifau gan nad oes gan y rhain anhyblygedd: ni all haenau olynol (Ffig. 2.4.3) roi grymoedd ardraws ar ei gilydd heb lithriad ac afradlonedd egni (trosglwyddo i egni thermol hap).

I'r gwrthwyneb, mae **tonnau arhydol** yn gallu teithio drwy nwy neu hylif, yn ogystal â drwy solid.

Mae'r tonnau *cynradd* (*P*) sy'n teithio drwy gramen, mantell a chraidd y Ddaear o ddigwyddiad tanddaearol yn donnau arhydol.

Mae *tonnau sain* yn arhydol. Maen nhw'n cael eu cynhyrchu gan wrthrychau dirgrynol, fel conau seinyddion er enghraifft. Hyd yn oed mewn cyngerdd roc, ac eithrio yn agos iawn at y seinyddion, mae dadleoliad mwyaf aer o ganlyniad i donnau sain yn llai na 0.1 mm.

Mae ton arhydol yn teithio ar hyd sbring 'Slinci' wedi'i estyn, os symudwn un pen yn ôl ac ymlaen yn baralel â'r sbring (Ffig. 2.4.8). Ar y sbring slinci gallwn weld y *teneuadau* a'r *cywasgiadau* sydd hefyd yn bresennol mewn ton sain. Ond cofiwch fod ton y sbring slinci yn teithio mewn un dimensiwn, a bod lledaeniad sain yn dri dimensiwn.

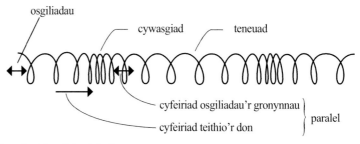

Ffig. 2.4.8 Ton arhydol ar sbring 'slinci'

2.4.4 Tonnau o ffynonellau osgiliadol

2.4.5 Gwirio gwybodaeth

Mae pwynt ar linyn tyn yn gwneud 56 cylchred o osgiliad mewn 35 s. Cyfrifwch:

(a) Yr amser byrraf mae'n ei gymryd iddo fynd o'r dadleoliad mwyaf i sero.

(b) Yr amledd.

Byddwn yn tybio bellach fod *pob un* o'n ffynonellau ton yn *osgiliadu* (dirgrynu) yn *sinwsoidaidd*, fel sydd i'w weld yn y graff dadleoliad yn erbyn amser (Ffig. 2.4.9). Mae'r gair *sinwsoidaidd* yn disgrifio siâp y graff. Sylwch ei fod yn *gyfnodol* – mae'n ailadrodd yr un *gylchred* drosodd a throsodd. Bydd dadleoliadau'r gronynnau yn y cyfrwng hefyd yn amrywio'n sinwsoidaidd gydag amser, ond bydd y graff yn symud ymhellach i'r dde y pellaf yw gronynnau oddi wrth y ffynhonnell, gan y bydd pob nodwedd (fel brig) yn cyrraedd yn ddiweddarach.

2.4.6 Gwirio gwybodaeth

Mae myfyriwr yn galw'r pellter o un brig i'r nesaf yn Ffig. 2.4.9 yn 'donfedd y don' ac *A* 'yr osgled mwyaf'. Esboniwch iddo'n gryno pam mae'n *rhaid* ei fod yn anghywir am y ddau, a beth dylai fod wedi ei ddweud.

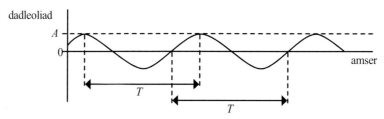

Ffig. 2.4.9 Graff dadleoliad–amser ar gyfer gronyn sy'n osgiliadu

Gan gyfeirio at Ffig. 2.4.9, dyma rai diffiniadau sylfaenol y dylech eu dysgu:

Osgled, *A*, osgiliad yw gwerth mwyaf y dadleoliad o'i safle cymedrig. Uned: m

Amledd, *f*, ton yw nifer y cylchredau ton sy'n pasio pwynt penodol bob eiliad [neu nifer y cylchredau bob eiliad sy'n cael eu cyflawni gan unrhyw ronyn yn y cyfrwng mae'r don yn pasio drwyddo]. Uned: Hz

Cyfnod, *T*, ton yw'r amser ar gyfer un cylchred. Uned: s

Sylwch fod y diffiniadau o'r **cyfnod** a'r **amledd** yn cyfeirio at *gylchred*. Gallwn ddiffinio cylchred fel cyfran leiaf osgiliad, yn cychwyn ar unrhyw bwynt, sy'n ei ailadrodd ei hun yn union. Gallwn arddangos y berthynas rhyngddyn nhw gydag esiampl hawdd.

Mae perthynas syml rhwng amledd a chyfnod.

Tybiwch fod $T = 0.10s$; yna mae'n amlwg y bydd 10 cylchred bob eiliad, felly'r *amledd, f*, yw 10 Hz.

Gan gyffredinoli, $f = \dfrac{1}{T}$ a $T = \dfrac{1}{f}$

Sylwch fod holl ronynnau'r cyfrwng yn osgiliadu gydag amledd ffynhonnell y tonnau; nid yw'n bosibl colli nac ennill y cylchredau osgiliadu wrth i'r don deithio!

Gwirio gwybodaeth 2.4.7

Yn Ffig. 2.4.10 y pellter PR rhwng gronynnau P ac R (gan dybio dadleoliadau bach iawn) yw $\frac{3}{4}\lambda$. Mynegwch yn nhermau λ, yn yr un modd, (a) y pellter RQ, (b) y pellter PS.

Enghraifft

Mae myfyriwr, sy'n edrych dros y rheiliau ar bier, yn arsylwi'r môr islaw. Mae'n amcangyfrif, wrth i bob ton basio, fod lefel y môr yn codi 1.1 m o'i bwynt isaf i'w bwynt uchaf. Mae hi'n amseru 24 cylchred osgiliadu mewn 2.0 munud. Cyfrifwch:

(a) osgled y don, (b) amledd y tonnau, (c) yr amser mae'n gymryd i lefel y môr fynd o'i bwynt isaf i'w bwynt uchaf.

Ateb

(a) osgled = dadleoliad mwyaf o'r cymedr = $\dfrac{1.1 \text{ m}}{2} = 0.55$ m

(b) amledd = $\dfrac{\text{nifer y cylchredau}}{\text{amser a gymerwyd}} = \dfrac{24}{120 \text{ s}} = 0.20$ Hz

(c) yr amser sydd ei angen = $\dfrac{1}{2}T = \dfrac{1}{2} \times \dfrac{1}{f} = \dfrac{1}{2} \times \dfrac{1}{0.2 \text{ Hz}} = \dfrac{1}{2} \times 5.0 \text{ s} = 2.5$ s

2.4.5 Ciplun o don

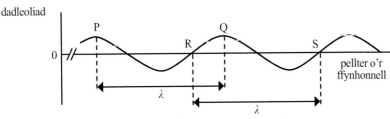

Ffig. 2.4.10 Dadleoliad yn erbyn y pellter o'r ffynhonnell ar amser penodol

Mae Ffig. 2.4.10 yn edrych fel Ffig. 2.4.9, ond sylwch, nawr, fod y *pellter o'r ffynhonnell* ar un amser penodol ar hyd yr echelin lorweddol! Rydyn ni'n galw'r math hwn o graff yn *giplun (snapshot)*. Ar gyfer ton mewn rhaff estynedig, gallai hwn fod yn ffotograff fflach o'r rhaff, gyda'r echelinau wedi'u hychwanegu.

Ar gyfer tonnau sy'n lledaenu wrth deithio'n bellach o'r ffynhonnell, bydd y gronynnau pellach yn osgiliadu gydag osgledau llai, gan fod yr egni wedi'i ledaenu'n fwy tenau. Ni fydd ein graffiau'n dangos hyn fel arfer.

Mae gronyn Q yn osgiliadu'n **gydwedd** â gronyn P. Enghraifft arall o bâr cydwedd yw R ac S. Y pellter rhwng P a Q neu R ac S yw'r **donfedd** (λ).

Termau Allweddol

Mae osgiliadau â'r un amledd **yn gydwedd** os ydyn nhw ar yr un pwynt yn eu cylchredau ar yr un pryd.

Tonfedd, λ, ton gynyddol yw'r pellter lleiaf (wedi'i fesur ar hyd cyfeiriad y lledaeniad) rhwng dau bwynt ar y don sy'n osgiliadu'n gydwedd. Uned: m

2.4.6 Buanedd ton; $v = f\lambda$

Term allweddol

Buanedd, v, ton yw'r pellter mae proffil y don yn ei symud am bob uned amser. Uned: m s^{-1}

Mewn ton gynyddol mae'r patrwm cyfan o gynhyrfau yn y cyfrwng yn symud i ffwrdd o'r ffynhonnell. Dyna yw ystyr ton yn teithio. Yn Ffig. 2.4.11 mae'r cyfeiriad teithio i'r dde. Mae'r llinell lawn yn gipolwg ar amser $t = 0$ ac mae'r llinell doredig yn giplun ar $t = \dfrac{T}{4}$, hynny yw, chwarter cylchdro yn ddiweddarach. Mae'r patrwm cyfan wedi symud i ffwrdd oddi wrth y ffynhonnell gan bellter o $\dfrac{\lambda}{4}$.

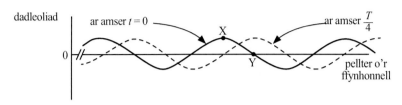

Ffig. 2.4.11 Cipluniau o don ar amser 0 ac amser T/4

Gwirio gwybodaeth

Mae tonnau dŵr o ffynhonnell ag amledd 3.0 Hz yn teithio ar draws pwll ar fuanedd 3.6 m s^{-1}. Cyfrifwch y pellter byrraf rhwng gronynnau dŵr sy'n osgiliadu yn wrthwedd (union hanner cylchred yn anghydwedd â'i gilydd).

Tybiwch fod cyfnod cyfan, T, yn mynd heibio rhwng un ciplun a'r nesaf. Bydd pob gronyn yn osgiliadu drwy un cylchred ychwanegol, gan ddod ag ef yn ôl i'w fan cychwyn. Felly ni fydd y ciplun yn newid. Ond bydd y patrwm wedi symud – i ffwrdd oddi wrth y ffynhonnell. Felly, mae'n rhaid ei fod wedi symud ymlaen un donfedd gyfan, λ.

Felly: mae *buanedd* ton, $v = \dfrac{\text{pellter a deithiwyd}}{\text{amser a gymerwyd}} = \dfrac{\lambda}{T} = \dfrac{1}{T}\lambda = f\lambda$

Mae gennym, felly, yr hafaliad cyfarwydd $v = f\lambda$.

Gall yr hafaliad $v = \dfrac{\lambda}{T}$ fod yn ddefnyddiol, ond nid yw'n cael ei roi i chi yn y Llyfryn Data.

Cofiwch mai'r amledd yw amledd ffynhonnell y tonnau a bod buanedd y tonnau, v, fel arfer yn gyson ar gyfer cyfrwng penodol, yn annibynnol ar amledd.

Enghraifft

Brasluniwch graffiau dadleoliad–amser, gan ddechrau ar $t = 0$, ar gyfer gronynnau X ac Y yn Ffig. 2.4.11, a rhowch sylwadau ar y gwahaniaeth gwedd.

Ateb

Gan allosod o safleoedd X ac Y ar amser $t = 0$ ac amser $t = \dfrac{T}{4}$ cawn y graffiau yn Ffig. 2.4.12.

Sylwch fod pob brig (neu unrhyw nodwedd arall) ar graff Y yn digwydd ar amser $T/4$ yn hwyrach na'r nodwedd gyfatebol ar graff X. Dywedwn fod gan Y oediad gwedd o chwarter cylchred y tu ôl i X. Mae'r oediad gwedd hwn yn union fel bydden ni'n ei ddisgwyl: mae'r don yn cyrraedd Y *ar ôl* iddi gyrraedd X!

Gwirio gwybodaeth

Mae ffonau symudol yn trawsyrru ac yn derbyn tonnau e-m gyda amledd tua 900 MHz, gan ddefnyddio erial integredig – sef rhoden fetel. Yn ddelfrydol, dylai hon fod o leiaf chwarter tonfedd o hyd. Ymchwiliwch i weld a allai erial o'r fath ffitio mewn ffôn symudol.

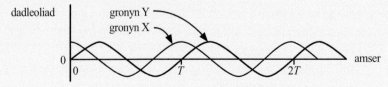

Ffig. 2.4.12 Dadleoliad–amser ar gyfer gronynnau X ac Y yn Ffig. 2.4.11

2.4.7 Diagramau blaendonnau

Rydyn ni'n gweld brigau a chafnau yn symud pan fydd tonnau dŵr yn teithio, ac mae'r rhain yn enghreifftiau o **flaendonnau**.

Mae'r diffiniad (gweler y Term allweddol) yn sôn am donnau fel sain a golau sy'n teithio tuag allan o ffynhonnell – hynny yw, mewn tri dimensiwn. Dim ond mewn dau ddimensiwn mae tonnau dŵr yn teithio, fel tonnau ar groen drwm. Felly mae eu blaendonnau'n llinellau mewn gwirionedd (llinellau crwm yn aml) yn hytrach nag arwynebau.

- Rydyn ni fel arfer yn lluniadu blaendonnau ar gyfyngau o un donfedd, fel brigau ton ddŵr.
- Mae cyfeiriad teithio blaendon, ar unrhyw bwynt, ar ongl sgwâr i'r flaendon drwy'r pwynt hwnnw. (Gweler Ffig. 2.4.13).
- Mae blaendonnau o ffynhonnell fach yn sfferig. Felly, ymhell i ffwrdd o'r ffynhonnell, maen nhw bron yn blân (gwastad) dros unrhyw ranbarth bach. Er enghraifft, bydd blaendonnau golau sy'n cyrraedd y Ddaear o seren, i bob pwrpas, yn blân.

>>> **Term allweddol**

Blaendon: Arwyneb lle mae'r osgiliadau, ar bob pwynt, yn gydwedd.

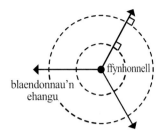

Ffig. 2.4.13 Blaendonnau o ffynhonnell bwynt

2.4.8 Gwaith ymarferol penodol: mesur amrywiadau arddwysedd ar gyfer polareiddiad

Er mwyn gwneud ymchwiliad ansoddol i effaith hidlydd polareiddio ar baladr o olau polar, yr unig beth sydd ei angen yw dau hidlydd a ffynhonnell golau, a allai fod yn un o oleuadau'r labordy neu'n olau o'r ffenestr (Ffig. 2.4.14).

Mae'r golau sy'n dod o'r hidlydd cyntaf wedi'i bolareiddio, h.y. mae osgiliadau'r maes trydanol i gyd i'r un cyfeiriad, sydd ar ongl sgwâr i gyfeiriad y lledaeniad.

Mae'n ddefnyddiol gosod marc cyfeirio ar un o'r hidlyddion er mwyn cadw golwg ar yr ongl mae'n cael ei gylchdroi drwyddi.

Wrth i ni gylchdroi'r ail hidlydd, mae arddwysedd y golau sy'n cael ei drawsyrru yn amrywio'n llyfn; byddwn yn gweld dau uchafbwynt a dau isafbwynt am bob cylchdro. Mae'r rhain yn gytbell (*equally spaced*), h.y. mae 90° rhwng pob uchafbwynt ac isafbwynt cyfagos.

Gallwn hefyd ymchwilio i'r effaith yn feintiol drwy ddefnyddio'r cyfarpar sydd i'w weld yn Ffig 2.4.15 a Ffig 2.4.16.

>>> **Pwynt astudio**

Mae effeithiolrwydd yr hidlydd polareiddio fel arfer yn amrywio ar draws y sbectrwm gweladwy. Os yw'r hidlyddion yn fwyaf effeithiol yng nghanol yr amrediad (melyn), bydd yr hidlyddion yn trawsyrru magenta (coch + glas) arddwysedd isel hyd yn oed pan fyddan nhw wedi croesi.

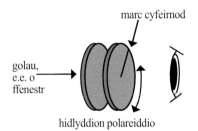

Ffig. 2.4.14 Ymchwilio i bolareiddio

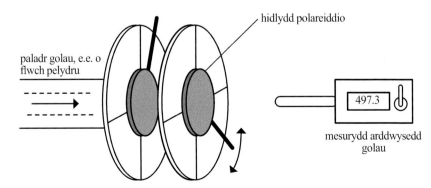

Ffig. 2.4.15 Ymchwilio i bolareiddio (yn feintiol)

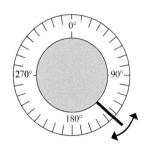

Ffig. 2.4.16 Hidlydd polareiddio sy'n gallu cael ei gylchdroi

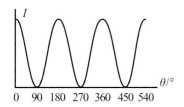

Ffig. 2.4.17 Amrywiad arddwysedd gydag ongl

Bydd y golau a drosglwyddir drwy hidlydd polareiddio 100% (gweler y Pwynt astudio) yn cael ei bolareiddio gyda'i holl osgiliadau i'r un cyfeiriad, o'r enw plân polareiddio neu gyfeiriad polareiddio. Os gosodwn ail hidlydd o'r fath ar lwybr y golau, bydd unrhyw olau sy'n dod allan yn cael ei bolareiddio 100% i'r cyfeiriad a ddiffinnir gan yr hidlydd *hwn* (hynny yw, ar ongl sgwâr i'w foleciwlau); mae'r gydran sy'n baralel â'r moleciwlau yn cael ei hamsugno. Mae Ffig. 2.4.6 (b) (t. 131) yn dangos gweithrediad yr ail hidlydd ar olau polar fertigol (yn dod allan o'r hidlydd cyntaf, sydd ddim yn cael ei ddangos). Sylwch sut mae gan y golau a drosglwyddir gan yr ail hidlydd, ar ongl θ i'r cyntaf, osgled llai na'r golau sy'n drawol arno.

Gan ddefnyddio trigonometreg syml, os yw'r ongl rhwng cyfeiriadau polareiddio'r ddau hidlydd yn θ, osgled y golau sy'n cael ei drawsyrru drwy'r ail hidlydd yw $A \cos \theta$, lle A yw osgled y golau rhwng yr hidlyddion. Fel gyda phob mudiant ton, mae'r egni sy'n cael ei gario gan y golau mewn cyfrannedd â sgwâr yr osgled, felly mae arddwysedd, I, y golau a drawsyrrir yn amrywio fel hyn: $I \propto \cos^2 \theta$ gan dybio bod yr hidlydd yn 100% effeithiol. Mae'r berthynas hon i'w gweld yn Ffig. 2.4.17, a gallwn ei phlotio'n arbrofol drwy ddefnyddio'r trefniant sydd i'w weld yn Ffig. 2.4.15 a Ffig. 2.4.16.

Profwch eich hun 2.4

1. Pan ofynnwyd i fyfyriwr am y gwahaniaeth rhwng tonnau ardraws a thonnau arhydol, ysgrifennodd y brawddegau canlynol.

   'Mae ton ardraws yn symud ar ongl sgwâr i'w chyfeiriad teithio. Mae ton arhydol yn symud i'r un cyfeiriad â'i chyfeiriad teithio.'

   Esboniwch pam nad yw hwn yn ateb da, a rhowch un gwell.

2. Diffiniad CBAC o donfedd ton gynyddol yw'r 'pellter *lleiaf* (*wedi'i fesur ar hyd cyfeiriad y lledaeniad*) rhwng dau bwynt sy'n osgiliadu'n gydwedd.'

   Esboniwch yn fyr pam mae'r gair a'r ymadrodd canlynol yn bwysig yn y diffiniad:

   (a) *lleiaf*
   (b) *wedi'i fesur ar hyd cyfeiriad y lledaeniad*

3. Mae ciplun o sawl cylchred o don sy'n teithio ar hyd rhaff yn cael ei roi i ddau fyfyriwr. Gofynnir iddyn nhw ddisgrifio, mewn geiriau, sut i fesur y donfedd. Maen nhw'n rhoi'r atebion canlynol:

   Ateb 1: Mesurwch y pellter o un brig i'r un nesaf. Dyma'r donfedd.
   Ateb 2: Dewch o hyd i ddau le lle mae'r dadleoliad yr un fath, a mesurwch y pellter rhyngddyn nhw. Dyma'r donfedd.

   Esboniwch pam mae ateb 1 yn well nag ateb 2.

4. Mae'r diagram yn dangos dau giplun o'r un don ardraws, yn teithio i gyfeiriad x positif (gyda graddfa ehangedig ar gyfer y dadleoliad, y). Mae'r ciplun ysgafn 0.25 ms ar ôl yr un trwm.

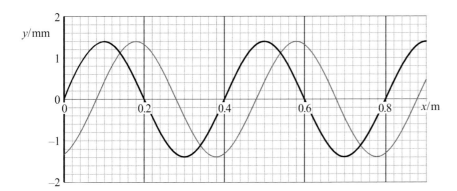

(a)   (i) Rhowch osgled y don.
          (ii) Rhowch y donfedd.

(b)   (i) Dangoswch mai'r buanedd ton isaf sy'n gyson â'r graffiau yw 320 m s^{-1}.
          (ii) Cyfrifwch y buanedd ton uchaf nesaf sy'n gyson â'r graffiau.

(c)   Gan dybio mai'r buanedd ton yw 320 m s^{-1}, cyfrifwch:
          (i) y cyfnod,
          (ii) yr amledd.

5.   Ystyriwch y don yng nghwestiwn 4 ar ennyd y llinell drom.

(a)   Nodwch ar ba werthoedd x mae cyflymder fertigol y gronynnau yn y cyfrwng yn:
        (i) sero, (ii) positif mwyaf a (iii) negatif mwyaf

(b)   [Heriol] Gan dybio buanedd ton o 320 m s^{-1}, defnyddiwch y graff i amcangyfrif cyflymder fertigol mwyaf y gronynnau.

6.   Ar gyfer y don yng nghwestiwn 4, rhowch gyfesurynnau x yr holl bwyntiau rhwng $x = 0$ a $x = 2.0$ m sy'n osgiliadu (i) yn gydwedd ac (ii) yn wrthwedd â'r gronynnau ar $x = 0.15$ m.

7.   Mae ton gynyddol yn teithio o'r chwith i'r dde. Rhoddir graffiau dadleoliad–amser isod am yr un cyfnod amser ar gyfer dau bwynt, A a B, ar lwybr y don. Mae B 0.30 m i'r dde o A.

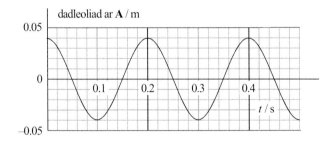

(a)   (i) Ysgrifennwch werth *osgled* y don.
          (ii) Darganfyddwch yr *amledd*.

(b)   (i) Drwy gymharu'r ddau graff dadleoliad–amser, darganfyddwch yr amser byrraf gallai'r don fod yn ei gymryd i fynd o A i B.
          (ii) Drwy hyn, dangoswch fod 6.0 m s^{-1} yn fuanedd posibl ar gyfer y don
          (iii) Esboniwch pam byddai buanedd 1.2 m s^{-1} hefyd yn gyson â'r graffiau.

(c)   (i) Diffiniwch beth yw *tonfedd* ton.
          (ii) Gan gymryd buanedd y don fel 6.0 m s^{-1}, cyfrifwch donfedd y don uchod.

8.   Mae'r diagram yn dangos ciplun o don ar amser $t = 0$. Mae'r don yn symud i'r dde gyda buanedd o 5.00 m s^{-1}.

(a)   Cyfrifwch amledd, f, a chyfnod, T, y don.

(b)   Brasluniwch graff i ddangos cyflymder fertigol y gronyn sydd ar $x = 2.0$ m rhwng $t = 0$ a $t = 1.00$ s.

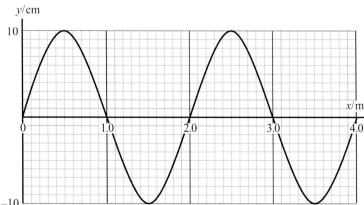

9. Mae paladr yn cynnwys cymysgedd o 70% o olau polar a 30% o olau amholar. Mae hidlydd polareiddio perffaith (h.y. mae'n trawsyrru 100% o'r golau sy'n dirgrynu mewn un plân polar a 0% o'r golau sy'n dirgrynu ar ongl sgwâr) yn cael ei roi yn y paladr a'i gylchdroi o gwmpas ei echelin. Brasluniwch graff i ddangos sut mae arddwysedd y pelydriad sy'n cael ei drawsyrru yn amrywio gydag ongl θ yr hidlydd. Tybiwch fod yr arddwysedd yn isafswm pan fydd $\theta = 0$.

10. Mae'r diagram yn dangos blaendon syth mewn tanc crychdonni yn agosáu (o'r chwith) at lwyfan tanddwr siâp lens. Mae'r llwyfan yn arafu'r don ac yn anffurfio'i blaendon wrth iddi basio dros y llwyfan.

    Copïwch y diagram, gan adael lle i'r dde.

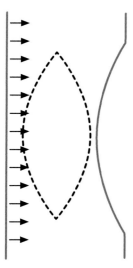

    (a) Esboniwch, yn fras, siâp y flaendon ar y dde.
    (b) Ychwanegwch saethau at y flaendon hon i ddangos cyfeiriad(au) y lledaeniad.
    (c) Drwy hyn, dangoswch safleoedd y flaendon ar ddau ennyd olynol. Dylai'r cyfyngau amser rhwng pedwar safle'r flaendon fod tua'r un fath.
    (ch) Labelwch bwynt y byddai'n bosibl yn synhwyrol ei alw'n ffocws.

11. Mae golau amholar yn pasio drwy ddau hidlydd polareiddio, un ar ôl y llall. Mae moleciwlau'r ddau hidlydd yn baralel i ddechrau. Mae'r hidlydd cyntaf yn sefydlog a'r ail un yn cael ei gylchdroi'n araf.

    (a) Dywedir bod yr hidlyddion polareiddio wedi'u croesi pan fydd eu moleciwlau ar ongl sgwâr i'w gilydd. Esboniwch pam nad oes golau'n dod allan o'r ail bolaroid wrth groesi'r polaroidau.
    (b) Os yw polaroid arall, gyda'i foleciwlau ar 45° i rai'r polaroidau croes, yn cael ei osod rhwng y polaroidau croes, bydd rhywfaint o olau'n cael ei drawsyrru eto drwy'r cyfuniad. Esboniwch pam mae hyn yn digwydd.

    [Awgrym: Gallai Ffig. 2.4.6 (b) helpu.]

12. [Ar gyfer myfyrwyr Safon Uwch]. Mae'r hafaliad $y = 10 \cos 6.28x$ (gydag y mewn cm ac x mewn m) yn cynrychioli ton ar amser $t = 0$. Mae'r don yn lledaenu ar fuanedd o 800 m s^{-1}. Mae myfyriwr yn awgrymu bod hafaliad mudiant gronyn ar $x = 2.5$ m yn cael ei roi gan $y = A \cos (\omega t + \phi)$. Darganfyddwch werthoedd A, ω a ϕ sy'n gwneud y gosodiad hwn yn gywir. Dangoswch eich ymresymu.

2.5 Priodweddau tonnau

2.5.1 Diffreithiant

Weithiau mae'n bosibl gweld **diffreithiant** ger yr arfordir. Er enghraifft, pan fydd craig yn sefyll yn ffordd tonnau ar y môr, mae'r blaendonnau yn lledaenu'n ôl i 'gysgod' y graig ar ôl iddyn nhw basio bob ochr iddi, fel y braslun yn Ffig. 2.5.1.

Rydyn ni am ganolbwyntio ar ddiffreithiant o amgylch ymylon hollt. Mae Ffig. 2.5.2 yn dangos blaendonnau syth mewn 'tanc crychdonni' yn agosáu at hollt ac, ar ôl mynd drwyddi, yn gwasgaru allan y tu hwnt i ymylon yr hollt.

Pan fydd lled yr hollt yn hafal i'r donfedd neu'n llai na hi, mae'r blaendonnau sydd wedi'u diffreithio ac sydd rywfaint o bellter i ffwrdd o'r hollt fwy neu lai yn hanner crwn, fel sydd i'w weld yn Ffig. 2.5.3 (a), er bod yr osgled yn fwy yn y canol nag ydyw ar yr ymylon.

Pan fydd lled yr hollt sawl gwaith yn fwy na'r donfedd fel yn Ffig. 2.5.3 (b), mae prif baladr neu baladr canolog o donnau sydd wedi'u diffreithio yn gwasgaru drwy ongl fach yn unig, bob ochr i'r cyfeiriad 'syth drwodd'. Mae yna hefyd baladrau 'ochr', sydd ag osgled lawer llai na'r prif baladr. Mae hefyd yn bosibl gweld y paladrau ochr yn y ddelwedd o'r tanc crychdonni. (Ffig. 2.5.2). Yn nes ymlaen byddwn yn gweld beth, mewn egwyddor, sy'n achosi'r ymddygiad cymhleth hwn.

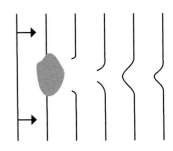

Ffig. 2.5.1 Tonnau dŵr yn diffreithio o amgylch carreg

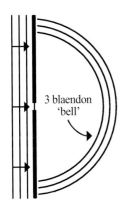

Ffig. 2.5.3 (a) Diffreithiant: lled hollt ≤ tonfedd

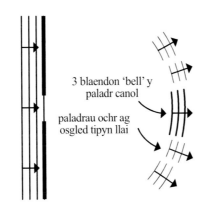

Ffig. 2.5.3 (b) Diffreithiant: lled hollt >> tonfedd

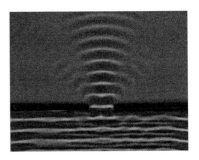

Ffig. 2.5.2 Diffreithiant hollt sengl

3 blaendon 'bell'

3 blaendon 'bell' y paladr canol

paladrau ochr ag osgled tipyn llai

Ni fyddwn fel arfer yn arsylwi *golau* yn diffreithio o amgylch rhwystrau, er enghraifft ochrau tyllau neu holltau. Yn wir, mae camera twll pìn yn dibynnu ar y ffaith *nad* yw golau'n lledaenu llawer wrth basio drwy'r twll pìn, ac felly nad yw'n newid ei gyfeiriad yn amlwg. Drwy archwilio'r llun yn ofalus, efallai bydd hi'n bosibl gweld ychydig o bylu o ganlyniad i ddiffreithiant, ond mae'r cyfarpar yn Ffig. 2.5.4 yn arddangos diffreithiant golau yn glir.

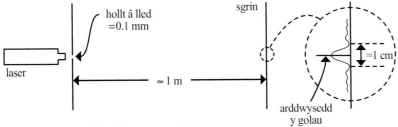

hollt â lled =0.1 mm

sgrin

=1 cm

laser

≈ 1 m

arddwysedd y golau

Ffig. 2.5.4 Dangos diffreithiant golau ar hollt

Mae lledaeniad onglaidd bach iawn y prif baladr drwy'r hollt gul hon, o'i gymharu â Ffig. 2.5.2, yn awgrymu bod tonfedd y golau yn fach iawn. Cyn hir byddwn yn disgrifio sut i gadarnhau hyn.

139

2.5.3 Gwirio gwybodaeth

Yn yr enghraifft, mae'n ymddangos bod pob awgrym o'r pylsiau wedi diflannu ar $t = 1.0$ s. Sut gallan nhw ailymddangos? I ble'r aeth yr egni?

Awgrym: Y *dadleoliad* sy'n sero ar $t = 1.0$ s.

2.5.4 Gwirio gwybodaeth

Tybiwch fod dau baladr o olau yn **croesi**: sut byddan nhw'n effeithio ar ei gilydd, os o gwbl, *y tu hwnt* i ranbarth y gorgyffwrdd?

Awgrym: cymhwyswch yr egwyddor arosodiad i'r rhanbarth sydd tu hwnt i'r gorgyffwrdd.

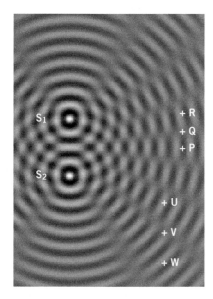
Ffig. 2.5.6 Ymyriant dwy ffynhonnell

2.5.2 Ymyriant

Ymyriant, mae'n siŵr, yw effaith fwyaf nodedig tonnau: os gallwch ddangos ei fod yn digwydd gyda 'phelydriad' anhysbys, rydych yn gwybod bod tonnau'n rhan o'r peth!

Ymyriant yw'r hyn sy'n digwydd wrth i donnau o fwy nag un ffynhonnell, neu donnau sy'n teithio ar hyd llwybrau gwahanol o'r un ffynhonnell, *arosod* neu 'orgyffwrdd' yn yr un rhanbarth. Rheolir yr ymddygiad hwn gan **egwyddor arosodiad**.

Enghraifft

Tybiwch fod dau bwls sy'n unfath, ond sydd wedi'u gwrthdroi, yn teithio ar hyd llinyn ar 1.0 m s^{-1} i gyfeiriadau dirgroes, fel sydd i'w weld ar amser $t = 0$ yn Ffig. 2.5.5 (a).

Sut olwg fydd ar y llinyn ar amserau $t = 1.0$ s a $t = 2.0$ s?

Ateb

Gan gymhwyso egwyddor arosodiad, cawn y sefyllfaoedd sydd i'w gweld yn Ffig. 2.5.5 (b)

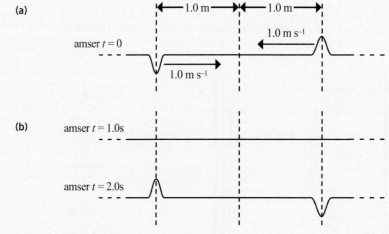

Ffig. 2.5.5 Arosodiad ar waith

(a) Patrwm ymyriant dwy ffynhonnell

Mae Ffig. 2.5.6 yn giplun o danc crychdonni pan fydd dwy roden fach, S_1 ac S_2, sy'n dirgrynu *yn gydwedd*, yn symud i fyny ac i lawr mewn cysylltiad ag arwyneb y dŵr. Dyma ffynonellau'r tonnau. Gallwch weld paladrau o donnau, wedi'u gwahanu gan 'sianeli' ag osgled isel iawn. Mae gan bob paladr frigau a chafnau eiledol, sydd i'w gweld fel smotiau hirgul llachar a tywyll.

Mae croesau P ac R yn enghreifftiau o bwyntiau lle mae osgled y don ar ei uchaf (yn lleol), oherwydd bod tonnau o S_1 ac S_2 yn cyrraedd yno **yn gydwedd**, ac yn ymyrryd yn **adeiladol**. Mae hyn i'w weld fel graff yn Ffig. 2.5.7. (Sylwch nad yw'r *dadleoliad* o reidrwydd ar ei fwyaf ar P ac R *ar ennyd y ciplun*.)

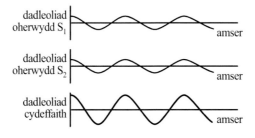

Ffig. 2.5.7 Ymyriant adeiladol

Pan fydd yr *osgled* ar ei leiaf yn y patrwm dwy ffynhonnell, er enghraifft ar Q, mae'r tonnau o S_1 ac S_2 yn cyrraedd yn wrthwedd (sef hanner cylchred yn anghydwedd) ac yn ymyrryd yn *ddinistriol*: Ffig. 2.5.8.

Sylwch na all canslo ddigwydd byth os yw'r tonnau cydrannol yn dirgrynu ar ongl sgwâr i'w gilydd. Er mwyn cynhyrchu patrwm ymyriant, nid yw'n bosibl polareiddio tonnau ardraws ar ongl sgwâr i'w gilydd.

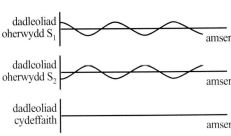

Ffig. 2.5.8 Ymyriant dinistriol

(b) Gwahaniaeth llwybr

Hyd yn oed heb weld y patrwm, gallwn ragfynegi ymhle bydd ymyriant adeiladol neu ymyriant dinistriol yn digwydd mewn perthynas â'r ffynonellau, S_1 ac S_2. Er enghraifft, rydyn ni'n gwybod bod rhaid cael ymyriant adeiladol ar bwyntiau fel P yn Ffig. 2.5.6, sydd bellterau hafal o S_1 ac S_2. Mae hyn oherwydd bod S_1 ac S_2 yn osgiliadu'n gydwedd, felly bydd y tonnau o'r ddwy ffynhonnell, ar ôl teithio ar hyd *llwybrau*, S_1P ac S_2P, yn *cyrraedd* P yn gydwedd. Mae'r un peth yn wir am bob pwynt ar yr echelin ganolog (y llinell ganolog drwy'r pwynt sydd hanner ffordd rhwng S_1 ac S_2 ac yn berpendicwlar i S_1S_2).

Ar gyfer pwynt R, y llwybrau yw S_1R ac S_2R. Mae'r *gwahaniaeth llwybr*, $S_2R - S_1R$, yn 1 donfedd, felly mae tonnau o S_2 yn cyrraedd R gylchred gyfan yn hwyrach na thonnau o S_1. Mae hyn yn golygu eu bod yn cyrraedd R *yn gydwedd* â'r tonnau o S_1, felly bydd ymyriant adeiladol ar R.

Ar gyfer pwynt Q, mae'r gwahaniaeth llwybr $S_1Q - S_2Q$ yn hanner tonfedd, felly mae tonnau'n cyrraedd Q yn wrthwedd a byddan nhw'n ymyrryd yn ddinistriol.

Dyma'r rheolau cyffredinol ar gyfer tonnau o ffynonellau cydwedd:

Ar gyfer ymyriant adeiladol ar bwynt X,

mae'r gwahaniaeth llwybr, $|S_1X - S_2X| = 0, \lambda, 2\lambda, 3\lambda \ldots$

Hynny yw: mae'r gwahaniaeth llwybr, $|S_1X - S_2X| = n\lambda$,

lle mae $n = 0, 1, 2, 3 \ldots$

Ar gyfer ymyriant dinistriol ar bwynt X,

mae'r gwahaniaeth llwybr, $|S_1X - S_2X| = \dfrac{\lambda}{2}, \dfrac{3\lambda}{2}, \dfrac{5\lambda}{2} \ldots$

Hynny yw: mae'r gwahaniaeth llwybr, $|S_1X - S_2X| = (n + \tfrac{1}{2})\lambda$,

lle mae $n = 0, 1, 2, 3 \ldots$

◀ Ymestyn a Herio

(a) Gan gyfeirio at Ffig. 2.5.9, mae dau drawsyrrydd, S_1 ac S_2, yn anfon tonnau radio allan tonnau gyda thonfedd 24 m yn gydwedd ac wedi'u polareiddio'n fertigol. Darganfyddwch pa fath o ymyriant fydd ar X os yw $a = 120$ m, $MX = 600$ m a $\theta = 30°$.

(b) Mae fformiwla fras syml ar gyfer y gwahaniaeth llwybr mewn sefyllfa dwy ffynhonnell. Gan gyfeirio at Ffig. 2.5.9:

$$S_2X - S_1X \approx a \sin \theta$$

Mae'n berthnasol mewn ffordd fanwl gywir dim ond os yw $MX \gg a$.

Profwch y fformiwla hon drwy gymharu gwerth $S_2X - S_1X$ mae'n ei roi â'r gwerth a gawsoch yn (a).

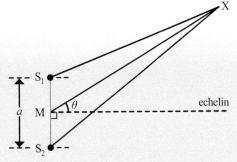

Ffig. 2.5.9 Cyfrifo'r gwahaniaeth llwybr

Gwirio gwybodaeth 2.5.5

Yn Ffig. 2.5.6, darganfyddwch λ drwy fesur ar hyd paladr y pellter rhwng canolau smotiau tywyll sydd wedi'u gwahanu gan sawl tonfedd, ac yna rhannu â'r rhif hwnnw. Mesurwch S_1R ac S_2R a gwnewch sylwadau yn nodi a yw eich canlyniadau yn cytuno â rheolau'r gwahaniaeth llwybr.

Gwirio gwybodaeth 2.5.6

Yn Ffig. 2.5.6, darganfyddwch y gwahaniaethau llwybr ar gyfer pwyntiau U a V yn nhermau tonfedd.

Enghraifft

Gan gyfeirio at bwynt W yn Ffig. 2.5.6, darganfyddwch y gwahaniaeth llwybr, $|S_1W - S_2W|$ yn nhermau λ.

Ateb

Mae W ar linell ganol paladr o donnau, felly mae ymyriant adeiladol yma. Felly $|S_1W - S_2W| = 0, \lambda, 2\lambda$ neu $3\lambda \ldots$. Mae pwynt P ar hanerydd perpendicwlar S_1S_2 felly mae P yn gytbell o'r ddau bwynt, h.y. mae'r gwahaniaeth llwybr ar P yn sero. Felly, drwy gyfrif y paladr canol fel 'paladr sero', byddwn yn dod o hyd i W ar y trydydd paladr 'allan', felly mae $|S_1W - S_2W| = 3\lambda$.

2.5.3. Arbrawf eddïau Young

Yn gynnar yn yr 1800au, ymchwiliodd Thomas Young i olau yn pasio drwy ddwy hollt baralel (neu, weithiau, ddau dwll pìn) yn agos i'w gilydd. Sylwodd ar batrwm o *eddïau* (rhesi, stribedi neu *fringes*) golau a thywyll ar sgrin oedd wedi'i gosod rywfaint o bellter i ffwrdd o'r holltau. Fe wnaeth e adnabod y patrwm hwn fel toriad drwy batrwm ymyriant, a chasglodd fod golau'n ymddwyn fel tonnau. Cynhaliodd amryw o brofion, er enghraifft symud y sgrin yn nes at yr holltau a darganfod bod yr eddïau yn nesáu at ei gilydd. (Cymharwch doriadau fertigol trwy Ffig. 2.5.6, ar wahanol bellterau o'r ffynonellau.) Llwyddodd Young i ddarganfod tonfeddi golau o liwiau gwahanol.

Dyma fersiwn modern o arbrawf Young.

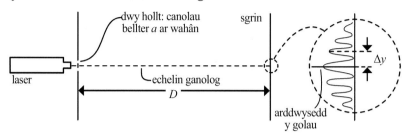

Ffig. 2.5.10. Fersiwn modern o arbrawf eddïau Young

Gydag $a = 0.5$ mm a $D = 1.5$ m, a gan ddefnyddio golau coch, mae gwahaniad yr eddïau, Δy (rhwng canol eddïau llachar cyfagos neu eddïau tywyll cyfagos) tua 2 mm.

Sut mae'n gweithio? Mae'r holltau yn gweithredu fel ffynonellau. Mae'r golau sy'n pasio drwyddyn nhw yn lledaenu ychydig drwy *ddiffreithiant*. Felly os yw'r holltau tua 0.1 mm o led, bydd yna ychydig filimetrau ar y sgrin, 'uwchben' ac 'o dan' yr echelin, lle mae golau o'r ddwy hollt yn gorgyffwrdd ac yn ymyrryd. (Byddai hyn yn dal i ddigwydd heb y sgrin!)

Mae'n bosib darganfod tonfedd golau o'r hafaliad:

$$\lambda = \frac{a\Delta y}{D}$$

Mae hwn yn frasamcan sy'n seiliedig ar y rheolau *gwahaniaeth llwybr*. Ar yr amod bod $a \ll D$ a $\Delta y \ll D$, fel sydd yn yr arbrawf a ddisgrifiwyd, mae'r hafaliad bron yn union gywir.

Cydlyniad

Os ydyn ni'n goleuo'r ddwy hollt â golau o ffynhonnell wahanol, gwelwn nad yw hi'n bosibl cynhyrchu eddïau. Hyd yn oed wrth ddefnyddio un ffynhonnell, er enghraifft LED, dim ond drwy gymryd rhagofalon arbennig (er enghraifft drwy osod hollt gul unigol rhwng yr LED a'r holltau dwbl) y gallwn gynhyrchu eddïau. Ond wrth ddefnyddio laser, mae'r trefniant syml sydd i'w weld uchod yn cynhyrchu eddïau hardd. Mae hyn yn digwydd oherwydd bod laser yn cynhyrchu *golau cydlynol*.

Mae paladr o **olau cydlynol**

- bron yn **fonocromatig**, hynny yw, mae'n llif di-dor o osgiliadau sydd â'r un amledd;
- yn cynnwys blaendonnau sy'n ymestyn ar draws ei led, fel pe baen nhw wedi dod o ffynhonnell bwynt.

Dywedwn fod *dwy ffynhonnell* yn gydlynol os oes gwahaniaeth gwedd cyson (nid sero o reidrwydd) rhwng eu hosgiliadau.

Pe bai'n bosibl goleuo'r ddwy hollt â phaladr laser yn fanwl gywir normal i blân yr holltau, byddai'r rhain yn ymddwyn fel ffynonellau cydwedd, oherwydd byddai pob blaendon yn y paladr yn taro'r ddwy hollt ar yr un pryd. Nid yw hyn yn digwydd fel arfer, ond bydd yr

▶ **2.5.7** Gwirio gwybodaeth

Darganfyddwch y gwahaniad eddïau o'r llun mwy hwn o'r eddïau gyda graddfa milimetrau, a drwy hynny darganfyddwch donfedd y golau, os yw $a = 0.40$ mm a $D = 0.80$ m.

▶ **2.5.8** Gwirio gwybodaeth

Mewn arbrawf i ddarganfod buanedd sain, gosodir seinyddion gyda phob un yn allyrru nodyn 1000 Hz ar y ddau bostyn gôl (7.32 m ar wahân) ar un pen i gae pêl-droed. 50 m o'r llinell gôl mae'r llinell hanner. Mae myfyrwyr yn cerdded ar ei hyd ac yn cytuno bod y mannau tawelaf ar y llinell 2.3 m ar wahân. Darganfyddwch werth ar gyfer buanedd sain.

◀ **Ymestyn a Herio**

Deilliwch hafaliad holltau Young drwy ddefnyddio'r fformiwla $S_2X - S_1X \approx a \sin\theta$ a welsoch yn yr Ymestyn a Herio diwethaf.

Awgrymiadau: Gadewch i X fod yn safle'r eddi llachar cyntaf i ffwrdd o'r echelin ganolog. Nodwch θ, a sylwch ei fod yn fach iawn, felly mae $\sin\theta \approx \tan\theta$.

▶ **2.5.9** Gwirio gwybodaeth

Pam mae arddwysedd yr eddïau llachar yn gostwng gyda phellter o'r echelin ganolog?

Awgrym: yn bellach fyth o'r echelin, mae eddïau'n ailymddangos, ond yn wan.

holltau'n dal i weithredu fel *ffynonellau cydlynol*, sy'n golygu y bydd *gwahaniaeth gwedd cyson* rhyngddyn nhw. Bydd patrwm eddïau i'w weld o hyd gyda'r un gwahaniad eddïau ond, yn ôl pob tebyg, ni fydd eddi llachar ar yr echelin.

Mae'r golau o ffynhonnell 'gyffredin', er enghraifft LED, ymhell o fod yn gydlynol. Mae hyd yn oed y golau a ddaw o LED 'lliw' yn cynnwys amrediad o amleddau. Ni fyddai hyn ynddo'i hun yn ein hatal rhag gweld patrwm eddïau (nifer o batrymau wedi'u harosod, a dweud y gwir), ond nid oes perthynas gwedd sefydlog rhwng golau sy'n cael ei allyrru o bwyntiau dros ardal allyrru o tua 1 mm^2, felly nid yw'r LED yn cwrdd â'r amod *ffynhonnell bwynt* ar gyfer cynhyrchu golau cydlynol (o leiaf nid heb yr hollt gul unigol a nodwyd uchod).

2.5.4 Y gratin diffreithiant

(a) Yr angen am fesuriadau manwl gywir o donfedd

Mae'r angen am fesuriadau manwl gywir o donfedd yn codi mewn sawl maes gwyddoniaeth. Er enghraifft, mae seryddwyr yn mesur tonfeddi golau sy'n cael eu hallyrru a'u hamsugno gan seren bell, ac o'r tonfeddi hyn gallan nhw enwi'r elfennau sy'n bresennol yn haenau allanol y seren, darganfod cyflymder y seren, ac efallai awgrymu bodolaeth planedau mewn orbit.

Nid yw'r drefn dwy-hollt yn addas ar gyfer hyn. Mae'n amhosibl mesur y gwahaniad eddïau yn ddigon manwl gywir, oherwydd:

- Nid yw'r eddïau'n glir: mae eddïau llachar yn pylu'n raddol i fod yn dywyll (gweler y diagram yn Gwirio gwybodaeth 2.5.7).
- Nid yw rhannau mwyaf llachar y patrwm mor llachar â phe bai'r golau wedi'i ganolbwyntio arnyn nhw. Mae hyn o bwys os yw'r ffynhonnell golau yn wan.
- Mae'r gwahaniad eddïau yn fach.

Mae'r gratin diffreithiant yn mynd i'r afael yn llwyddiannus â phob un o'r tri mater hyn.

(b) Beth yw gratin diffreithiant?

Ar ei symlaf, mae gratin diffreithiant (Ffig. 2.5.11) yn blât gwastad sy'n ddi-draidd, ar wahân i filoedd o holltau syth, paralel, cytbell.

Er mwyn defnyddio gratin gyda golau gweladwy, mae'r pellter, d, rhwng canol holltau cyfagos gan amlaf tua 2 neu 3 μm. Mae'r gwneuthurwyr yn darparu gwerth d.

Byddwn ni'n tybio bod golau yn cael ei roi yn normal (ar ongl sgwâr) ar y gratin, fel bod yr holltau'n gweithredu fel ffynonellau cydwedd. Mae pob hollt yn gul iawn (o gwmpas lled tonfedd), fel bod y blaendonnau sydd wedi'u diffreithio bron yn hanner crwn, ac yn lledaenu'r holl ffordd o gwmpas. Gweler Ffig. 2.5.12 (a).

Yn hytrach na gweld golau'n teithio allan o'r gratin i bob cyfeiriad, gwelwn baladrau golau'n dod allan mewn cyfeiriadau penodol iawn (Ffig. 2.5.13). Mae hyn oherwydd ymyriant rhwng y golau o wahanol holltau.

Pwynt astudio

Mewn gratin diffreithiant go iawn, sy'n cael ei wneud yn aml drwy broses ffotograffig, nid oes trosiad amlwg rhwng di-draidd a chlir bob tro.

Ffig. 2.5.11 Gratin diffreithiant

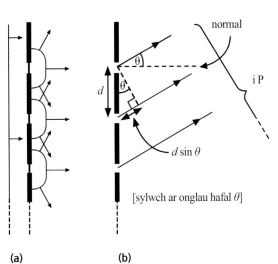

(a)   (b)

Ffig. 2.5.12 Gratin diffreithiant

143

(c) Deillio hafaliad y gratin

Ystyriwch y golau sy'n cyrraedd pwynt pell, P, o bob hollt. Bydd y llwybrau golau o'r holltau i P bron yn baralel; gweler Ffig. 2.5.12 (b). Ar gyfer golau sy'n mynd i P o holltau cyfagos, y *gwahaniaeth llwybr* yw $d \sin \theta$. I weld hyn, defnyddiwch y triongl ongl sgwâr bach sy'n cael ei ffurfio drwy dynnu perpendicwlar o un hollt i'r 'pelydryn' o'r hollt nesaf. Felly yr amod ar gyfer ymyriant adeiladol ar P yw

$$d \sin \theta_n = n\lambda \quad \text{ar gyfer} \quad n = 0, 1, 2 \ldots$$

Gallwn weld paladrau yn dod allan o'r gratin ar yr onglau θ_n hyn drwy ysgeintio llwch yn yr aer o gwmpas y gratin, neu drwy adael i'r paladrau led-gyffwrdd â darn o bapur. Sylwch sut mae'r paladrau'n cael eu galw'n *drefn sero, trefn un, trefn dau* ac yn y blaen, yn ôl gwerth n. Os rhown sgrin ar lwybr y paladrau, fel yn Ffig. 2.5.14, mae smotiau llachar yn ymddangos ar y sgrin.

Mae'r smotiau hyn yn cyfateb i'r eddïau llachar yn arbrawf Young, ond maen nhw lawer iawn ymhellach oddi wrth ei gilydd, oherwydd bod yr holltau lawer iawn yn nes at ei gilydd yn y gratin (mae $d \gg a$).

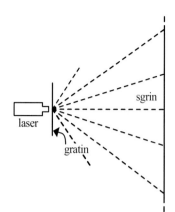

Ffig. 2.5.14 Cynhyrchu smotyn llachar

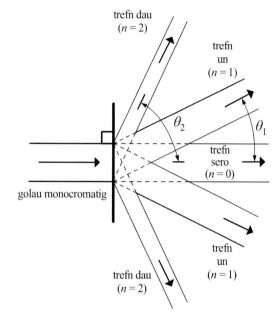

Ffig. 2.5.13 *Trefnau*

2.5.10 Gwirio gwybodaeth

Mae gratin diffreithiant wedi colli ei label. Darganfyddir y gwahaniad holltau, d, drwy dywynnu paladr o olau, tonfedd 650 nm, yn normal ato, a sylwi bod y paladr trefn dau yn dod allan ar ongl 48°. Cyfrifwch y donfedd sy'n rhoi paladr trefn tri ar ongl 54° gyda'r gratin hwn.

2.5.11 Gwirio gwybodaeth

Yn Ffig. 2.5.14 mae'r ddau smotyn trefn dau 180 mm ar wahân, a'r pellter o'r sgrin i'r gratin yw 150 mm. Mae canol yr holltau yn y gratin 2.00 μm ar wahân. Cyfrifwch:

(a) tonfedd golau'r laser, a

(b) gwahaniad y ddau smotyn trefn un ar y sgrin.

Enghraifft

Mae paladr laser yn cael ei roi'n normal ar gratin sydd â 5.00×10^5 hollt am bob metr. Ongl y paladrau trefn dau i'r normal yw 35.1°.

(a) Cyfrifwch donfedd y golau.

(b) Cyfrifwch nifer y paladrau sy'n dod allan o'r gratin.

Ateb

(a) Gan fod 5.00×10^5 hollt am bob metr, rhaid mai'r pellter, d, rhwng canolau'r holltau yw

$$d = \frac{1.00 \text{ m}}{5.00 \times 10^5} = 2.00 \times 10^{-6} \text{ m}$$

Felly $\lambda = \dfrac{d \sin \theta_2}{2} = \dfrac{2.00 \times 10^{-6} \text{ m} \times \sin 35.1°}{2} = 575 \times 10^{-9} \text{ m} = 575 \text{ nm}$.

(b) Pan fydd $\theta = 90°$, $\sin \theta = 1$, felly mae'r gwahaniaeth llwybr rhwng y golau sy'n mynd i bwynt pell o holltau cyfagos, yn syml iawn, yn d, sef ei werth mwyaf posibl – dylai hyn fod yn eglur heb ddefnyddio trigonometreg! Mae nifer y tonfeddi sydd wedi'u cynnwys mewn pellter d, yn syml, yn

$$\frac{d}{\lambda} = \frac{2.00 \times 10^{-6} \text{ m}}{575 \times 10^{-9} \text{ m}} = 3.48.$$

Bydd onglau 0, θ_1, θ_2 a θ_3 sy'n cyfateb i wahaniaethau llwybr o 0, λ, 2λ a 3λ. Ond, fel rydyn ni newydd ei weld, nid yw'n bosibl cyrraedd gwahaniaeth llwybr o 4λ ar gyfer *unrhyw* ongl.

Felly mae 7 paladr yn dod allan: y drefn sero a 3 trefn bob ochr.

Mae'r smotiau ar y sgrin (Ffig. 2.5.14) yn fwy llachar ac yn llawer mwy siarp nag eddïau Young. Dyma'r rheswm am hyn: ar gyfer gratin diffreithiant, os yw $d \sin \theta = n\lambda$, mae golau o bob hollt yn ymyrryd yn adeiladol â golau o bob hollt arall, ond ar gyfer onglau ychydig yn fwy neu ychydig yn llai, mae golau o wahanol holltau sydd ddim yn rhai cyfagos yn ymyrryd yn ddinistriol (Gweler *Ymestyn a Herio.*) Gyda dim ond dwy hollt, mae'r ymyriant yn dal i fod bron yn adeiladol ar werthoedd ychydig yn fwy neu ychydig yn llai o Δy na'r rhai lle mae $\lambda = a \, \Delta y / D$.

Ymestyn a Herio

Mae gan gratin diffreithiant 10 000 o holltau, a'r gwahaniad holltau yw 2.000×10^{-6} m. Mae'n cael ei ddefnyddio gyda golau â thonfedd 600 nm sy'n drawol yn normal.

(a) Dangoswch fod y paladr trefn un yn dod allan ar ongl $17.46°$ i'r normal.

(b) Ar gyfer ongl $17.55°$, dangoswch yn nhermau gwahaniaeth llwybr y bydd golau o hollt yn ymyrryd yn ddinistriol gyda golau o hollt sydd 100 o holltau i ffwrdd.

(c) Esboniwch pam, ar gyfer y gratin yn ei gyfanrwydd, y bydd ymyriant dinistriol llwyr, bron, ar yr ongl hon.

Pwynt astudio

Mewn gwaith uwch, hollt wedi'i goleuo yw'r ffynhonnell olau ar gyfer gratin diffreithiant, a defnyddir lens i ffurfio paladr paralel sy'n drawol yn normal ar y gratin. Caiff y paladrau o'r gratin eu ffocysu gan lens arall i ffurfio delweddau o'r hollt – llinellau llachar os yw'r hollt wedi'i goleuo â golau monocromatig. Dyna pam mae tonfeddi sengl yn aml yn cael eu galw'n *llinellau* sbectrol.

2.5.5 Tonnau unfan

(a) Natur tonnau unfan

Mae'r tonnau rydyn ni wedi bod yn eu hystyried hyd yma yn **donnau cynyddol**: maen nhw'n teithio drwy'r gofod (neu drwy gyfrwng), gan drosglwyddo egni ar yr un pryd. O fewn gofod cyfyng, gall ail fath o osgiliad fodoli, sef **ton unfan**. Mae tri modd posibl o ddirgryniadau ardraws ar gyfer llinyn neu wifren estynedig, fel llinyn feiolín neu dant telyn, i'w gweld yn Ffig. 2.5.15. Ym mhob achos, mae'r llinyn yn dirgrynu i fyny ac i lawr: mae'r llinell solid yn dangos un safle eithaf ar gyfer y llinyn ac mae'r llinell doredig yn dangos y safle hanner cylchred yn ddiweddarach. Mae Ffig. 2.5.16 yn dangos y mudiant yn fwy manwl.

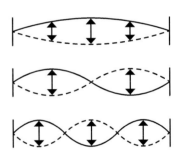

Ffig. 2.5.15 Tonnau unfan ar linyn neu wifren

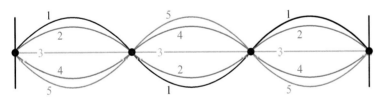

Ffig. 2.5.16 Hanner cylchred ton unfan

Mae'n dangos hanner cylchred osgiliad, gan ddechrau gyda'r llinyn mewn un safle eithaf (1), ac yna ar gyfyngau amser o $T/8$ (2, 3, 4 a 5). Yn dilyn yr hanner cylchred hwn, mae'r llinyn yn tracio'n ôl: $4\rightarrow3\rightarrow2\rightarrow1$ ac yn y blaen. Yr enw ar y pwyntiau sydd bob amser yn ddisymud, wedi'u marcio â dotiau, yw **nodau**. Yr enw ar y pwyntiau sydd wedi symud fwyaf, hanner ffordd rhwng y nodau, yw **antinodau**.

Er bod un ciplun o don unfan (e.e. y llinell goch yn Ffig. 2.5.16) bron bob amser yn edrych yr un fath â chiplun o don gynyddol (e.e. y llinell lawn yn Ffig. 2.4.11), mae gwahaniaethau mawr rhwng tonnau cynyddol a thonnau unfan sy'n ymddangos os ystyriwn beth sy'n digwydd ar wahanol amserau. Meddyliwch yn ofalus am y crynodeb canlynol o'r gwahaniaethau, gan gyfeirio at Ffig 2.4.11, 2.4.12 a 2.5.16.

Gwirio gwybodaeth 2.5.12

Lluniadwch y don unfan nesaf yn y dilyniant sydd i'w weld yn Ffig. 2.5.15, h.y. un â phum nod.

1. Mewn ton unfan, mae pob pwynt rhwng pâr o nodau cyfagos yn osgiliadu'n gydwedd; mae pwyntiau bob ochr i nod yn osgiliadu'n wrthwedd. Mewn ton gynyddol, mae'r wedd yn newid yn raddol ar hyd y don.

2. Mewn ton gynyddol, mae pob pwynt yn osgiliadu gyda'r un osgled (heblaw am leihad graddol yn yr osgled wrth i'r pellter o'r ffynhonnell gynyddu). Mewn ton unfan, mae osgled y dirgryniad yn amrywio'n llyfn o sero, ar y nodau, i uchafswm, ar yr antinodau.

Brasluniwch graffiau coch a glas ar gyfer yr ennyd $T/8$ ar ôl y diagram cyntaf yn Ffig. 2.5.17, gan ddefnyddio copi o'r un grid gyda llinellau fertigol $\lambda/4$ ar wahân. Nodwch leoliad y seroau a'r uchafsymiau yn y don *cydeffaith*, a drwy hynny, ei braslunio.

Gwnewch sylwadau ar leoliad y seroau ac ar y dadleoliad brig.

(b) Y berthynas rhwng tonnau cynyddol a thonnau unfan

Pan fydd dwy don gynyddol â'r un osgled ac amledd sy'n teithio i gyfeiriadau dirgroes yn arosod, maen nhw'n ymyrryd i gynhyrchu ton unfan.

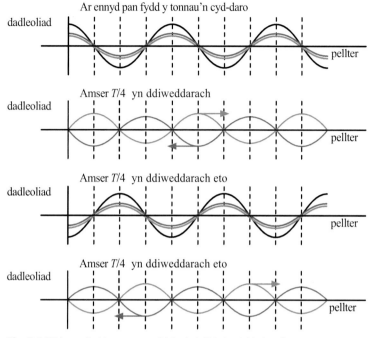

Ffig. 2.5.17 Arosodiad tonnau cynyddol sy'n teithio i gyfeiriadau dirgroes

Mae Ffig. 2.5.17 yn dangos tonnau cynyddol (coch a glas) sy'n ymyrryd i gynhyrchu ton unfan (ddu). Gwiriwch ddilyniant y diagramau'n ofalus a gwnewch dasg Gwirio gwybodaeth 2.5.13. Sylwch fod y nodau'n bellter $\lambda/2$ ar wahân. Mae'r antinodau ar bellter $\lambda/2$ ar wahân.

Sut gallwn ni *gynhyrchu* tonnau cynyddol â'r un osgled ac amledd yn teithio i gyfeiriadau dirgroes er mwyn iddyn nhw arosod? Dull hawdd yw *adlewyrchu* ton gynyddol. Er enghraifft, os byddwn ni'n clampio un pen llinyn estynedig yn gadarn ac yn parhau i anfon tonnau cynyddol ar hyd y llinyn o'r pen arall, bydd y tonnau hyn yn adlewyrchu oddi ar y clamp, a bydd y tonnau sy'n cael eu hadlewyrchu yn ymyrryd â'r tonnau sy'n dod i'w cyfarfod i gynhyrchu ton unfan ar y llinyn. Mae pen y llinyn sydd wedi'i glampio o angenrheidrwydd yn nod – oherwydd nad yw'n gallu symud! Gall osgled y don sy'n cael ei hadlewyrchu fod ychydig yn llai nag osgled y don drawol, gan arwain at don unfan 'amhur', lle mae osgled y nodau'n osgled lleiaf yn hytrach na sero.

(c) Harmonigau

Pan fydd llinyn yn cael ei glampio ar y *ddau* ben, rhaid cael nodau ar y ddau ben. Gan fod nodau cyfagos bob amser $\lambda/2$ ar wahân, mae hyn yn cyfyngu'r tonnau unfan i'r rhai yn Ffig. 2.5.15 – a'i barhad dychmygol. Felly, os hyd y llinyn yw ℓ, cawn

$$\ell = n\frac{\lambda}{2} \quad \text{hynny yw} \quad \lambda = \frac{2\ell}{n} \quad \text{lle mae } n = 1, 2, 3 \dots .$$

Mae'r rhif n yn dweud wrthyn ni beth yw *modd dirgrynu'r* llinyn, a nifer yr antinodau yn benodol. Pan fydd $n = 1$ mae'r llinyn yn dirgrynu heb unrhyw nodau, ac eithrio ar ddau ben y llinyn. Enw'r modd hwn yw'r *harmonig cyntaf* neu'r *modd sylfaenol*. Pan fydd $n = 2$, mae gennym yr *ail harmonig* (diagram canol yn Ffig. 2.5.15); pan fydd $n = 3$ mae gennym y *trydydd harmonig* – ac yn y blaen.

Enghraifft

Mae rhan ddirgrynol llinyn A ar feiolín yn 33 cm o hyd. Ei hamledd sylfaenol yw 440 Hz. Cyfrifwch:

(a) Buanedd tonnau ardraws ar y llinyn.
(b) Amleddau'r ail a'r trydydd harmonig.

Ateb

(a) Hyd y llinyn = $\frac{1}{2}\lambda$, $\therefore \lambda = 66$ cm.
Y buanedd ton $v = \lambda f = 0.66$ m $\times 440$ Hz = 290 m s^{-1}

(b) Ar gyfer yr ail harmonig, mae'r nodau 16.5 cm ar wahân, felly mae λ yn 33 cm. Mae hyn yn hanner tonfedd yr harmonig cyntaf, felly mae'r amledd, f_2, yn ddwbl, h.y. 880 Hz.

Yn yr un modd, mae $f_3 = 3 \times 440$ Hz = 1320 Hz.

Mae'n hawdd deillio hafaliad cyffredinol ar gyfer amleddau dirgryniad posibl ar gyfer llinyn tyn. Amledd, f_n, yr $n$fed modd yw

$$f_n = \frac{v}{\lambda} = \frac{v}{2\ell / n} \qquad \text{hynny yw} \qquad f_n = n\frac{v}{2\ell} \text{ lle mae } n = 1, 2, 3 \dots$$

a v yw buanedd y tonnau ardraws. Mae'r buanedd hwn yn gyson ar gyfer llinyn o fàs penodol am bob uned hyd o dan dyniant penodol. Gwelwn fod gan bob modd dirgrynu amleddau sy'n lluosrifau o'r amledd sylfaenol, $f_1 = v/2\ell$. Mewn gwirionedd, $f_n = nf_1$.

(ch) Tonnau unfan ar linyn estynedig

Mae ffordd gyffredin o ymchwilio i donnau unfan ardraws ar linynnau, ynghyd â'u harmonigau, i'w gweld yn Ffig. 2.5.18.

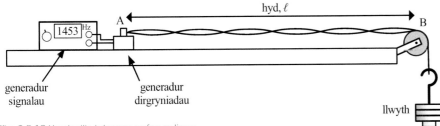

Ffig. 2.5.18 Ymchwilio i donnau unfan ar linyn

Mae'r generadur signalau yn cynhyrchu cerrynt eiledol sydd ag amledd amrywiol. Mae'r generadur dirgryniadau yn trawsnewid y rhain yn ddirgryniadau osgled isel (dirgryniadau ~1 mm fel arfer) yn y peg bach ar **A**. Mae'r llwyth yn darparu'r tyniant angenrheidiol yn y llinyn. Ar gyfer llwyth a hyd penodol, mae'r amledd, f, yn cael ei gynyddu o werth isel, a nodir pa werthoedd f sy'n cynhyrchu harmonigau sefydlog. Mae'n bosibl defnyddio'r cyfarpar hwn i wirio bod gan amleddau'r harmonigau y berthynas fathemategol sydd i'w gweld uchod.

(d) Tonnau unfan mewn colofnau aer

Gall tonnau unfan fod yn arhydol hefyd. Wrth chwythu ar draws pen agored tiwb neu bibell, er enghraifft caead pin ysgrifennu, mae tonnau unfan arhydol yn cael eu cynhyrchu yn y golofn aer. Yn wahanol i donnau ar linyn, sydd wedi'i glymu ar y ddau ben, mae gan y don unfan antinod sydd ychydig tu hwnt i'r pen agored. Mae'n anodd lluniadu ton arhydol, felly mae diagramau fel arfer yn dangos ton unfan fel pe bai'r don yn don ardraws. Dewis arall yw marcio nodau a gwrthnodau yn unig (fel • a ↕).

Mae'r tri modd symlaf o ddirgryniad aer mewn pibell sydd ar agor ar un pen ac sydd ar gau ar y llall i'w gweld yn Ffig. 2.5.19, ac mae eu hamleddau wedi'u cyfrifo – gwiriwch nhw! Hyd effeithiol y bibell yw ℓ, a buanedd sain mewn aer yw v. Mae gan yr harmonig sylfaenol, neu'r harmonig cyntaf, amledd, f_1, o $v/4\ell$. Mae gan y modd amledd uchaf nesaf amledd o $3f_1$ ac rydyn ni'n galw hwn yn drydydd harmonig. Y nesaf o ran uchder, gydag amledd o $5f_1$, yw'r pumed harmonig, ac yn y blaen. Dywedwn fod pibell sy'n agor ar un pen ac wedi cau ar y pen arall yn cynnal harmonigau od yn unig.

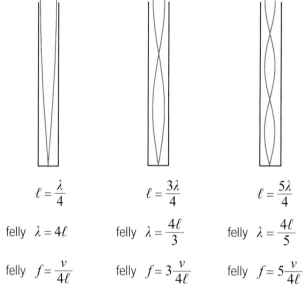

$$\ell = \frac{\lambda}{4} \qquad \ell = \frac{3\lambda}{4} \qquad \ell = \frac{5\lambda}{4}$$

felly $\lambda = 4\ell$ felly $\lambda = \dfrac{4\ell}{3}$ felly $\lambda = \dfrac{4\ell}{5}$

felly $f = \dfrac{v}{4\ell}$ felly $f = 3\dfrac{v}{4\ell}$ felly $f = 5\dfrac{v}{4\ell}$

Ffig. 2.5.19 Harmonigau mewn pibell gydag un pen agored

Mae chwythu ar draws y geg (mewn ffliwt) neu i mewn i'r geg (mewn utgorn) yn cynhyrchu amrediad eang o amleddau, ond dim ond y rhai sy'n cynhyrchu'r tonnau unfan hyn mae'r offeryn yn eu dewis a'u mwyhau. Mae hyn yn enghraifft o gyseiniant, a byddwch yn dod ar ei draws yn eich cwrs ym mlwyddyn 13.

Enghraifft

Mae buanedd sain mewn aer mewn cyfrannedd ag ail isradd y tymheredd kelvin.
Mae ffliwt yn cynhyrchu nodyn, amledd 440.0 Hz, ar 20°C. Pa amledd byddai'n ei gynhyrchu pe bai'n cael ei chwarae y tu allan ar dymheredd o 0°C?

Ateb

Buanedd sain ar 0°C, $v_0 = v_{20}\sqrt{\dfrac{273}{293}} = 0.965 v_{20}$

Gan dybio nad yw'r newid yn hyd y ffliwt yn arwyddocaol, dydy tonfedd y tonnau sain ddim yn newid.

Ond $f = \dfrac{v}{\lambda}$, $\therefore f_0 = 0.965 f_{20} = 0.965 \times 440 = 425$ Hz.

Mae'r amledd hwn fwy na hanner y ffordd i lawr o A i G# (415 Hz), felly mae'r ffliwt allan o diwn yn ddifrifol!

▶2.5.14 **Gwirio gwybodaeth**

Mae 'tiwbiau canu' yn agored ar y ddau ben. Mae'r diagram hwn yn dangos yr harmonig cyntaf.

(a) Lluniadwch yr 2il a'r 3ydd harmonig.
(b) Ysgrifennwch yr $n$fed harmonig, f_n, yn nhermau f_1.

▶2.5.15 **Gwirio gwybodaeth**

Mae pibell organ, hyd 50 cm, ar gau ar un pen.

(a) Cyfrifwch amleddau'r ddau harmonig sydd â'r amledd isaf.
(b) Beth fyddai effaith cau pen agored y bibell?

[Mae buanedd sain = 340 m s^{-1}]

2.5.6 Gwaith ymarferol penodol

(a) Darganfod tonfedd drwy ddefnyddio holltau dwbl Young

Mae sleid microsgop yn cael ei pharatoi drwy araenu'r sleid â daliant (*suspension*) coloidaidd o graffit, a'i gadael i sychu. Mae sgrifell yn cael ei defnyddio i grafu dwy hollt baralel yn y graffit. Yn nodweddiadol, mae'r holltau hyn yn 0.2–0.3 mm o led a 0.4–0.5 mm ar wahân (canol i ganol).

Er mwyn mesur tonfedd laser, sydd yn ffynhonnell golau monocromatig, mae angen cydosod yr holltau mewn ystafell dywyll, gyda'r paladr laser yn drawol ar yr holltau ar ongl sgwâr i blân yr holltau. Mae'r patrwm dilynol i'w weld ar sgrin sydd ~2 m i ffwrdd (Ffig. 2.5.20). Nid yw'r pellter yn allweddol, ond y pellaf yw'r sgrin o'r holltau, y mwyaf fydd gwahaniad yr eddïau.

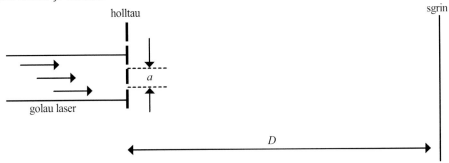

Ffig. 2.5.21 Trefniant arbrawf eddïau Young

Ffig. 2.5.20 Ymddangosiad nodweddiadol eddïau

Awgrym

Yn y mynegiad ar gyfer λ, $\frac{a\Delta y}{D}$, mae'r mesurau bach iawn, a a Δy ar y top, ac mae'r mesur mawr, D, ar y gwaelod. Mae gwerthoedd a a Δy yn < 1 mm a $D > 1$ m, gan roi $\lambda < 1$ μm, yn ôl y disgwyl.

Mae tonfedd, λ, y golau'n cael ei rhoi gan $\lambda = \dfrac{a\Delta y}{D}$, sy'n gofyn am fesur a, D a Δy.

- I fesur D, mae angen defnyddio tâp mesur neu bren mesur metr, sydd ag ansicrwydd canrannol o ~0.5% (1 cm mewn 2 m) neu lai.
- I fesur a mae angen defnyddio microsgop teithiol sydd ag ansicrwydd o ~0.01 mm, h.y. ~2%.
- Mae Δy, sef gwahaniad yr eddïau, yn cael ei fesur drwy ddefnyddio graddfa mm. Mae lledaeniad 10 eddi (er enghraifft) yn cael ei fesur, a'i rannu â nifer yr eddïau. Yn nodweddiadol, y lledaeniad yw ~1.5 cm gydag ansicrwydd o ~1 mm.

Sylwch mai D, er cael ei fesur braidd yn fras, sy'n gwneud y cyfraniad lleiaf i'r ansicrwydd cyffredinol yn λ.

Gwirio gwybodaeth 2.5.16

Gyda'r ansicrwydd a roddwyd yn D, a a Δy amcangyfrifwch:

(a) Yr ansicrwydd canrannol yn λ.

(b) Yr ansicrwydd absoliwt os yw $\lambda \sim590$ nm.

(b) Darganfod tonfedd drwy ddefnyddio gratin diffreithiant

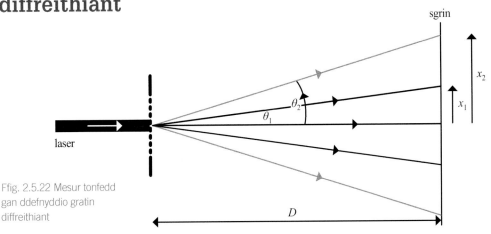

Ffig. 2.5.22 Mesur tonfedd gan ddefnyddio gratin diffreithiant

Gwirio gwybodaeth 2.5.17

Mae gratin diffreithiant wedi'i labelu â '2000 llinell cm⁻¹'. Cyfrifwch wahaniad, d, yr holltau.

149

Pwynt astudio

Mae'n bosibl darganfod gwahaniad holltau, d, gratin diffreithiant drwy fesur ongl, θ, llinell sbectrol sydd â thonfedd hysbys, a chymhwyso fformiwla'r gratin diffreithiant.

Term allweddol

Cysonyn gratin diffreithiant: Nifer y llinellau (neu'r holltau) am bob metr. Cilydd hwn yw gwahaniad, d, yr holltau.

2.5.18 Gwirio gwybodaeth

Gan ddefnyddio gratin diffreithiant, gwelwyd mai θ ar gyfer llinell D trefn un sodiwm, (tonfedd, 589 nm) yw $12.36°$. Cyfrifwch: (a) y gwahaniad holltau a (b) y cysonyn gratin diffreithiant.

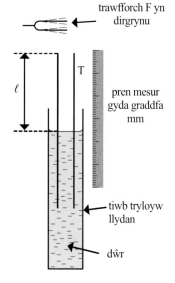

trawfforch F yn dirgrynu

pren mesur gyda graddfa mm

tiwb tryloyw llydan

dŵr

Ffig. 2.5.23 Cyfarpar cyseiniant

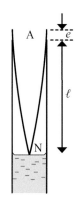

Ffig. 2.5.24 Harmonig 1af

Caiff yr arbrawf ei gydosod yn yr un modd ag arbrawf holltau Young, ond gan ddefnyddio gratin diffreithiant yn lle'r holltau. Wrth ddefnyddio laser, nid oes angen ystafell dywyll, gan fod y gratin yn trawsyrru llawer mwy o olau na'r holltau, ac mae'r llinellau sbectrol wedi'u diffinio'n fwy clir o lawer.

Y fformiwla ar gyfer y gratin diffreithiant yw

$$d \sin \theta_n = n\lambda$$

lle θ_n yw ongl y sbectrwm $n$fed trefn a d yw gwahaniad holltau'r gratin diffreithiant. Er mwyn cyfrifo'r donfedd, rhaid darganfod d a θ_n. Mae gwerth d yn cael ei gyfrifo fel arfer o **gysonyn y gratin diffreithiant**, sy'n cael ei ddarparu gan y gwneuthurwr (ond gweler y Pwynt astudio). Os yw'r sbectra'n cael eu taflunio ar sgrin, mae'n gyfleus darganfod gwerthoedd θ_n (Ffig. 2.5.22) drwy fesur D (fel gydag arbrawf holltau Young) a x_n drwy ddefnyddio pren mesur metr, ac yna defnyddio

$$\theta = \tan^{-1}\left(\frac{x}{D}\right).$$

Yn nodweddiadol, mae $D \sim 2$ m ac mae'r dadleoliadau, x, o drefn maint 50 cm. Er mwyn lleihau'r ansicrwydd yng ngwerthoedd x, mae'n synhwyrol mesur y pellter rhwng y ddau sbectrwm trefn un a rhannu â 2.

(c) Darganfod buanedd sain gan ddefnyddio tonnau unfan

Gallwn ddefnyddio trawfforch, F, i gydosod tonnau unfan yn y golofn aer uwchben arwyneb y dŵr mewn tiwb tryloyw pen agored, T (gweler Ffig. 2.5.23). Mae'r tiwb yn cael ei godi a'i ostwng nes gallu clywed synau â'r arddwysedd uchaf ar yr hyd cyseiniant lleiaf posibl, ℓ.

Y pellter lleiaf, ℓ, ar gyfer ton unfan yw lle mae nod, N, ar arwyneb y dŵr ac antinod, A, yn agos (ond ychydig uwchlaw) at ben agored y tiwb, fel sydd i'w weld yn Ffig. 2.5.24. Y pellter, ℓ, yw pellter arwyneb y dŵr islaw pen agored y tiwb, sy'n cael ei fesur, a'r pellter anhysbys e; yr enw arno yw'r *cywiriad pen*. Y pellter rhwng nod a'r antinod cyfagos yw $\lambda/4$, felly gallwn ysgrifennu bod

$$\frac{\lambda}{4} = \ell + e.$$

Dyma'r dull symlaf o ddarganfod buanedd sain:

- Gan ddechrau gyda thiwb T yn ei safle isaf, codwch y tiwb nes bod y cyseiniant cyntaf yn cael ei ganfod gyda thrawfforch ddirgrynol sydd ag amledd hysbys, e.e. 256 Hz (C ganol).
- Trwy godi a gostwng lefel y tiwb drosodd a throsodd, lleolwch safle'r cyseiniant yn fanwl gywir.
- Mesurwch hyd y cyseiniant, ℓ, a cheisiwch ailadrodd y darlleniad sawl gwaith.
- Ailadroddwch yr arbrawf gyda chyfres o drawffyrch (*tuning forks*) hyd at, e.e., 512 Hz (C uchaf).

Y dadansoddiad

Ar gyfer pob amledd, f, $\lambda = \dfrac{v}{f}$, lle v yw buanedd sain.

Gan amnewid ar gyfer λ ac ad-drefnu: mae $\ell = \dfrac{v}{4f} - e$. Felly mae graff ℓ yn erbyn $\dfrac{1}{f}$ yn llinell syth

gyda graddiant $\dfrac{v}{4}$ a rhyngdoriad $-e$ ar yr echelin ℓ (gweler Ffig. 2.5.25).

Amrywiadau

1. Gallwn ddefnyddio seinydd bach, wedi'i gysylltu â generadur signalau wedi'i raddnodi, yn lle'r set o drawffyrch.

2. Gallwn leoli'r ail (a'r trydydd) harmonig ar gyfer un amledd. Mae enghraifft o hyn yn Ffig. 2.5.26. Os yw hyd yr aer ar gyfer yr $n$fed harmonig yn ℓ_n, yna $\ell_2 - \ell_1 = \dfrac{\lambda}{2}$ ac mae $\ell_3 - \ell_2 = \dfrac{3\lambda}{4}$. Os ydyn ni'n gwybod beth yw'r amledd, gall y buanedd ton gael ei gyfrifo.

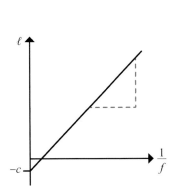

Ffig. 2.5.25 Graff o ℓ yn erbyn $\dfrac{1}{f}$

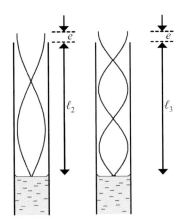

Ffig. 2.5.26 Yr 2il a'r 3ydd harmonig

Profwch eich hun 2.5

1. (a) Nodwch egwyddor arosod.
   (b) Mae dwy don ddŵr gyda'r un amledd yn pasio drwy'r un rhan o arwyneb pwll. Mae gan un osgled o 1.5 cm a'r llall osgled o 2.0 cm yn y rhan hon. Esboniwch pam, mewn rhai mannau, bydd osgled dirgryniad arwyneb y dŵr yn 3.5 cm. Beth yw osgled lleiaf dirgryniad arwyneb y dŵr yn yr ardal hon?

2. Mae dwy set o donnau, sy'n cyrraedd pwynt, yn gydlynol. Pa rai o'r gosodiadau canlynol sy'n gorfod bod yn gywir?

   A Mae'r tonnau'n donnau ardraws.
   B Mae gan y tonnau yr un amledd.
   C Mae'r tonnau'n gydwedd.
   Ch Mae ffynonellau'r tonnau'n osgiliadu yn gydwedd.
   D Mae'r gwahaniaeth gwedd rhwng y tonnau yn gyson.

3. Mae generadur signalau, **G**, yn cynhyrchu cerrynt trydan osgiliadol gydag amledd o 1.70 kHz. Mae hyn yn cael ei fwydo i ddau seinydd bach, **A** a **B**, sy'n cynhyrchu tonnau sain o'r un amledd. Gosodir meicroffon, **M**, fel sydd i'w weld, ac mae'n derbyn tonnau sain o'r ddau seinydd. [Buanedd sain yw 340 m s⁻¹.]

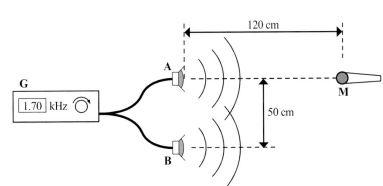

   (a) Heb gyfrifo, esboniwch a yw'r ddwy don sain, sy'n cael eu derbyn gan **M**, yn gydlynol.
   (b) Defnyddiwch theorem Pythagoras i ddangos bod y gwahaniaeth llwybr, **BM−AM**, yn 10 cm.
   (c) Gan ddefnyddio'u hamledd, cyfrifwch donfedd y tonnau sain.
   (ch) Esboniwch a fyddech yn disgwyl i lefel y sain sy'n cael ei dderbyn gan y meicroffon fod yn uchel neu'n isel. Beth yw'r enw ar yr egwyddor rydych wedi'i defnyddio?
   (d) Mae'r meicroffon bellach yn cael ei symud 25 cm i lawr yn y diagram, h.y. ar ongl sgwâr i'r llinell doredig rhyngddo a'r seinydd **A**. Esboniwch yn fanwl beth fyddai'n digwydd i lefel y sain yn ystod y symudiad.

4. Mewn arbrawf i ymchwilio i donnau unfan mewn sain, mae myfyriwr yn cysylltu dau seinydd â'r un generadur signalau, sydd wedi'i osod i gynhyrchu ton sin 800 Hz. Mae hi'n cydosod y seinyddion yn wynebu ei gilydd ac ychydig fetrau ar wahân, ac mae'n defnyddio microffon i ymchwilio i'r sain rhwng y seinyddion.

(a) Esboniwch pam mae'n bwysig cysylltu'r seinyddion â'r un generadur signalau.

(b) Mae'r myfyriwr yn dod o hyd i isafbwyntiau 0.21 m ar wahân ar hyd y llinell sy'n cysylltu'r seinyddion. Cyfrifwch werth ar gyfer buanedd sain.

(c) Esboniwch pam mae nodau'n llai amlwg pan fyddan nhw'n llawer agosach at un seinydd na'r llall.

5. Mae llinyn wedi'i ymestyn rhwng cynalyddion sefydlog, 1.65 m ar wahân. Mae'n cael ei osod i ddirgrynu gyda chyfnod o 0.016 s, ac mae i'w weld ar amser $t = 0$, pan fydd y dadleoliad ar ei fwyaf.

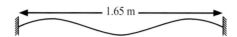

(a) Copïwch y diagram ac ychwanegwch frasluniau o'r llinyn ar $t = 0.008$ s ac ar $t = 0.012$ s.

(b) Dangoswch mai buanedd y tonnau ar y llinyn yw tua 70 m s^{-1}.

(c) Disgrifiwch y perthnasau gwedd rhwng y gwahanol bwyntiau ar y llinyn.

(ch) Cyfrifwch donfedd ac amledd y don unfan â'r amledd isaf posibl ar y llinyn.

6. Mewn arbrawf i fesur buanedd sain, defnyddiodd myfyriwr drawfforch ag amledd 440.0 Hz. Daliodd y drawfforch ddirgrynol dros diwb o ddŵr oedd â thwll bach yn yr ochr fel sydd i'w weld, gan ganiatáu i'r dŵr ddraenio allan. Mesurodd hyd, ℓ, y golofn aer uwchben arwyneb y dŵr lle cafodd y cyseiniant cyntaf ei glywed. Roedd hi'n ymresymu bod nod ar arwyneb y dŵr a gwrthnod ar ben agored y tiwb, felly mae'n rhaid bod ℓ yn cynrychioli $\frac{1}{4}\lambda$, lle λ yw tonfedd y sain.

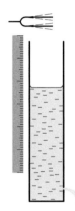

Drwy ailadrodd yr arbrawf sawl gwaith, cafodd y gwerthoedd canlynol ar gyfer ℓ, gan ddefnyddio graddfa mm: 185 mm, 189 mm, 190 mm, 187 mm, 189 mm.

Defnyddiwch y darlleniadau i ddarganfod gwerth ar gyfer v, buanedd sain, ynghyd â'i ansicrwydd, Δv.

7. Mae'r myfyriwr yng nghwestiwn 6 yn darllen Adran 2.5.6(c), ac yn darganfod nad yw'r antinod yn union ar ben y tiwb, ond yn hytrach bellter bach (sef y cywiriad pen), e, uwch ei ben.

Felly mae $\ell = \dfrac{\lambda}{4} - e$. Ailadroddodd yr arbrawf, a darganfod ail gyseiniant gydag $\ell = \dfrac{3\lambda}{4} - e$. Dyma ei darlleniadau: 579 mm, 576 mm, 577 mm, 573 mm, 575 mm.

Defnyddiwch ganlyniadau'r ddau arbrawf i ddarganfod gwerthoedd ar gyfer v ac e, ynghyd â'u hansicrwydd.

8. Mae'r diagram yn dangos set o ficrodonnau plân yn agosáu at bâr o holltau, wedi'u gwneud gan ddefnyddio tri phlât alwminiwm. Mae canolau'r holltau 8.0 cm ar wahân. Mae chwiliedydd, P, yn cael ei symud ar hyd y llinell doredig, sydd 50 cm i ffwrdd o blân yr holltau.

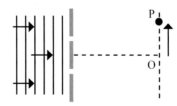

(a) Pan fydd un o'r holltau'n cael ei gorchuddio, derbynnir signal ar O. Enwch yr effaith sy'n gyfrifol am hyn.

(b) Pan gaiff y ddwy hollt eu dadorchuddio, mae'r signal sy'n cael ei dderbyn yn llawer cryfach. Esboniwch hyn.

(c) Wrth symud y chwiliedydd o O yn y cyfeiriad mae'r saeth yn ei ddangos, mae'r signal yn lleihau i sero (bron), i ddechrau, ac yna'n codi i uchafswm. Esboniwch yr arsylw hwn, heb gyfrifo, ac enwch yr effaith yr arsylwyd arno.

(ch) (i) Mae'r uchafswm yn rhan (c) yn digwydd wrth symud y chwiliedydd 18.4 cm. Cyfrifwch werth ar gyfer tonfedd y microdonnau drwy ddefnyddio: (I) fformiwla holltau Young a (II) theorem Pythagoras.

(ii) Gwnewch sylwadau ar eich atebion i ran (i).

9. Mae hollt gul yn cael ei goleuo gan LED coch ($\lambda = 640$ nm), ac mae'r golau sy'n dod allan yn cael ei weld ar wal sydd 2.00 m i ffwrdd. Uchafswm canol y patrwm diffreithiant yw 2.0 cm o led. Mae'r hollt yn cael ei hamnewid am bâr o holltau paralel, sydd â'r un lled â'r gyntaf. Mae'r eddïau ymyriant 2.0 mm ar wahân.

(a) Cyfrifwch y gwahaniad holltau.

(b) Amcangyfrifwch nifer yr eddïau ymyriant y byddech yn disgwyl eu gweld. Esboniwch eich ateb.

(c) Disgrifiwch ac esboniwch yr hyn byddech chi'n disgwyl ei weld pe bai'r canlynol yn digwydd:

   (i) Laser gwyrdd ($\lambda = 500$ nm) yn cael ei ddefnyddio yn lle'r LED coch.

   (ii) Nawr mae'r holltau yn cael eu goleuo gan y ddau laser, ond mae hidlydd sy'n gadael golau coch trwodd yn unig yn gorchuddio un hollt, a hidlydd gwyrdd yn gorchuddio'r llall.

   (iii) Mae'r holltau'n cael eu gorchuddio â hidlyddion polaroid, gyda chyfeiriadau'r ddau bolaroid yn baralel.

   (iv) Mae'r holltau'n cael eu gorchuddio â hidlyddion polaroid, gyda chyfeiriadau'r ddau bolaroid ar ongl sgwâr i'w gilydd.

10. Rhoddir buanedd, v, ton ardraws ar wifren gan $v = \sqrt{\dfrac{T}{\mu}}$, lle T yw'r tyniant a μ yw'r màs am bob uned hyd. Rhoddir gwifren fertigol, màs M, a hyd ℓ, dan dyniant drwy hongian cyfres o fasau, m, arni. Mae'r wifren yn cael ei phlycio nes iddi ddirgrynu. Gan anwybyddu unrhyw gynnydd yn hyd y wifren o ganlyniad i'r tyniant amrywiol, deilliwch fformiwla i gysylltu amledd y dirgryniad, f, â'r màs crog, m. [Tybiwch fod $M << m$]

11. Gofynnwyd i fyfyrwraig ffiseg adnabod llinell ddirgel yn sbectrwm tiwb dadwefru sodiwm. Defnyddiodd sbectromedr manwl gywir a gratin diffreithiant fel hyn:

- Mesurodd yr onglau, ϕ, rhwng y ddau sbectrwm trefn dau ar gyfer pedair llinell yn y sbectrwm hydrogen.

- Mesurodd yr onglau rhwng y ddau sbectrwm trefn dau ar gyfer llinell lachar yn y sbectrwm sodiwm a'r llinell ddirgel yn y sbectrwm sodiwm.

Mae ei chanlyniadau yn y tabl.

	Llinellau hydrogen				Sodiwm	
λ / nm	410.2	434.0	486.1	656.3	589.3	dirgelwch
ϕ / °	17.92	50.90	57.54	80.71	71.39	65.46

Gwerthuswch a yw gwerth ϕ yn gyson â llinell werdd mercwri, sydd â thonfedd o 546.1 nm.

12. Mae myfyriwr yn goleuo hollt sengl â golau laser, tonfedd 650 nm, ac yn arsylwi ar y patrwm hwn ar sgrin sy'n cael ei gosod 3.0 m i ffwrdd o'r hollt.

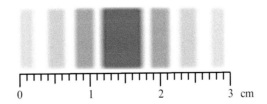

(a) Brasluniwch graff arddwysedd yn erbyn safle ar gyfer y golau hwn.

(b) Mae'r myfyriwr yn amnewid y laser am un arall, tonfedd 450 nm. Brasluniwch graff arddwysedd yn erbyn safle ar gyfer y laser hwn.

(c) Mae safle onglaidd yr eddïau tywyll o'r canol, mewn radianau, yn $\dfrac{n\lambda}{w}$, lle w yw lled yr hollt ac mae n yn cymryd y gwerthoedd 1, 2, 3... Drwy gymryd darlleniadau gan ddefnyddio'r raddfa, darganfyddwch led yr hollt.

2.6 Plygiant golau

Plygiant: Y newid yng nghyfeiriad teithio golau (neu don arall) pan fydd ei fuanedd teithio yn newid, e.e. wrth iddo basio o un defnydd i un arall.

Mae pob ton, fel sain, golau, tonnau môr a thonnau seismig, yn dangos newid cyfeiriad os ydyn nhw'n symud o un defnydd i mewn i un arall lle mae buanedd y lledaeniad yn wahanol (oni bai bod cyfeiriad y lledaeniad ar ongl sgwâr i'r ffin). Yr enw ar yr effaith hon yw **plygiant**. Mae'r hyn sy'n achosi'r newid buanedd yn dibynnu ar y math o don. Dyma rai enghreifftiau:

- Mae buanedd tonnau seismig yn dibynnu ar anhyblygedd a dwysedd creigiau.
- Yn achos buanedd tonnau radio drwy'r ïonosffer (uwch atmosffer), mae crynodiad yr electronau rhydd yn effeithio arno.
- Mae amledd a dyfnder y dŵr yn effeithio ar fuanedd tonnau arwyneb dŵr – mae'r tonnau yn y tanc crychdonni yn Ffig. 2.6.1 yn teithio o'r chwith i'r dde mewn dŵr dwfn ar B; maen nhw'n arafu ar y ffin â'r dŵr mwy bas ar A, ac mae hyn yn achosi iddyn nhw wasgu at ei gilydd a newid cyfeiriad.
- Mae buanedd tonnau sain drwy'r atmosffer yn dibynnu ar y tymheredd.

Yn achos golau, rydyn ni'n defnyddio'r effaith hon i reoli golau mewn ffyrdd defnyddiol, fel gwneud lensiau i wella nam golwg er enghraifft, neu i adeiladu telesgopau a microsgopau, neu mewn ffibrau optegol i drawsyrru gwybodaeth. Mae geoffisegwyr yn defnyddio plygiant tonnau seismig naturiol i archwilio adeiledd y Ddaear, neu blygiant tonnau a gynhyrchir yn artiffisial i ddarganfod cronfeydd olew a nwy.

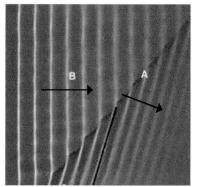

Ffig. 2.6.1. Plygiant tonnau dŵr mewn tanc crychdonni

buanedd uchel   buanedd isel

Ffig. 2.6.2 Plygiant tonnau

Rydyn ni fel arfer yn defnyddio'r cysyniad o **belydrau** i egluro plygiant golau. Mae golau yn ffenomen tonnau, ond pan fydd y blaendonnau sawl trefn maint yn fwy na'r donfedd, gallwn ystyried ei fod yn symud mewn paladrau llinell syth, cul ar ongl sgwâr i'r blaendonnau: pelydrau golau yw'r rhain.

2.6.1 Plygiant a phriodweddau tonnau

Mae'r blaendonnau yn Ffig. 2.6.2 yn croesi ffin (llinell doredig) ar letraws o'r chwith i'r dde i ranbarth lle maen nhw'n teithio'n arafach. Mae'r blaendonnau wedi cael eu lluniadu un donfedd ar wahân, a gallwn eu hystyried yn frigau tonnau. Mae'r saethau coch a gwyrdd yn dangos cyfeiriad teithio'r tonnau. Mae'r rhain ar ongl sgwâr i linell y blaendonnau, ac yn achos golau, byddai'r llinellau coch a gwyrdd yn belydrau golau.

Wrth i bob blaendon groesi'r ffin, mae'n arafu: mae pen isaf y don yn arafu gyntaf, felly mae llinell y don yn dod yn fwy fertigol (yn nes at fod yn baralel i'r ffin). Gan hynny, mae cyfeiriad teithio'r tonnau yn dod yn nes at fod yn llorweddol, h.y. yn nes at ongl sgwâr i'r ffin.

Gwahaniad y blaendonnau ar hyd y llinellau cyfeiriad (lliw) yw'r donfedd, sydd yn amlwg yn lleihau wrth groesi'r ffin. Beth am yr amledd? Mae pob brig sy'n pasio **X** hefyd yn pasio **Y**. Felly, mae'n rhaid bod amledd y tonnau heb newid, er bod y buanedd yn newid.

Mae Ffig. 2.6.3 (a) yn dangos pelydryn golau (gweler y Pwynt astudio) yn cael ei blygu ar ffin. Mae rhai termau sy'n ymwneud â phlygiant yn cael eu cyflwyno yn y diagram, ac mae rhan (b) yn dangos y berthynas rhwng y pelydrau golau a'r model tonnau ar gyfer golau. Mae Ffig. 2.6.3 (b) yn dangos y blaendonnau yn y paladr cul o olau, sy'n cael ei gynrychioli gan y pelydryn golau (gweler y Pwynt astudio). Gallwn ddefnyddio'r diagramau hyn i ddeillio'r berthynas rhwng yr onglau, θ_1 a θ_2, a'r buaneddau ton v_1 a v_2.

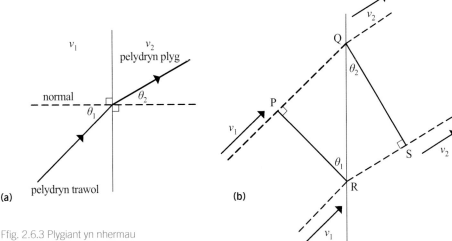

Ffig. 2.6.3 Plygiant yn nhermau
(a) pelydrau a (b) blaendonnau

Mae PR yn cynrychioli blaendonnau sy'n cyrraedd y ffin gydag ongl drawiad θ_1. Mae QS yn cynrychioli safle'r un flaendon, amser Δt yn ddiweddarach, ar yr un pryd ag y mae pwynt P ar y flaendon drawol yn cyrraedd y ffin.

Yn nhriongl PQR: $QR = \dfrac{PQ}{\sin \theta_1}$. Yn nhriongl SRQ: $QR = \dfrac{RS}{\sin \theta_2}$.

∴ Gan hafalu'r ymadroddion ar gyfer QR: $\dfrac{PQ}{\sin \theta_1} = \dfrac{RS}{\sin \theta_2}$

Ond mae $PQ = v_1\Delta t$ ac mae $RS = v_2\Delta t$ ∴ $\dfrac{v_1\Delta t}{\sin \theta_1} = \dfrac{v_2\Delta t}{\sin \theta_2}$

Drwy ad-drefnu, cawn: $\dfrac{\sin \theta_1}{v_1} = \dfrac{\sin \theta_2}{v_2}$ [1]

Ar y llaw arall: mae'r gymhareb $\dfrac{\sin \theta_1}{\sin \theta_2} = \dfrac{v_1}{v_2}$, sy'n gysonyn. Mae hyn yn ffurf ar ddeddf Snell, sy'n cael sylw yn Adran 2.6.2.

2.6.2 Indecs plygiant

Mae hafaliad [1] yn Adran 2.6.1 yn berthynas gyffredinol ar gyfer pob math o fudiant tonnau. Yn yr adran hon rydyn ni'n trafod golau yn unig. Mae'r drafodaeth hefyd yn berthnasol, mewn egwyddor, i ffurfiau eraill ar belydriad electromagnetig.

Am resymau hanesyddol, mae ffisegwyr optegol yn trafod gallu defnydd i blygu tonnau golau (pelydrau) yn nhermau ei **indecs plygiant**, n, sy'n cael ei ddiffinio gan $n = \dfrac{c}{v}$.

Oherwydd bod tonnau golau yn teithio'n arafach drwy ddefnyddiau na thrwy wactod, mae gan n werth lleiaf o 1 yn union ar gyfer gwactod (drwy ddiffiniad), h.y. $n \geq 1$. Mae Tabl 2.6.1 yn dangos indecsau plygiant amrywiaeth o ddefnyddiau cyffredin.

Defnydd	n
gwactod	1 (yn union)
aer (ar 0°C)	1.000292
dŵr	1.333*
dwr môr	1.343*
iâ	1.31
gwydr	1.50–1.75
diemwnt	2.417
glyserin	1.473*
olew olewydd	1.48*
* ar 293 K	

Tabl 2.6.1 Indecsau plygiant

2.6.2 Gwirio gwybodaeth

Cyfrifwch fuanedd golau mewn: (a) dŵr a (b) diemwnt.

Cymerwch fod $c = 3.00 \times 10^8$ m s⁻¹.

Pwynt astudio

Sylwch ar y ddau bwynt canlynol o enghraifft y tanc pysgod, sydd yn codi dim ond oherwydd bod yr arwynebau gwydr yn baralel:

1. Mae'r pelydryn golau yn y gwydr yn gwneud yr un ongl, α, i'r normal ar y ddwy ochr.

2. Yn y cyfrifiad, gallwn anwybyddu'r ongl α yn y gwydr.

2.6.3 Gwirio gwybodaeth

Cyfrifwch yr ongl yn y gwydr, α, yn enghraifft y tanc pysgod.

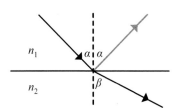

Ffig. 2.6.5 Adlewyrchiad rhannol

(a) Deddf Snell

Byddwn nawr yn ysgrifennu hafaliad [1] yn nhermau indecs plygiant. Indecsau plygiant y ddau ddefnydd yn Ffig. 2.6.3 yw $n_1 = \dfrac{c}{v_1}$ ac $n_2 = \dfrac{c}{v_2}$.

Felly daw hafaliad [1] yn: $\dfrac{n_1 \sin \theta_1}{c} = \dfrac{n_2 \sin \theta_2}{c}$, $\therefore\ n_1 \sin \theta_1 = n_2 \sin \theta_2$ [2]

Dyma **ddeddf Snell**. Gallwn hefyd ysgrifennu hafaliad [2] ar y ffurf $n \sin \theta$ = cysonyn. Gallwn hefyd ei gymhwyso i blygiant drwy ddefnydd ag indecs plygiant sy'n amrywio'n barhaus, e.e. yr atmosffer, sydd â'i ddwysedd yn amrywio gydag uchder, tymheredd, lleithder ac yn y blaen.

Ymestyn a Herio

Mae llawer yn defnyddio'r term ansoddol *dwysedd optegol* i ddisgrifio priodwedd plygiant defnydd. Dywedir bod 'dwysedd optegol uchel' gan ddiemwnt, a bod 'dwysedd optegol isel' gan aer. Ceisiwch beidio â drysu rhwng y term hwn a 'dwysedd ffisegol'. **Gall fod** cydberthyniad bras rhwng dwysedd ffisegol ac indecs plygiant, e.e. gwydr crwm ($n \sim 1.5$, $\rho = 2.6$ g cm⁻³) a gwydr fflint ($n \sim 1.7$, $\rho = 4.2$ g cm⁻³). Fodd bynnag,

- mae dwysedd diemwnt (3.5 g cm⁻³) yn is na dwysedd gwydr fflint ond mae'r indecs plygiant yn llawer uwch
- mae indecs plygiant persbecs (1.495) bron yn hafal i indecs plygiant gwydr crwm, ond mae'r dwysedd yn llawer is (1.19 g cm⁻³).

Enghraifft

Mae Ffig. 2.6.4 yn dangos pelydryn golau yn mynd i mewn i danc pysgod. Defnyddiwch werthoedd yr indecs plygiant i gyfrifo'r ongl θ_w.

Atebion

O ddeddf Snell:

$n_a \sin 50° = n_g \sin \alpha = n_w \sin \theta_w$

(Gweler y Pwynt astudio)

$\therefore\ 1.00 \sin 50° = 1.33 \sin \theta_w$

$\therefore\ \theta_w = \sin^{-1}\left(\dfrac{\sin 50°}{1.33}\right) = 35°$ (2 ff.y.)

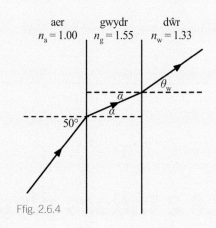

Ffig. 2.6.4

2.6.3 Adlewyrchiad

Os yw pelydryn golau yn taro ffin lefn (wedi'i llathru) rhwng dau gyfrwng, fel yn Ffig. 2.6.5, fel arfer mae'n cael ei adlewyrchu'n rhannol a'i blygu'n rhannol fel sydd i'w weld. Mae'r diagram hwn wedi'i luniadu ar gyfer $n_1 > n_2$ ond mae'r un peth yn wir am $n_1 < n_2$, ond, yn yr achos hwnnw, byddai'r ongl blygiant, β, yn llai na'r ongl drawiad, α. Sylwch fod yr ongl adlewyrchiad (h.y. yr ongl rhwng y pelydryn adlewyrch a'r normal) yn hafal i'r ongl drawiad.

Mae ffracsiwn y pŵer trawol sy'n cael ei adlewyrchu yn dibynnu ar yr ongl drawiad ac ar indecsau plygiant y ddau ddefnydd:

- Y mwyaf yw'r ongl drawiad, y mwyaf yw'r pŵer sy'n cael ei adlewyrchu.
- Y mwyaf yw'r gwahaniaeth yn yr indecsau plygiant, y mwyaf yw'r pŵer sy'n cael ei adlewyrchu.

(a) Adlewyrchiad mewnol cyflawn

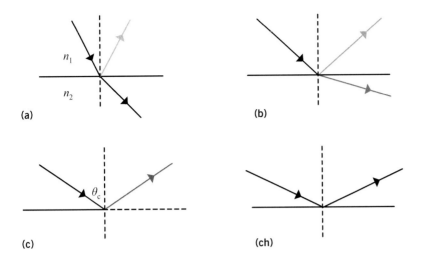

Ffig. 2.6.6 Adlewyrchiad mewnol cyflawn

Mae'r dilyniant o ddiagramau yn Ffig. 2.6.6 (a)–(ch) yn esbonio'n ansoddol sut mae ffracsiwn y pŵer sy'n cael ei adlewyrchu yn amrywio gyda'r ongl drawiad ar gyfer pelydryn golau sy'n taro defnydd **sydd ag indecs plygiant is**.

* Ar gyfer ongl drawiad fach – yn (a) – mae'r ffracsiwn sy'n cael ei adlewyrchu yn fach.

* Wrth i'r ongl drawiad gynyddu – y dilyniant (a), (b), (c) – mae'r ffracsiwn sy'n cael ei adlewyrchu yn cynyddu (ac mae'r ffracsiwn sy'n cael ei drawsyrru yn lleihau).

* Wrth i ni gyrraedd ongl drawiad θ_c, o'r enw yr **ongl gritigol**, sef yr ongl mae deddf Snell yn rhoi ongl blygiant o 90° ar ei gyfer, mae'r pŵer plyg yn sero, h.y. adlewyrchir yr holl olau. Yr enw ar y ffenomenon hon yw **adlewyrchiad mewnol cyflawn**, sydd hefyd yn berthnasol i bob ongl drawiad sy'n fwy na θ_c.

Gallwn ddarganfod y berthynas rhwng yr ongl gritigol, θ_c, a'r indecsau plygiant drwy ystyried yr achos terfannol yn niagram (c).

Gan gymhwyso $n_1 \sin \theta_1 = n_2 \sin \theta_2$ gyda $\theta_1 = \theta_c$ a $\theta_2 = 90°$

$\rightarrow$ $\qquad\qquad n_1 \sin \theta_c = n_2 \sin 90°$

Ond mae $\sin 90° = 1$, $\quad \therefore n_1 \sin \theta_c = n_2$ neu $\theta_c = \sin^{-1}\left(\dfrac{n_2}{n_1}\right)$

(b) Enghreifftiau o AMC (Adlewyrchiad Mewnol Cyflawn)

Mae Adran 2.6.4 yn trafod ffibrau optegol, sy'n dibynnu ar adlewyrchiad mewnol cyflawn i weithio. Dyma ddwy enghraifft gyffredin arall.

(i) Prismau sy'n adlewyrchu'n gyflawn

Mae llawer o offer optegol, e.e. ysbienddrych (*binoculars*), microsgopau a pherisgopau, yn defnyddio prismau i adlewyrchu golau ac i blygu llwybr golau. Caiff manteision prismau dros ddrychau eu hesbonio yn Ffig. 2.6.7. Byddai adlewyrchiadau lluosog mewn drych yn achosi delweddau lluosog yn yr offeryn. Yn achos prismau, byddai'r adlewyrchiadau rhannol, gwan, wrth i'r golau fynd i mewn i'r prism neu ei adael ar ongl sgwâr, yn anfon golau yn ôl allan o'r offeryn ar hyd yr un ffordd ag y daeth i mewn, ac ni fyddai'n effeithio ar y ddelwedd derfynol. O ran y gwydr a ddefnyddir i wneud prismau, mae ganddo indecs plygiant yn yr amrediad 1.5–1.7. Dylech allu dangos bod yr ongl gritigol yn llai na 45°.

Awgrym

Gwnewch yn siŵr eich bod yn deall beth sy'n digwydd i amledd a thonfedd pan fydd ton yn cael ei phlygu. Dyma'r amodau ar gyfer AMC:

1. Mae'r pelydryn golau yn taro ffin â defnydd sydd ag indecs plygiant is.

2. Mae'r ongl drawiad yn fwy na'r ongl gritigol.

Pwynt astudio

Rhoddir yr ongl gritigol ar gyfer ffin rhwng defnydd sydd ag indecs plygiant n ac aer (indecs plygiant = 1.000) gan

$\sin \theta_c = \dfrac{1}{n}$.

Gwirio gwybodaeth 2.6.4

Mae pelydryn golau, sy'n teithio mewn persbecs sydd ag indecs plygiant o 1.495, yn taro ffin ag aer. Disgrifiwch yr hyn sy'n digwydd pan fydd yr ongl drawiad yn (a) 25°, (b) 35° ac (c) 45°.

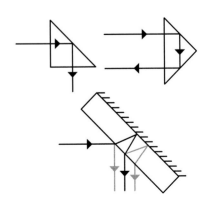

Ffig. 2.6.7 Prismau sy'n adlewyrchu'n gyflawn a drych gwydr

Ymestyn a Herio

Os yw golau'n taro'r ffin rhwng dau ddefnydd, sydd ag indecsau plygiant n_1 ac n_2, ar ongl sgwâr (h.y. $\theta = 0$), mae ffracsiwn, R, y pŵer sy'n cael ei adlewyrchu yn cael ei roi gan:

$$R = \left(\frac{n_2 - n_1}{n_2 + n_1}\right)^2$$

Cyfrifwch ffracsiwn y golau sy'n cael ei drawsyrru drwy gwarel gwydr ($n = 1.55$) mewn aer. Cofiwch bod gan y cwarel ddau arwyneb.

2.6.5 Gwirio gwybodaeth

Mae pelydryn golau'n taro prism gwydr hafalochrog ($n = 1.50$) gydag ongl drawiad o $50°$. Cyfrifwch yr ongl pan ddaw allan o'r prism.

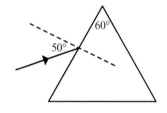

Ffig. 2.6.8 Rhithluniau yn yr anialwch ac ar briffordd

(ii) Rhithluniau

Os ydyn ni'n gweld rhyw fath o adlewyrchiad golau fel arwyneb dŵr crychdonnog ar ffordd boeth yn yr haf, neu lyn sydd ddim yn bodoli mewn anialwch crasboeth, yr enw ar hwn yw rhithlun (neu *mirage*; *rhithlun israddol* a bod yn fanwl gywir). Mae dwy enghraifft o hyn i'w gweld yn Ffig. 2.6.8.

Mae hyn yn digwydd oherwydd bod arwyneb y ffordd (neu'r diffeithdir) yn amsugno pelydriad o'r Haul ac yn cynhesu. Mae hyn yn cynhesu'r aer mewn cysylltiad â'r arwyneb fel bod gwrthdroad tymheredd – mae tymheredd yr aer yn lleihau gydag uchder. Mae'r indecs plygiant yn lleihau wrth i belydryn golau (e.e. o gar, camel neu bolyn telegraff) fynd at yr arwyneb, ac os yw'r pelydryn yn teithio ar ongl letraws, mae digon o wahaniaeth i achosi AMC.

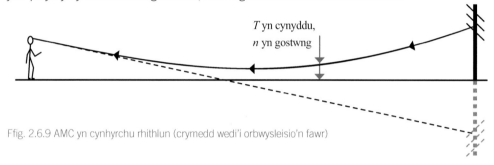

Ffig. 2.6.9 AMC yn cynhyrchu rhithlun (crymedd wedi'i orbwysleisio'n fawr)

2.6.4 Ffibrau optegol

Mae ffibrau optegol wedi dod yn hollbresennol ers yr 1980au. Maen nhw'n cael eu defnyddio i drawsyrru data mewn rhwydweithiau ardal leol (*LANs*), rhwydweithiau rhanbarthol a rhwydweithiau pellter hir (rhyng-gyfandirol). Maen nhw hefyd yn cael eu defnyddio mewn systemau delweddu pell, fel archwiliadau meddygol mewnol (endosgopi, Ffig. 2.6.10) ac ymchwilio i leoedd anodd eu cyrraedd, fel draeniau ac adeiladau a ddymchwelwyd (wrth chwilio am oroeswyr).

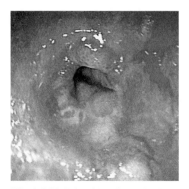

Ffig. 2.6.10 Delwedd endosgopig o'r oesoffagws yn dangos niwed adlifol (oesoffagws Barrett)

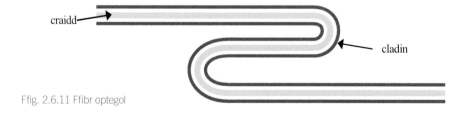

Ffig. 2.6.11 Ffibr optegol

Mae'r adran hon yn trafod priodweddau optegol ffibrau optegol indecs grisiog (*stepped-index*). Mae ffibr optegol nodweddiadol yn cynnwys un edau o wydr, gyda'r rhan ganol (y craidd) yn cludo'r signal golau, a'r rhan allanol (y cladin) yn cadw'r signal yn y craidd. O amgylch hwn, mae haen ddiogelu o blastig (sydd ddim i'w weld yn Ffig. 2.6.11) sef yr 'araen' (*coating*). Yn nodweddiadol, mae gan yr araen ddiamedr allanol o ~ 250 μm, h.y. 0.25 mm. Gall cebl ffibr optegol gynnwys cannoedd o'r ffibrau hyn.

(a) Ffibrau amlfodd ac AMC

Er mwyn iddo weithio, mae'r ffibr optegol yn dibynnu ar adlewyrchiad mewnol cyflawn pelydrau golau ar y ffin rhwng y craidd a'r cladin sydd ag indecs plygiant is. Ar gyfer ffibr amlfodd, diamedr craidd nodweddiadol yw $50\mu m$.

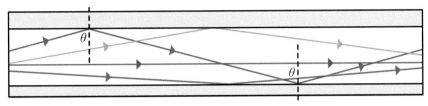

Ffig. 2.6.12 Pelydryn golau wedi'i adlewyrchu'n fewnol yn gyflawn mewn ffibr optegol amlfodd

Mae pob pelydryn golau sy'n taro'r ffin rhwng y craidd a'r cladin, ar onglau sy'n fwy na'r ongl gritigol, yn cael ei adlewyrchu'n fewnol yn gyflawn yn ôl i mewn i'r craidd. Yna maen nhw'n taro ochrau cyferbyn y craidd, dro ar ôl tro, ar yr un ongl, ac yn cael eu hadlewyrchu bob tro, nes iddyn nhw ddod allan o ben arall y ffibr (oni bai bod amhureddau yn y gwydr yn eu hamsugno neu'n eu gwasgaru). Nid yw'r ffibr optegol o reidrwydd yn berffaith syth. Ond o wybod bod diamedr y craidd yn ~50 μm, prin y bydd unrhyw grymedd rhesymol yn y cebl yn effeithio ar onglau'r adlewyrchiadau lluosog.

Mae'r ffibr optegol **amlfodd** hwn yn iawn ar gyfer cyfathrebu ar draws pellterau byr, neu ar gyfer ei ddefnyddio wrth ddelweddu (endosgopi), ond mae problemau'n codi ar gyfer cyfathrebu digidol dros bellterau hir gyda chyfraddau switsio cyflym. Er mwyn gweld pam, ystyriwch yr amser mae signal yn ei gymryd i deithio 10 km.

Enghraifft

Mae gan ffibr optegol amlfodd indecs plygiant craidd o 1.6. Cyfrifwch y gwahaniaeth yn yr amser mae signal yn ei gymryd i deithio drwy 10 km o ffibr optegol, ar gyfer pelydrau golau sy'n teithio'n baralel ac ar ongl o 20° i echelin y ffibr.

Atebion

Mae buanedd golau yn y craidd $= \dfrac{c}{n} = \dfrac{3.00 \times 10^8}{1.6} = 1.875 \times 10^8$ m s^{-1}

∴ Mae'r amser mae'r pelydryn paralel yn ei gymryd $= \dfrac{10 \times 10^3}{1.875 \times 10^8} = 53.3$ μs

Mae'r pellter a deithiwyd gan y signal ar 20° $= \dfrac{10 \times 10^3}{\cos 20°} = 10642$ m

∴Mae'r amser a gymerwyd $= \dfrac{10642}{1.875 \times 10^8} = 56.8$ μs

∴ Mae'r gwahaniaeth amser = 3.5 μs.

Mae'r gwahaniaeth amser rhwng gwahanol lwybrau mewn cyfrannedd â'r pellter trawsyrru, felly byddai ffibr 1 km yn rhoi gwahaniaeth amser o ~ 0.4 μs; ar gyfer ffibr 100 m byddai Δt yn 40 ns etc. Caiff data digidol eu trawsyrru fel cyfres o bylsiau sy'n osgiliadu'n gyflym. Os yw'r gyfradd trawsyrru yn fwy na 10^5 did (*bit*) yr eiliad (100 kbps), bydd yr amser rhwng pylsiau'n llai na ~10 μs. Felly bydd y gwahaniaeth amser rhwng bod y pylsiau 'syth drwodd' a'r pylsiau 20° yn cyrraedd yn achosi i werthoedd 0 ac 1 y pylsiau orgyffwrdd, ac ni fydd hi'n bosibl darllen y signal. Yr enw ar yr effaith hon yw **gwasgariad amlfodd**. Wrth i systemau data modern weithredu ar gyfraddau **Gbps** (10^9 did yr eiliad) mae'r math hwn o ffibr optegol wedi'i gyfyngu i ychydig o fetrau, e.e. mewn LAN. Gall ffibrau unmodd oresgyn y cyfyngiad hwn.

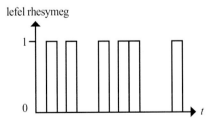

Mae sgwrs ffôn yn digwydd dros system ffibr unmodd 3000 km o hyd. Amcangyfrifwch gyfanswm yr oediad amser mae'r siaradwyr yn ei brofi. Nodwch unrhyw dybiaeth rydych yn ei gwneud.

 Term allweddol

Ffibr optegol **unmodd**: Un lle mae golau yn cael ei ledaenu i un cyfeiriad (yn baralel â'r echelin) yn unig

(b) Ffibrau unmodd

Yn adran 2.5, gwelsom fod golau'n lledaenu'n sylweddol drwy ddiffreithiant wrth iddo basio drwy agorfeydd sy'n debyg i'r donfedd o ran maint. Yn yr amgylchiadau hyn, ni allwn ddefnyddio'r model pelydrau golau, a rhaid i ni ddefnyddio dadansoddiad tonnau cyflawn (sydd y tu hwnt i lefel Ffiseg Safon Uwch). Am resymau sy'n cael eu trafod yn fras isod, mae systemau cyfathrebu ffibr optegol yn defnyddio pelydriad isgoch sydd â thonfedd (mewn aer) o ~1.5 µm. Canlyniad y dadansoddiad tonnau cyflawn, ar gyfer creiddiau sydd â diamedrau llai na tua 9 µm, yw na all y tonnau golau ddilyn llwybrau lluosog. I bob pwrpas, maen nhw wedi'u cyfyngu i deithio'n baralel ag echelin y ffibr. Yr enw ar y ffibrau hyn, gyda diamedr craidd nodweddiadol o 9 µm, yw ffibrau **unmodd**.

Y brif broblem i'w datrys, mewn systemau unmodd, yw colli'r signal yn gynyddol oherwydd gwanhad. Ar gyfer tonfeddi isgoch agos, gwasgariad oherwydd amhureddau yng ngwydr y ffibr sy'n bennaf cyfrifol am hyn. Yr enw ar y broses hon yw gwasgariad Rayleigh, ac mae'n mynd yn fwyfwy difrifol wrth i'r donfedd fynd yn fyrrach. Yr un effaith sy'n gyfrifol am liw glas yr awyr – mae'r atmosffer yn gwasgaru'r tonfeddi byr (glas) yn fwy na'r tonfeddi hir (coch). Mae rhai moleciwlau ac ïonau yn y gwydr (OH– yn bennaf) hefyd yn dethol pa donfeddi penodol i'w hamsugno.

Ar gyfer cyfathrebu pellter hir, mae angen cyfnerthu'r signal yn y ffibr optegol a'i lanhau, ac mae hyn yn cael ei wneud gan ddyfeisiau aildrosglwyddo rhwng y trosglwyddydd a'r derbynnydd. Mae ansawdd technoleg ffibr cyfoes yn golygu nad oes angen mewnosod dyfeisiau ail drosglwyddo yn agosach na 50 km.

2.6.5 Gwaith ymarferol penodol

Mae pob dull o ddarganfod yr indecs plygiant a ddefnyddir mewn labordai ysgol yn cael ei weithredu mewn aer. Maen nhw'n cynhyrchu canlyniadau sydd, ar y gorau, ag ansicrwydd amcangyfrifol o ±0.01. Mae'n bosibl anwybyddu'r gwahaniaeth rhwng indecsau plygiant aer ($n_a = 1.0003$) a gwactod ($n = 1$ yn union drwy ddiffiniad).

Mesur indecs plygiant defnydd

Ar gyfer y dull hwn, mae'n ofynnol bod y defnydd ar ffurf bloc rheolaidd, e.e. bloc gwydr neu bersbecs hanner crwn neu betryal. Mantais bloc hanner crwn yw bod pelydryn sy'n teithio ar hyd radiws ar ongl sgwâr i'r arwyneb crwm, felly ni chaiff ei blygu ar y ffin (gweler Ffig. 2.6.14).

1. Gosod bloc hanner crwn ar ddarn o bapur ar fwrdd arlunio, sydd â chyfres o linellau wedi'u tynnu (yn ysgafn) arno, a hynny ar onglau rheolaidd i wyneb syth y bloc, e.e. $5°$ – $40°$ mewn camau $5°$.

2. Addasu safle'r blwch pelydru fel bod y pelydryn golau ar hyd un o'r llinellau yn y diagram ac yn dod allan ar ganolbwynt y bloc gwydr.

3. Rhoi dau farc pensil (P_1 a P_2) ar y pelydryn golau sy'n dod allan fel sydd i'w weld yn Ffig. 2.6.14.

4. Ailadrodd camau 2 a 3 ar gyfer pob llinell o gam 1.

5. Tynnu'r bloc, lluniadu'r pelydrau golau sy'n dod allan drwy ddefnyddio'r marciau (o gam 3) a mesur yr onglau θ_1 a θ_2 ar gyfer pob pelydryn, gan ddefnyddio onglydd.

6. Lluniadu graff $\sin \theta_1$ yn erbyn $\sin \theta_2$, a mesur y graddiant. Dyma'r indecs plygiant.

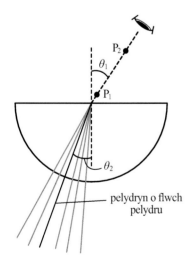

Ffig. 2.6.14 Indecs plygiant drwy oirhain pelydrau

Profwch eich hun 2.6

1. Mae gan set o donnau, sy'n teithio ar 6 m s^{-1} mewn dŵr o ddyfnder 40 m, donfedd 10 m. Mae'n agosáu at draeth mewn cyfeiriad ar 50° i'r normal.

   (a) Cyfrifwch amledd y tonnau.
   (b) Gan dybio bod buanedd y tonnau mewn cyfrannedd union ag ail isradd y dyfnder, cyfrifwch fuanedd a thonfedd y tonnau os yw'r dŵr yn 10 m o ddyfnder.
   (c) Cyfrifwch gyfeiriad teithio'r tonnau ar y pwynt 10 m o ddyfnder.
   (ch) I ba gyfeiriad mae'r tonnau'n teithio wrth fynd i mewn i ddŵr sydd yn 2.5 m o ddyfnder?

2. *Indecs plygiant dŵr yw 1.33.* Nodwch beth yw ystyr y gosodiad hwn.

3. Mae pelydryn golau yn teithio mewn defnydd gydag indecs plygiant n_1. Mae'n taro ffin gyda defnydd ag indecs plygiant n_2. O dan ba amgylchiadau mae'r pelydryn golau'n cael ei adlewyrchu'n fewnol yn gyflawn?

4. Mae pelydryn golau'n taro ffin aer/gwydr gydag ongl drawiad o 35.0°. Indecs plygiant y gwydr yw 1.55. Cyfrifwch yr ongl blygiant os yw'r golau trawol yn teithio yn (a) yr aer, a (b) y gwydr.

5. Mae'r diagram yn dangos pelydryn golau yn teithio o aer i mewn i blastig sydd newydd ei greu. Cyfrifwch:

   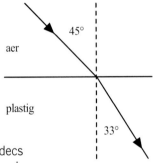

   (a) indecs plygiant y plastig.
   (b) yr ongl blygiant os yw'r pelydryn golau yn drawol ar y ffin ar ongl 45° yn y plastig.
   (c) yr ongl gritigol ar gyfer ffin rhwng aer a'r plastig.

6. Mae pelydryn golau, sy'n teithio mewn aer ($n =1.00$), yn drawol ar ffin â gwydr ag indecs plygiant 1.50. Mae'r ongl drawiad, θ, yn cael ei hamrywio rhwng 0° a 90° ac mae'r ongl blygiant, φ yn cael ei mesur.

   (a) Brasluniwch graff sin θ yn erbyn sin φ. Labelwch werthoedd arwyddocaol ar yr echelinau.
   (b) Nodwch arwyddocâd graddiant y graff yn rhan (a).
   (c) Brasluniwch graff θ yn erbyn φ. Labelwch werthoedd arwyddocaol ar yr echelinau.
   (ch) Nodwch werth y graddiant ar darddbwynt y graff yn rhan (c).

7. Dyma'r indecsau plygiant ar gyfer tri defnydd cyffredin:

Defnydd	gwydr crwm bariwm	dŵr	persbecs	aer
Indecs plygiant	1.57	1.33	1.49	1.000 293

   (a) Cyfrifwch fuanedd golau mewn gwydr crwm bariwm.
   (b) Mae pelydryn golau sy'n teithio mewn dŵr yn taro ffin â phersbecs. Yr ongl drawiad yw 37.3°. Cyfrifwch yr ongl blygiant.
   (c) Cyfrifwch yr ongl gritigol ar gyfer y ffin rhwng dŵr ac aer.
   (ch) O dan ba amgylchiadau bydd pelydryn golau, sy'n drawol ar ffin persbecs / dŵr, yn cael ei adlewyrchu'n fewnol yn gyflawn?
   (d) Cyfrifwch y gwahaniaeth canrannol rhwng buaneddau golau yn yr aer ac mewn gwactod. Rhowch eich atebion i 3 ff.y.
   (f) Gweler Ymestyn a Herio

◀ Ymestyn a Herio

Mae mesurydd pellter optegol yn mesur pellter gwrthrychau o'r amser mae'n ei gymryd i bwls o olau laser ddychwelyd ar ôl adlamu oddi ar y gwrthrychau. Rydyn ni'n gwybod bod adlewyrchydd ar gopa mynydd tua 25 km i ffwrdd. Defnyddiwch yr ateb i ran (d) yng nghwestiwn 7 i amcangyfrif y cyfeiliornad yn y pellter gafodd ei fesur os yw'r mesurydd pellter wedi'i raddnodi ar gyfer gwactod yn hytrach nag aer.

8. Mae gan graidd ffibr optegol amlfodd indecs plygiant 1.580. Yr ongl gritigol ar gyfer y ffin craidd–cladin yw 82.0°. Cyfrifwch:

   (a) indecs plygiant y cladin,
   (b) buanedd golau yn y craidd,
   (c) yr amser mae'n gymryd i belydryn golau y tu mewn i'r craidd deithio 20 km yn baralel â'r craidd,
   (ch) yr oediad amser rhwng pwls o olau sy'n teithio'n baralel â'r craidd, ac un sy'n teithio ar 8° i echelin y ffibr ar ôl iddyn nhw deithio 20 km ar hyd y ffibr. Esboniwch yn gryno arwyddocâd yr ateb i ran (ch) ar gyfer trosglwyddo data.

9. Mae'r diagram yn dangos pelydryn golau yn drawol ar brism uchaf perisgop.

   (a) Copïwch y diagram a'i gwblhau i ddangos y golau sy'n dod i mewn i'r llygad.
   (b) Yr ongl drawiad ar arwyneb cefn y prism uchaf yw 45°. Cyfrifwch indecs plygiant lleiaf defnydd y prism er mwyn i adlewyrchiad mewnol cyflawn ddigwydd.

10. Mae pelydryn golau yn drawol ar ongl o 45° ar ganol bloc gwydr â dimensiynau 8.0 cm × 15 cm, ac indecs plygiant 1.50. Darganfyddwch y safle a'r cyfeiriad lle mae'r pelydryn golau yn dod allan o'r bloc.

   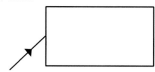

11. Mae pelydryn golau yn mynd i mewn i bentwr o flociau sydd ag indecsau plygiant fel sydd i'w gweld yn y diagram. Drwy gyfrifo'r onglau priodol ym mhob haen, penderfynwch ymhle mae adlewyrchiad mewnol cyflawn yn digwydd. Gallwch gymryd bod y blociau'n ddigon hir i ganiatáu i hyn ddigwydd.

12. Mae myfyrwraig yn gwneud arbrawf i fesur indecs plygiant bloc persbecs hanner crwn.

   Mae'r tabl yn dangos ei chanlyniadau. θ_g yw'r ongl yn y gwydr a θ_a yw'r ongl yn yr aer. Mae pob ongl yn cael ei mesur i ± 0.5°.

θ_g / °	5.0	10.0	15.0	20.0	25.0	30.0	35.0
θ_a / °	7.0	15.0	23.0	31.0	39.0	48.0	59.0

   Defnyddiwch y canlyniadau i luniadu graff sin θ_g yn erbyn sin θ_a. Defnyddiwch yr ansicrwydd ± 0.5° i gyfrifo gwerthoedd mwyaf/lleiaf sin θ_g a sin θ_a, plotiwch farrau cyfeiliornad a darganfyddwch indecs plygiant y bloc ynghyd â'i ansicrwydd.

13. Mae pelydryn golau llorweddol yn drawol ar arwyneb hir prism isosgeles 45°, ag indecs plygiant 1.55, fel sydd i'w weld. Mae'r golau'n cael ei blygu ar yr arwyneb cyntaf ac mae'n drawol ar yr arwyneb cefn cyn dod allan o'r prism.

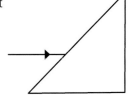

(a) Cyfrifwch yr ongl i'r normal lle mae'r pelydryn golau yn dod allan yn dilyn plygiant ar yr arwynebau blaen a chefn.

(b) Gweler Ymestyn a Herio.

Ymestyn a Herio

Mae pelydryn golau yn drawol tua $\frac{1}{3}$ y ffordd i fyny'r arwyneb hir. Adlewyrchir y pelydryn golau hwn yn rhannol pan fydd yn drawol ar yr arwyneb cefn ar ôl pasio drwy'r bloc.

Ymchwiliwch i weld beth sy'n digwydd i'r pelydr hwn a adlewyrchwyd yn rhannol. O ba arwyneb ac i ba gyfeiriad mae'n dod allan? Dangoswch hyn ar ddiagram. [Nid oes angen ystyried unrhyw adlewyrchiadau rhannol pellach.]

14. Mae ffibr optegol unmodd yn mynd i gael ei wneud gyda chraidd o silica wedi'i ddopio, sydd ag indecs plygiant 1.4475. Mae i fod i weithio gydag isgoch â thonfedd (mewn aer) o 1.20 μm.

(a) Er mwyn gweithredu fel ffibr unmodd, rhaid i'r craidd fod â diamedr mwyaf o 10× y donfedd yn y craidd. Cyfrifwch ddiamedr mwyaf y craidd.

(b) Cyfrifwch yr amser mae'n ei gymryd i signal deithio'r pellter 150 km rhwng y gorsafoedd aildrosglwyddo.

(c) Mae'r signal yn cynnwys ffrwd o 1.0×10^{11} pwls bob eiliad. Cyfrifwch wahaniad gofodol y pylsiau hyn yn y ffibr.

15. Mae gan ffibr optegol amlfodd graidd wedi'i wneud o silica wedi'i ddopio (n=1.4475). Mae'r cladin yn cael ei wneud o silica pur (n = 1.4440).

(a) Cyfrifwch:
  (i) yr ongl gritigol rhwng y craidd a'r cladin
  (ii) y gwahaniaeth amser rhwng dyfodiad dau belydryn golau, yn baralel â'r echelin ac ar yr ongl gritigol, ar ôl 10 km o deithio ar hyd y ffibr.

(b) Anfonir un pwls ar hyd y ffibr. Mae'r graff yn dangos y gwahaniaeth ym mhroffil y pwls ar y dechrau ac ar ôl 10 km. Mae hefyd yn dangos y trothwy canfod: er mwyn canfod pwls, rhaid i'r proffil ostwng islaw'r trothwy ac yna codi uwchlaw hynny.

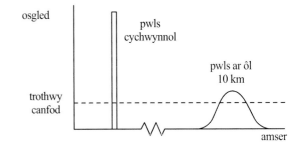

Heb gyfrifo, esboniwch:
  (i) newid ffurf (lled ac uchder) y pwls ar ôl 10 km, a hefyd
  (ii) pam na fydd dau bwls agos yn cael eu canfod ar wahân ar ôl 10 km (bydd diagram yn helpu eich ateb).

16. Mae pelydryn o olau gwyn, sy'n cynnwys yr holl donfeddi rhwng 400 nm a 700 nm, yn taro prism ar ffurf triongl hafalochrog gydag ongl drawiad o 60°. Mae indecs plygiant y prism yn amrywio gyda thonfedd y golau. Ar gyfer golau coch â thonfedd (mewn gwactod) 700 nm, yr indecs plygiant yw 1.51; ar gyfer golau fioled gyda λ_{gwactod} = 400 nm yr indecs plygiant yw 1.53.

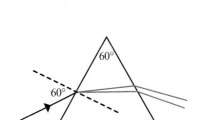

(a) Cyfrifwch donfeddi golau coch a fioled yn y gwydr.

(b) Drwy ddarganfod llwybrau golau coch a golau fioled drwy'r prism, cyfrifwch yr ongl rhwng y pelydrau golau coch a golau fioled sy'n dod allan.

2.7 Ffotonau

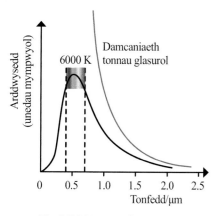

Ffig. 2.7.1 Y catastroffe uwchfioled

Erbyn diwedd y bedwaredd ganrif ar bymtheg, roedd y model tonnau ar gyfer golau wedi'i hen sefydlu. Roedd yn esbonio cyfres gyfan o ffenomenau (gweler Adrannau 2.5 a 2.6), ac roedd hi'n bosibl mesur y donfedd gan ddefnyddio holltau Young. Ond ni allai'r ddamcaniaeth hon esbonio'r ffordd roedd golau'n rhyngweithio â mater. Yn ôl y ddamcaniaeth tonnau glasurol, dylai'r pŵer sy'n cael ei belydru gan belydrydd cyflawn gynyddu fwy a mwy ar donfeddi byrrach. Mae hyn yn ein harwain at y casgliad y dylai cyfanswm y pŵer sy'n cael ei belydru i ffwrdd ar draws pob tonfedd fod yn anfeidraidd! Cyfeiriwyd at y 'rhagfynegiad' hwn fel y *catastroffe uwchfioled* (Ffig. 2.7.1). Llwyddodd Planck i esbonio siâp y sbectrwm pelydrydd cyflawn drwy dybio bod pelydriad yn cael ei amsugno a'i allyrru mewn pecynnau arwahanol o egni, yn hytrach nag yn ddi-dor ar ffurf ton. Roedd gan y pecynnau hyn egni hf, lle mae h yn gysonyn o'r enw **cysonyn Planck**. Roedd Einstein yn cymryd y syniad o becynnau egni yn llythrennol, gan hawlio bod golau'n lledaenu fel llif o ronynnau (o'r enw **ffotonau** erbyn hyn) gydag egni hf, ac esboniodd ffenomen arall yn llwyddiannus – yr effaith ffotodrydanol.

2.7.1 Yr effaith ffotodrydanol

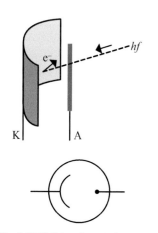

Ffig. 2.7.2 Dangos yr effaith ffotodrydanol

Os bydd pelydriad uwchfioled yn taro plât sinc wedi'i wefru'n negatif, mae'r plât yn colli ei wefr. Mae'n hawdd dangos hyn yn labordy'r ysgol gan ddefnyddio electrosgop wedi'i wefru'n negatif fel yn Ffig. 2.7.2. Mae'r ddeilen aur (sy'n cael ei dangos fel llinell goch) yn disgyn yn gyflym. Ni allwn weld unrhyw effaith gyda phlât wedi'i wefru'n bositif, sy'n awgrymu bod yr uwchfioled yn gwneud i electronau gael eu hallyrru o'r plât sinc. Gallwn esbonio'r diffyg ymateb o blât positif, oherwydd bydd unrhyw electronau sy'n cael eu hallyrru yn cael eu hatynnu'n ôl gan y sinc positif. Nid yw'r **effaith ffotodrydanol** yn neilltuol i sinc.

Mae'r ffotogell wactod (neu ffototiwb) yn darparu ffordd syml o ymchwilio i'r effaith ffotodrydanol. Cafodd yr effaith hon ei defnyddio'n wreiddiol mewn mesuryddion lefel golau ar gamerâu, ac i ddarllen y trac sain optegol mewn taflunyddion sinema. Mae'n cynnwys catod silindrog (K) sy'n cael ei wneud o fetel addas, ac anod (A) wedi'i osod o'i flaen (Ffig. 2.7.3). Mae'r cyfan mewn gwactod sydd mewn bwlb gwydr. Mae pelydriad e-m sy'n dod i mewn yn taro arwyneb y catod, sy'n allyrru electronau. Pan gafod ei ddefnyddio'n wreiddiol, roedd yr anod wedi'i gysylltu mewn cylched, gyda'r anod yn bositif fel bod yr electronau a ryddhawyd yn cael eu tynnu ar draws ac allan i'r gylched. Mae'r cerrynt mewn cyfrannedd ag arddwysedd y golau, felly mae'n bosibl ei ddefnyddio fel mesurydd lefel golau. Nodwch, wrth drafod yr effaith ffotodrydanol, y dylech gymryd bod y gair *golau* yn cynnwys pelydriad electromagnetig uwchfioled ac isgoch agos.

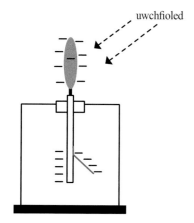

Ffig. 2.7.3 Y ffotogell wactod

(a) Arbrofion ar yr effaith ffotodrydanol

Os mesurwn nodweddion I–V ffotogell, fel yn Ffig. 2.7.4, byddwn yn sylwi ar y canlynol:

- Ar gyfer gp positif uwchlaw rhyw lefel isaf, mae'r cerrynt yn annibynnol ar y gp – mae'r anod yn casglu pob electron sy'n cael ei allyrru.
- Mae'r 'cerrynt gwastad' hwn mewn cyfrannedd ag arddwysedd y golau.
- Mae cerrynt positif ar gyfer gwerthoedd negatif bach o V, i lawr at 'foltedd stopio', V_S, sydd â'r un gwerth ar gyfer pob arddwysedd golau.

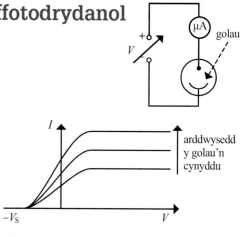

Ffig. 2.7.4 Nodweddion ffotogell

Os ydyn ni'n tybio bod y **ffotoelectronau** yn cael eu hallyrru gydag amrediad o egnïon cinetig, mae gwerth V_S yn caniatáu i ni fesur gwerth mwyaf yr egni cinetig hwn, $E_{k\,mwyaf}$. Os yw V_S ddim ond prin yn stopio electron sydd ag $E_{k\,mwyaf}$, yna, o'r diffiniad ar gyfer gwahaniaeth potensial, mae:

$$E_{k\,mwyaf} = eV_S.$$

Roedd yr arbrofion a ddangosodd nad oedd y pelydriad yn ymddwyn fel tonnau yn edrych ar amrywiad $E_{k\,mwyaf}$ gydag amledd, f, y pelydriad. Mae cylched addas i'w gweld yn Ffig. 2.7.5. Sylwch beth yw polaredd y cyflenwad foltedd.

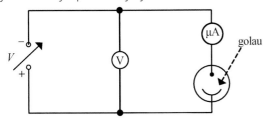

Ffig. Ffig. 2.7.5 Cylched ar gyfer ymchwilio i'r effaith ffotodrydanol

Mae'r ffotogell wedi'i goleuo â phelydriad monocromatig (h.y. mae'n cynnwys un amledd yn unig). Mae'r gp ar draws y ffotogell yn cael ei addasu, nes bod y cerrynt ddim ond prin yn sero, ac rydyn ni'n mesur y gwerth V_S. Ailadroddir hyn ar gyfer amrediad o amleddau, f, ac ar gyfer arwynebau metel gwahanol fel y catod yn y ffotogell.

Dyma ganlyniadau arbrofion o'r fath, a'r arbrawf yn Ffig. 2.7.4:

(a) Os yw electronau'n cael eu hallyrru, nid oes oediad amser mesuradwy.

(b) Ar gyfer unrhyw fetel, mae yna **amledd trothwy** nodweddiadol, f_{th}, ac nid oes unrhyw electronau'n cael eu hallyrru islaw'r amledd hwn, dim ots beth yw arddwysedd y pelydriad.

(c) Mae perthynas linol rhwng $E_{k\,mwyaf}$ a'r amledd, ac mae'r graddiant yr un peth ar gyfer pob metel (gweler Ffig. 2.7.6).

(ch) Os yw electronau'n cael eu hallyrru, mae $E_{k\,mwyaf}$ yn annibynnol ar arddwysedd y pelydriad.

(d) Os yw electronau'n cael eu hallyrru, mae nifer yr electronau sy'n cael eu hallyrru bob eiliad mewn cyfrannedd ag arddwysedd y pelydriad.

Mae'r canlyniadau yn anghydnaws â'r syniad bod egni pelydriad yn cael ei amsugno'n ddi-dor, fel y byddai pe bai golau'n ymddwyn fel ton. Ni ddylai fod unrhyw amledd trothwy wedyn. Gallai pelydriad amledd isel, arddwysedd isel drosglwyddo egni'n raddol i electronau. Yn y pen draw, byddai'r rhain yn cynyddu eu hegni ddigon i ddianc oddi ar arwyneb y metel, ar ôl oediad amser. Byddai disgwyl i belydriad arddwysedd uchel drosglwyddo egni'n gyflymach na phelydriad arddwysedd isel, a dylai rhai electronau ennill mwy o egni, gan achosi i $E_{k\,mwyaf}$ fod yn uwch.

(b) Esboniad Einstein o'r canlyniadau arbrofol

Cynigiodd Einstein y model canlynol i esbonio'r canlyniadau arbrofol:

1. Mae pelydriad electromagnetig yn cynnwys pecynnau arwahanol o egni, sef ffotonau, a rhoddir egni'r ffoton gan $E = hf$, lle mae h yn gysonyn o'r enw cysonyn **Planck** sydd â gwerth o 6.63×10^{-34} J s.

2. Pan fydd ffoton yn rhyngweithio gydag electron yn yr arwyneb metel, mae ei holl egni'n cael ei drosglwyddo.

3. Mae electron yn rhyngweithio gydag un ffoton yn unig – mae'r tebygolrwydd y byddai dau ffoton yn rhyngweithio gydag un electron mor fach nes ei fod yn ddibwys.

4. Mae yna egni lleiaf nodweddiadol, sef y **ffwythiant gwaith**, ϕ, ac mae angen hwn i dynnu electron oddi ar arwyneb metel.

Pwynt astudio

Rydyn ni'n aml yn cyfeirio at yr electronau sy'n cael eu hallyrru gan yr effaith ffotodrydanol fel **ffotoelectronau**.

Gwirio gwybodaeth 2.7.1

Os yw $V_S = 0.6$ V, darganfyddwch werth $E_{k\,mwyaf}$
(a) mewn J a (b) mewn eV.
($e = 1.60 \times 10^{-19}$ C.)

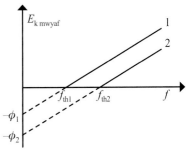

Ffig. 2.7.6 Graffiau ffotodrydanol ar gyfer dau fetel

Term allweddol

Ffwythiant gwaith: Yr egni lleiaf sydd ei angen i dynnu electron o arwyneb metel. Mae'n bosibl mynegi'r ffwythiant gwaith naill ai mewn jouleau neu **electron foltiau**.

2.7.2 Gwirio gwybodaeth

Mynegwch ffwythiant gwaith seleniwm mewn eV (gweler yr enghraifft).

2.7.3 Gwirio gwybodaeth

Mae arwyneb seleniwm yn cael ei oleuo gan belydriad e-m. Cyfrifwch EC mwyaf unrhyw ffotoelectronau os oes gan y pelydriad:

(a) amledd o 2.5×10^{15} Hz

(b) amledd o 1.0×10^{15} Hz

(c) cymysgedd o'r ddau amledd hyn.

2.7.4 Gwirio gwybodaeth

Ar gyfer yr Haul mae $L = 3.85 \times 10^{26}$ W. Gan gymryd bod **500 nm** yn cynrychioli'r holl belydriad o'r Haul, amcangyfrifwch (a) nifer y ffotonau sy'n cael eu hallyrru **bob eiliad** a (b) nifer y ffotonau sy'n croesi **uned arwynebedd** bob eiliad ar bellter y Ddaear (**150 miliwn km**).

Gyda'i gilydd, mae'r cynosodiadau (*postulates*) hyn yn esbonio pob un canlyniad (a) i (d) uchod. Rhoddir egni mwyaf y ffotoelectronau gan

$$E_{k\,mwyaf} = hf - \phi,$$

sy'n cael ei alw'n **hafaliad ffotodrydanol Einstein**, ac sydd yn ganlyniad i gynosodiadau 1, 2 a 4; mae 3 yn gysylltiedig hefyd, oherwydd pe bai dau neu ragor o ffotonau'n rhoi eu hegni i un electron, gallai'r electron, yn raddol, gronni digon o egni i ddianc, ac ni ddylai fod unrhyw amledd trothwy.

Metel	ϕ/eV	Metel	ϕ/eV
Al	4.1	K	2.3
Cd	4.1	Na	2.3
Cs	2.1	Sr	2.6
Ca	2.9	Ag	4.5
Mg	3.7	Au	5.1
Cu	4.7	Hg	4.5

Tabl 2.7.1 Gwerthoedd amrywiol y ffwythiant gwaith

Enghraifft

Cyfrifwch amledd trothwy allyriad ffotodrydanol ar gyfer seleniwm, sydd â ffwythiant gwaith 8.18×10^{-19} J.

Ateb

Ar yr amledd trothwy, mae $E_{k\,mwyaf} = 0$, $\therefore hf_t = \phi$.

$$\therefore f_t = \frac{8.18 \times 10^{-19} \text{ J}}{6.63 \times 10^{-34} \text{ J s}} = 1.23 \times 10^{15} \text{ Hz}$$

(c) Arddwysedd pelydriad

Gallwn gysylltu arddwysedd paladr pelydriad â nifer y ffotonau sy'n croesi arwynebedd bob eiliad.

Ystyriwch baladr monocromatig o belydriad, ag amledd f, yn croesi arwyneb. Gadewch i N fod yn nifer y ffotonau sy'n croesi'r arwyneb bob eiliad.

Yna mae'r pŵer yn y pelydriad, $P = N E_{ffot}$, lle E_{ffot} yw egni ffoton unigol.

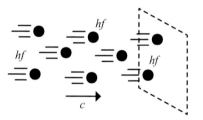

Ffig. 2.7.7 Ffotonau ac arddwysedd

Gallwn ysgrifennu hyn hefyd fel $P = Nhf = N\dfrac{hc}{\lambda}$

Nawr gallwn gysylltu hyn â'r ddeddf sgwâr gwrthdro drwy ystyried ffynhonnell bwynt (neu sfferig) o belydriad monocromatig, pŵer P. Gan edrych yn ôl ar Ffig. 1.6.7, gwelwn fod y pelydriad, ar bellter r, yn croesi arwynebedd $4\pi r^2$. Felly, rhoddir arddwysedd, I, y pelydriad (h.y. y pŵer am bob uned arwynebedd) gan:

$$I = \frac{Nhf}{4\pi r^2}$$

Mae'r rhan fwyaf o ffynonellau pelydriad ymhell o fod yn fonocromatig, ond os yw'r arddwysedd, ar bob amledd unigol, yn disgyn mewn cyfranedd ag r^{-2}, mae'n rhaid bod y ddeddf sgwâr gwrthdro yn berthnasol i bob pelydriad, dim ots beth yw'r dosbarthiad sbectrol. Gweler Adran 1.6.2 (a).

(ch) Ai ton ynteu gronyn yw golau?

Mae hwn yn gwestiwn da iawn. Mae golau yn arddangos diffreithiant ac ymyriant, sy'n briodweddau tonnau. Pan fydd buanedd golau'n cael ei fesur mewn defnyddiau, mae'n cyfateb i esboniad y model tonnau ar gyfer plygiant, a drafodwyd yn Adran 2.6. Mae golau yn rhan o'r sbectrwm electromagnetig. Mae tonnau ar ben amledd isel y sbectrwm electromagnetig yn cael eu cynhyrchu gan feysydd trydanol a magnetig osgiliadol, fel roedd damcaniaeth electromagnetedd lwyddiannus iawn Maxwell yn ei ragfynegi. Ar y llaw arall, mae allyriad ac amsugniad golau yn gofyn am fodel gronynnau. Ond mae'r priodweddau gronynnau sydd gan y golau, sef egni a momentwm (gweler Adran 2.7.4) yn cael eu cyfrifo gan ddefnyddio gwerthoedd priodweddau tonnau o amledd a thonfedd.

Felly, yn ôl ein darlun, mae gan olau briodweddau tonnau a gronynnau. Rydyn ni'n cyfeirio at hyn fel **deuoliaeth ton–gronyn**. Byddwn yn gweld yn Adran 2.7.4 bod gwrthrychau hefyd yn dangos priodweddau tonnau er ein bod fel arfer yn eu hystyried yn ronynnau. Mae'r testun cyfan hwn yn rhan o fecaneg cwantwm.

Pwynt astudio

Ar gyfer tonfeddi hir iawn (tonnau radio), mae priodweddau tonnau yn goruchafu hyd yn oed pan ydyn ni'n ystyried allyriad ac amsugniad. Yr uchaf yw'r amledd, y mwyaf y gwelwn briodweddau gronynnau, er bod diffreithiant pelydr X yn cael ei ddefnyddio i ymchwilio i grisialau.

2.7.2 Y sbectrwm electromagnetig

Mae diagram sgematig o'r sbectrwm e-m i'w weld yn Ffig. 2.7.8.

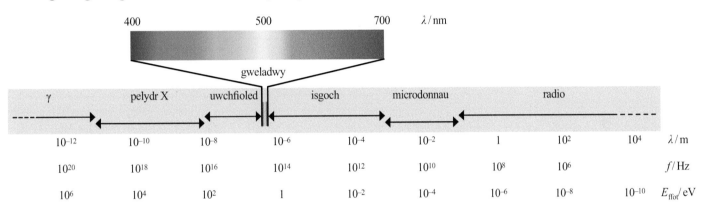

Ffig. 2.7.8 Y sbectrwm electromagnetig

Enghraifft

Dangoswch fod $\lambda E_{\text{ffot}} \sim 10^{-6}$ m eV.

Ateb

$E_{\text{ffot}} = \dfrac{hc}{\lambda}$

$\therefore \lambda E_{\text{ffot}} = hc = 6.63 \times 10^{-34}$ J s $\times \, 3.00 \times 10^{8}$ m s^{-1} $= 1.99 \times 10^{-25}$ J m

1 eV $= 1.60 \times 10^{-19}$ J

$\therefore \lambda E_{\text{ffot}} = \dfrac{1.99 \times 10^{-25} \text{ J m}}{1.60 \times 10^{-19} \text{ J eV}^{-1}} = 1.24 \times 10^{-6}$ m eV $\sim 1 \times 10^{-6}$ m eV.

Pelydriad	λ / m	E_{ffot} /eV
γ	10^{-12}	10^{6}
X	10^{-10}	10^{4}
uwchfioled	10^{-7}	10^{1}
gweladwy	5×10^{-7}	2.5
isgoch	10^{-5}	10^{-1}
µ-don	10^{-2}	10^{-4}
radio	10^{2}	10^{-8}

Tabl 2.7.2 Tonfeddi ac egnïon nodweddiadol ffoton

Mae llawer o agweddau ar y sbectrwm electromagnetig wedi'u cynnwys yn Adrannau 1.6, 2.4 a 2.5. Mae dau beth arall y dylech eu nodi:

1. Nid yw'r ffiniau rhwng y rhanbarthau bob amser wedi'u diffinio'n dda. Er enghraifft, mae'r isotop metasefydlog seleniwm-81 yn dadfeilio drwy allyriad gama gydag egni ffoton o 0.1 MeV, sydd o fewn amrediad tiwbiau pelydr X (gweler yr opsiwn Ffiseg Feddygol).

2. Mae rhanbarthau'r sbectrwm e-m yn aml yn cael eu hisrannu (UV-A, UV-B, etc., isgoch agos, isgoch pell) gyda'r ffin rhwng isgoch pell a microdonnau yn aml yn cael ei galw yn belydriad terahertz (a hefyd yn donnau *isfilimetr* gan seryddwyr radio).

Dylech ddod i adnabod tonfeddi ac egnïon ffotonau nodweddiadol rhanbarthau gwahanol y sbectrwm, yn enwedig y rhanbarth gweladwy, sy'n ofynnol yn y fanyleb.

Gwirio gwybodaeth `2.7.5`

Gellir cymryd bod y sbectrwm gweladwy yn ymestyn o 400 nm (fioled) i 700 nm (coch) gyda thonfedd nodweddiadol o 550 nm (melyn). Cyfrifwch egnïon ffoton (mewn eV) ar gyfer y tonfeddi hyn.

Ffig. 2.7.9 Lefelau egni hydrogen atomig mewn eV

2.7.6 Gwirio gwybodaeth

Mynegwch egni ïoneiddiad hydrogen atomig mewn aJ.

Termau Allweddol

Ïoneiddiad: Tynnu un neu ragor o electronau allan o atom.

Egni Ïoneiddiad atom: Egni ïoneiddiad atom yw'r egni lleiaf sydd ei angen i dynnu electron allan o'r atom yn ei gyflwr isaf.

Pwynt astudio

Mewn atomau sydd â mwy nag un electron, mae'r electronau, fel arfer, yn llenwi'r lefelau egni o'r gwaelod. Gall y plisgyn ag $n = 1$ ddal hyd at 2 electron, gall $n = 2$ ddal 8, gall $n = 3$ ddal 18, etc. Trefniant yr electronau rhwng y lefelau egni hyn sy'n gyfrifol am briodweddau cemegol yr atomau.

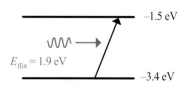

Ffig. 2.7.10 Trosiad amsugno

2.7.3 Sbectra atomig

Gwelsom yn Adran 1.6.4 fod gan atomau arunig sbectra sy'n cynnwys cyfres o donfeddi. Rydyn ni'n cyfeirio at sbectra o'r fath fel sbectra llinell (neu arwahanol). Mae nwyon atomig yn allyrru ac yn amsugno pelydriad ar donfeddi nodweddiadol. Mae rhan (ch) yr adran hon yn trafod cynhyrchu sbectra allyrru ac amsugno gan ddefnyddio gratin diffreithiant. Gweler Adran 1.6.4 hefyd.

(a) Lefelau egni atomig

Wrth ofyn pam mae gan nwyon atomig sbectra llinell, mae'r rheswm yn ymwneud â'r ffordd gall atomau feddu ar egni. Rydyn ni'n gyfarwydd â chredu y gall systemau feddu ar unrhyw lefel o egni. Gallai egni cinetig car fod yn $13\,500$ J, $13\,510$ J, $13\,511$ J, $13\,511.1$ J, etc. Nid yw'r byd microsgopig yn ymddwyn fel hyn. Yn union fel mae golau'n dod mewn talpiau (sef ffotonau), gall systemau atomig feddu ar lefelau penodol o egni yn unig.

Mae Ffig. 2.7.9 yn dangos lefelau egni hydrogen atomig (mewn eV). Y gwerthoedd hyn yw swm egni cinetig ac egni potensial yr electron yn yr atom (rydyn ni'n anwybyddu egnïon niwclear yma). Y ffigurau ar ochr chwith y diagram lefel egni yw *prif rifau cwantwm* (n) y lefelau egni – maen nhw'n cyfateb i'r plisg electronau, a byddwn ni'n ymdrin â'r rhain o fewn Cemeg. Os yw atom yn ei lefel egni isaf (h.y. $n = 1$), dywedwn ei fod yn ei **gyflwr isaf**. Os yw ar lefel egni uwch, mae mewn **cyflwr cynhyrfol**. Yn aml, rydyn ni'n galw'r lefel egni sydd ag $n = 2$ yn gyflwr cynhyrfol cyntaf.

Sylwch fod y gwerthoedd egni'n negatif. Ystyriwch y broses ïoneiddio. Yn gonfensiynol, gwelwn fod gan electron rhydd, disymud, y tu allan i'r atom, egni sero (0). Mae'n rhaid rhoi egni i electron sydd wedi'i ddal y tu mewn i'r atom er mwyn iddo ddianc. Felly, rhaid i gyfanswm ei egni fod yn negatif. Mae gan y cyflwr isaf -13.6 eV o egni, felly rhaid rhoi 13.6 eV o egni i electron, er mwyn ei alluogi i ddianc o atom hydrogen yn y cyflwr hwn. **Egni ïoneiddiad** hydrogen yw'r enw ar hwn.

(b) Sbectra amsugno atomig

Mewn cwmwl o hydrogen atomig yn y gofod, bydd mwyafrif yr atomau yn y cyflwr isaf, ond bydd rhai yn y cyflwr cynhyrfol cyntaf (h.y. $n = 2$). Bydd ffotonau sydd ag amrediad eang o egnïon, ac sy'n dod o sêr cyfagos, yn symud drwy'r cwmwl. Rhoddir y gwahaniaeth mewn egni, ΔE, rhwng yr 2il gyflwr cynhyrfol a'r 1af gan:

$$\Delta E = -1.5 \text{ eV} - (-3.4 \text{ eV}) = 1.9 \text{ eV}$$

Os yw ffoton 1.9 eV yn taro atom, sydd yn y cyflwr $n = 2$, efallai bydd yn cael ei amsugno, gan ei roi yn y cyflwr egni uwch, fel sydd i'w weld yn Ffig. 2.7.10. Ni fydd ffotonau sydd ag egnïon ychydig yn uwch neu ychydig yn is (1.8 eV neu 2.0 eV) yn cael eu hamsugno; felly bydd pelydriad sy'n pasio drwy'r cwmwl yn brin o ffotonau gyda'r egni hwn, gan arwain at un o'r llinellau tywyll yn y sbectrwm yn Ffig. 1.6.13. Gan ddefnyddio syniadau o Adran 2.7.1, dylech allu darganfod tonfedd ffotonau 1.9 eV, ac adnabod y llinell amsugno sy'n cyfateb iddi yn y sbectrwm gweladwy ar gyfer hydrogen atomig.

Ymestyn a Herio

Ar gyfer atomau neu ïonau sy'n meddu ar un electron yn unig, e.e. H, He^+, Li^{2+}, Be^{3+} etc (sy'n ymddangos yn aml yn atmosffer sêr), mae'n bosibl cyfrifo'r lefelau egni (mewn **eV**) gan ddefnyddio'r fformiwla syml:

$$(E_n \text{ / eV}) = -13.6 \frac{Z^2}{n^2},$$

lle Z yw'r rhif proton (rhif atomig). Mae'r fformiwla hon hefyd yn rhoi, yn fras, lefel egni'r electronau nesaf i mewn, mewn atomau sydd â mwy nag un electron.

Enghraifft

Defnyddiwch y diagram egni ar gyfer hydrogen atomig (Ffig. 2.7.9) i ddangos mai trosiadau rhwng y cyflwr cynhyrfol cyntaf ($n = 2$) a chyflyrau uwch yn unig sy'n cyfateb i belydriad e-m yn rhan weladwy'r sbectrwm.

Ateb

Mae ΔE rhwng $n = 1$ a lefelau egni uwch rhwng 10.2 eV a 13.6 eV. Mae hyn yn rhan uwchfioled y sbectrwm. Mae ΔE rhwng $n = 3$ a lefelau uwch rhwng 0.6 eV a 1.5 eV. Mae hyn yn rhan isgoch agos y sbectrwm. Rydyn ni wedi gweld (yn y prif destun ac yn yr Ymestyn a Herio) bod rhai trosiadau rhwng $n = 2$ a lefelau uwch i'w cael yn rhan weladwy'r sbectrwm.

(c) Sbectra allyrru atomig

Mewn cwmwl poeth o hydrogen atomig, e.e. yr un yn Adran 2.7.3 (b), sy'n cael ei wresogi drwy amsugno pelydriad o seren gyfagos, bydd rhai o'r atomau yn gynhyrfol, h.y. byddan nhw mewn lefelau egni sy'n uwch na'r cyflwr isaf. Gall hyn ddigwydd o ganlyniad i wrthdrawiadau rhyngatomig hefyd, pan fydd rhywfaint o egni cinetig yr atomau sy'n gwrthdaro yn cael ei golli. Os yw'r electron mewn atom o'r fath yn disgyn i gyflwr egni is, mae'n allyrru ffoton o belydriad e-m, gydag egni sy'n hafal i'r gwahaniaeth egni rhwng y ddau gyflwr, e.e. bydd yr electron sy'n cael ei ddyrchafu yn Ffig. 2.7.10 yn dychwelyd wedyn i'r lefel egni is, gan allyrru ffoton 1.9 eV yn y broses.

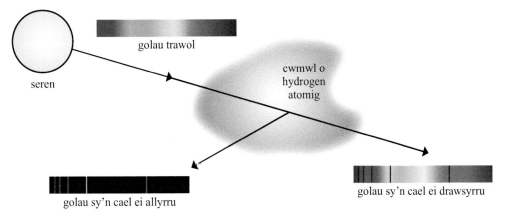

golau trawol

seren

cwmwl o hydrogen atomig

golau sy'n cael ei allyrru

golau sy'n cael ei drawsyrru

Ffig. 2.7.11 Allyriad ac amsugniad gan atomau hydrogen

Gallai arsylwyr gwahanol weld sbectrwm allyrru a sbectrwm amsugno o'r un gwrthrych, fel sydd i'w weld yn Ffig. 2.7.11. Mewn egwyddor, mae gan y ddau sbectrwm linellau ar yr un donfedd, ond yn ymarferol ni fydd pob llinell yn ymddangos yn y sbectrwm amsugno.

(ch) Ymchwilio i sbectra atomig a'u harddangos

Y ffordd symlaf o weld sbectrwm allyrru nwy yw drwy ddefnyddio tiwb dadwefru nwy. Mae hwn yn diwb gwydr wedi'i selio, sy'n cynnwys nwy gwasgedd isel a dwy derfynell drydanol foltedd uchel. Pan fydd foltedd uchel yn cael ei roi ar draws y terfynellau, mae'r nwy yn ïoneiddio'n rhannol, gan ganiatáu i electronau basio drwyddo. Mae'r rhain yn gwrthdaro â'r atomau nwy, gan eu codi i amrediad o gyflyrau egni cynhyrfol: yna maen nhw'n disgyn i'r cyflyrau egni is, gan allyrru ffotonau wrth wneud hynny. Mae tiwb dadwefru yn Ffig. 2.7.12 yn cynnwys nwy argon ar wasgedd isel.

Mae'n bosibl edrych ar y lamp drwy gratin diffreithiant, ac mae'r canlyniadau i'w gweld yn Ffig. 2.7.13: y ddelwedd ganol yw'r sbectrwm trefn sero (gyda phob tonfedd yn yr un man); y

Gwirio gwybodaeth 2.7.7

Defnyddiwch y fformiwla

$E_n = \dfrac{-13.6}{n^2}$ ($n = 1, 2, 3...$) i ddangos bod y llinell Hδ yn y sbectrwm hydrogen atomig (Ffig. 1.6.13) yn cyfateb i drosiad o $n = 2$ i $n = 6$.

>> Pwynt astudio

Pan fydd atomau'n amsugno ffotonau, maen nhw'n mynd yn gynhyrfol, h.y. maen nhw'n symud i lefel egni uwch. Ar ôl hynny, maen nhw'n dadgynhyrfu drwy allyrru ffotonau i gyfeiriadau hap. Mae hyn yn arwain at y llinellau tywyll yn y sbectrwm i'r cyfeiriad blaen.

Gwirio gwybodaeth 2.7.8

Mynegwch yr egnïon ffoton nodweddiadol, sydd yn Nhabl 2.7.2 ar dudalen 167, mewn jouleau, i 1 ff.y.

< Cyswllt >

Adran 1.6.4 Sbectra llinell.

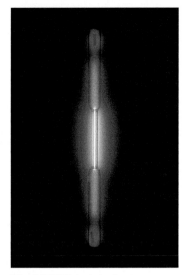

Ffig. 2.7.12 Tiwb dadwefru argon

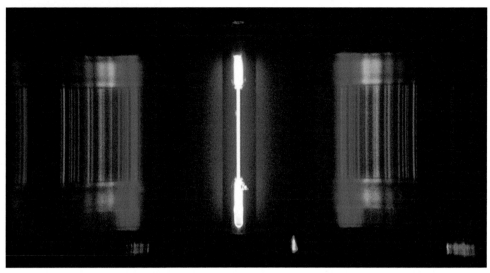

Ffig. 2.7.13 Sbectra o diwb dadwefru argon

rhai ar y naill ochr a'r llall yw'r sbectra trefn un. Ar y llaw arall, mae'n bosibl taflunio delwedd o'r tiwb dadwefru ar sgrin drwy ddefnyddio lens a gratin diffreithiant rhyngddyn nhw (Ffig. 2.7.14).

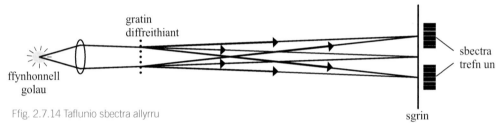

Ffig. 2.7.14 Taflunio sbectra allyrru

Mae allyriadau lliwgar Goleuni'r Gogledd (*Aurora Borealis*, Ffig. 2.7.15) yn cael eu hachosi gan yr un mecanwaith. Mae gronynnau wedi'u gwefru yn y gwynt solar yn troelli ar hyd llinellau maes magnetig y Ddaear ac yn treiddio i'r atmosffer ar ledredau uchel. Maen nhw'n gwrthdaro ag atomau'r uwchatmosffer (ocsigen a nitrogen atomig yn bennaf) gan ïoneiddio'r rhain. Mae'r pelydriad yn cael ei allyrru wrth i'r electronau gyfuno â'r ïonau eto a disgyn drwy'r lefelau egni atomig.

Ffig. 2.7.15 Golau'r Gogledd: allyriad ocsigen atomig

I ddangos **sbectrwm amsugno** nwy, mae ffynhonnell golau gwyn llachar, wedi'i gwarchod yn addas, sydd â sbectrwm allyrru di-dor (e.e. lamp ffilament), yn cael ei defnyddio gyda thiwb o'r nwy wedi'i osod rhwng y ffynhonnell olau a'r sgrin (fel arfer rhwng y ffynhonnell a'r lens). Gyda gofal, gallwn ddefnyddio'r dull hwn hefyd i arddangos sbectra amsugno metelau drwy ganiatáu i'r golau gwyn basio drwy fflam Bunsen sydd â sampl o'r halwyn metel wedi'i anweddu ynddi (mewn prawf fflam).

2.7.4 Deuoliaeth ton–gronyn

(a) Mae electronau yn donnau hefyd

Yn union fel gall pelydriad electromagnetig ymddwyn fel tonnau ac fel gronynnau, mae gan wrthrychau sydd fel arfer yn cael eu hystyried yn ronynnau – er enghraifft electronau, protonau a hyd yn oed atomau cyfan – briodweddau tebyg i don. Mewn geiriau eraill, mae gronynnau yn arddangos diffreithiant ac ymyriant. Mae'r arbrofion hollt sengl a hollt ddwbl braidd yn anodd eu trefnu ar gyfer electronau; er i'r effaith gael ei rhagfynegi yn yr 1920au, ni chafodd ei chyflawni tan 1961. Mae'r arbrawf yn cael ei ddangos yn sgematig yn Ffig. 2.7.16. Mae llif o electronau (y peli coch) yn cael ei danio drwy hollt gul, ac yn taro sgrin fflworoleuol: mae pob ardrawiad yn achosi smotyn llachar.

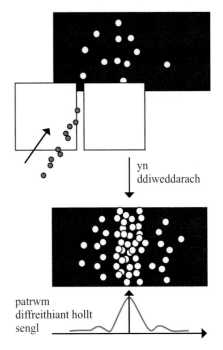

yn ddiweddarach

patrwm diffreithiant hollt sengl

Ffig. 2.7.16 Diffreithiant electronau drwy hollt sengl

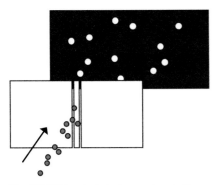

I gychwyn, mae'n ymddangos bod y smotiau wedi'u gwasgaru ar hap, ond, yn raddol, mae patrwm yn dod i'r golwg sy'n amlwg yn debyg i batrwm diffreithiant hollt sengl (gweler adran 2.5).

Er mwyn cael y patrwm hollt ddwbl, rhaid gwneud yr holltau unigol yn fwy cul (i ledaenu'r electronau sy'n cael eu diffreithio), fel yn Ffig. 2.7.17. Mewn fersiwn o'r arbrawf yn 2008, roedd yr holltau unigol yn 62 nm o led yn unig, a 272 nm ar wahân! Dewiswyd y gwerthoedd hyn i gyd-fynd â thonfedd yr electronau – gweler Adran 2.7.4 (c). Mae'r dilyniant o ddelweddau yn Ffig. 2.7.18 yn dangos sut mae gwasgariad yr electronau, sydd yn ôl pob golwg ar hap, yn dod i drefn yn y diwedd.

Ffig. 2.7.17 Ymyriant electronau drwy hollt ddwbl

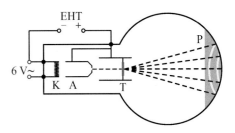

Ffig. 2.7.18 Adeiladu patrwm ymyriant electronau

(b) Y tiwb diffreithiant electronau

Yn labordy'r ysgol, fel arfer rydyn ni'n dangos natur tonnau electronau gan ddefnyddio'r tiwb diffreithiant electronau, Ffig. 2.7.19, sy'n cynnwys tiwb gwactod gyda gwn electronau ar un pen, targed graffit (T) a sgrin ffosffor (P).

- Mae catod coil metel (K) yn cael ei gysylltu â chyflenwad c.e. foltedd isel, sy'n ei wresogi. Mae hyn yn gwneud iddo allyrru electronau drwy **allyriad thermionig**.
- Caiff yr electronau eu cyflymu at yr anod (A) gan gyflenwad EHT (h.y. foltedd uchel iawn), 1–6 kV fel arfer.
- Daw paladr o electronau allan o'r twll yn yr anod a tharo'r targed graffit (sy'n cael ei ddangos fel llinell goch)
- Caiff y paladr ei ddiffreithio gan y graffit, mewn modd tebyg i olau gan gratin diffreithiant, a daw allan ar gyfres o onglau i'r cyfeiriad ymlaen. Mae paladrau'r electronau yn taro'r ffosffor, gan gynhyrchu cylchoedd llachar.
- Os yw'r foltedd EHT yn cael ei gynyddu, mae radiws y cylchoedd yn lleihau.

Mae'r patrwm diffreithiant yn digwydd oherwydd bod graffit yn cynnwys planau rheolaidd o atomau carbon wedi'u trefnu'n hecsagonol, gyda gwahaniad rhyngatomig o 0.142 nm. Mae'r planau 0.335 nm ar wahân. Gan fod y grisialau yn y graffit wedi'u cyfeiriadau ar hap,

Ffig. 2.7.19 Tiwb diffreithiant

>> **Pwynt astudio**

Nid yw patrymau diffreithiant ac ymyriant electronau yn ganlyniad i electronau yn ymyrryd **â'i gilydd**. Mae'r un patrwm i'w weld hyd yn oed pan fydd arddwysedd y paladr electronau mor isel fel mai dim ond un electron ar y tro sydd yn y cyfarpar. Mae pob electron yn ymddwyn fel ei don ei hun, ac yn ymyrryd **â'i hunan**!

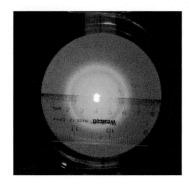

Ffig. 2.7.20 Patrwm diffreithiant electronau

mae'r paladrau sydd wedi'u diffreithio ar unrhyw ongl benodol yn cynhyrchu cylchoedd yn hytrach na smotyn unigol.

(c) Tonfedd gronynnau

Gallwn ddefnyddio'r tiwb diffreithiant i fesur tonfedd yr electronau. Yr unig beth mae angen ei wneud yw mesur yr onglau rhwng y paladrau sydd wedi'u diffreithio a'r cyfeiriad tuag ymlaen. Yn Ffig. 2.7.20 mae'n bosibl gwneud hyn drwy fesur eu radiysau; mae angen mesur y pellter o'r targed i'r sgrin hefyd.

Yn 1924, cynigiodd y ffisegydd Louis de Broglie fod tonfedd (λ) gronyn, er enghraifft electron, yn perthyn i'w fomentwm (p) yn ôl yr hafaliad:

$$\lambda = \frac{h}{p},$$

lle h yw'r cysonyn Planck. Mae'r berthynas hon wedi'i chadarnhau ers hynny – mae'n gyson â damcaniaeth cwantwm a damcaniaeth perthnasedd. Mae'r enghraifft ganlynol yn dangos sut gallwn ddefnyddio'r foltedd cyflymu i gyfrifo'r donfedd.

Enghraifft

Cyfrifwch donfedd electronau 5.0 keV.

Ateb

$5.0 \text{ keV} = 5.0 \times 10^3 \times 1.6 \times 10^{-19} \text{ J} = 8.0 \times 10^{-16} \text{ J}$.

$E_k = \frac{p^2}{2m} \therefore p^2 = 2 \times 9.1 \times 10^{-31} \times 8.0 \times 10^{-16} = 1.46 \times 10^{-45} \rightarrow p = 3.82 \times 10^{-23} \text{ N s}$.

$\therefore$ Mae'r donfedd, $\lambda = \frac{h}{p} = \frac{6.63 \times 10^{-34}}{3.82 \times 10^{-23}} = 1.7 \times 10^{-11} \text{ m}$ (17 pm)

Sylwch fod y donfedd a gyfrifwyd yn yr enghraifft o'r un drefn maint â'r gwahaniad rhyngatomig mewn solidau a hylifau (tua 10% o'r gwahaniad rhyngatomig mewn graffit). Mae hyn yn golygu ei bod yn bosibl defnyddio diffreithiant electronau i ymchwilio i adeiledd mater. Mewn gwirionedd, mae pelydrau X, sydd â thonfedd debyg, yn cael eu defnyddio'n fwy aml oherwydd anawsterau trin gronynnau wedi'u gwefru, a phŵer treiddio isel electronau.

(ch) Momentwm ffotonau

Hefyd, mae hafaliad De Broglie yn berthnasol i ffotonau – agwedd arall ar ddisgrifiadau deuoliaeth tonnau a gronynnau. Mae hyn yn golygu, os caiff ffotonau eu hamsugno neu eu hadlewyrchu gan wrthrych, mae eu momentwm yn newid ac felly, drwy gadwraeth momentwm, mae'r gwrthrych yn dioddef newid momentwm hafal a dirgroes. Mae'n aml yn fwy cyfleus mynegi momentwm ffoton yn nhermau'r amledd (f) yn hytrach na thonfedd y pelydriad:

$$\therefore p = \frac{h}{\lambda} = \frac{hf}{c}$$

Nawr hf yw'r egni ffoton, felly momentwm y ffoton yw $\frac{E_{\text{ffot}}}{c}$. Un o ganlyniadau momentwm ffoton yw bod paladr o belydriad yn rhoi gwasgedd ar unrhyw arwyneb mae'n ei daro. Mae gan baladr o ffotonau sy'n drawol ar arwyneb ag arwynebedd A, yn Ffig. 2.7.21, arddwysedd I. Felly mae cyfanswm yr egni sy'n cael ei drosglwyddo mewn amser Δt yn cael ei roi gan $IA\Delta t$.

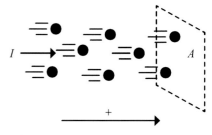

Ffig. 2.7.21 Gwasgedd pelydriad

2.7.10 Gwirio gwybodaeth

Defnyddiwch hafaliad de Broglie i gyfrifo tonfedd protonau sydd wedi'u cyflymu drwy 5 kV.

($m_p = 1.67 \times 10^{-27} \text{ kg}$)

2.7.11 Gwirio gwybodaeth

Cyfrifwch fomentwm ffoton optegol sydd ag amledd 600 THz.

∴ Momentwm y ffotonau trawol mewn amser Δt yw $\dfrac{IA\Delta t}{c}$

Os yw'r arwyneb yn hollol ddu, fel bod y momentwm i gyd yn cael ei amsugno, cyfradd newid momentwm y ffotonau yw $-\dfrac{IA\Delta t}{c\Delta t} = -\dfrac{IA}{c}$. Felly, yn ôl egwyddor cadwraeth momentwm, cyfradd newid momentwm yr arwyneb, sy'n cael ei achosi drwy amsugno'r ffotonau, yw $+\dfrac{IA}{c}$. Mewn geiriau eraill, yn ôl 2il ddeddf Newton (N2), mae'r pelydriad yn rhoi grym $\dfrac{IA}{c}$ ar yr arwyneb, h.y. mae'r gwasgedd $= \dfrac{I}{c}$.

2.7.5 Gwaith ymarferol penodol ar ddeuodau allyrru golau

Mae deuod allyrru golau (LED) yn ddyfais electronig sydd wedi'i gwneud o risial bach o ddefnydd lled-ddargludol, fel galiwm arsenid (**GaAs**) er enghraifft. Mae'n dargludo trydan i un cyfeiriad (cyfeiriad pen saeth prif ran y symbol), ac wrth wneud hynny, mae'n allyrru pelydriad e-m. Mae sawl LED wedi'i gynllunio i allyrru pelydriad sydd fwy neu lai yn fonocromatig, ond mae rhai (e.e. LED 'gwyn' neu LED 'llachar') yn allyrru sbectrwm llydan.

> **Pwynt astudio**
>
> Symbol LED

Darganfod h gan ddefnyddio LED

Rydyn ni'n darganfod egni ffoton y golau sy'n cael ei allyrru o'r gp, V_0, sy'n achosi i'r LED ddechrau dargludo (gweler Ffig. 2.7.22) ac allyrru golau. Gan dybio bod yr egni ffoton (hf) yn hafal i'r EP trydanol a enillir gan yr electron, mae

$hf = eV_0$, neu, yn nhermau'r donfedd, mae: $\dfrac{hc}{\lambda} = eV_0$.

Felly, os oes amrywiaeth o LEDau monocromatig ar gael gyda lliwiau gwahanol, mae graff V_0 yn erbyn $\dfrac{1}{\lambda}$ (Fflg. 2.7.23) yn llinell syth drwy'r tarddbwynt gyda graddiant $\dfrac{hc}{e}$.

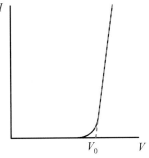

Ffig. 2.7.22 Graff $I–V$ ar gyfer LED

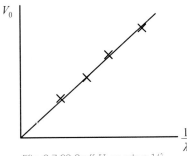

Ffig. 2.7.23 Graff V_0 yn erbyn $1/\lambda$

Manylion arbrofol

1. Casglu amrywiaeth o LEDau pŵer isel, sydd ag amrediad mor eang â phosibl o donfeddi; darganfod y tonfeddi gan ddefnyddio gratin diffreithiant, fel sydd i'w weld yn Ffig. 2.7.14. Os nad yw hyn yn bosibl, nodi gwerthoedd y tonfeddi sy'n cael eu rhoi gan y gwneuthurwr.

2. Cydosod cylched (gweler y Pwynt astudio) i ddarganfod parau o (V, I), a phlotio'r graff $I–V$ ar gyfer pob LED.

3. Defnyddio'r graffiau i ddarganfod gwerth V_0, fel yn Ffig. 2.7.22, ar gyfer pob tonfedd drwy dynnu llinell syth ffit orau ar gyfer rhan serth y graff.

4. Plotio graff V_0 yn erbyn $1/\lambda$ (Ffig. 2.7.23) a darganfod y graddiant, m.

5. Cyfrifo gwerth ar gyfer h o $m = \dfrac{hc}{e}$.

Estyniad i LEDau isgoch ac uwchfioled

Mae LEDau ar gael sydd ag allyriadau yn yr isgoch agos (tonfeddi 700–900 nm) ac yn yr uwchfioled (tonfedd ~ 390 nm). Mae'n bosibl defnyddio'r rhain i ymestyn amrediad y donfedd. Os ydych chi'n defnyddio'r rhain, nid yw'n bosibl mesur y donfedd yn rhwydd mewn labordy ysgol, felly rhaid dibynnu ar y donfedd sy'n cael ei nodi gan y gwneuthurwr.

> **Pwynt astudio**
>
> Mae Adran 2.2.8 yn dangos cylchedau posibl ar gyfer plotio'r graff $I–V$. Mae Ffig. 2.7.24 yn ddewis arall. Mae addasu'r gwrthydd newidiol yn newid I a V yr LED. Mae'r gwrthydd sefydlog yn amddiffyn yr LED rhag cerrynt rhy fawr.

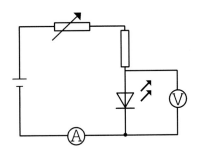

Ffig. 2.7.24 Cylched $I–V$

Profwch eich hun 2.7

1. Mae gan dortsh LED gp 3.0 V ac mae'n cymryd cerrynt 50 mA.

   Os yw'r effeithlonrwydd yn 25%, amcangyfrifwch nifer y ffotonau gweladwy mae'n eu hallyrru bob eiliad. (Cymerwch fod y donfedd gymedrig yn 550 nm.)

2. Mae gan y seren α Centauri oleuedd o $1.5 L_\odot$ lle $L_\odot$ yw goleuedd yr Haul. Ei phellter yw 4.37 blwyddyn golau. Gan dybio bod 70% o allyriadau'r seren yn y rhanbarth gweladwy, amcangyfrifwch nifer ei ffotonau gweladwy bob eiliad sy'n mynd i mewn i lygad gwyliwr ar y Ddaear.

   Cymerwch fod gan gannwyll llygad, ar ôl addasu i'r tywyllwch, ddiamedr 7 mm. $L_\odot = 3.85 \times 10^{26}$ W.

3. Mae gan fetel ffwythiant gwaith o 2.4×10^{-19} J.

   (a) Mynegwch y ffwythiant gwaith mewn eV.
   (b) Caiff y metel ei oleuo gan belydriad e-m monocromatig, ag egni ffoton 2.5 eV. Nodwch egni mwyaf yr electronau sy'n cael eu hallyrru.
   (c) Mae'r metel yn cael ei oleuo'n **ychwanegol** gan belydriad e-m, amledd 3.0×10^{14} Hz. Esboniwch pam mae egni mwyaf yr electronau sy'n cael eu hallyrru yr un peth ag yn (b).
   (ch) Mae'r metel yn cael ei gynnwys mewn ffotogell, ac mae ei nodwedd I–V yn cael ei phlotio fel yn Ffig. 2.7.4. Pa werth byddech chi'n ei ddisgwyl ar gyfer y foltedd stopio gyda'r ffotonau 2.5 eV? Esboniwch eich ateb.

4. Cyfrifwch amrediad yr egnïon ffoton yn y sbectrwm gweladwy. Mynegwch eich ateb mewn J ac mewn eV.

5. Mae gan atomau heliwm ddau electron. Pan fydd atom heliwm yn gynhyrfol, mae un electron yn aros yn y lefel egni isaf (sy'n cael ei alw'n 1s); mae'n bosibl codi'r llall i lefelau egni uwch (2s, 2p, 3s etc.). Mae'r diagram symlach yn dangos lefelau egni cynhyrfol ar gyfer atomau heliwm.

   Mae cwmwl nwy tywynnol, sy'n cynnwys heliwm, yn cael ei wresogi i dymheredd uchel gan sêr cyfagos, fel bod rhai o'r atomau yn y cyflwr cynhyrfol 2s. Mae golau gydag egnïon ffoton hyd at 4 eV o sêr eraill yn pasio drwy'r cwmwl.

   Esboniwch, gan roi egnïon ffoton, pa effaith mae atomau heliwm yn ei chael ar sbectra amsugno ac allyrru **gweladwy** seren. Nid oes angen cyfrifo tonfeddi.

   (Amrediad ffoton gweladwy = 1.8 eV – 3.1 eV)

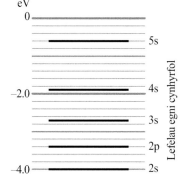

6. Mae electronau'n cael eu hallyrru gan wifren wedi'i gwresogi, eu cyflymu drwy gp 500 V, a'u cyfeirio mewn paladr cul ar ymyl grisial graffit. Mae planau'r grisial (gwahaniad 0.335 nm) yn gweithredu fel holltau gratin diffreithiant. Mae patrwm ymyriant yn cael ei arsylwi ar sgrin fflworoleuol sydd wedi'i lleoli 30 cm oddi wrth yr holltau.

   (a) Esboniwch pam mae patrwm ymyriant i'w weld ar y sgrin.
   (b) Cyfrifwch donfedd yr electronau.
   (c) Defnyddiwch fformiwla'r gratin diffreithiant i gyfrifo safle onglaidd yr eddïau trefn un a threfn dau, a drwy hynny, safle'r eddïau hyn ar y sgrin.

   Màs electronig, $m_e = 9.1 \times 10^{-31}$ kg

7. Mae cyflymydd foltedd isel yn cynhyrchu paladrau o electronau a phrotonau drwy eu cyflymu drwy'r un gp. Cyfrifwch gymhareb tonfeddi'r electronau a'r protonau.

   ($m_e = 9.1 \times 10^{-31}$ kg; $m_p = 1.67 \times 10^{-27}$ kg).

8. Mae electron sydd mewn atom hydrogen disymud yn yr ail blisgyn (gweler Ffig. 2.7.9, $n = 2$). Mae'r electron yn disgyn i'r plisgyn cyntaf, ac wrth wneud hynny, mae'n allyrru ffoton. Drwy gyfrifo momentwm y ffoton hwn, cyfrifwch fuanedd adlamu'r atom hydrogen.
   (Màs atom hydrogen = 1.67×10^{-27} kg)

9. Cysonyn yr Haul, sef arddwysedd pelydriad yr Haul, yw 1.4 kW m^{-2} ar orbit y Ddaear. Cyfrifwch arwynebedd yr hwyl solar y byddai ei hangen i gynhyrchu gwthiad 1 N yng nghyffiniau'r blaned Mawrth, o wybod bod radiws orbit y blaned Mawrth 1.5 gwaith radiws orbit y Ddaear. Tybiwch fod yr hwyl yn amsugno pob ffoton sy'n ei tharo.

10. Mae dosbarth o fyfyrwyr Safon Uwch yn gwneud yr arbrawf LED i ddarganfod gwerth cysonyn Planck.

   Maen nhw'n defnyddio gwerthoedd y gwneuthurwr ar gyfer tonfeddi allyriadau'r LEDau. Mae eu canlyniadau i'w gweld yn y tabl. Mae'r ansicrwydd amcangyfrifol yn y canlyniadau ar gyfer V_0 yn ±0.05 V.

λ / nm	420	460	540	640	660
V_0 / V	2.95	2.72	2.25	1.88	1.85

   Drwy blotio graff addas, darganfyddwch werth ar gyfer h, ynghyd â'i ansicrwydd amcangyfrifol.

11. Weithiau mae golau'n ymddwyn fel tonnau, ac weithiau fel gronynnau. Nodwch un arbrawf sy'n dangos pob un o'r priodweddau hyn.

12. Mae'r berthynas rhwng egni cinetig, E_k, a momentwm, p, gronynnau â mas m, yn cael ei roi gan $E_k = \dfrac{p^2}{2\,m}$. Dangoswch fod yr hafaliad yn homogenaidd.

13. Yn yr arbrawf diffreithiant electronau yn Adran 2.7.4 (b), mae myfyriwr yn sylwi, pan fydd y foltedd EHT yn cynyddu, fod radiws y cylchoedd diffreithiant yn lleihau. Esboniwch hyn gan ddefnyddio hafaliad de Broglie.

14. Nodwch ranbarthau'r sbectrwm e-m lle mae'r ffotonau â'r egni canlynol i'w canfod.
   (a) 0.1 eV, (b) 10 keV, (c) 2.5 eV, (ch) 10 eV.

15. Cyfrifwch donfedd ffoton gyda'r un momentwm ag electron sydd wedi'i gyflymu drwy gp o 1.0 keV. Ym mha ranbarth o'r sbectrwm e-m mae'r ffoton hwn?

16. Mae myfyriwr yn cydosod y gylched ganlynol ar gyfer arbrawf ffotodrydan.

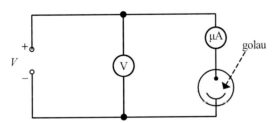

   Nodwch ddau newid mae angen eu gwneud i fesur y foltedd stopio, V_S.

17. Mae'r graff yn dangos sut mae egni cinetig mwyaf, $E_{k\ mwyaf}$, yr electronau sy'n cael eu hallyrru o arwyneb metel yn amrywio gydag amledd, f, y pelydriad trawol.

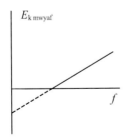

   (a) Esboniwch sut mae'r graff yn gyson â hafaliad ffotodrydanol Einstein
      $E_{k\ mwyaf} = hf - \phi$. Enwch y cysonion h a ϕ a nodwch y berthynas rhyngddyn nhw a'r graff.

   (b) Esboniwch sut mae gwerthoedd $E_{k\ mwyaf}$ yn cael eu darganfod drwy fesur y foltedd stopio ar gyfer y ffotoelectronau

   (c) Mae gan ail fetel ffwythiant gwaith is. Esboniwch y berthynas rhwng y graff $E_{k\ mwyaf}$ yn erbyn f a'r graff sy'n cael ei roi.

2.8 Laserau

Pwynt astudio

Yn 1962, defnyddiodd gwyddonwyr o UDA ac o'r Undeb Sofietaidd yr oediad amser mewn pylsiau laser i amcangyfrif y pellter i'r Lleuad. Gadawodd Apollo 11, 14 a 15, a Lunokhod 1 a 2, adlewyrchyddion laser ar y Lleuad i gyd; maen nhw'n cael eu defnyddio hyd heddiw i fonitro pellter.

2.8.1 Gwirio gwybodaeth

Mae laser yn allyrru 10^{17} o ffotonau i'r Lleuad bob eiliad. Mae paladr laser yn lledaenu i gylch **6.5 km** mewn diamedr ar y Lleuad. Diamedr yr adlewyrchydd yw **3 m**. Gan dybio bod y paladr adlewyrchol hefyd yn lledaenu i 6.5 km ar y Ddaear, amcangyfrifwch gyfradd cyrraedd ffotonau mewn telesgop â diamedr 3m.

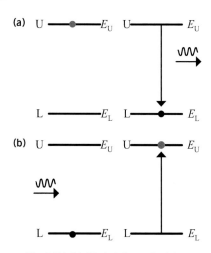

(a)

(b)

Ffig. 2.8.1 (a) Allyriad digymell a (b) amsugniad

Term allweddol

Allyriad ysgogol: Allyriad ffoton o atom cynhyrfol wedi'i gychwyn gan ffoton sy'n pasio ag egni sy'n hafal â'r bwlch egni rhwng y cyflwr cynhyrfol a chyflwr egni is yn yr atom (neu foleciwl). Mae gan y ffoton hwn yr un amledd, gwedd, cyfeiriad teithio a chyfeiriad polareiddio â'r ffoton sy'n pasio.

Pwynt astudio

Cafodd **maserau** (**m**icrowave **a**mplification ...) naturiol eu darganfod gan seryddwyr. Gweler Adran 2.8.5.

Ers cynhyrchu'r model gweithredol cyntaf yn 1960, mae laserau bellach yn bresennol ymhob man. Mae nifer ohonyn nhw yn y rhan fwyaf o gartrefi: mewn chwaraewyr DVD a CD, ac mewn gyrwyr disgiau optegol, heb sôn am bwyntyddion laser. Y defnydd ymarferol cyhoeddus cyntaf gafodd ei wneud ohonyn nhw oedd y darllenydd cod bar yn 1974, ac ers hynny mae sawl defnydd gwahanol ohonyn nhw, sy'n cynnwys:

- Llawfeddygaeth – torri a serio (*cauterising*) er mwyn lleihau faint o waed sy'n cael ei golli; a hefyd 'weldio' retinâu sydd wedi datgysylltu
- Mesur pellter (gweler y Pwynt astudio), a hefyd gan werthwyr tai, er enghraifft
- Trawsyrru data mewn ffibrau optegol ac mewn gofod rhydd
- Argraffyddion laser
- Ymchwil, e.e. ymasiad niwclear sy'n cael ei gychwyn gan laser.

Mae laserau yn ddefnyddiol oherwydd eu bod yn cynhyrchu golau cydlynol. Dywedwn fod dwy ffynhonnell golau yn gydlynol os oes ganddyn nhw wahaniaeth gwedd cyson, e.e. holltau Young. Ond beth rydyn ni'n ei olygu pan ddywedwn fod ffynhonnell golau unigol yn gydlynol (â'i hunan)? A dweud y gwir, mae'r golau o laser yn gydlynol mewn dwy ffordd. Mae ganddo:

1. **Cydlyniad gofodol**: mae gwahanol bwyntiau ar draws lled y paladr laser yn gydwedd â'i gilydd;
2. **Cydlyniad amserol**: monocromatig, heb newidiadau gwedd sydyn.

Mae'r priodweddau hyn yn caniatáu iddo gael ei ffocysu i bwyntiau bach iawn (~1 mm) ac i gynhyrchu pylsiau byr iawn (~1 fs). Mae'r ffynonellau golau cydlynol hyn yn bosibl o ganlyniad i ffenomen allyriad ysgogol.

2.8.1 Allyriad ysgogol

Gwelsom yn Adran 2.7 fod systemau atomig a moleciwlaidd yn bodoli mewn cyfres o gyflyrau egni arwahanol. Am y tro, rydyn ni am ystyried dau gyflwr yn unig, U ac L (uwch ac is), mewn system sydd ag egnïon, E_U ac E_L. Gall atom neu foleciwl newid ei gyflwr:

- o U i L, drwy allyrru'n ddigymell ffoton gydag amledd f lle mae:

$$hf = E_U - E_L$$

- o L i U, drwy amsugno egni ffoton sydd â'r un amledd, f, ag uchod.

Mae'r ddwy broses hyn, sef allyriad digymell ac amsugniad, yn cael eu hesbonio ar ffurf diagram yn Ffig. 2.8.1. Rydyn ni'n cyfeirio at 'allyriad digymell' yn hytrach nag 'allyriad' yn unig oherwydd bod ail broses allyriad yn digwydd hefyd. Yr enw ar y broses yw **allyriad ysgogol** a chafodd ei ragfynegi am y tro cyntaf gan Albert Einstein. Mae enghraifft i'w gweld yn Ffig. 2.8.2.

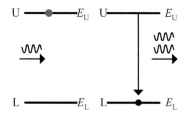

Ffig. 2.8.2 Allyriad ysgogol

Yn y broses hon, mae atom yn y cyflwr egni uwch (U) yn cael ei ysgogi i symud i lawr i'r cyflwr egni is gan ffoton â'r un egni: $hf = E_U - E_L$. Wrth wneud hyn, mae'n allyrru ail ffoton sydd **yn gydwedd** â'r cyntaf, ac yn teithio **i'r un cyfeiriad**. Os yw'r ddau ffoton hyn nawr yn rhyngweithio ag atom yn y cyflwr uwch, bydd yna bedwar ffoton: caiff y golau ei fwyhau'n gynyddol wrth symud drwy'r cyfrwng, gan arwain at yr enw 'laser', sef **L**ight **A**mplification by the **S**timulated **E**mission of **R**adiation.

Yn amlwg, er mwyn mwyhau'r golau'n barhaus yn y modd hwn, rhaid i'r ffotonau barhau i gyfarfod ag atomau, pob un yn y cyflwr uwch. A yw hyn yn debygol o ddigwydd yn naturiol? Yr ateb yw 'Na!' Dewch i ni gael gweld pam.

Er hwylustod, rydyn ni am ystyried nwy monatomig. Tybiwch fod gennym nwy ar dymheredd ystafell (300 K), gyda phob un o'r moleciwlau yn y cyflwr isaf (G). Sut gallech chi roi'r moleciwlau mewn cyflwr cynhyrfol (E)? Gallai hyn ddigwydd weithiau drwy wrthdrawiad: gan ddefnyddio peth o egni cinetig y moleciwlau i roi un o'r moleciwlau yn y cyflwr E (h.y. gwrthdrawiad anelastig). A allai'r math hwn o wrthdrawiad ddigwydd dro ar ôl tro nes bod gennym fwy o foleciwlau E na G? Na, oherwydd y tro nesaf y bydd y moleciwl E yn gwrthdaro, mae'n debygol o wrthdaro â moleciwl G, ac mae hefyd yn debygol o ddisgyn yn ôl eto i'r cyflwr isaf, gyda'r egni yn ailymddangos fel egni cinetig trawsfudol (gallen ni alw hyn yn wrthdrawiad *uwchelastig*). Ar ben hyn, mae'r moleciwl, ar ôl amser byr, yn debygol o golli ei egni ychwanegol drwy allyriad digymell. Wrth godi'r tymheredd, i 3000 K er enghraifft, yr unig beth bydden ni'n ei gyflawni fyddai cynyddu ffracsiwn y moleciwlau yn y cyflwr cynhyrfol. Y 'gorau' y gallwn ei ddisgwyl wrth godi'r tymheredd yw y bydd hyd at 50% o'r moleciwlau yn cael eu cynhyrfu, oherwydd ar y pwynt hwn, byddai'r gwrthdrawiadau yr un mor debygol o ostwng neu godi'r lefel egni. Mae'r enghraifft isod yn dangos hynny.

Enghraifft

Yn 1868 dangosodd y ffisegydd o Awstria, Ludwig Boltzmann, sut mae cymhareb nifer y gronynnau mewn dau gyflwr egni gwahanol yn perthyn i'r tymheredd (absoliwt):

Gadewch i N_1 ac N_2 fod yn nifer y gronynnau yng nghyflyrau 1 a 2 yn ôl eu trefn, a gadewch i egni cyflwr 2 fod ΔE yn uwch na chyflwr 1. Yna mae:

$$\frac{N_2}{N_1} = e^{-\Delta E/kT},$$

lle mae $k = 1.38 \times 10^{-23}$ J K^{-1} (y cysonyn Boltzmann) a T yw'r tymheredd kelvin.

Mae cyflwr cynhyrfol cyntaf atomau sodiwm 2.0 eV yn uwch na'r cyflwr isaf. Mewn cwmwl nwyol sy'n cynnwys 10^{15} atom sodiwm, amcangyfrifwch nifer yr atomau yn y cyflwr cynhyrfol os yw'r tymheredd yn: (a) 1000 K, (b) 3000 K, (c) 300 K (tymheredd ystafell).

Awgrym: yn gyntaf mynegwch 2.0 eV mewn jouleau.

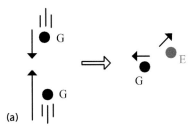
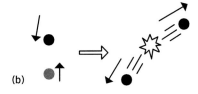
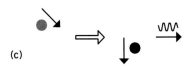

Ffig. 2.8.3 Prosesau cynhyrfu a datgynhyrfu. (a) Cynhyrfu mewn gwrthdrawiad anelastig. (b) Datgynhyrfu mewn gwrthdrawiad uwchelastig. (c) Datgynhyrfu drwy allyrru ffoton.

2.8.2 Cyflawni gwrthdroad poblogaeth

Wrth gyfeirio at **boblogaeth** o atomau (neu foleciwlau), mae gwyddonwyr yn sôn am y rhai sy'n meddu ar briodwedd benodol, fel poblogaeth yr atomau sodiwm, neu boblogaeth yr atomau sodiwm yn y cyflwr cynhyrfol cyntaf, er enghraifft.

Os ydych chi wedi gweithio drwy'r Ymestyn a Herio, byddwch wedi gweld bod **poblogaeth** atomau ar lefelau egni uwch fel arfer dipyn yn llai na'r boblogaeth ar lefelau is. Yn yr achos hwn, mae ffotonau sy'n pasio yn fwy tebygol o gael eu hamsugno nag achosi allyriadau ysgogol. Gyda gwahaniaethau egni yn yr amrediad eV a thymereddau hyd at 1000 K, mae'r boblogaeth egni isel yn fwy niferus o lawer na'r boblogaeth egni uchel. Ni all laser weithio oni bai bod y poblogaethau o chwith i hyn, h.y. gydag $N_2 > N_1$. Yr enw ar y sefyllfa hon yw **gwrthdroad poblogaeth**. Er mwyn gwneud hyn, mae angen dod o hyd i ddulliau anthermol o gyfnerthu poblogaeth y cyflwr uwch. Yr enw ar brosesau o'r fath yw **pwmpio**.

Fel arfer, nid yw'n bosibl cyflawni gwrthdroad poblogaeth gyda system dau-gyflwr, oherwydd fel arfer bydd y cyflwr uwch yn gwagio mor gyflym ag mae'n llenwi. Felly mae gwyddonwyr yn gweithio gyda systemau amlgyflwr sydd â mwy na dwy lefel egni.

(a) Systemau laser tri chyflwr

Mae Ffig. 2.8.4 yn dangos system tri chyflwr. Yr enwau ar y tri chyflwr egni yw'r cyflwr isaf (G), y cyflwr wedi'i bwmpio (P) a'r cyflwr uwch (U).

Er mwyn deall sut rydyn ni'n cyflawni gwrthdroad poblogaeth mewn systemau amlgyflwr, mae angen i chi wybod am ddwy nodwedd bwysig y trosiadau rhwng cyflyrau egni:

Termau Allweddol

Gwrthdroad poblogaeth: Sefyllfa lle mae poblogaeth cyflwr egni uwch mewn system atomig yn fwy na phoblogaeth cyflwr egni is yr un system.

Pwmpio: Pwmpio yw bwydo egni i gyfrwng chwyddhau laser er mwyn cynhyrchu gwrthdroad poblogaeth.

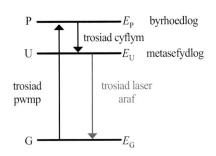

Ffig. 2.8.4 System tri chyflwr

2.8.2 Gwirio gwybodaeth

Os yw $E_G = -10.0$ eV, mewn system tri chyflwr, a bod $E_P = -7.5$ eV ac $E_U = -8.2$ eV, nodwch egnion:

(a) y ffotonau pwmpio,

(b) y ffotonau sy'n lasio.

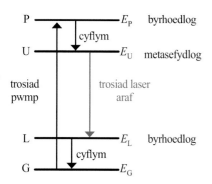

Ffig. 2.8.5 System pedwar cyflwr

1. Gall trosiadau tuag i lawr ddigwydd ar hyd amrywiaeth o lwybrau, ac nid yw pob un yr un mor debygol. Mae peirianwyr laser yn dewis systemau lle mae cyflwr P yn llawer mwy tebygol o ddadfeilio drwy'r cyflwr rhyngol U, yn hytrach nag yn ôl i G yn uniongyrchol.

2. Mae rhai cyflyrau egni yn fyrhoedlog iawn, h.y. maen nhw wedi'u poblogi am amser byr iawn yn unig, cyn dadfeilio. Mae cyflyrau eraill, o'r enw **cyflyrau metasefydlog**, yn para'n llawer hirach cyn dadfeilio. Mae'r rhesymau am y gwahaniaethau hyn y tu hwnt i'r cwrs Safon Uwch, ond mae peirianwyr yn dewis systemau lle mae P yn fyrhoedlog (e.e. ~ 1 ns) ond lle mae U yn hirhoedlog (mewn termau atomig, e.e. ~ 1 ms).

Os yw'r cyfrwng laser yn cael ei bwmpio, e.e. drwy ei foddi â ffotonau egni (E_P–E_G), bydd atomau yn y cyflwr isaf yn cael eu codi i'r cyflwr wedi'i bwmpio ac yn dadfeilio'n gyflym i'r cyflwr uwch metasefydlog (yn rhannol drwy allyriad digymell, ond yn bennaf drwy wrthdrawiadau). Os yw'r pwmpio'n ddigon cyflym, bydd poblogaeth U yn mynd yn fwy na phoblogaeth G, h.y. bydd gwrthdroad poblogaeth wedi'i gyflawni: bydd unrhyw drosiad digymell o U i G yn cynhyrchu ffoton a fydd yn ysgogi allyriadau o atomau eraill yn y cyflwr U.

Yn hanesyddol, laser tri chyflwr, yn seiliedig ar gyfrwng laser rhuddem, oedd y cyntaf i gael ei adeiladu (gweler Ffig. 2.8.6). Ond gan fod rhaid pwmpio dros hanner yr atomau yn y cyflwr isaf er mwyn i'r laser weithredu, mae angen llawer o egni ar systemau tri chyflwr, ac maen nhw'n aneffeithlon. Yn ymarferol, mae'r rhan fwyaf o laserau yn defnyddio systemau pedwar cyflwr.

(b) Systemau laser pedwar cyflwr

Mae nodweddion y cyflwr wedi'i bwmpio a'r cyflyrau uwch mewn laser pedwar cyflwr yr un peth ag mewn laser tri chyflwr. Mae'r cyflwr ychwanegol, is (L), rhwng y cyflyrau uwch ac isaf. Mae L yn gyflwr byrhoedlog, ac mae'n dadfeilio'n gyflym i G, yn bennaf drwy wrthdrawiadau.

Mantais y system hon dros y laser tri chyflwr yw bod L yn wag i gychwyn, felly mae gwrthdroad poblogaeth rhwng L ac U yn bresennol o'r ychydig electronau cyntaf yn U. Mae natur fyrhoedlog L yn golygu bod pwmpio ar lefel llawer is yn cynnal y gwrthdroad poblogaeth, ac felly mae angen egni mewnbwn llai nag sydd ei angen ar gyfer y laser tri chyflwr. Mae hyn yn golygu bod y laser yn gallu gweithio ar bŵer mewnbwn llawer is.

(c) Aneffeithlonrwydd laserau

Mae'r rhan fwyaf o'r egni sy'n cael ei fewnbynnu i'r laser yn cael ei drawsnewid yn egni mewnol (egni cinetig mewn nwy/egni dirgrynol mewn solid) atomau'r cyfrwng mwyhau, yn hytrach nag i godi cyflwr egni'r atomau eu hunain o G i P. Hyd yn oed ar gyfer digwyddiadau pwmpio llwyddiannus, yr egni mewnbwn yw ($E_P - E_G$) ond mae allbwn y laser yn llai: ($E_U - E_L$) ar gyfer y laser pedwar cyflwr; ($E_U - E_G$) ar gyfer y laser tri chyflwr.

2.8.3 Gwirio gwybodaeth

Cyfrifwch effeithlonrwydd y trawsnewidiad egni ar gyfer digwyddiad **pwmpio llwyddiannus** yn Gwirio gwybodaeth 2.8.2.

Awgrym

Nid oes angen i chi wybod manylion Ffig. 2.8.6.

2.8.3 Adeiledd laser

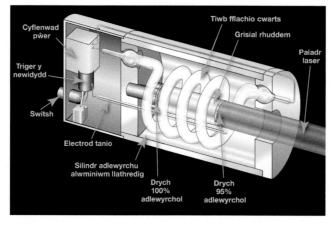

Y laser rhuddem yn Ffig. 2.8.6 oedd y cyntaf i gael ei gynhyrchu. Rydyn ni'n ei gyflwyno yma i esbonio agweddau generig ar laserau. Fel yn y diagram, y 'tiwb fflachio' cwarts, wedi'i lapio o amgylch y rhuddem (y cyfrwng mwyhau), oedd yn ei bwmpio'n optegol. Swyddogaeth y silindr alwminiwm oedd adlewyrchu golau pwmpio crwydr yn ôl i mewn i'r rhuddem i gynyddu'r effeithlonrwydd.

Ffig. 2.8.6 Y laser rhuddem gwreiddiol

Mae Ffig. 2.8.7 yn cyflwyno nodweddion arwyddocaol y dylech eu hastudio.

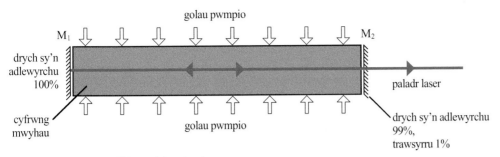

Ffig. 2.8.7 Adeiledd laser wedi'i bwmpio'n optegol

Mae'r laser yn gweithredu fel hyn:

- Mae'r pelydriad pwmpio yn creu gwrthdroad poblogaeth yn y cyfrwng mwyhau.
- Mae ffotonau ag egni $E_U - E_L$ (fel yn Ffig. 2.8.5) neu $E_U - E_G$ (Ffig. 2.8.4) yn cael eu cynhyrchu gan allyriad digymell yn y **cyfrwng mwyhau**.
- Mae'r ffotonau hyn yn pasio drwy'r cyfrwng mwyhau ac yn cynhyrchu ffotonau cydlynol sy'n teithio i'r un cyfeiriad drwy allyriad ysgogol. Mae pob ffoton yn datblygu yn ddau, pedwar, wyth, etc., gan gynyddu'n esbonyddol.
- Caiff y ffotonau sy'n teithio'n baralel i echelin y cyfrwng (gweler y Pwynt astudio) eu hadlewyrchu'n ôl ac ymlaen, gan ysgogi mwy o ffotonau. Yn y pen draw, byddan nhw'n dianc yn y paladr laser drwy'r drych sy'n trawsyrru'n rhannol.
- Mae ecwilibriwm dynamig yn cael ei sefydlu yn fuan iawn pan fydd cyfradd ddianc y ffotonau yn hafal i'w cyfradd gynhyrchu drwy allyriad ysgogol (sy'n cael ei reoli gan y gyfradd bwmpio).

2.8.4 Y laser deuod lled-ddargludydd

Mae bron pob laser a ddefnyddir yn y cartref yn laser deuod lled-ddargludydd. Mae'r rhain wedi'u hadeiladu o sglodion bach o ddefnydd lled-ddargludol, galiwm arsenid (GaAs), yn aml. Mae iddynt nifer o fanteision:

- Maen nhw'n cael eu pwmpio'n drydanol, ac yn gweithredu ar foltedd isel – rhai yn llai na 2 V.
- Mae'r sglodyn laser yn fach iawn (~ 1 mm fel arfer) ac mae'n bosibl ei gynnwys mewn pecynnau trydanol safonol bach, i'w wifro mewn cylchedau, e.e. y pwyntydd laser yn Ffig. 2.8.8.
- Maen nhw'n effeithlon iawn – hyd at 70% ar gyfer laserau isgoch.
- Mae'n bosibl eu masgynhyrchu'n rhad.

Ffig. 2.8.8 Y laser o argraffydd laser (yn cael ei ddal gan glip crocodeil)

Fel arfer, maen nhw'n cael eu defnyddio yn y cartref i ddarllen ac ysgrifennu DVDau a CDau, i ddarllen disgiau Blu-ray, i drosglwyddo data drwy ffibrau optegol, ac mewn argraffyddion a sganwyr cyfrifiaduron.

Mae mantais laserau deuod lled-ddargludydd ar gyfer ffibrau optegol yn ymwneud â phurdeb sbectrol yr allbwn (un amledd yn unig, fwy neu lai), a chydlyniad yr allbwn, sy'n caniatáu switsio cyflym iawn. Cyrhaeddir amleddau switsio o ddegau o GHz yn rheolaidd, gan ganiatáu cyfraddau trosglwyddo data mawr iawn.

2.8.5 Nifwliwm a mysteriwm

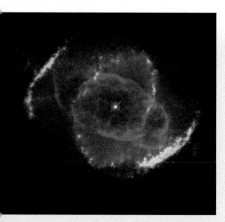

Ffig. 2.8.9 Nifwl Llygad y Gath

Cafodd heliwm ei adnabod gyntaf drwy ei linellau allyrru yn sbectrwm corona'r Haul. Yn 1864, astudiodd y seryddwr, William Huggins, sbectrwm yr allyriadau o nifwl Llygad y Gath. Llwyddodd i ddarganfod grŵp o linellau sbectrol gwyrddlas oedd heb gael eu canfod erioed o'r blaen mewn unrhyw brawf fflam mewn labordy cemeg. Daeth i'r casgliad bod hon yn elfen nad oedd neb yn gwybod amdani, a rhoddodd yr enw 'nifwliwm' arni. Dangosodd ymchwiliadau yn yr 20fed ganrif fod y linellau, mewn gwirionedd, yn dod o ionau O^{2+} (y llinellau gwyrdd yn Ffig. 2.8.10) sydd ddim yn cael eu harsylwi fel arfer oherwydd bod lefelau uchaf y trosiadau yn fetasefydlog. Fel arfer mae'r ionau'n colli egni drwy wrthdrawiadau cyn iddyn nhw gael cyfle i allyrru ffotonau. Ond dan amodau gwactod uchel (bron) – gwell na'r gwactod gorau sydd i'w gael ar y Ddaear – mae amledd y gwrthdrawiadau mor isel fel bod gan yr atomau amser i allyrru ffotonau gyda'r tonfeddi hyn.

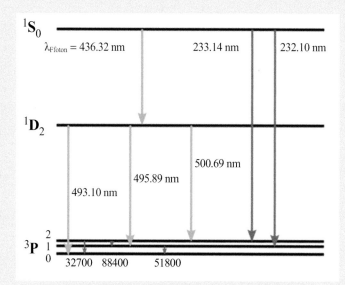

Ffig. 2.8.10 Allyriadau 'Nifwliwm'

Gwirio gwybodaeth

Cyfrifwch y gwahaniaeth egni rhwng y lefelau egni $^1S_0$ a $^3P_0$ mewn 'nifwliwm'.

Ffig. 2.8.11 Nifwl Orïon

Yn yr un modd, cafodd y moleciwl 'mysteriwm' ei ddarganfod gan y radio-seryddwyr Howard Weaver a'i gydweithwyr yn 1963. Roedden nhw'n edrych ar allyriadau o foleciwlau hydrocsyl (OH) yn nifwl Orïon, a daethon nhw ar draws rhai llinellau oedd yn llawer iawn cryfach na'r disgwyl (doedden nhw ddim yn cyfateb i batrwm hysbys cryfderau llinellau OH). Roedden nhw'n tybio eu bod nhw'n dod o foleciwl anhysbys, a rhoddon nhw'r enw 'mysteriwm' arno.

Mewn gwirionedd, roedden nhw wedi darganfod y maser naturiol cyntaf – mae hwn yn debyg i laser, ond mae'n allyrru **m**icrodonnau. Roedd yr allyriadau yn dod o OH a oedd yn cael ei bwmpio i gyflyrau metasefydlog gan belydriad isgoch o sêr cyfagos. Mae allyriadau digymell yn arwain at allyriadau ysgogol o foleciwlau OH eraill. Ni allai hyn ddigwydd ar y Ddaear, oherwydd fel y gwelsom yn Gwirio gwybodaeth 2.8.4, mae'n rhaid i ffoton deithio'n eithaf pell cyn iddo ysgogi allyriad; dan amodau gwactod uchel y gofod, mae'r pellter hwn yn hirach fyth. Ond, fel y dywedodd Douglas Adams, 'Mae'r gofod yn fawr'. Mae cwmwl hydrocsid yn mesur biliynau o km ar ei draws, felly mae'n bosibl bod digon o bellter i ganiatáu lasio.

Ers hynny, rydyn ni wedi darganfod bod llawer o foleciwlau'r gofod yn arddangos gweithgaredd maser, e.e. dŵr, amonia a hydrogen cyanid. Ac yn 1995, gwelwyd y laser hydrogen atomig cyntaf yn y disg chwyrlïog sy'n amgylchynu'r seren las lachar, MCW 349. Mae'r allyriadau laser yn y rhan isgoch ar donfeddi sy'n cyfateb i drosiadau rhwng cyflyrau cynhyrfol iawn hydrogen atomig.

Gwelwyd yr allyriadau hyn oherwydd bod y pelydriad yn ddwys iawn ac yn amrywiol iawn.

Mae'r pelydriad yn llawer mwy dwys nag y bydden ni'n ei ddisgwyl o allyriad thermol pur. Er mwyn allyrru ar yr arddwysedd hwn, dim ond oherwydd eu bod yn boeth, byddai angen i gymylau atomau neu foleciwlau (sy'n cael eu trin fel pelydryddion cyflawn) fod ar dymheredd o hyd at 10^{15} K. Ond mae hyn yn amhosibl, oherwydd ar y tymereddau hyn byddai pob moleciwl yn cael ei ddaduno a phob atom yn cael ei ïoneiddio'n llwyr (ei electronau wedi'i dynnu oddi arno). Rhaid mai gweithrediad laser, yn hytrach na thymheredd uchel, sy'n gyfrifol am yr allyriad arddwysedd uchel. Mae'r amrywiaeth yn dod o'r ffaith fod y cynnydd laser/maser mor ddibynnol (yn esbonyddol) ar hyd y llwybr yn y cwmwl nwy, gydag amodau priodol, nes bod unrhyw amrywiad bach yn yr hyd hwn yn cynhyrchu newidiadau enfawr mewn allbwn. Mae'r ddwy briodwedd hyn yn caniatáu i seryddwyr wneud mesuriadau manwl o'r amodau yn y cymylau nwy.

Profwch eich hun 2.8

1. Mae'r diagram yn dangos dau gyflwr egni, 1 a 2, mewn atom.

   (a)   Defnyddiwch egwyddor cadwraeth egni i esbonio pam gallai atom yng nghyflwr 2 symud yn ddigymell i gyflwr 1, ond nad yw'r gwrthwyneb yn bosibl.

   (b)   Nodwch pam, mewn poblogaeth o'r atomau hyn, y bydd mwy o atomau fel arfer yng nghyflwr 1 nag yng nghyflwr 2.

   (c)   Beth yw'r enw ar sefyllfa lle mae mwy o atomau yng nghyflwr 2 nag yng nghyflwr 1, a beth yw'r enw ar y broses o gyflawni hyn?

2. Mae'r diagram yn dangos system gyda lefelau egni 1–4. Mae'n cael ei defnyddio'n sail i laser 4 lefel.

   (a)   Defnyddiwch y wybodaeth ar y diagram i esbonio'r termau 'cyflwr isaf', 'gwrthdroad poblogaeth', 'trosiad laser' a 'pwmpio', gan gyfeirio at lefelau egni yn ôl eu rhifau.

   (b)   Esboniwch pam mae angen i lefelau 2 a 4 fod yn gyflyrau egni byrhoedlog ond bod angen i lefel 3 fod yn hirhoedlog.

   (c)   Mae atom yn symud drwy'r lefelau, $1 \rightarrow 4 \rightarrow 3 \rightarrow 2 \rightarrow 1$, gan gynnwys y trosiad laser. Cyfrifwch effeithlonrwydd y broses hon yn nhermau cynhyrchu pelydriad laser.

3. Mewn laser, mae'r trosiad laser o'r cyflwr uchaf (U) i'r cyflwr isaf (L). Esboniwch pam mae angen gwrthdroad poblogaeth rhwng y cyflyrau hyn er mwyn i chwyddhad golau ddigwydd.

4. Mae ffoton yn achosi cynhyrchu ail ffoton drwy allyriad ysgogol. Cymharwch briodweddau'r ddau ffoton.

5. Esboniwch pam mae'n rhaid pwmpio o leiaf hanner yr atomau o'r cyflwr isaf er mwyn i wrthdroad poblogaeth fodoli rhwng y cyflwr uchaf (U) a'r cyflwr isaf (G) mewn system laser **tri chyflwr**.

Mae gweddill y cwestiynau yn yr adran hon wedi'u seilio ar y diagram egni ar gyfer laser heliwm-neon, a'r darn byr isod sy'n disgrifio'r laser.

Y laser heliwm–neon

Mae gan laserau go iawn lefelau egni llawer mwy cymhleth na'r hyn sydd yn nodiadau gwerslyfrau. Mewn laser He-Ne, mae'r cyfrwng mwyhau yn gymysgedd o'r ddau nwy, heliwm a neon. Mae'r ddau nwy, ar wasgedd isel, yn cael eu selio mewn tiwb gwydr, a chaiff cerrynt trydanol ei basio drwyddyn nhw. Mae electronau sy'n gwrthdaro â'r atomau heliwm yn eu cynhyrfu i'r cyflyrau egni 2 ^{1}s a 2 ^{3}s (peidiwch â phoeni am enwau'r cyflyrau egni hyn). Mae'r ddau lefel egni hyn yn digwydd bod bron yr un peth â'r lefelau egni 4s a 5s mewn neon, felly mae egni yn cael ei drosglwyddo'n hawdd o atomau heliwm i atomau neon drwy wrthdrawiadau rhyngatomig anelastig.

Mae cyflyrau 4s a 5s neon yn rhai *metasefydlog*, ac mae hyn yn arwain at allyriadau laser i lawr i'r cyflyrau 4p a 3p. Tonfeddi'r allyriadau laser yw 633 nm, 1.15 μm a 3.39 μm (sydd i'w gweld fel saethau coch).

Mae'r cyflyrau 3p a 4p yn fyrhoedlog iawn. Mae atom yn y cyflwr 3p yn dadfeilio'n gyflym iawn, drwy allyriad digymell, tonfedd 600 nm (saeth werdd), i'r cyflwr 3s. Mae'r atom 3s yn colli ei egni o ganlyniad i wrthdrawiadau (fel arfer gydag atomau yn waliau'r cynhwysydd) ac yn disgyn i'r cyflwr isaf. Mae'r cyflwr 4p hefyd yn dadfeilio'n gyflym drwy allyriad digymell (heb ei ddangos) i 3s.

Yn ôl un llyfr data, mae egni cyflwr 2 ^{1}s heliwm 20.65 eV uwchlaw'r cyflwr isaf.

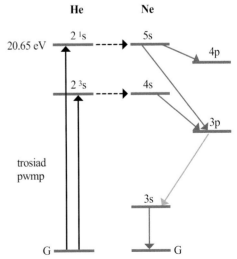

6. Esboniwch beth yw ystyr: (a) gwrthdrawiad anelastig a (b) cyflwr metasefydlog.

7. Mae atom neon yn y cyflwr 5s yn dadfeilio i'r cyflwr 3p drwy allyrru ffoton. Mae'r ffoton hwn yn achosi allyriad ysgogol mewn atom neon arall.

    (a) Lluniadwch ddiagram i esbonio sut digwyddodd yr allyriad ysgogol.
    (b) Sut mae priodweddau'r ail ffoton yn cymharu â'r cyntaf?

8. Pam mae hi'n bwysig bod y cyflwr 3p mewn neon yn llawer mwy byrhoedlog na'r 5s ar gyfer sefydlu gwrthdroad poblogaeth?

9. Nodwch pa rai o'r trosiadau laser sy'n cynhyrchu'r allyriadau 633 nm, 1.15 µm a 3.39 µm. Cewch dybio bod gwahaniadau'r cyflyrau egni uwchlaw'r cyflwr 3s wedi'u lluniadu fwy neu lai wrth raddfa. Nodwch ym mha ranbarth o'r sbectrwm e-m mae pob un o'r allyriadau hyn yn gorwedd.

10. Defnyddiwch eich atebion i gwestiwn 9, a thonfedd y trosiad 3p→3s, i gyfrifo egnïon cyflyrau cynhyrfol neon uwchlaw'r cyflwr isaf. Rhowch eich atebion mewn J ac mewn eV.

11. Cyfrifwch donfedd y trosiad digymell 4p→3s. Ym mha ranbarth o'r sbectrwm e-m mae hi'n gorwedd?

12. Disgrifiwch, yn eich geiriau eich hun, y broses o drosglwyddo egni rhwng cyflwr He 2 ^{1}s a chyflwr 5s neon.

13. Mae'r diagram yn dangos electron, egni cinetig 5.3×10^{-18} J, yn agosáu at atom heliwm (mewn laser He–Ne) yn y cyflwr isaf. Mae'n gwrthdaro ag un o'r electronau yn yr atom heliwm ac yn ei godi i'r cyflwr egni 2 ^{1}s (sy'n cael ei ddangos fel llinell doredig).

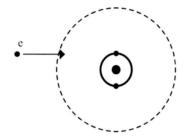

    (a) Cyfrifwch y gp mae'r electron trawol wedi'i gyflymu drwyddo.
    (b) Mynegwch egni'r electron trawol mewn eV.
    (c) Brasluniwch ddiagram yn dangos yr atom a'r electron, gyda'u hegnïon, ar ôl y gwrthdrawiad.
    (ch) Nodwch y foltedd cyflymu lleiaf mae ei angen i alluogi electron i gynhyrfu atom heliwm i 2 ^{1}s.

14. Mae laser He–Ne yn gweithredu ar 1.2 kV. Cyfrifwch nifer yr atomau heliwm gall electron eu cynhyrfu i'r cyflwr 2 ^{1}s.

Hafaliadau Uned 2

Mae Llyfryn Data CBAC yn cynnwys yr hafaliadau y gallai fod angen i chi eu defnyddio yn yr arholiad. Nid yw'r symbolau yn yr hafaliadau wedi'u nodi yn y Llyfryn Data: maen nhw'n symbolau safonol ac mae disgwyl i chi eu hadnabod. Yr hafaliadau isod yw'r rhai sydd eu hangen ar gyfer Uned 2.

Hafaliad	Disgrifiad
$I = \dfrac{\Delta Q}{\Delta t}$	Cerrynt, I, yw'r llif gwefr, ΔQ, wedi'i rannu gan y cyfwng amser, Δt
$I = nAve$	Cerrynt, I, mewn gwifren mewn perthynas â llif y gwefrau: n = dwysedd nifer electronau rhydd, A = arwynebedd trawstoriadol v = cyflymder drifft electronau rhydd, e = gwefr electron
$R = \dfrac{V}{I}$	Diffiniad gwrthiant, R. V = gp ar draws y dargludydd, I = cerrynt yn y dargludydd.
$P = IV = I^2R = \dfrac{V^2}{R}$	Pŵer, P, sy'n cael ei afradloni mewn cydran. Symbolau eraill fel uchod.
$R = \dfrac{\rho\ell}{A}$	Diffiniad gwrthedd, ρ. ℓ = hyd y dargludydd, R = gwrthiant, A = arwynebedd trawstoriadol.
$V = E - Ir$	gp, V, ar draws cyflenwad pŵer. E = g.e.m., r = gwrthiant mewnol, I = cerrynt
$\dfrac{V}{V_{\text{cyfan}}}$ neu $\left[\dfrac{V_{\text{ALLAN}}}{V_{\text{MEWN}}}\right] = \dfrac{R}{R_{\text{cyfan}}}$	Fformiwla rhannwr potensial, V = foltedd allbwn, R = gwrthiant allbwn.
$T = \dfrac{1}{f}$	Perthynas rhwng y cyfnod, T, ac amledd, f.
$c = f\lambda$	c = buanedd ton, f = amledd, λ = tonfedd
$\lambda = \dfrac{a\Delta y}{D}$	Fformiwla holltau Young: a = gwahaniad canolau'r holltau, Δy = gwahaniad yr eddïau, D = pellter rhwng holltau â sgrin
$d \sin\theta = n\lambda$	Fformiwla gratin diffreithiant: d = gwahaniad llinellau, n = trefn sbectrwm, θ = ongl y sbectrwm, λ = tonfedd
$n = \dfrac{c}{v}$	n = indecs plygiant defnydd, c = buanedd golau mewn gwactod, v = buanedd golau yn y defnydd
$n_1v_1 = n_2v_2$	Y berthynas rhwng yr indecs plygiant, n, a buanedd y golau, v, mewn dau ddefnydd 1 a 2.
$n_1 \sin\theta_1 = n_2 \sin\theta_2$	Y berthynas rhwng yr indecs plygiant, n, a'r ongl, θ, i'r normal ar gyfer pelydryn golau sy'n teithio rhwng defnyddiau 1 a 2.
$n_1 \sin\theta_c = n_2$	Y berthynas rhwng yr ongl gritigol, θ_c, a'r indecsau plygiant ar gyfer pelydryn golau yn nefnydd 1 sy'n drawol ar ddefnydd 2.
$E_{\text{k mwyaf}} = hf - \phi$	Hafaliad ffotodrydan. $E_{\text{k mwyaf}}$ = EC mwyaf yr electronau sy'n cael eu hallyrru, h = y cysonyn Planck, f = amledd, ϕ = ffwythiant gwaith
$p = \dfrac{h}{\lambda}$	Hafaliad de Broglie: p = momentwm gronyn, h = y cysonyn Planck, λ = tonfedd gronyn

Uned 2

1. **(a)** Mae dau wrthydd 3.30 Ω wedi'u cysylltu mewn cyfres ar draws batri â g.e.m. 4.80 V, fel sydd i'w weld. Mae'r foltmedr yn dangos 4.33 V.

Diagram 1

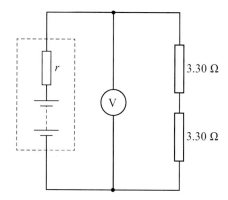

(i) Nodwch, yn nhermau gwaith neu egni, beth yw ystyr g.e.m. batri. **[2]**

(ii) Dangoswch fod gwrthiant mewnol y batri, r, tua 0.7 Ω. **[2]**

(iii) Pan mae'r gwrthyddion wedi'u cysylltu'n baralel fel sydd i'w weld isod, mae'r foltmedr yn darllen 3.35 V.

Diagram 2

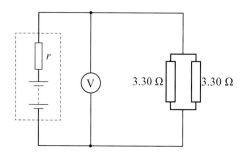

(I) **Heb wneud cyfrifiadau pellach**, esboniwch pam byddech chi'n disgwyl i'r darlleniad fod yn is, nawr bod y gwrthiant yn is ar draws terfynellau'r gell. **[2]**

(II) Cyfrifwch nifer yr electronau sy'n mynd i mewn i'r **naill neu'r llall** o'r gwrthyddion (sydd i'w gweld yn Niagram 2) bob **munud**. **[2]**

(b) Mae'r elfen wresogi (coil o wifren) mewn gwresogydd trydanol yn afradloni egni ar gyfradd o 1.00 kW, pan fydd hi wedi'i chysylltu ar draws y prif gyflenwad 230 V. Cyfrifwch:

(i) gwrthiant y coil; **[2]**

(ii) yr egni sy'n cael ei afradloni bob awr, gan roi eich ateb mewn megajoule (MJ). **[1]**

(c) Ar gyfer pob megajoule o wres o wresogydd trydanol, byddai'n rhaid llosgi tua 0.08 m³ o nwy mewn gorsaf bŵer sy'n llosgi nwy. Ar gyfer pob megajoule o wres sy'n dod o dân nwy domestig neu foeler, mae tua 0.03 m³ o nwy yn cael ei losgi. Trafodwch a ddylai pobl gael eu hannog i beidio â defnyddio gwresogyddion trydanol yn eu tai. Does dim angen gwaith cyfrifo. **[3]**

(Cyfanswm 14 marc)
[*CBAC UG Ffiseg Uned 2 2018 Cwestiwn 1*]

2 **(a)** Mae ton gynyddol yn teithio o'r chwith i'r dde ar fuanedd 0.40 m s⁻¹ ar hyd llinyn wedi'i ymestyn.

Mae'r diagram yn dangos y llinyn ar amser $t = 0$.

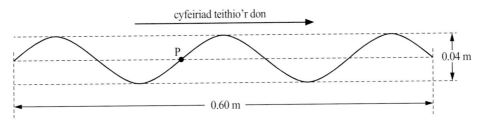

Brasluniwch yn ofalus, ar gopi o'r grid isod, graff dadleoliad–amser ar gyfer pwynt **P** ar y llinyn rhwng $t = 0$ a $t = 1$ s.

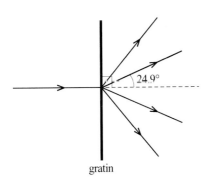

[3]

(b) Y pellter rhwng canol yr holltau mewn gratin diffreithiant yw 1500 nm.
Mae golau monocromatig yn cael ei ddisgleirio'n normal ar y gratin.

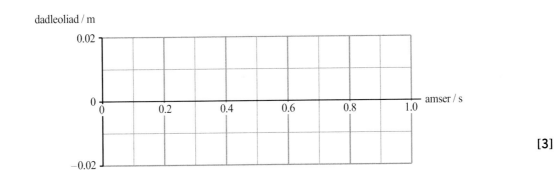

(i) Mae paladrau trefn un yn dod allan ar onglau o 24.9° i'r normal (gweler y diagram). Cyfrifwch donfedd y golau. [2]

(ii) Esboniwch yn nhermau **gwahaniaeth llwybr** pam mae'r paladrau trefn **dau** yn dod allan o'r gratin diffreithiant ar 57.4° i'r normal. Bydd angen i chi gopïo ac ychwanegu at y diagram (sy'n dangos dwy hollt gyfagos yn y gratin). [3]

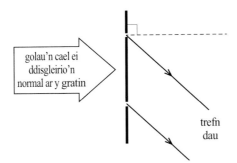

(Cyfanswm 8 marc)
[CBAC UG Ffiseg Uned 2 2018 Cwestiwn 4]

185

3 (a) (i) Mae paladr cul o olau yn mynd i mewn i floc gwydr â thrawstoriad chwarter cylch, fel sydd i'w weld. Indecs plygiant y gwydr yw 1.60.

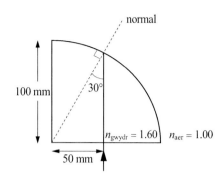

Cyfrifwch yr ongl blygiant i mewn i'r aer ar yr wyneb crwm a brasluniwch y paladr wedi'i blygu ar y diagram yn ofalus. [Does dim angen defnyddio onglydd.] **[3]**

(ii) Cyfrifwch y pellter mwyaf, x, ar hyd wyneb isaf y bloc, lle mae'r paladr yn gallu mynd i mewn i'r bloc yn normal, er mwyn iddo ddod allan o'r wyneb crwm. Dylech chi gyfeirio at yr ongl θ yn eich cyfrifiad. **[3]**

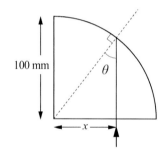

(b) Esboniwch sut mae gwydr ffibr amlfodd (trwchus) yn trawsyrru golau, a pham nad ydyn ni'n gallu trawsyrru ffrydiau cyflym o ddata'n llwyddiannus drwy ddarnau hir o ffibr amlfodd. **[6 AYE]**

(Cyfanswm 12 marc)
[*CBAC UG Ffiseg Uned 2 2018 Cwestiwn 7*]

4 (a) (i) Dydy golau ag amledd llai na ϕ/h ddim yn gallu bwrw electronau allan o arwyneb â ffwythiant gwaith ϕ, hyd yn oed os yw arddwysedd y golau'n cynyddu. Esboniwch hyn yn nhermau ffotonau. **[3]**

(ii) Rydyn ni'n gwybod bod yr arwyneb allyrru mewn ffotogell wactod wedi'i wneud o un o'r metelau sydd wedi'u rhestru isod (gyda'u ffwythiant gwaith).

Metel	cesiwm	potasiwm	bariwm	calsiwm	sinc
Ffwythiant gwaith / 10^{-19} J	3.12	3.68	4.03	4.59	5.81

Mae'r ffotogell yn cael ei chynnwys yn y gylched sydd i'w gweld, a'i goleuo â golau, amledd 6.59×10^{14} Hz.

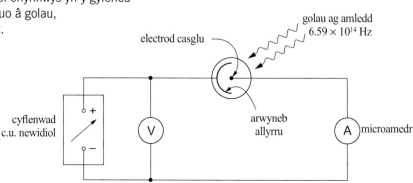

Os yw gp y cyflenwad yn sero, mae'r microamedr yn dangos cerrynt. Ar ryw gp rhwng 0 V a 0.35 V mae darlleniad y microamedr yn gostwng i sero.

Darganfyddwch o ba fetel mae'r arwyneb allyrru wedi'i wneud, gan roi eich rhesymu yn glir. **[4]**

(b) Mae Rachel yn amrywio'r gp ar draws y deuod allyrru golau (LED) ac yn nodi'r gwerth, V, lle mae hi prin yn gallu gweld golau o'r LED. Mae hi hefyd yn nodi amledd y golau, f, sydd wedi'i gyflenwi gan wneuthurwyr y LED. Mae hi'n gwneud yr un peth ar gyfer tri LED arall ac yn plotio V yn erbyn f (isod).

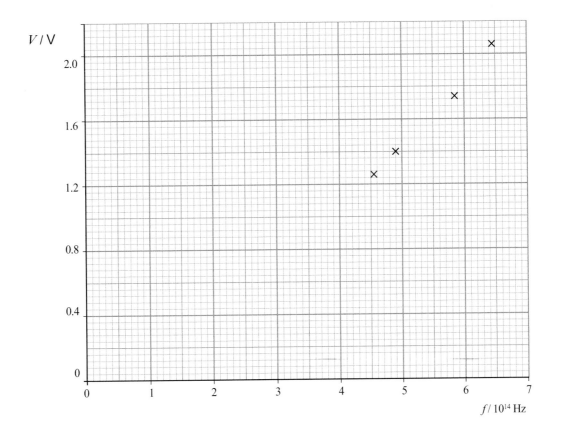

Mae rhywun wedi awgrymu bod y berthynas rhwng V ac f yn cael ei roi gan yr hafaliad:

$$V = \frac{h}{e}f$$

(i) Ar **gopi o'r graff**, tynnwch y llinell ffit orau. **[1]**

(ii) Trafodwch i ba raddau mae'r graff yn cytuno â hafaliad ar y ffurf hon. **[2]**

(iii) Darganfyddwch graddiant y graff, a drwy hynny, werth ar gyfer h i nifer priodol o ffigurau ystyrlon. Gallwch dybio bod yr hafaliad yn rhagfynegi $\frac{\Delta V}{\Delta f}$ yn gywir. Dangoswch eich gwaith cyfrifo'n glir. **[3]**

(Cyfanswm 13 marc)

[CBAC UG Ffiseg Uned 2 2018 Cwestiwn 8]

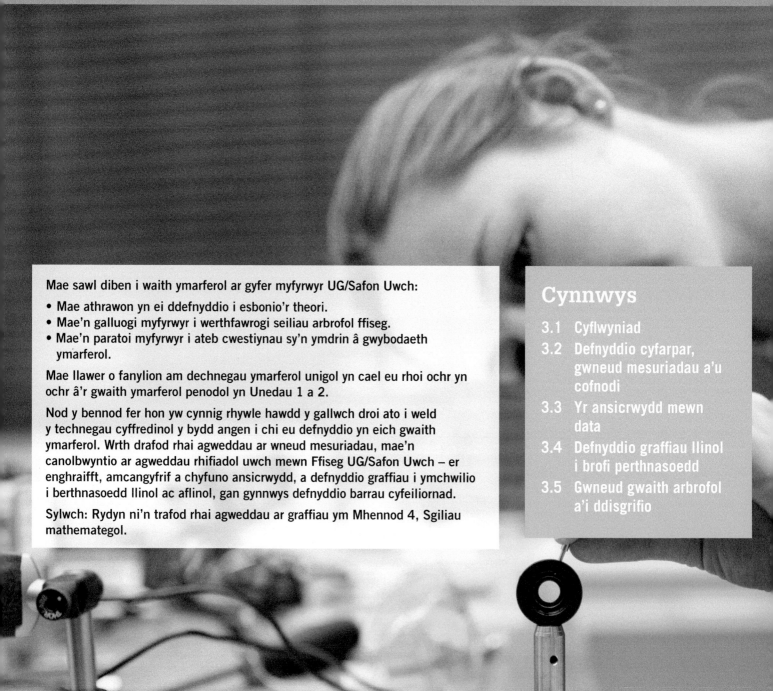

Pennod 3

Sgiliau ymarferol

Mae sawl diben i waith ymarferol ar gyfer myfyrwyr UG/Safon Uwch:

- Mae athrawon yn ei ddefnyddio i esbonio'r theori.
- Mae'n galluogi myfyrwyr i werthfawrogi seiliau arbrofol ffiseg.
- Mae'n paratoi myfyrwyr i ateb cwestiynau sy'n ymdrin â gwybodaeth ymarferol.

Mae llawer o fanylion am dechnegau ymarferol unigol yn cael eu rhoi ochr yn ochr â'r gwaith ymarferol penodol yn Unedau 1 a 2.

Nod y bennod fer hon yw cynnig rhywle hawdd y gallwch droi ato i weld y technegau cyffredinol y bydd angen i chi eu defnyddio yn eich gwaith ymarferol. Wrth drafod rhai agweddau ar wneud mesuriadau, mae'n canolbwyntio ar agweddau rhifiadol uwch mewn Ffiseg UG/Safon Uwch – er enghraifft, amcangyfrif a chyfuno ansicrwydd, a defnyddio graffiau i ymchwilio i berthnasoedd llinol ac aflinol, gan gynnwys defnyddio barrau cyfeiliornad.

Sylwch: Rydyn ni'n trafod rhai agweddau ar graffiau ym Mhennod 4, Sgiliau mathemategol.

Cynnwys

3.1 Cyflwyniad

3.2 Defnyddio cyfarpar, gwneud mesuriadau a'u cofnodi

3.3 Yr ansicrwydd mewn data

3.4 Defnyddio graffiau llinol i brofi perthnasoedd

3.5 Gwneud gwaith arbrofol a'i ddisgrifio

3.1 Cyflwyniad

Mae rhagfynegiadau damcaniaethau ffiseg yn cael eu profi'n arbrofol. Mae ffisegwyr yn defnyddio canlyniadau gwaith arbrofol yn greadigol i gynnig damcaniaethau newydd. Yn ogystal, mae peirianneg a gweithgareddau eraill sy'n seiliedig ar wyddoniaeth, megis meddygaeth, yn dibynnu ar dechnegau arbrofol o ffiseg i ymchwilio i ffenomena a nodweddu defnyddiau. Mae manyleb Ffiseg TAG CBAC yn cynnwys cyfres o waith ymarferol penodol, sydd wedi'i gynllunio fel cyflwyniad i'r technegau mesur, dadansoddi a gwerthuso y mae ffisegwyr yn eu defnyddio. Dylech fod yn barod i ateb cwestiynau sy'n profi eich gwybodaeth am y gwaith ymarferol penodol a'ch gallu i gymhwyso profiad ymarferol mewn sefyllfaoedd newydd. (Mae Uned 5 y Safon Uwch yn cynnwys arholiad ymarferol a phrawf dadansoddi data.)

3.2 Defnyddio cyfarpar, gwneud mesuriadau a'u cofnodi

Mae'r rhestr o gyfarpar cyffredinol a ddefnyddir mewn ffiseg Safon Uwch yn cynnwys y canlynol: offer mesur pellter, er enghraifft ffon fetr, caliperau digidol, micromedrau a microsgopau teithiol (o bosibl); mesuryddion trydanol – amedrau a foltmedrau yn bennaf; cloriannau digidol; amseryddion, fel stopwatshys digidol ac adwyon golau; thermomedrau neu chwiliedyddion tymheredd; cyfarpar mesur cyfaint hylif, er enghraifft silindrau mesur; generaduron signalau, osgilosgopau, synwyryddion ymbelydredd a rhifyddion.

3.2.1 Delio â chyfeiliornadau sero

Dylech wirio cyfarpar i sicrhau ei fod yn dangos sero pan ddylai wneud hynny. Mae'n bosibl gosod rhai darnau o offer ar sero, e.e. mesuryddion trydan analog. Os nad yw'n bosibl gosod darn o offer ar sero, dylech dynnu'r darlleniad sero o bob darlleniad, e.e. mae caliper digidol yn dangos 0.02 mm pan fydd ar gau, a 0.34 mm wrth ddarllen diamedr gwifren: dylid cofnodi diamedr y wifren fel 0.34 – 0.02 = 0.32 mm.

3.2.2 Osgoi cyfeiliornadau paralacs

Mae'r rhain yn effeithio ar ddarlleniadau o offer analog sydd â phwyntydd neu raddfa, fel ffon fetr neu fesuryddion trydanol. Yn Ffig. 3.1, mae'n amlwg mai'r darlleniad canol yn unig (mewn coch) sy'n gywir. Dylai'r safle sydd i'w fesur fod mor agos â phosibl i'r raddfa, a dylai'r llygad fod ar ongl sgwâr i'r raddfa. Mewn arbrofion 'pêl yn sboncio', dylai'r llygad fod ar yr uchder lle rydych chi'n disgwyl i'r bêl sboncio. Mae'n bosibl darganfod gwerth bras ar gyfer hwn mewn arbrofion prawf.

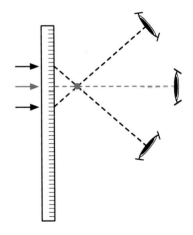

Ffig. 3.1 Cyfeiliornad paralacs

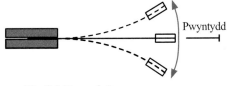

Ffig. 3.2 Marc sefydlog

3.2.3 Defnyddio marc sefydlog

Mewn llawer o arbrofion, mae'n ddefnyddiol cael marc sefydlog i gymryd mesuriadau ohono. Mae hyn yn arbennig o ddefnyddiol mewn arbrofion osgiliadau. Dylech amseru'r osgiliadau pan fydd y gwrthrych yn croesi'r pwynt canol. Dyma lle mae'n teithio gyflymaf. Yn ogystal â hynny, os yw'r osgiliadau'n mynd yn llai oherwydd gwanychiad, ar ôl ychydig osgiliadau efallai na fydd y gwrthrych yn cyrraedd pwyntydd sydd wedi'i osod ar y safleoedd eithaf.

3.2.4 Cydraniad

Dylech bob tro gofnodi **cydraniad** unrhyw offeryn rydych yn ei ddefnyddio.

Ar gyfer offeryn digidol, mae'r cydraniad yn 1 yn y ffigur ystyrlon lleiaf ar y dangosydd. Cydraniad yr amedr yn Ffig. 3.3 yw 0.1 mA.

Ar gyfer offeryn analog, e.e. y foltmedr yn Ffig. 3.3, dylech gymryd y cydraniad fel y cyfwng rhwng y graddnodau lleiaf, sef 0.1 V yn yr achos hwn.

153.8 mA

ffigur ystyrlon lleiaf

Ffig. 3.3 Cydraniad offer digidol ac analog

3.2.5 Cofnodi data a'u dangos

Y ffordd safonol o ddangos data systematig yw defnyddio tabl. Mae tabl 3.1 yn dangos y pwyntiau i'w hystyried wrth lunio tabl.

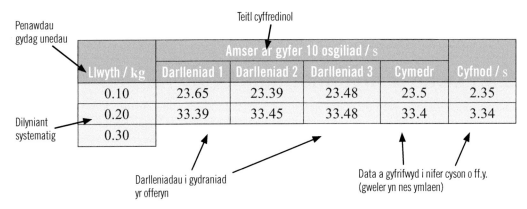

Penawdau gydag unedau

Teitl cyffredinol

Dilyniant systematig

Llwyth / kg	Amser ar gyfer 10 osgiliad / s			Cymedr	Cyfnod / s
	Darlleniad 1	Darlleniad 2	Darlleniad 3		
0.10	23.65	23.39	23.48	23.5	2.35
0.20	33.39	33.45	33.48	33.4	3.34
0.30					

Darlleniadau i gydraniad yr offeryn

Data a gyfrifwyd i nifer cyson o ff.y. (gweler yn nes ymlaen)

Tabl 3.1 Tablu

Dylai'r tabl hefyd gynnwys gwerthoedd sy'n cael eu cyfrifo o'r data arbrofol crai. Yn Nhabl 3.1, mae hyn yn cynnwys gwerth cymedrig yr amser ar gyfer 10 osgiliad a'r cyfnod a gyfrifwyd. Mewn arbrawf trydanol, gallai gynnwys gwrthiant neu bŵer wedi'i gyfrifo. Mewn llawer o achosion, fel pan fydd angen plotio barrau cyfeiliornad (gweler Adran 3.3.3), mae'n ddefnyddiol cynnwys gwerthoedd ansicrwydd yn y tabl (gweler Adrannau 3.3.1 a 3.3.2).

3.2.6 Nifer y ffigurau ystyrlon mewn data

Os nad oes gennyn ni syniad o'i ansicrwydd, ni allwn wneud defnydd llawn o werth sy'n cael ei nodi ar gyfer mesur. Mae hyn oherwydd na allwn fod yn siŵr pa mor drachywir yw'r gwerth. Er enghraifft, beth mae cerrynt sydd â gwerth wedi'i nodi o 53 mA yn ei olygu? Heb unrhyw wybodaeth arall, rydyn ni'n cymryd bod 53 mA yn golygu 'rhywle rhwng $52.5...$ mA a $53.4...$ mA'. Mae hyn yn golygu bod yr amrediad ansicrwydd yn ± 0.5 mA, sydd tua 1 rhan mewn 100 (neu 1%).

Os ydyn ni'n cyfrifo gwrthiant trydanol, gan ddefnyddio un pâr o werthoedd ar gyfer cerrynt a gp, mae angen i ni benderfynu pa mor drachywir yw'r ateb, h.y. sawl ffigur i'w roi yn yr ateb. Tybiwch mai'r gp yw 25.52 V ac mai'r cerrynt yw 53 mA. Dyma sut mae cyfrifo gwerth y gwrthiant, R:

$$R = \frac{V}{I} = \frac{25.52 \text{ V}}{0.053 \text{A}} = 481.509... \, \Omega$$

Ond rydyn ni'n gwybod gwerth y cerrynt i 1 rhan mewn 100 yn unig. Pe bai gwerth gwirioneddol y cerrynt yn 0.05270 A, y gwrthiant sy'n cael ei gyfrifo fyddai $484.250...\Omega$. Mae'r ddau ateb hyn yn wahanol os ydyn ni'n defnyddio mwy na dau ffigur ystyrlon, sef trachywiredd y cerrynt, y datwm llai trachywir. Felly rydyn ni'n rhoi R fel $480 \, \Omega$ (2 ff.y.).

Os gallwn amcangyfrif yr ansicrwydd yn y data, gallwn roi gwell ateb i'r broblem hon. Rydyn ni'n trafod hyn yn yr adran nesaf.

3.3 Yr ansicrwydd mewn data

Nid oes gan yr un gwerth arbrofol drachywiredd perffaith. Ni allwn gymryd bod gan wrthydd, sydd â'i werth wedi'i nodi yn 22 kΩ, wrthiant o $22.00000...$ kΩ. Mae canlyniadau arbrofol yn cael eu datgan ar y cyd â'r hyn sy'n cael ei alw'n **ansicrwydd absoliwt**. Mae'n bosibl datgan y gwrthiant fel 21.6 ± 0.5 kΩ, sy'n awgrymu bod yr amcangyfrif gorau yn gosod y gwrthiant mewn kΩ, rhwng 21.1 a 22.1.

Mae'r adran hon yn cyflwyno'r dulliau sy'n cael eu defnyddio mewn Ffiseg Safon Uwch i amcangyfrif ansicrwydd.

3.3.1 Amcangyfrif y gwerth gorau ac ansicrwydd absoliwt

(a) Ansicrwydd o un mesuriad

Dylech ddefnyddio cydraniad yr offeryn fel amcangyfrif o'r ansicrwydd. Er enghraifft, wrth ddefnyddio ffon fetr, fel arfer dylech nodi'r ansicrwydd fel $+ 0.001$ m ($\pm$ 1 mm). Efallai ei bod hi'n bosibl amcangyfrif darlleniadau yn fwy cywir na hyn, e.e. i hanner y cydraniad, ond cofiwch mai mesuriad pob hyd yw'r gwahaniaeth rhwng y darlleniadau ar y naill ben a'r llall, ac felly mae dau ansicrwydd yn perthyn i'r mesuriadau.

(b) Gwerth gorau ac ansicrwydd o sawl mesuriad

Y peth cyntaf i'w wneud yw archwilio'r set o fesuriadau i benderfynu a ydyn nhw i gyd yn ddilys. Weithiau mae arholiad yn datgelu **allanolyn** (*outlier*), sef canlyniad sy'n wahanol iawn i'r lleill. Er enghraifft, ystyriwch y darlleniadau hyn o'r amser ar gyfer 10 osgiliad pendil:

Amser / s: 6.37, 6.28, 6.38, 6.29, (6.95), 6.33, 6.31, 6.41, 6.25, 6.37

Mae'r darlleniad â chylch o'i gwmpas, 6.95 s, yn allanolyn. Y ffordd fwyaf diogel o fwrw ymlaen yw anwybyddu'r canlyniad hwn wrth gyfrifo'r cymedr a'r ansicrwydd (gweler Gwirio gwybodaeth 3.3).

Mae Ffig. 3.4 yn dangos canlyniadau mesuriadau 5 hyd, $x_1, x_2, ..., x_5$, pob un wedi'i wneud i'r 0.5 mm agosaf. Nid yw'r clystyru'n rhoi unrhyw reswm dros wrthod unrhyw werth. Y gwerth sydd i'w gofnodi yw **cymedr rhifyddol** y darlleniadau.

$$\langle x \rangle = \frac{x_1 + x_2 + ... \, x_5}{5} = \frac{68.25 + 68.70 + 69.05 + 69.40 + 69.50}{5} = 68.98 \text{ cm}$$

Gwirio gwybodaeth 3.1

Cyfrifwch werth y gwrthiant yn Adran 3.2.6 os yw'r cerrynt yn 53.4 mA.

Pwynt astudio

Wrth luosi a rhannu, mynegwch y canlyniad i'r un nifer o ff.y. â'r lleiaf trachywir o'r gwerthoedd data.

Pwynt astudio

Mewn gwaith gwyddonol proffesiynol, byddai'r ansicrwydd $\pm$ yn cael ei nodi gyda thebygolrwydd bod y gwerth yn gorwedd o fewn yr amrediad. I gyfrifo'r fath ansicrwydd, mae angen gwneud gwaith ystadegol manwl, ac nid yw hyn wedi ei gynnwys o fewn Ffiseg Safon Uwch.

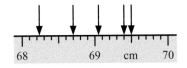

Ffig. Tabl 3.4 Darlleniadau lluosog

Gwirio gwybodaeth 3.2

Gan anwybyddu'r allanolyn, rhowch y gwerth sy'n cael ei gofnodi ar gyfer yr amser ynghyd â'i ansicrwydd

3.3 Gwirio gwybodaeth

Mae cerrynt, I, yn cael ei fesur 4 gwaith gyda'r canlyniadau canlynol mewn mA: 36.7, 37.2, 36.6, 37.0. Nodwch werth I, sy'n cael ei gofnodi ynghyd â'i ansicrwydd.

3.4 Gwirio gwybodaeth

Cyfrifwch drachywiredd tonfedd y microdonnau yn Adran 3.3.1(c).

Gall yr ansicrwydd absoliwt Δx gael ei amcangyfrif drwy rannu gwasgariad y gwerthoedd â 2, yn yr achos hwn:

$$\Delta x = \frac{x_{\text{mwyaf}} - x_{\text{lleiaf}}}{2} = \frac{69.50 - 68.25}{2} = 0.625 \text{ cm}$$

Gan fod Δx yn amcangyfrif yn unig o'r ansicrwydd, rydyn ni'n ei gofnodi i 1 ff.y. yn unig. Yn yr achos hwn, rydyn ni'n cofnodi Δx fel 0.6 cm ac yn datgan gwerth x fel $x = \langle x \rangle \pm \Delta x$, sef 69.0 ± 0.6 cm yn yr achos hwn.

Sylwch ein bod yn cofnodi gwerth gorau x i'r un lle degol â'r ansicrwydd.
Yn yr achos hwn, mae'r ansicrwydd yn y lle degol cyntaf, felly rydyn ni'n cofnodi x i 1 ll.d.

(c) Trachywiredd, ansicrwydd canrannol, ansicrwydd ffracsiynol

Nid yw'r ansicrwydd absoliwt mewn mesur, ynddo'i hun, yn dangos pa mor drachywir y cafodd gwerth ei gyfrifo. Er enghraifft, byddai ansicrwydd $\Delta\lambda$ o 10 nm yn y donfedd yn drachywir iawn ar gyfer microdon ($\lambda \sim 1$ cm), ond yn ddinod ar gyfer UVB ($\lambda \sim 100$ nm). Ni fyddai'n drachywir o gwbl ar gyfer pelydr X ($\lambda \sim 0.1$–10 nm). Dyma sut rydyn ni'n diffinio'r **trachywiredd**, p:

$$\text{Trachywiredd, } p = \frac{\text{ansicrwydd absoliwt}}{\text{gwerth cymedrig}} (\times 100\%) = \frac{\Delta x}{x} (\times 100\%)$$

Rydyn ni hefyd yn cyfeirio ato fel yr ansicrwydd canrannol (neu ffracsiynol).

Fel gydag ansicrwydd absoliwt, fel arfer mae angen rhoi'r trachywiredd i 1 ff.y.

Enghraifft

Cyfrifwch yr ansicrwydd canrannol yn y darlleniadau hyd yn Ffig. 3.4.

Ateb

O'r gwaith cyfrifo yn Adran 3.3.1(b), yr hyd yw 69.0 ± 0.6 cm

$$\therefore p = \frac{\Delta x}{\langle x \rangle} = \frac{0.625}{68.98} \times 100\% = 0.9\%$$

Sylwch ei bod yn arfer da defnyddio'r data heb ei dalgrynnu wrth gyfrifo gwerth p.

Ar gyfer y pelydriad UVB sy'n cael ei drafod uchod, mae $p = \dfrac{\Delta\lambda}{\lambda} = \dfrac{10}{100} = 0.1 = 10\%$.

Dewis personol yw datgan y ffracsiwn (0.1) neu'r canran (10%). Mae'r trachywiredd yn ddefnyddiol wrth gyfuno ansicrwydd, a bydd hyn yn cael ei drafod yn yr adran nesaf.

3.3.2 Darganfod yr ansicrwydd mewn mesur wedi'i gyfrifo

Pwynt astudio

Os ydyn ni'n cyfrifo ρ o $R = \frac{\rho\ell}{A}$, rydyn ni'n trin yr hafaliad i roi:
$\rho = \frac{RA}{\ell}$. Yna mae $p_\rho = p_R + p_A + p_\ell$.
Sylwch nad ad-drefniant o'r hafaliad yn Adran 3.3.2 (a) yw hwn.

Mae ansicrwydd yn adio bob tro!

(a) Lluosi a rhannu

Mae llawer o fesurau mewn ffiseg yn cael eu darganfod drwy luosi a rhannu rhai eraill, e.e. mae

$$\text{cyflymder} = \frac{\text{pellter}}{\text{amser}} \; ; \qquad \text{pŵer, } P = IV; \qquad \text{gwrthiant, } R = \frac{\rho\ell}{A}$$

Mae'r ansicrwydd yn y mesur i'w gyfrifo (buanedd, pŵer neu wrthiant) yn cael ei ddarganfod drwy gyfuno'r ansicrwydd yn y mesurau unigol. Wrth luosi a rhannu, mae pob trachywiredd (ansicrwydd ffracsiynol neu ansicrwydd canrannol) yn adio i roi'r trachywiredd yn yr ateb. Felly, yn yr hafaliad ar gyfer gwrthiant, mae:

$$p_R = p_\rho + p_\ell + p_A$$

I gyfrifo'r ansicrwydd absoliwt yn y gwrthiant, wedyn rhaid defnyddio:

$$\Delta R = p_R R.$$

Enghraifft

Y gp, V, ar draws cydran yw (5.35 ± 0.02) V; y cerrynt, I, yw (25.3 ± 0.8) mA. Cyfrifwch wrthiant y gydran, ynghyd â'i ansicrwydd absoliwt, a chofnodwch y gwerth yn gywir.

Ateb

Cam 1:   Cyfrifo'r gwerth gorau R: $R = \dfrac{V}{I} = \dfrac{5.35 \text{ V}}{0.0253 \text{A}} = 211.46 \ \Omega$

Cam 2:   trachywiredd yn y foltedd, $p_V = \dfrac{0.02}{5.35} = 0.0037 \ [= 0.37\%]$

               trachywiredd yn y cerrynt, $p_I = \dfrac{0.8}{25.3} = 0.0316 \ [= 3.16\%]$

Cam 3:   Adio pob trachywiredd: $p_R = p_V + p_I = 0.0037 + 0.0316 = 0.0353$

Cam 4:   Cyfrifo ΔR: $\Delta R = R\, p_R = 211.46 \times 0.0353 = 7.46 \ \Omega = 7 \ \Omega$ (1 ff.y.)

Cam 5: $\therefore$ Cofnodir $R = (211 \pm 7) \ \Omega$

Sylwch: Yn yr enghraifft, mae p_V yn llawer llai na p_I felly gallwn, mewn gwirionedd, ei anwybyddu. A dweud y gwir, mae anwybyddu p_V yn dal i roi $\Delta R = 7 \ \Omega$ (1 ff.y.)!

(b) Lluosi neu rannu â chyfanrif

Un ffordd dda o gynyddu lefel y trachywiredd mewn mesuriad yw cymryd un mesuriad o fesurau lluosol unfath gyda'i gilydd. Enghraifft dda yw mesur cyfnod osgiliad. Mae'n arfer da i amseru 10 neu 20 osgiliad a rhannu'r amser â nifer yr osgiliadau.

Gadewch i ni gymryd enghraifft arall. Tybiwch ein bod yn darganfod trwch, d, pentwr o 10 sleid microsgop unfath i fod yn 1.32 ± 0.02 cm. Gweler Ffig. 3.5.

$d = 1.32 \pm 0.02$ cm

Ffig. 3.5 Trwch pentwr o sleidiau microsgop

Rhoddir trwch, t, un sleid microsgop gan:

$$t = \frac{(1.32 \pm 0.02) \text{ cm}}{10} = (0.132 \pm 0.002) \text{ cm}$$

Mae'r **trachywiredd** yn t yr un fath â'r **trachywiredd** yn d. Yn yr achos hwn:

$$p = \frac{0.02 \text{ cm}}{1.32 \text{ cm}} = \frac{0.002 \text{ cm}}{0.132 \text{ cm}} = 0.015 = 1.5\% \ (2\% \text{ i } 1 \text{ ff.y.})$$

Wrth gwrs, dim ond achos arbennig o'r rheol yn Adran 3.3.2(a) yw hwn. Sut felly? Gadewch i ni ei wneud yn fwy cyffredinol, a thybiwch fod gennyn ni n sleid microsgop:

$$t = \frac{1}{n} d \qquad \therefore p_t = p_n + p_d$$

Ond nid oes ansicrwydd yn n, felly $p_n = 0$ ac felly $p_t = p_d$.

Awgrym

Mae'n haws gweithio gydag ansicrwydd ffracsiynol, yn hytrach nag ansicrwydd canrannol, wrth i ni eu cyfuno. Yn yr enghraifft, yr ansicrwydd canrannol yw 0.37 a 3.16, sy'n rhoi cyfanswm o 3.53. Er mwyn newid hwn yn werth o ΔR, mae angen rhannu â 100. Nid oes angen gwneud hyn os defnyddiwn ansicrwydd ffracsiynol.

Awgrym

Wrth wneud cyfrifiadau ansicrwydd, cadwch 2 neu 3 ff.y. yn ystod y gwaith cyfrifo ac yna defnyddiwch 1 ff.y. yn yr ateb yn unig.

Pwynt astudio

Pe baem wedi mesur trwch un sleid o fewn ± 0.02 cm, byddai p $10\times$ yn fwy.

Pwynt astudio

Mae gan gysonion fel 2 a π ansicrwydd o sero hefyd, felly mae'r ansicrwydd canrannol mewn cylchedd cylch $(= 2\pi r)$ yr un fath â'r ansicrwydd canrannol ar gyfer y radiws.

3.5 Gwirio gwybodaeth

Cyfrifwch yr ansicrwydd absoliwt yn y cyfnod ar gyfer llwythi o 0.10 kg a 0.20 kg yn Nhabl 3.1. Drwy hynny, rhowch sylwadau ar nifer y pwyntiau degol yn y data yng ngholofn y cyfnod.

3.6 Gwirio gwybodaeth

Cyfrifwch y cyflymiad yn Adran 3.3.2 (c) os 4.0 ± 0.1 s oedd yr amser a gymerwyd.

3.7 Gwirio gwybodaeth

Mae diamedr sffêr yn cael ei fesur fel (2.00 ± 0.01) mm. Cyfrifwch ei gyfaint, $V \pm \Delta V$.

Defnyddiwch y fformiwla $V = \frac{4}{3}\pi r^3$ a chofiwch fod gan $\frac{4}{3}\pi$ ansicrwydd o sero.

Enghraifft

Cyfrifwch yr ansicrwydd canrannol yn y cyfnod ar gyfer llwyth 0.10 kg yn Nhabl 3.1.

Ateb

Yr ansicrwydd absoliwt mewn 10 osgiliad $= \dfrac{T_{\text{mwyaf}} - T_{\text{lleiaf}}}{2}$

$$= \frac{23.65 - 23.39}{2} = 0.13 \text{ s}$$

$\therefore$ Ar gyfer 10 osgiliad, $p = \dfrac{0.13}{23.5} \times 100\% = 0.55\%$ ($= 0.6\%$ i 1 ff.y.)

$\therefore$ Ar gyfer 1 osgiliad, $p = 0.6\%$

(c) Adio a thynnu mesurau

Wrth gyfuno drwy adio neu dynnu, mae'r **ansicrwydd absoliwt yn adio**. Er enghraifft, os yw car yn cyflymu o (12.0 ± 0.2) m s^{-1} i (20.5 ± 0.2) m s^{-1}, y newid cyflymder yw $(20.5 - 12.0) \pm (0.2 + 0.2) = (8.5 \pm 0.4)$ m s^{-1}. Sylwch fod tynnu mesurau yn tueddu i roi canlyniad sydd ag ansicrwydd canrannol llawer mwy. Yn yr achos hwn, trachywireddau'r cyflymderau yw 1.7% ac 1.0% ond y trachywiredd yn y newid cyflymder yw 5% (1 ff.y.)!

(ch) Pwerau

Yn aml, mae angen i ni sgwario neu ddarganfod ail isradd mesurau mewn cyfrifiadau. Os cofiwn fod $A^2 = A \times A$, yna gallwn gymhwyso'r rheol sydd yn rhan (a). Felly:

$$p\left(A^2\right) = 2p_A.$$

Gallwn gyffredinoli o hyn: $p\left(A^n\right) = np_A$ ac mae $p\left(\sqrt[n]{A}\right) = \frac{1}{n}p_A$. Fel enghraifft, rhoddir arwynebedd cylch gan πr^2; nid oes unrhyw ansicrwydd gan π; felly, os ydyn ni'n gwybod y radiws i drachywiredd o 1%, y trachywiredd yn yr arwynebedd yw $2 \times 1\% = 2\%$.

3.3.3 Ansicrwydd a graffiau

(a) Barrau cyfeiliornad

Ystyriwch ymchwiliad i amrywiad cyflymiad roced model gydag uchder uwchben y ddaear. Ar uchder 1.9 m, mesurwn mai'r cyflymiad yw (32 ± 4) m s^{-2}. Rydyn ni'n plotio'r wybodaeth hon fel sydd i'w weld yn y llinell far fertigol goch yn Ffig. 3.6 (a). Mae'r llinell, sef y bar cyfeiliornad, ar 1.9 m ac mae'n ymestyn o 28 i 36 m s^{-2}. Nid oes arwyddocâd arbennig i'r gwerth gorau o'r cyflymiad, 32 m s^{-2}, ar wahân i'r ffaith ei fod ar ganol y bar cyfeiliornad. Nid yw pennau llorweddol y bar yn arwyddocaol, a'r unig beth maen nhw'n ei wneud yw tynnu sylw at faint y bar cyfeiliornad. Wrth i ni luniadu'r graff ffit orau, rydyn ni'n disgwyl iddo basio drwy'r bar.

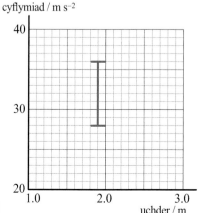

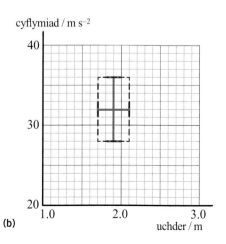

Ffig. 3.6 Barrau cyfeiliornad **(a)** **(b)**

Pe baen ni'n gwybod uchder y roced o fewn 0.2 m yn unig, bydden ni hefyd yn plotio bar cyfeiliornad llorweddol i gynrychioli hyn, fel yn Ffig. 3.6 (b). Pe na bai unrhyw farrau cyfeiliornad fertigol, byddai'r llinell ffit orau yn pasio drwy'r bar cyfeiliornad llorweddol. Pe bai ansicrwydd yn y cyfeiriad x a'r cyfeiriad y, byddai'r graff ffit orau yn pasio drwy'r blwch toredig, sydd yn amgáu'r ddau far cyfeiliornad. A dweud y gwir, ffordd synhwyrol o blotio'r ansicrwydd yn yr achos hwn fyddai lluniadu'r 'blwch cyfeiliornad' yn unig: nid yw hyn yn gonfensiynol, ond mae'n hollol dderbyniol.

(b) Llinellau syth ffit orau a barrau cyfeiliornad

Dyma sut rydyn ni'n defnyddio'r barrau cyfeiliornad sydd wedi'u plotio:

- i benderfynu a yw'r canlyniadau yn gyson â pherthynas linol
- i ddarganfod y berthynas (gydag amcangyfrif o'r ansicrwydd) rhwng y newidynnau.

Ystyriwch y set o ganlyniadau sydd wedi'i phlotio yn Ffig. 3.7. Mae'n bosibl tynnu llinell syth drwy bob bar cyfeiliornad, ac felly mae'r canlyniadau'n gyson â pherthynas linol rhwng y ac x. Yr eithafion yw'r llinellau a dynnwyd – maen nhw'n cynrychioli'r llinellau mwyaf serth a lleiaf serth y mae'n bosibl eu tynnu drwy bob un o'r barrau cyfeiliornad.

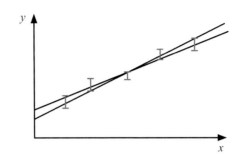

Ffig. 3.7 Graffiau a barrau cyfeiliornad

Cyngor mathemateg

Hafaliad graff llinell syth y yn erbyn x yw $y = mx + c$, lle m yw'r graddiant ac c yw'r rhyngdoriad ar yr echelin y. Gweler Adran 4.5.4.

Gallwn ddefnyddio'r llinellau eithaf hyn i ddarganfod gwerthoedd gorau'r graddiant a'r rhyngdoriad, ynghyd â'u lefelau ansicrwydd. Os yw'r graddiannau a'r rhyngdoriadau eithaf yn m_1, m_2 a c_1, c_2 (gweler y Cyngor mathemateg), yna:

$$m = \frac{m_1 + m_2}{2} \pm \frac{m_1 - m_2}{2} \text{ a } c = \frac{c_1 + c_2}{2} \pm \frac{c_1 - c_2}{2}$$

h.y. rydyn ni'n cymryd mai cymedrau rhifyddol y graddiannau a'r rhyngdoriadau eithaf yw'r gwerthoedd gorau, gyda'r lefelau ansicrwydd absoliwt yn hanner yr amrediadau. Felly dyma sut rydyn ni'n ysgrifennu'r hafaliad rhwng y ac x:

$$y = \left(\frac{m_1 + m_2}{2} \pm \frac{m_1 - m_2}{2} \right) x + \left(\frac{c_1 + c_2}{2} \pm \frac{c_1 - c_2}{2} \right)$$

Yn Ffig. 3.8, mae'r berthynas $y \propto x$ yn gyson â'r barrau cyfeiliornad gan ei bod hi'n bosibl tynnu llinell syth drwy'r tarddbwynt a'r barrau cyfeiliornad. Ni ddylech dybio hyn, fodd bynnag; dylech luniadu'r graffiau eithaf fel uchod, a chofnodi'r gwerthoedd gorau m ac c, ynghyd â'u hansicrwydd. Nid yw'n bosibl tynnu llinell syth drwy'r barrau cyfeiliornad yn Ffig. 3.9.

Gwirio gwybodaeth 3.8

Mewn graff V/V yn erbyn I/A, mae gan y graffiau eithafol y graddiannau a'r rhyngdoriadau canlynol:

Graddiant: -0.165, -0.169

Rhyngdoriad: 9.05, 9.17

Ysgrifennwch yr hafaliad rhwng V ac I fel yn Adran 3.3.3 (b).

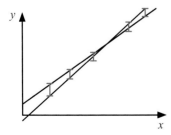

Ffig. 3.8 Cyfrannedd

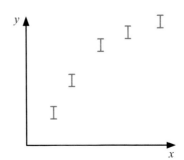

Ffig. 3.9 Data sy'n anghyson â pherthynas linol

3.4 Defnyddio graffiau llinol i brofi perthnasoedd

Mae hyn yn golygu cymharu'r perthnasoedd sydd i'w disgwyl rhwng y newidynnau a'r hafaliad llinell syth, $y = mx + c$, lle mae m ac c yn gysonion, sef y graddiant a'r rhyngdoriad y yn ôl eu trefn.

3.4.1 Ar gyfer perthynas linol

Gwirio gwybodaeth 3.9

Beth yw graddiant a rhyngdoriad graff v yn erbyn t ar gyfer cyflymiad cyson?

Byddwn yn archwilio hyn gan ddefnyddio enghraifft nodweddiadol o Flwyddyn 12, sef y berthynas rhwng y gp ar draws y terfynellau, V, a'r cerrynt, I, ar gyfer cyflenwad pŵer: $V = E - Ir$. Byddai'n ddoeth ad-drefnu'r hafaliad er mwyn ei gymharu'n hawdd ag $y = mx + c$.

Ad-drefnu'r hafaliad:
$$V \quad = \quad -r \quad I \quad + \quad E$$

Cymharu â
$$y \quad = \quad m \quad x \quad + \quad c$$

Mae'r newidynnau yn y ddau hafaliad, a'r gyfatebiaeth rhyngddyn nhw, yn cael eu dangos mewn coch. Os yw gwrthiant mewnol, r, a g.e.m., E, y cyflenwad yn gyson, mae graff V yn erbyn I yn llinell syth â graddiant $-r$ a rhyngdoriad E ar yr echelin V. Gan hynny, rydyn ni wedi ymchwilio i'r berthynas ac (o dybio bod y berthynas yn parhau), rydyn ni wedi darganfod r ac E.

Gwirio gwybodaeth 3.10

Nodwch werthoedd r ac E o Gwirio gwybodaeth 3.8.

3.4.2 Ar gyfer perthnasoedd aflinol

Mae'n bosibl plotio llawer o berthnasoedd aflinol i roi graff llinol, drwy ddewis y newidynnau'n ofalus. Mae rhai yn eithaf syml; e.e. $v^2 = u^2 + 2ax$, ar gyfer cyflymiad cyson. Os ydyn ni'n plotio v^2 yn erbyn x (yn hytrach na v yn erbyn x), dylai'r graff fod yn llinell syth â graddiant $2a$ a rhyngdoriad u^2 ar yr echelin v^2.

Cyngor mathemateg

Dylai'r label ar yr echelin v^2 fod yn $(v / \text{m s}^{-1})^2$.

Mae perthnasoedd eraill yn fwy anodd i'w dangos fel graff llinol. Er enghraifft $V = \dfrac{ER}{R+r}$, lle mae E ac r yn gysonion fel o'r blaen. Nid yw'n hawdd, ond mae'n bosibl ei ad-drefnu i roi $\dfrac{1}{V} = \dfrac{r}{ER} + \dfrac{1}{E}$. Mae hyn yn awgrymu y dylai graff $\dfrac{1}{V}$ yn erbyn $\dfrac{1}{R}$ fod yn llinell syth â graddiant $\dfrac{r}{E}$ a rhyngdoriad $\dfrac{1}{E}$ ar yr echelin $\dfrac{1}{V}$.

Gwirio gwybodaeth 3.11

Dangoswch y gall $V = \dfrac{ER}{R+r}$ gael ei ad-drefnu i roi $\dfrac{1}{V} = \dfrac{r}{ER} + \dfrac{1}{E}$.

3.5 Gwneud gwaith arbrofol a'i ddisgrifio

Gwirio gwybodaeth 3.12

Mae'r amledd cyseinio, f, ar gyfer pibell sydd yn agored ar un pen, yn gysylltiedig â'i hyd, ℓ, drwy'r hafaliad $\ell + e = \dfrac{c}{4f}$, lle c yw buanedd tonnau sain ac mae e yn gysonyn (sef y 'cywiriad pen'), sy'n gysylltiedig â diamedr y bibell. Pa graff, yn cysylltu f ac ℓ, y dylech ei blotio i wirio'r berthynas, a sut dylech ddarganfod c ac e?

Mae dau brif ddiben i waith arbrofol mewn ffiseg:

1. Profi'r perthnasoedd rhwng newidynnau

2. Darganfod gwerth mesur ffisegol.

Yn ymarferol, mae'r ddau ddiben hyn yn aml yn gorgyffwrdd. Er enghraifft, os y diben yw darganfod gwerth cyflymiad gwrthrych ac rydyn ni'n tybio ei fod yn gyson, mae'n synhwyrol dangos bod y cyflymiad, mewn gwirionedd, yn gyson. Gallwn wneud hyn, er enghraifft, drwy blotio graff v^2 yn erbyn x (fel yn Adran 1.3.9), neu v yn erbyn t, gan ddangos bod y canlyniadau'n gyson â chyflymiad cyson, a gan ddefnyddio'r graddiant i ddarganfod ei werth. Mae mantais ychwanegol i'r dull hwn, sef rhoi amcangyfrif mwy manwl gywir o'r ansicrwydd yn y canlyniad.

Mae gan athrawon Ffiseg resymau ychwanegol dros wneud gwaith ymarferol: arddangos ffenomen neu drefnu digwyddiad sy'n gallu cael ei drafod yn nhermau deddfau ffiseg. Dylai diben darn o waith arbrofol penodol gael ei nodi'n glir bob amser.

3.5.1 Nodi newidynnau

Yr enw ar yr holl fesurau i'w cofnodi mewn gwaith arbrofol yw 'newidynnau'. Mae hyn yn wir dim ots os yw eu gwerthoedd, mewn gwirionedd, yn newid neu beidio yn ystod ymchwiliad – mae ganddyn nhw'r potensial i amrywio. Mae ymchwiliad, yn aml, yn golygu edrych ar effaith amrywio un neu fwy o'r newidynnau, sef y **newidynnau annibynnol**, ar newidyn arall, sef y **newidyn dibynnol**. Mae angen cadw rhai newidynnau, sef y **newidynnau rheolydd**, yr un peth, er mwyn i effaith amrywio'r newidynnau annibynnol gael ei chadw ar wahân. Wrth gynllunio ymchwiliad, rhaid nodi pob newidyn allweddol.

Yn aml, wrth blotio graffiau, mae'r newidyn dibynnol yn cael ei blotio ar yr echelin fertigol (y mesuryn neu'r echelin y), a'r newidyn annibynnol ar yr echelin lorweddol (yr absgisa neu'r echelin x). Nid yw hyn bob amser yn gyfleus. Er enghraifft, wrth ymchwilio i wrthiant gwifren, nid oes gwahaniaeth ai'r cerrynt neu'r gp sydd ar yr echelin y: os yw'r cerrynt ar yr echelin x, y graddiant yw'r gwrthiant; os yw'r cerrynt ar yr echelin y, mae'r gwrthiant yn hafal i gilydd y graddiant.

Yn wahanol i systemau byw, mae'r gwrthrychau dan sylw fel arfer yn ymddwyn mewn ffordd gymharol syml, a gallwn ddisgrifio effaith un newidyn ar y llall yn nhermau ffwythiannau algebraidd neu drigonometregol.

3.5.2 Mesur newidynnau

Mae angen dewis y dechneg fesur a'r offerynnau sy'n gwneud y canlynol: (a) mesur y newidynnau perthnasol, (b) â'r trachywiredd a'r manwl gywirdeb priodol, (c) mor gyfleus â phosibl ac (ch) sy'n rhoi canlyniadau atgynyrchadwy. Nid oes rhaid i rai mesuriadau fod yn drachywir iawn bob tro – wrth fesur cyfaint darn hir (~ 5 m) o wifren denau (~ 1 mm), nid oes pwynt ceisio sicrhau bod mesuriad yr hyd yn well nag ansicrwydd o 1 cm. Pam hynny? Gweler y Pwynt astudio. Ar y llaw arall, gallwn gyfiawnhau gwella trachywiredd mesuriad y diamedr.

3.5.3 Chwilio am ansicrwydd systematig

Ansicrwydd systematig yw'r enw ar y math o ansicrwydd sy'n achosi bod y mesuriadau bob amser yn rhy fawr neu bob amser yn rhy fach. Weithiau, mae'n hawdd eu hadnabod: mae'r pellter perthnasol rhwng y ffynhonnell ymbelydrol orchuddiedig a 'man synhwyro' y tu fewn i'r tiwb G-M yn anhysbys, ond bydd y gwahaniaeth rhyngddo a'r pellter, x, bob tro'r un peth, sef ε.

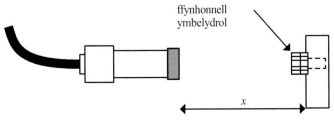

ffynhonnell ymbelydrol

x

Ffig. 3.10 Ansicrwydd systematig

O'r graff $\frac{1}{\sqrt{C}}$ yn erbyn x gyferbyn:

(a) Nodwch werthoedd y graddiant a'r rhyngdoriad.

(b) Esboniwch sut mae'n bosibl darganfod ε.

 3.14 **Gwirio gwybodaeth**

Nid yw'r electromagnet yn yr arbrawf i ddarganfod g yn Adran 1.2.5 yn colli ei **fagnetedd ar unwaith**, felly mae'n dal ei afael ar y bêl am amser anhysbys, τ.

Cysylltir uchder y cwymp, h, a gwir amser y cwymp, T,

gan $h = \frac{1}{2} g T^2$.

Esboniwch sut i ddarganfod g a τ.

Mae graffiau a luniwyd yn ofalus yn ddefnyddiol i fesur y math hwn o ansicrwydd.

Os ydyn ni'n ymchwilio i'r ddeddf sgwâr gwrthdro, mae disgwyl y bydd y gyfradd cyfrif, C, yn cael ei rhoi gan: $C = \frac{k}{d^2}$, lle mae $d = x + \varepsilon$.

Mae'n bosibl ad-drefnu'r hafaliad i roi $\frac{1}{\sqrt{C}} = \frac{x + \varepsilon}{\sqrt{k}}$, felly dylai graff $\frac{1}{\sqrt{C}}$ yn erbyn x

fod yn llinell syth, os bydd y ddeddf sgwâr gwrthdro yn cael ei ddilyn. (Gweler Gwirio gwybodaeth 3.13.) Wrth ddewis pa graff i'w blotio, dylai'r newidyn sydd â'r ansicrwydd systematig fod yn llinol (h.y. yn yr achos hwn, rydyn ni'n plotio x ac nid x^2). Mae Gwirio gwybodaeth 3.14 yn rhoi enghraifft arall.

3.5.4 Cynlluniau arbrofol

Dylai eich adroddiad fod yn gryno, ond yn ddigon manwl i ganiatáu i fyfyriwr Safon Uwch arall ei ddilyn. Eich dewis chi fydd defnyddio rhestr o gamau wedi'u rhifo neu bwyntiau bwled, ond dylai'r adroddiad roi dilyniant clir. Nid oes angen rhoi manylion am eitemau cyfarpar safonol a sut i'w defnyddio, ar wahân i esbonio'r rhagofalon i leihau ansicrwydd hap ac ansicrwydd systematig (e.e. mesur diamedr gwifren ar sawl pwynt, ac i gyfeiriadau ar 90°).

Dylai eich cynllun gynnwys:

- y newidynnau dan sylw, gan gynnwys y newidynnau rheolydd
- y dull o amrywio'r newidyn annibynnol, os yw'n briodol, a chynnal y newidynnau rheolydd ar werthoedd cyson, os nad yw hyn yn amlwg
- dilyniant clir o gamau ar gyfer canfod gwerthoedd y newidynnau
- yr offerynnau i'w defnyddio i wneud y mesuriadau, gan gynnwys eu cydraniad
- a fydd ailddarllediadau'n cael eu cymryd, a beth yw'r cynllun ar gyfer gwneud hyn?
- y dull ar gyfer dadansoddi'r canlyniadau, gan gynnwys cyfiawnhad damcaniaethol.

Dylai'r dull dadansoddi fod yn glir. Er enghraifft, nodwch pa graff fydd yn cael ei luniadu (er enghraifft cyflymder^2 yn erbyn pellter), beth yw'r cysylltiad rhyngddo ac unrhyw hafaliad algebraidd, a sut bydd nodweddion y graff (llinoledd, graddiant, rhyngdoriad) yn cael eu defnyddio.

Enghraifft o nodi'r dull dadansoddi

Wrth ddarganfod modwlws Young, E, y defnydd sydd mewn gwifren, mae'r diamedr, D, a'r hyd cychwynnol, ℓ_0, yn cael eu mesur, a graff grym F, yn erbyn estyniad, Δl, yn cael ei blotio.

$F = \frac{\pi D^2 E}{4\ell_0} \Delta \ell$, felly graddiant y graff yw $\frac{\pi D^2 E}{4\ell_0}$.

Mae graddiant y graff yn cael ei fesur ac mae E yn cael ei gyfrifo o $E = \frac{4\ell_0}{\pi D^2} \times$ graddiant.

Nid yw pob arbrawf yn cynnwys profi'r berthynas rhwng newidynnau; mae'r enghraifft ganlynol yn un sydd ddim yn gwneud hynny.

Enghraifft

(a) Ysgrifennwch gynllun ar gyfer darganfod dwysedd defnydd sffêr dur â diamedr bras 3 cm.

(b) Rhowch fanylion sut bydd yr ansicrwydd canrannol yng ngwerth y dwysedd yn cael ei amcangyfrif.

Ateb

(a) Y cynllun:

1. Darganfod màs, M, sffêr dur gan ddefnyddio clorian electronig sydd â chydraniad o ± 0.01 g.

2. Mesur diamedr, d, y sffêr ar hyd pum diamedr gwahanol gan ddefnyddio pâr o galiperau digidol sydd â chydraniad o 0.01 mm.

3. Cyfrifo'r dwysedd, ρ, drwy ddefnyddio $p_p = \dfrac{M}{\frac{4}{3}\pi r^3}$, lle r yw radiws y sffêr, sydd wedi'i gyfrifo fel hanner gwerth cymedrig d.

(b) Rydyn ni'n cymryd mai'r ansicrwydd absoliwt yn M yw cydraniad y glorian; yr ansicrwydd absoliwt yn y diamedr yw hanner lledaeniad y canlyniadau ar gyfer d. Cyfrifir yr ansicrwydd canrannol yn y dwysedd, p_p, gan ddefnyddio $p_p = p_M + 3p_d$.

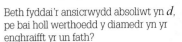

Gwirio gwybodaeth 3.15

Beth fyddai'r ansicrwydd absoliwt yn d, pe bai holl werthoedd y diamedr yn yr enghraifft yr un fath?

Gwirio gwybodaeth 3.16

Yn yr enghraifft, cafwyd y gwerthoedd canlynol:

$M = 68.49$ g; $d = (25.46 \pm 0.02)$ mm

Pa werthoedd dwysedd ac ansicrwydd dylech eu cofnodi?

3.5.5 Gwerthuso gwaith arbrofol

Cam olaf ymchwiliad yw edrych ar y canlyniad a phenderfynu i ba raddau y llwyddodd. Gall hyn gynnwys penderfynu:

- a yw'r canlyniadau'n gyson â'r rhagfynegiadau damcaniaethol, ac i ba raddau
- a yw'r ansicrwydd yn y canlyniad mesuredig terfynol yn dderbyniol
- pa newidiadau y gallech eu gwneud i'r weithdrefn i wella'r canlyniad
- sut gallech ddatblygu'r ymchwiliad i brofi agweddau pellach.

Profwch eich hun 3

1. Mae arbrawf yn cael ei wneud i ymchwilio i amrywiad y gwrthiant gyda hyd ar gyfer gwifren fetel silindrog. Mae'r gwrthiant yn cael ei fesur yn uniongyrchol gan ddefnyddio amlfesurydd a'r hyd gan ddefnyddio ffon fetr.

   (a) Nodwch (i) y newidyn annibynnol, (ii) y newidyn dibynnol, (iii) dau newidyn sy'n cael eu rheoli.

   (b) Rhowch un ansicrwydd systematig posibl ac esboniwch sut mae'n bosibl ei ystyried.

2. Mae sawl sffêr fetel, gyda diamedrau gwahanol, yn cael ei ddarparu i chi. Cynlluniwch arbrawf i ymchwilio i weld a ydyn nhw wedi'u gwneud o'r un defnydd. Byddwch yn cael clorian electronig a phâr o galiperau digidol.

3. Mae gofyn i Bethan ddarganfod cyfaint sleid wydr. Mae'n cael set o 10 sleid wydr unfath, ffon fetr (gyda graddfa mm) a phâr o galiperau digidol (± 0.01 mm) sy'n mesur hyd at 15 cm.

   Mae hi'n defnyddio'r dull canlynol:

   - Rhoi pob un o'r 10 sleid ben wrth ben ar hyd y ffon fetr a mesur cyfanswm yr hyd.
   - Rhoi pob un o'r 10 sleid ochr yn ochr ar hyd y ffon fetr a mesur cyfanswm y lled.
   - Pentyrru'r 10 sleid a mesur yr uchder gan ddefnyddio'r caliperau.
   - Defnyddio cydraniad yr offerynnau i amcangyfrif yr ansicrwydd.

Dyma oedd ei chanlyniadau: Cyfanswm hyd = 75.3 cm; Cyfanswm lled = 24.6 cm; Cyfanswm trwch = 1.113 cm

(a) Pa fesuriad oedd â'r ansicrwydd canrannol mwyaf? Cyfiawnhewch eich ateb.

(b) Cyfrifwch gyfaint un sleid ynghyd â'i ansicrwydd absoliwt.

(c) Mae Eirian yn awgrymu y byddai'r ansicrwydd yn cael ei leihau drwy ddefnyddio'r caliperau i fesur cyfanswm lled 5 sleid. Gwerthuswch yr awgrym hwn.

4. Mae Paul yn cael pêl sboncen a phlân ar oledd. Mae'n penderfynu ymchwilio i gyflymiad y bêl wrth iddi rolio i lawr y plân – i ddangos ei fod yn gyson ac i fesur y cyflymiad. Ei unig offer arall yw stopwatsh a ffon fetr. Mae'n penderfynu amseru'r bêl ar gyfer cyfres o wahanol bellterau, i ddefnyddio'r hafaliad $x = ut + \frac{1}{2}at^2$ ac i blotio graff addas.

(a) Ysgrifennwch gynllun ar gyfer yr ymchwiliad hwn, gan gynnwys sut mae'r canlyniadau'n cael eu dadansoddi.

(b) Mae Paul yn darllen bod cyflymiad, a, pêl ar blân ar oledd, θ, i'r llorwedd yn cael ei roi gan $a = g \sin \theta$. Mae'n gosod y plân gyda $\theta = (8.0 \pm 0.5)°$ ac mae'n darganfod mai'r amser sy'n cael ei gymryd gan y bêl i gyflymu o ddisymudedd am bellter (1.000 ± 0.001) m yw (1.50 ± 0.05) s. Gwerthuswch a yw canlyniadau Paul yn gyson â'r hafaliad.

5. Mae rhai myfyrwyr yn mesur buanedd trên am gyfnod o 10 eiliad. Mae'r canlynol yn graff o'u canlyniadau gyda barrau cyfeiliornad.

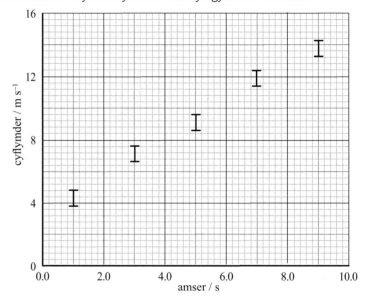

(a) Esboniwch sut mae'r canlyniadau'n gyson â'r hafaliad $v = u + at$, lle a yw'r cyflymiad cyson.

(b) Defnyddiwch y barrau cyfeiliornad sydd wedi'u plotio i ddarganfod cyflymder cychwynnol, u, a'r cyflymiad, a, ynghyd â'u hansicrwydd absoliwt.

(c) Mae myfyriwr arall yn gwneud mesuriad, heb ddefnyddio'r data uchod, ac mae'n penderfynu mai dadleoliad y trên ar ôl 10 eiliad yw 95 ± 3 m. Gwerthuswch a yw hyn yn gyson â'r data sydd wedi'i blotio.

6. Yn aml, bydd gemydd yn llathru eitemau gemwaith drwy eu rhoi mewn casgen sgwrio – silindr llorweddol sy'n cylchdroi – ynghyd â *phelenni sgwrio* a dŵr, am tua 24 awr. Mae'r pelenni sgwrio yn cynnwys darnau bach (ychydig filimetrau) o ddur di-staen wedi'u llathru mewn amrywiaeth o siapiau. Defnyddiodd grŵp o fyfyrwyr y dull canlynol i fesur dwysedd y pelenni:

- Rhoi silindr mesur sy'n cynnwys dŵr ar glorian electronig a nodi darlleniadau'r silindr mesur a'r glorian.
- Ychwanegu nifer o belenni i'r silindr mesur a nodi darlleniadau'r silindr mesur a'r glorian.
- Cyfrifo dwysedd y pelenni gan ddefnyddio $\text{dwysedd} = \dfrac{\text{màs}}{\text{cyfaint}}$.
- Defnyddio cydraniad y silindr mesur a'r glorian i amcangyfrif yr ansicrwydd.

Canlyniadau

Offeryn	Darlleniad cychwynnol	Darlleniad terfynol	Cydraniad
Silindr mesur	23.0 cm³	48.0 cm³	0.5 cm³
Clorian	82.63 g	262.88 g	0.01 g

(a) Gan esbonio eich ymresymu, defnyddiwch y canlyniadau i ddarganfod gwerth ar gyfer dwysedd y pelenni ynghyd â'i ansicrwydd absoliwt.

(b) Sylwodd y myfyrwyr fod eu canlyniad yn is na'r gwerth disgwyliedig o 7.9 g cm⁻³. Awgrymodd un ohonyn nhw y gallai swigod aer fod wedi'u dal rhwng y pelenni. Gwerthuswch a allai hyn gyfrif am y gwerth is, ac awgrymwch sut byddai'n bosibl goresgyn yr anhawster hwn.

Pennod 4

Sgiliau mathemategol

Mewn sawl ffordd, mathemateg yw iaith ffiseg. Mae ffisegwyr yn datblygu eu modelau a'u damcaniaethau yn nhermau mathemateg; maen nhw'n gwneud rhagdybiaethau meintiol am ymddygiad y byd; maen nhw'n dadansoddi eu harbrofion yn fathemategol; mae ffisegwyr a pheirianwyr hyd yn oed yn mynegi graddau eu hansicrwydd yn fathemategol.

Fel gyda Phennod 3, nid bwriad yr adran fer hon yw cymryd lle cwrs mathemateg manwl. Yn hytrach, mae'n rhoi cyfle hawdd i chi gyfeirio at y technegau mathemategol sy'n cael eu defnyddio mewn Ffiseg UG: defnyddio indecsau a'r ffurf safonol; trin algebra; onglau a chymarebau trig; graffiau.

Mae'r testun Graffiau wedi'i rannu rhwng y bennod hon a Phennod 3. Mae graffiau'n cael eu plotio weithiau yn uniongyrchol o hafaliadau; dro arall, bydd canlyniadau arbrofol yn cael eu plotio, a bydd llinellau ffit orau neu linellau damcaniaethol yn cael eu hychwanegu atyn nhw. Mae adran olaf y bennod hon, sy'n ymdrin â graffiau, yn trafod yn bennaf (ond nid yn unig) agweddau ar graffiau y byddwch yn dod ar eu traws mewn gwaith sydd ddim yn arbrofol.

Cynnwys

4.1 Cyflwyniad

4.2 Cyfrifiant rhifyddol a rhifol

4.3 Algebra

4.4 Geometreg a thrigonometreg

4.5 Graffiau

4 Sgiliau mathemategol

Awgrym »

Nid yw'r bennod hon yn cymryd lle gwerslyfr mathemateg. Er mwyn ymarfer technegau mathemategol, dylech ddefnyddio gwerslyfr mathemateg, e.e. *Mathematics for A level Physics* (Kelly & Wood)

Awgrym »

Cofiwch y rhain:

$a^0 = 1$; $a^1 = a$; $a^{-1} = \frac{1}{a}$;

$a^{\frac{1}{2}} = \sqrt{a}$; $a^{\frac{1}{n}} = \sqrt[n]{a}$

4.1 Gwirio gwybodaeth

Beth yw

(a) $y^2 \times y$? (b) $y^{-2} \times y$? (c) $y(y^2 + 2a)$

Pwynt astudio

Ar gyfer cyflymiad o

$\quad$ 1.5 m s^{-2} am 10 s:

Cynnydd mewn cyflymder.

$\quad$ = 1.5 m s^{-2} × 10 s

$\quad$ = 1.5 × 10 (m s^{-2} × s)

$\quad$ = 15 m s^{-1}.

Enghreifftiau

$\quad$ $5 \times 10^{-3} = 5 \times 0.001$

$\quad\quad\quad\quad = 0.005$

a $\quad$ $5.57 \times 10^{-3} = 0.00557$

$\quad$ $5 \times 10^3 = 5 \times 1000$

$\quad\quad\quad\quad = 5000$

a $5.57 \times 10^3 = 5570$

4.1 Cyflwyniad

Mae Penodau 1 a 2 yn cynnwys triniaeth fathemategol o syniadau ffiseg. Rydyn ni'n tybio eich bod yn deall mathemateg lefel TGAU sylfaenol. Mae dau ddiben i'r bennod hon:

- Gallwch gyfeirio ati'n gyflym ar gyfer y sgiliau angenrheidiol.
- Mae'n cyflwyno rhywfaint o ddeunydd newydd, e.e. radianau a defnyddio'r symbol 'Δ'. Mae'n fwy cyfleus trafod y rhain ar wahân i'r prif destun.

4.2 Cyfrifiant rhifyddol a rhifol

4.2.1 Indecsau

(a) Rheolau sylfaenol

- $a^n = a \times a \times a \ldots$ (n gwaith) – lle mae n yn gyfanrif positif, h.y. 1, 2, 3 … e.e. $5^3 = 5 \times 5 \times 5 = 125$.
- $a^{-n} = \frac{1}{a^n}$, e.e. $10^{-2} = \frac{1}{10^2} = \frac{1}{10 \times 10} = \frac{1}{100} = 0.01$
- $a^{\frac{1}{n}} = \sqrt[n]{a}$, e.e. $16^{\frac{1}{2}} = \sqrt{16} = 4$ $\quad$ a $\quad$ $81^{\frac{1}{4}} = \sqrt[4]{81} = 3$
- $a^x \times a^y = a^{(x+y)}$, e.e. $10^2 \times 10^3 = 10^5$
- $\frac{a^x}{a^y} = a^x \times a^{-y} = a^{(x-y)}$, e.e. $\frac{4^2}{4^{0.5}} = 4^{1.5}$
- $(a^x)^y = a^{xy}$, e.e. $(5^4)^{0.5} = 5^{4 \times 0.5} = 5^2$

(b) Indecsau ac unedau

Gyda TGAU roedden ni'n ysgrifennu unedau cyflymder a chyflymiad fel **m/s** a **m/s²** yn ôl eu trefn.
Yn Safon Uwch a thu hwnt, rydyn ni'n ysgrifennu'r unedau fel **m s^{-1}** a **m s^{-2}**.

Wrth luosi neu rannu dau fesur, rydyn ni'n trin yr unedau yn yr un modd; e.e. mae car yn cyflymu ar 1.5 m s^{-2} am amser 10 s. Y cynnydd yn y cyflymder yw 15 m s^{-1}. Gweler y Pwynt astudio ar gyfer y gwaith cyfrifo.

(c) Ffurf safonol

Mae dwy ffordd o fynegi gwerthoedd meintiau mawr neu fach: **ffurf safonol** a **lluosyddion SI**. Mae angen i chi ddelio â'r ddau a thrawsnewid rhyngddyn nhw. Gan ddelio â ffurf safonol yn gyntaf, edrychwch ar yr enghreifftiau canlynol:

- Mae'r buanedd 350 000 m s^{-1} yn cael ei ysgrifennu fel 3.5×10^5 m s^{-1} yn y ffurf safonol.
- Mae'r cerrynt 0.0000056 A yn cael ei ysgrifennu fel 5.6×10^{-6} A yn y ffurf safonol.

Sylwch, er mwyn cael ei alw'n ffurf safonol, fod y rhif cyn yr arwydd lluosi rhwng 1.00 a 9.99. Nid yw hyn yn golygu nad yw 0.35×10^6 m s^{-1}, er enghraifft, yn ffordd ddilys o ysgrifennu'r un buanedd ag yn yr enghraifft gyntaf – ond nid dyma'r ffurf safonol.

Er mwyn mynegi rhif ar ffurf safonol, rydyn ni'n defnyddio'r ffaith bod

$10^1 = 10$; $10^2 = 100$; $10^3 = 1\,000$; … $10^6 = 1\,000\,000$; etc.

$10^{-1} = 0.1$; $10^{-2} = 0.01$; $10^{-3} = 0.001$; … $10^{-6} = 0.000001$; etc.

Felly, mae lluosi rhif â 10^n yn golygu symud y pwynt degol n lle i'r dde.

Felly mae $2.536 \times 10^2 = 253.6$

Yr un modd, mae lluosi rhif â 10^{-n} yn golygu symud y pwynt degol n lle i'r chwith.

Felly mae $9372.8 \times 10^{-3} = 9.3728$

Enghraifft

Trawsnewidiwch y rhifau canlynol yn ffurf safonol: (a) 820000 (b) 0.00365

Ateb

(a) Yr ateb fydd 8.2×10^n. I ddarganfod n, dychmygwch symud y pwynt degol yn 8.2 i'r dde, nes i ni gael 820000.

8.200000, dyna 5 naid, felly $n = 5$, h.y. $820000 = 8.2 \times 10^5$.

(b) Yr ateb fydd 3.65×10^{-n}. I ddarganfod n, dychmygwch symud y pwynt degol 3.65 i'r chwith, nes i ni gael 0.003 65.

00003.65: dyna 3 naid, felly $n = 3$, h.y. $0.00365 = 3.65 \times 10^{-3}$.

Un fantais fawr o ddefnyddio ffurf safonol yw ei bod yn rhoi eglurder o ran nifer y ffigurau ystyrlon.

Ystyriwch, er enghraifft, y pellter 5100 m. Heb wybodaeth arall, gallai nifer y ffigurau ystyrlon fod yn ddau, tri neu bedwar. Ond:

Mae gan 5.1×10^3 m ddau ffigur ystyrlon
Mae gan 5.10×10^3 m dri ffigur ystyrlon
Mae gan 5.100×10^3 m bedwar ffigur ystyrlon.

Gweler Gwirio ar gyfrifiannell.

(ch) Lluosyddion SI

Rhoddir y tabl canlynol o luosyddion SI yn y Llyfryn Data.

Lluosydd	Rhagddodiad	Symbol	Lluosydd	Rhagddodiad	Symbol
10^{-18}	ato	a	10^3	kilo	k
10^{-15}	ffemto	f	10^6	mega	M
10^{-12}	pico	p	10^9	giga	G
10^{-9}	nano	n	10^{12}	tera	T
10^{-6}	micro	μ	10^{15}	peta	P
10^{-3}	mili	m	10^{18}	ecsa	E
10^{-2}	centi	c	10^{21}	seta	Z

Tabl 4.1 Lluosyddion SI

Mae'r lluosydd yn ffordd gryno o ysgrifennu $\times 10^n$. Er enghraifft, 53 μA: O'r tabl, ystyr μ yw $\times 10^{-6}$, felly mae 53 μA yn gywerth â 53×10^{-6} A, sydd yn 5.3×10^{-5} A yn y ffurf safonol – ond sylwch ar yr Awgrym. Fel arfer mae'r rhif cyn y lluosydd yn yr amrediad o 1 i 999.

 Gwirio ar gyfrifiannell

I wirio eich bod yn mewnbynnu rhifau yn gywir i'ch cyfrifiannell, rhowch gynnig ar:

$(5 \times 10^{-6}) \times (3 \times 10^7)$.

Os yw eich ateb yn 150, rydych yn ei wneud yn iawn.

Awgrym

Rhowch 53 μA i mewn i'ch cyfrifiannell drwy bwyso

53×10^{-6}

Rydych yn llai tebygol o wneud camgymeriad wrth wneud hyn nag wrth ei drawsnewid i 5.3×10^{-5} yn gyntaf.

Gwirio gwybodaeth

Mae gan wrthydd foltedd 300 mV ar ei draws, ac mae'n pasio cerrynt 50 μA. Cyfrifwch ei wrthiant.

4.2.2 Ffracsiynau, cymarebau a chanrannau

Ystyr y ffracsiwn $\frac{a}{b}$ yw a wedi'i rannu â b. Mae cymhareb a i b hefyd yn $\frac{a}{b}$. Os yw $a = 4$ a $b = 10$, mae cymhareb a i b yn $\frac{4}{10} = \frac{2}{5} = 0.4 = 40\%$. Dim ond ffyrdd gwahanol o ysgrifennu'r un peth yw'r rhain.

Gallwn fynegi ffracsiwn fel **canran** drwy ei luosi â 100; felly mae $\frac{7}{20} = \frac{7}{20} \times 100\% = 35\%$. Dylech wybod y cywerthoedd canrannol canlynol:

$\frac{1}{10} = 10\%$; $\frac{2}{10} = 20\%$ ... $\frac{9}{10} = 90\%$; $1 = 100\%$; $\frac{1}{4} = 25\%$; $\frac{1}{3} = 33.3\%$; $\frac{1}{2} = 50\%$;

$\frac{3}{4} = 75\%$; $2 = 200\%$; $2.5 = 250\%$ ...

4.2.3 Mynegi onglau mewn radianau

At y rhan fwyaf o ddibenion, mae ffisegwyr yn mynegi onglau yn yr uned arferol, sef *gradd* (°). Byddwch yn gyfarwydd â'r arfer o fynegi onglau mewn graddau ym meysydd geometreg a thrigonometreg. Ar gyfer onglau bach, defnyddiwn israniadau munud (') ac eiliad ("). Fel israniad yr awr, mae 60 munud mewn gradd a 60 eiliad mewn munud. Er mwyn bod yn eglur mewn testun ysgrifenedig, mae gwyddonwyr yn aml yn ysgrifennu'r unedau hyn fel arcmin ac arcsec yn ôl eu trefn. Yn aml, mae seryddwyr yn arbennig yn mynegi 'gwahaniad onglaidd rhwng sêr agos' mewn mili arcsec.

Mae'n debyg bod gan eich cyfrifiannell fotwm arbennig 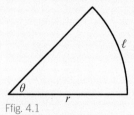 ar gyfer trawsnewid onglau o rai sydd wedi'u mynegi mewn graddau, munudau ac eiliadau i rai mewn degolion graddau.

Er enghraifft, i fewnbynnu 53° 27′ 6″, pwyswch y bysellau

53 **°'"** 27 **°'"** 36 **°'"**

Dylai'r sgrin ddangos 53.46

Ar gyfer sawl agwedd ar fudiant, yn enwedig cylchdroadau ac osgiliadau, mae'n llawer mwy cyfleus yn fathemategol i ddefnyddio mesur gwahanol o ongl – y radian (rad). Mae'n cael ei ddiffinio yn y ffordd ganlynol.

Onglau mewn radianau

Mae Ffig. 4.1 yn dangos ongl, θ, rhwng dau radiws cylch a'r arc rhyngddyn nhw.

Ffig. 4.1

Mae θ, mewn radianau, yn cael ei roi gan $\qquad \theta = \dfrac{\ell}{r}$

Sylwch fod gwerth θ wedi'i gyfrifo yn annibynnol ar ℓ ac r oherwydd os yw'r radiws yn cynyddu, mae hyd yr arc, ℓ, yn cynyddu yn yr un cyfrannedd ac ni fydd y gymhareb yn newid.

Er mwyn deall sut i drawsnewid rhwng graddau a radianau, gadewch i θ fod yn gylchdro cyfan, h.y. $360°$. Yn yr achos hwn, hyd yr arc, ℓ, fyddai cylchedd cylch, h.y. $2\pi r$.

Felly $\theta /\text{rad} = \dfrac{2\pi r}{r} = 2\pi$

Felly $360° = 2\pi \, \text{rad}$, $180° = \pi \, \text{rad}$, etc.

Felly'r trosiad yw: $\theta /\text{rad} = \theta /° \times \dfrac{\pi}{180}$

Enghraifft

Trawsnewidiwch

(a) $120°$ i radianau

(b) 15.0 rad i raddau.

Ateb

(a) $120° = 120 \times \dfrac{\pi}{180} \, \text{rad} = 2.1 \, \text{rad}$ (2 ff.y.)

(b) $15.0 \, \text{rad} = 15.0 \times \dfrac{180}{\pi}° = 859°$ (3 ff.y.)

Mae Ffig. 4.2 yn esbonio'r **brasamcan onglau bach**, sy'n ddilys dim ond os yw onglau'n cael eu mynegi mewn radianau.

Y llinell goch yw arc cylch, radiws r.

Yn ôl y diffiniad, mae $\sin \theta = \dfrac{f}{r}$; θ (mewn rad) $= \dfrac{g}{r}$; $\tan \theta = \dfrac{h}{r}$

Mae'r tri hyd, f, g a h, yn agos iawn, gyda $f < g < h$ ac, wrth i $\theta \longrightarrow 0$ mae'r cymarebau $\dfrac{f}{g}$ a $\dfrac{g}{h} \longrightarrow 1$. Felly ar gyfer onglau bach gallwn ysgrifennu $\sin \theta \approx \theta \approx \tan \theta$. At lawer o ddibenion, gallwn ystyried bod onglau < 0.1 rad [~6°] yn fach.

Ffig. 4.2 Onglau bach

Gwirio gwybodaeth 4.3

Trawsnewidiwch:

(a) 1.0 rad i raddau

(b) $37°$ i radianau.

Awgrym

Mae'n bosibl gadael onglau mewn radianau fel lluosrifau o π, e.e. $\theta = 2.5\pi$. Rydyn ni'n tybio wedyn fod yr ongl mewn radianau.

4.3 Algebra

4.3.1 Symbolau

(a) Llai na (<) a mwy na (>)

Mae $a < b$ yn golygu 'mae a yn llai na b'; yn yr un modd mae, $x > y$ yn golygu 'mae x yn fwy na y'.

Enghreifftiau: $10 > 5$; $5 \times 10^6 < 2 \times 10^7$. Byddwch yn ofalus wrth ddefnyddio rhifau negatif, e.e. $-10 > -20$.

Gyda gofal, gallwn ddefnyddio'r rhain yn yr un ffordd â'r arwydd '=' (sy'n golygu 'yn hafal i'), e.e. $p > q$ yna: $p + x > q + x$ a $10p > 10q$ ond $-5p < -5q$ (!)

Awgrym

Dylech wybod ystyr y symbolau canlynol, a sut i'w defnyddio:

$=, <, \ll, \gg, >, \propto, \approx, \Delta$

Pwynt astudio

Os c yw buanedd sain mewn gwactod, v_a yw buanedd sain mewn aer a v_c yw buanedd sain mewn carbon deuocsid, mae:

$v_a > v_c$ ac mae $c \gg v_a$

(b) Llawer llai na (<<), llawer mwy na (>>)

Gallwn ddefnyddio'r rhain yn yr un modd â < a >. Yn amlach na pheidio, maen nhw'n cael eu defnyddio'n syml i nodi bod gwahaniaeth mawr mewn gwerth, heb wneud unrhyw algebra.

(c) Cyfrannedd union a gwrthdro

Mae $y \propto x$ ('mae y mewn cyfrannedd union ag x', neu 'mae y mewn cyfrannedd ag x') yn golygu bod y gymhareb $\frac{y}{x}$ yn gyson, h.y. os yw x yn cael ei luosi ag unrhyw rif (e.e. 2, 3 neu π), mae y yn cael ei luosi â'r un rhif.

Weithiau yn Ffiseg, pan fydd un newidyn yn dyblu, bydd y llall yn haneru. Mae lluoswm, xy, y newidynnau yn gyson. Yn yr achosion hyn, dywedwn fod 'y mewn cyfrannedd gwrthdro ag x' ac ysgrifennwn

$$y \propto \frac{1}{x}.$$

Yn yr un modd, gall y fod mewn cyfrannedd ag x^2 ($y \propto x^2$), neu gall y fod mewn cyfrannedd gwrthdro ag x^2 ($y \propto \frac{1}{x^2}$). Gweler y blwch am enghreifftiau.

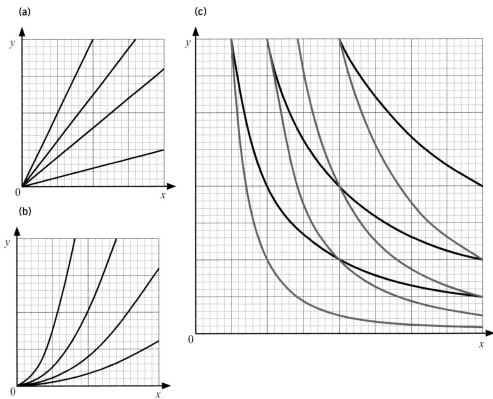

Ffig. 4.3 Graffiau cyfrannedd: (a) $y \propto x$, (b) $y \propto x^2$, (c) $y \propto \dfrac{1}{x}$ (du) a $y \propto \dfrac{1}{x^2}$ (coch)

(ch) Delta (Δ)

Ystyr Δ yw 'newid mewn...', h.y. Δv yw 'newid mewn cyflymder'. Os yw hyd, x, yn newid o $x_1 = 2.5$ cm i $x_2 = 7.6$ cm:

$\Delta x = x_2 - x_1 = 7.6$ cm $- 2.5$ cm $= 5.1$ cm

Rydyn ni bob tro'n tynnu'r gwerth cyntaf o'r ail werth. Felly, os yw $x_2 < x_1$, yna bydd Δx yn negatif ($\Delta x < 0$).

4.3.2 Trin hafaliadau

Er mwyn darganfod gwerth mesur, rhaid trin hafaliad i wneud y mesur yn destun yr hafaliad, e.e. darganfyddwch a os yw $10 = 3 + 2a^2$.

Ym mhob rhan o'r driniaeth, rhaid i ni gyflawni'r un gweithrediad rhifyddol ar ddwy ochr yr hafaliad. Enghreifftiau:

* Adio neu dynnu'r un mesur
* Lluosi neu rannu â'r un mesur
* Sgwario'r ddwy ochr neu ddarganfod ail isradd y ddwy ochr.

Yn ein henghraifft ni, dylech wneud hyn:

* Tynnu 3 o'r ddwy ochr $\longrightarrow$ $7 = 2a^2$
* Rhannu'r ddwy ochr â 2 $\longrightarrow$ $3.5 = a^2$
* Darganfod ail isradd y ddwy ochr $\longrightarrow$ $a = \pm\sqrt{3.5} = \pm 1.87$ (3 ff.y.)

Awgrym

Wrth ddatrys hafaliad, e.e. darganfod x o $v^2 = u^2 + 2ax$, efallai byddai'n haws i chi roi'r rhifau yn yr hafaliad cyn trin yr hafaliad.

Gwirio gwybodaeth 4.5

Darganfyddwch x os yw $7x + 16 = 49$.

4.3.3 Enrhifo mynegiadau i ddatrys hafaliadau

Wrth enrhifo mynegiadau, fel $16 + (6 \times 5^2 - 29)^{0.5}$ gallwn grynhoi dilyniant y gweithrediadau drwy gofio'r cofair CIRLAT – cromfachau, **indecsau**, rhannu, lluosi, adio, tynnu. Gyda'r mynegiad uchod, dyma sut mae hyn yn gweithio:

* er mwyn enrhifo'r *cromfachau*, gweithiwch drwy'r dilyniant IRLAT tu mewn iddyn nhw:
  $5^2 = 25$; $6 \times 25 = 150$; $150 - 29 = 121$

* indecsau: $121^{0.5} = \sqrt{121} = 11$

* adio: $16 + 11 = 27$ (ateb)

Enghraifft arall: $\frac{3}{8} + 4.2$. Ystyr y term $\frac{3}{8}$ yw 3 wedi'i rannu ag 8, felly dechreuwn gyda hwnnw:

3 wedi'i rannu ag 8 yw 0.375. Yna adiwch 4.2 i roi 4.575.

Pwynt astudio

Cofiwch mai ystyr y gair 'indecsau' yn CIRLAT yw pwerau, e.e. 2^3,

$\sqrt{40} = 40^{0.5}$.

Gwirio gwybodaeth 4.6

Enrhifwch y canlynol:

(a) $8 - (3 + \sqrt{2})^2$, (b) $\frac{24}{8 + 2^2}$, (c) $\frac{1}{3} + \frac{2}{5}$

4.3.4 Hafaliadau cwadratig

Os yw mesur anhysbys, x, yn bodloni'r hafaliad, $ax^2 + bx + c = 0$, lle mae a, b ac c yn gysonion, y datrysiadau yw:

$$x = \frac{-b \pm \sqrt{b^2 - 4ac}}{2a}$$

Mewn Ffiseg Safon Uwch, mae'r math mwyaf cyffredin o gwestiwn sy'n gofyn am y fformiwla hon yn codi wrth ddarganfod amser anhysbys o $x = ut + \frac{1}{2}at^2$. Yma, t yw'r mesur anhysbys a'r cysonion yw x, u ac $\frac{1}{2}a$.

Gwirio gwybodaeth 4.7

Enrhifwch y canlynol:

Os yw $x = 24$ m, $u = 4$ m s^{-1} ac $a = 3$ m s^{-2},

(a) O $x = ut + \frac{1}{2}at^2$, dangoswch fod
$1.5t^2 + 4t - 24 = 0$.

(b) Datryswch yr hafaliad drwy ddefnyddio'r fformiwla gwadratig.

4.4 Geometreg a thrigonometreg

4.4.1 Onglau mewn ffigurau geometregol

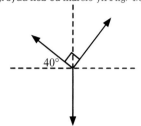

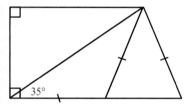

Ffig. 4.5

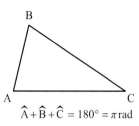

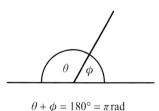

$$\hat{A} + \hat{B} + \hat{C} = 180° = \pi\,\text{rad}$$

$$\alpha + \beta = \gamma$$

$$\theta + \phi = 180° = \pi\,\text{rad}$$

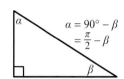

$$\alpha = 90° - \beta = \frac{\pi}{2} - \beta$$

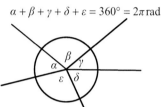

$$\alpha + \beta + \gamma + \delta + \varepsilon = 360° = 2\pi\,\text{rad}$$

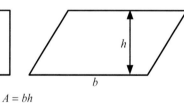

$$\alpha = \beta = \gamma$$

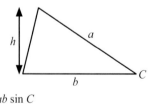

Ffig. 4.4 Onglau mewn ffigurau geometregol

4.4.2 Arwynebedd a chyfaint ffigurau geometregol

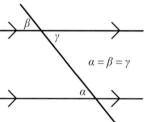

$$A = bh$$

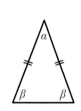

$$A = \pi r^2 = \frac{\pi D^2}{4}$$

Cylchedd
$$= \pi D = 2\pi r$$

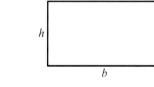

$$A = \frac{1}{2}bh = \frac{1}{2}ab\sin C$$

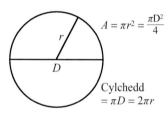

$$A = \frac{a+b}{2}h$$

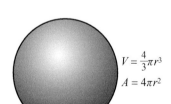

$$V = \frac{4}{3}\pi r^3$$

$$A = 4\pi r^2$$

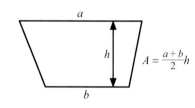

$$V = bwh$$

Ffig. 4.6 Arwynebedd a chyfaint

Mae'n bosibl dod o hyd i gyfeintiau gwifrau drwy luosi'r arwynebedd trawstoriadol â'r hyd.

4.4.3 Trionglau ongl sgwâr

Theorem Pythagoras: $a^2 + b^2 = c^2$,

lle c yw ochr hir, neu hypotenws, y triongl ongl sgwâr.

e.e. os yw $a = 8$ cm a $b = 15$ cm

$c = \sqrt{8^2 + 15^2} = \sqrt{64 + 225} + \sqrt{289} = 17$ cm.

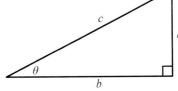

Ffig. 4.8 Theorem Pythagoras

Mae 3, 4, 5 yn *driawd Pythagoreaidd* cyfarwydd iawn. Enghreifftiau eraill yw: 5, 12, 13 a 5, 24, 25.

Ar gyfer onglau o $0 - 90°$ $[0 - \frac{\pi}{2}$ rad] dyma sut rydyn ni'n diffinio'r cymarebau trig, sin, cosin a thangiad:

Sin: $\sin \theta = \dfrac{\text{gyferbyn}}{\text{hypotenws}} = \dfrac{a}{c}$

Cosin: $\cos \theta = \dfrac{\text{cyfagos}}{\text{hypotenws}} = \dfrac{b}{c}$

Tangiad: $\tan \theta = \dfrac{\text{gyferbyn}}{\text{cyfagos}} = \dfrac{a}{b}$

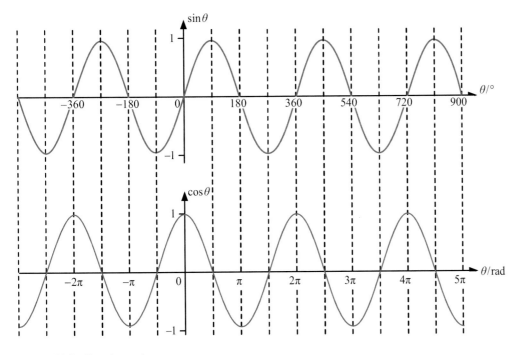

Ffig. 4.9 Cymarebau trig

4.4.4 Cymarebau trig ar gyfer onglau y tu allan i'r amrediad 0–90°

Mae Ffig. 4.10 yn dangos y ffwythiannau sin a cosin ar gyfer onglau nad yw'n bosibl eu darganfod mewn triongl ongl sgwâr, h.y. $> 90°$ ($\frac{\pi}{2}$ rad) a gwerthoedd negatif.

Ffig. 4.10 Graffiau sin a cosin

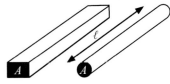

A yw'r arwynebedd *trawstoriadol*, a.t. Mae'r cyfaint, $V = Al$

Ar gyfer y silindr, mae $V = \pi r^2 \ell$

Ffig. 4.7

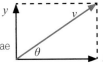

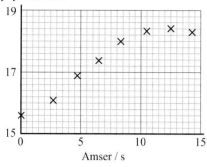

Cyflymder / m s⁻¹

Ffig. 4.11 Arfer da mewn graffiau

 Pwynt astudio

Mae Ffig. 4.11 yn dangos y pwyntiau wedi'u plotio fel **✗**. Gallech ddefnyddio **✚**, **⊙**.

 Cyswllt

Gweler Pennod 3 ar gyfer plotio graffiau gyda barrau cyfeiliornad.

Pwynt astudio

Yn y mynegiad 'cyfradd newid', rydyn ni'n cymryd mai'r newidyn annibynnol yw *amser*, heblaw bod rhywbeth i ddweud yn wahanol. Felly y 'gyfradd newid cyflymder gymedrig' fyddai:

$\frac{\Delta v}{\Delta t}$, h.y. y cyflymiad.

4.5 Graffiau

4.5.1 Paratoi graffiau a phlotio pwyntiau

Mae Ffig. 4.11 yn dangos y rheolau canlynol. Dylech eu dilyn bob tro rydych yn plotio graff.

1. Mae'r ddwy echelin wedi'u labelu'n glir â'r mesur sy'n cael ei blotio.
2. Mae'r graddfeydd yn cynyddu mewn camau cyfartal, a dydyn nhw ddim yn cynnwys ffactorau sy'n ei gwneud hi'n anodd i ddarllen y graddfeydd, e.e. lluosrifau 3 neu 7.
3. Mae'r graddfeydd wedi eu dewis fel bod y pwyntiau'n llenwi o leiaf hanner y grid i'r ddau gyfeiriad.
4. Mae unedau'r mesurau sy'n cael eu plotio wedi'u cynnwys: y dull safonol i'w ddilyn yw <mesur>/<uned>. Os yw'r mesur yn cael ei godi i bŵer, e.e. v^2 yna dylai'r label fod yn $(v / \text{m s}^{-1})^2$.
5. Mae'r pwyntiau wedi'u plotio'n glir, gyda chanol y groes yn cynrychioli safle'r pwynt.

Er mwyn 'plotio graff' mae angen tynnu llinell addas, yn ogystal â gosod yr echelinau a'r graddfeydd a phlotio'r pwyntiau. Mae Pennod 3 yn ymwneud â thrin data arbrofol, gan gynnwys penderfynu ar y llinell fwyaf priodol i'w thynnu, e.e. llinell syth ffit orau neu gromlin ffit orau.

4.5.2 Darganfod cyfradd newid o graff

Mae cyfradd newid gymedrig mesur, y, mewn perthynas ag x yn cael ei ddiffinio gan:

$$\text{Cyfradd newid gymedrig} = \frac{\Delta y}{\Delta x}.$$

Er enghraifft, os yw egni potensial disgyrchiant gwrthrych yn cynyddu 500 J pan fydd yn cael ei godi 20 m, cyfradd newid gymedrig yr egni potensial mewn perthynas ag uchder yw 25 J m⁻¹.

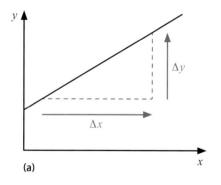 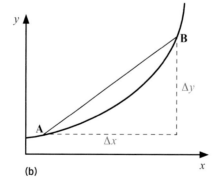 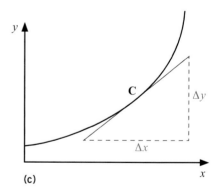

Ffig. 4.12 Cyfrifo'r gyfradd newid

 Gwirio gwybodaeth 4.11

Beth mae graddiannau'r graffiau canlynol yn eu cynrychioli?

(a) Cyflymder yn erbyn amser

(b) Dadleoliad yn erbyn amser

Mae'r berthynas rhwng y gyfradd newid a'r graff yn cael ei esbonio yn Ffig. 4.12. Ar gyfer amrywiad llinell syth o y gydag x (Ffig. 4.12 (a)), cyfradd newid y mewn perthynas ag x yw graddiant y graff.

Ar gyfer graff crwm, y gyfradd newid gymedrig rhwng **A** a **B** (Ffig. 4.12 (b)) yw graddiant y cord sy'n cysylltu **A** a **B**. Cyfradd newid enydaidd y mewn perthynas ag x ar **C** (Ffig. 4.12 (c)) yw graddiant y *tangiad* i'r graff ar **C**. Mewn egwyddor, nid oes gwahaniaeth pa mor fawr yw Δx wrth ddarganfod y graddiannau, ond y mwyaf yw Δx, y mwyaf manwl gywir yw gwerth y gyfradd newid.

4.5.3 Darganfod yr 'arwynebedd' o dan graff

Mae graffiau sy'n cael eu cyflwyno yn Ffiseg Safon Uwch yn aml yn cael eu delfrydu a'u lluniadu fel cyfres o adrannau llinol. Yn yr achos hwn, y dull o gyfrifo'r arwynebedd rhwng y graff a'r echelin lorweddol yw ei rannu'n drionglau a phetryalau (neu'n drapesiymau). Er enghraifft, ystyriwch y graff cyflymder–amser yn Ffig. 4.13(a). I ddarganfod cyfanswm y dadleoliad rhwng 0 a 15 eiliad, gallen ni rannu'r arwynebedd yn dair adran fel sydd i'w weld yn Ffig. 4.13(b).

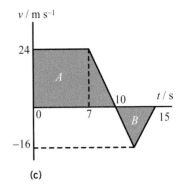

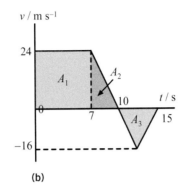

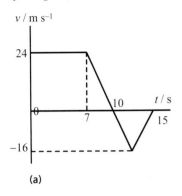

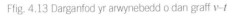

(a)   (b)   (c)

Ffig. 4.13 Darganfod yr arwynebedd o dan graff v–t

Arwynebedd A_1 (petryal) $= 7 \text{ s} \times 24 \text{ m s}^{-1} = 168 \text{ m}$

Arwynebedd A_2 (triongl) $= \frac{1}{2} \times 3 \text{ s} \times 24 \text{ m s}^{-1} = 36 \text{ m}$

Arwynebedd A_3 (triongl) $= \frac{1}{2} \times 5 \text{ s} \times (-16) \text{ m s}^{-1} = -40 \text{ m}$

$\therefore$ Cyfanswm y dadleoliad $= (168 + 36 - 40) \text{ m} = 164 \text{ m}$

Fel arall, gallen ni rannu'r arwynebedd yn drapesiwm a thriongl fel yn Ffig. 4.13(c). Gwnewch Gwirio gwybodaeth 4.12 i ddangos ein bod yn cael yr un ateb.

Os yw'r graff yn grwm, rydyn ni'n amcangyfrif yr arwynebedd oddi tano gan ddefnyddio un o dri dull – cewch chi ddewis pa un i'w ddefnyddio! Ystyriwch y gromlin grym–dadleoliad yn Ffig. 4.14. Byddwn yn cyfrifo cyfanswm y gwaith sy'n cael ei wneud drwy amcangyfrif yr arwynebedd o dan y gromlin.

1. Cyfrif sgwariau: Arwynebedd pob sgwâr 1 cm yw $5.0 \text{ N} \times 0.1 \text{ m} = 0.5 \text{ J}$.
   Gan drin $< \frac{1}{2}$ sgwâr fel 0 a $> \frac{1}{2}$ sgwâr fel 1, mae 12 (neu 13) sgwâr o'r fath $\longrightarrow 12 \times 0.5 = 6.0 \text{ J}$ (mae 13 o sgwariau yn rhoi 6.5 J). Dylech gadarnhau hyn drwy nodi'r holl sgwariau sy'n $> \frac{1}{2}$

2. Rhannwch y graff yn drapesiymau hafal, fel yn Ffig. 4.14(b), darganfyddwch arwynebedd pob un ac adio i ddarganfod cyfanswm yr arwynebedd. Er enghraifft
   $$A_3 = \frac{1}{2}(17 + 11.5) \times 0.1 = 1.425 \text{ J}$$
   Gweler Gwirio gwybodaeth 4.14.

>> **Pwynt astudio**

A dweud y gwir, dylen ni sôn am yr 'arwynebedd' sydd rhwng y graff a'r echelin lorweddol – ac os yw'r graff o dan yr echelin, mae'r arwynebedd yn negatif.

Gwirio gwybodaeth `4.12`

Cyfrifwch arwynebedd y trapesiwm A yn Ffig. 4.13(c), a drwy hynny dangoswch fod y canlyniad hwn yn cytuno â'r cyfrifiad yn y prif destun.

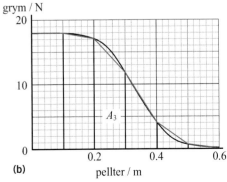

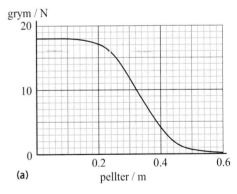

Ffig. 4.14 (a)–(b) Darganfod yr arwynebedd o dan graff crwm

4.13 Gwirio gwybodaeth

Pa waith rydych chi'n ei gael os ydych chi'n cyfrif y sgwariau 2 mm yn Ffig. 4.14 (a)? Mae pob un yn werth 1.0 N × 0.02 m = 0.02 J

4.14 Gwirio gwybodaeth

Darganfyddwch arwynebedd pob un o'r trapesiymau yn Ffig. 4.14 (b) a dangoswch fod y gwaith sy'n cael ei wneud tua 6.0 J.

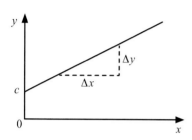

Ffig. 4.15 Graff llinol

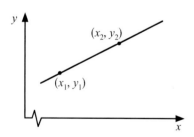

Ffig. 4.16 Graff ymhell o'r tarddbwynt

4.15 Gwirio gwybodaeth

Os yw v = 55 m s⁻¹ ar t = 25.0 s ac yn 34 m s⁻¹ ar 27.3 s, darganfyddwch y berthynas rhwng v a t ar y ffurf $v = u + at$. Nodwch werthoedd u ac a.

3. Tynnwch linell syth sy'n torri'r gromlin yn ddau fel bod yr arwynebedd uwchben y llinell a'r arwynebedd o dan y llinell yn hafal (i'r llygad). Yn Ffig. 4.14 (c):

$A_1 = 18 \times 0.08 = 1.44$ J

$A_2 = \dfrac{1}{2} \times 18 \times 0.52 = 4.68$ J

∴ Arwynebedd = 6.1 J (2 ff.y.)

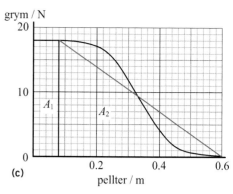

Ffig. 4.14 (c) Darganfod yr arwynebedd o dan graff crwm

4.5.4 Graffiau llinol

(a) Hafaliad graff llinell syth

Mae'r graff yn Ffig. 4.15 yn cynrychioli perthynas linol, h.y. mae'n llinell syth. Dyma hafaliad y graff:

$$y = mx + c, \text{ lle mae } m = \frac{\Delta y}{\Delta x}.$$

Os yw'r graff yn pasio drwy'r tarddbwynt (0,0), h.y. $c = 0$, daw'r hafaliad yn $y = mx$. Yn yr achos hwn, dywedwn fod y mewn cyfrannedd union ag x, $y \propto x$. Mae Adran 4.3.1 (c) yn ymdrin â hyn hefyd.

Mae'r perthnasoedd $v = u + at$ a $V = E - Ir$ yn enghreifftiau o berthnasoedd llinol.

- Mae graff v yn erbyn t ar gyfer cyflymiad cyson, mewn llinell syth gyda graddiant a a rhyngdoriad u ar yr echelin v.

- Mae graff V yn erbyn I ar gyfer cyflenwad pŵer sydd â gwrthiant mewnol cyson, yn llinell syth gyda graddiant $-r$ a rhyngdoriad E ar yr echelin V.

Mae Pennod 3 yn cynnwys adran ar blotio graffiau llinell syth o ddata arbrofol, yn cynnwys achosion lle mae'r berthynas yn aflinol.

(b) Darganfod yr hafaliad o'r graff

Dull 1: Os yw echelin lorweddol (echelin x) y graff yn mynd yn ôl i 0 fel yn Ffig. 4.15, lluniadwch driongl fel sydd i'w weld, mesurwch Δx a Δy, cyfrifwch m, a darllenwch c o'r rhyngdoriad ar yr echelin.

Dull 2: Os yw'r pwyntiau data i gyd ymhell o'r tarddbwynt, fel yn Ffig. 4.16, (e.e. os yw gwerthoedd x yn yr amrediad $120 - 150$) yna:

1. Dewis dau bwynt ar y graff sydd ymhell oddi wrth ei gilydd, (x_1, y_1) ac (x_2, y_2).

2. Cyfrifo'r graddiant o $m = \dfrac{y_2 - y_1}{x_2 - x_1}$.

3. Amnewid m ac x_1 ac y_1 (neu x_2 ac y_2) yn $y = mx + c$ i gyfrifo c.

Dull 3: Fel dull 2, ond ar ôl dewis y pwyntiau, ysgrifennu'r hafaliad fel:

$$\frac{y - y_1}{x - x_1} = \frac{y_2 - y_1}{x_2 - x_1}.$$

Mewnosod y gwerthoedd, ac ad-drefnu i'r ffurf $y = mx + c$.

Profwch eich hun 4

Nid yw'n bosibl yn y gwerslyfr hwn i roi ymarferion sy'n cwmpasu'r nifer o sgiliau mathemategol gwahanol y mae angen i chi eu dangos ym maes ffiseg. Os ydych chi'n cael trafferth ag unrhyw un o'r cwestiynau hyn, byddai'n syniad i chi ymgynghori â'ch athro ffiseg a chael gafael ar werslyfr mathemateg i gael cyngor pellach.

1. Enrhifwch y canlynol **heb** ddefnyddio eich cyfrifiannell.

   (a) $3^2 \times 2^3$
   (b) $5^3 + 3^4$
   (c) $3^2 \times 2^{-3}$
   (ch) $100^{\frac{1}{2}} \times 5^{-2}$
   (d) $\dfrac{4^{16}}{4^{14}}$
   (dd) $(3 \times 2)^3$

   (e) $\sqrt[3]{8^2}$
   (f) 20^4
   (ff) $\sqrt{25^3}$
   (g) $(10^3)^2$
   (ng) $10^2 \times 10^3$
   (h) $10^2 + 10^3$

   (i) 0.5^{-3}
   (l) 0.1^3
   (ll) $\dfrac{0.4^3}{0.1^3}$
   (m) $2 \times (1 + 4^{-1})$
   (n) $\dfrac{3.0 \times 10^8}{5.0 \times 10^{14}}$ (ateb ar ffurf safonol)

   (o) $\sqrt{15^2 - 8 \times 13}$
   (p) $6.6 \times 10^{-34} \times 5.0 \times 10^{15}$
   (r) $\dfrac{6.6 \times 10^{-34}}{3.3 \times 10^{-7}}$
   (rh) $\dfrac{6.6 \times 10^{-34} \times 5.0 \times 10^{14}}{3.0 \times 10^8}$

2. Defnyddiwch eich cyfrifiannell i enrhifo'r canlynol:

   (a) $12^{0.6}$
   (b) $5^{0.5} + 5^{1.2}$
   (c) $0.5^{-2.3}$
   (ch) $\dfrac{\sqrt{8} - 3^2}{\sqrt[3]{10}}$
   (d) $\dfrac{3.0 \times 10^8}{7.2 \times 10^7}$
   (dd) $\sqrt{15^2 - 2 \times 3 \times 10}$

   (e) $\dfrac{1.99 \times 10^{30}}{1.67 \times 10^{-27}}$
   (f) $6.63 \times 10^{-34} \times 7.50 \times 10^{14} \times 4.05 \times 10^{-19}$

3. Mynegwch y canlynol fel canrannau.

   (a) $\dfrac{5.0}{7.0}$
   (b) $\dfrac{0.15}{3.72}$
   (c) 0.64
   (ch) 0.005
   (d) $\dfrac{3.0 \times 10^8}{240 \times 0.26}$
   (dd) $\dfrac{5.0 \times 9.81 \times 3.5}{24 \times 8.0}$
   (e) $\dfrac{1.5 \times 10^8}{2.1 \times 10^{11}}$

4. Trawsnewidiwch yr onglau canlynol o raddau i radianau.

   (a) $90°$
   (b) $35°$
   (c) $0.15°$
   (ch) $415°$
   (d) $(2.5 \times 10^{-6})°$

5. Trawsnewidiwch yr onglau canlynol o radianau i raddau.

   (a) 0.10 rad
   (b) $\dfrac{1}{24}\pi$ rad
   (c) 0.1π rad
   (ch) 8.3×10^{-9} rad
   (d) 0.157 rad

6. Datryswch yr anhafaleddau canlynol, h.y. ysgrifennwch yr ateb fel $x <$ neu $x >$ rhif

   (a) $3x > 15$
   (b) $2x < -5$
   (c) $3 > x + 1$
   (ch) $5 > 2x - 1$
   (d) $x + 2 > 3 - x$

   (dd) $\dfrac{x}{x-1} > 3$
   (e) $-3 > -x + 2$
   (f) $\dfrac{6}{3x-5} > 3$
   (ff) $\dfrac{3}{x} - 2 > 1$
   (g) $\dfrac{3}{2x} - \dfrac{2}{3x} < 1$

7. Mae'r tabl canlynol yn cynnwys dau werth o bob un o'r 6 newidyn, u, v, w, x, y a z.

u	v	w	x	y	z
72	5	2	25	12	0.65
8	15	18	75	4	1.95

   (a) Pan fydd $v = 5$, $x = 25$ a phan fydd $v = 15$, $x = 75$. Dangoswch fod hyn yn gyson â bod x a v mewn cyfrannedd union.

   (b) Mae'r data'n gyson â bod un newidyn arall mewn cyfrannedd union ag x. Nodwch y newidyn hwn.

   (c) Esboniwch pa un o'r newidynnau allai fod mewn cyfrannedd gwrthdro ag x.

   (ch) Mae un o'r newidynnau mewn cyfrannedd ag x^2 ac mae un mewn cyfrannedd gwrthdro ag x^2. Nodwch y rhain.

   (d) Esboniwch yn fyr pam mae angen mwy o ddata i brofi'r perthnasoedd hynny sy'n cael eu hawgrymu, hyd yn oed os yw'r gwerthoedd hyn yn fanwl gywir.

   (dd) Mae myfyriwr yn awgrymu y gallai'r newidynnau v ac w fod â pherthynas linol, h.y. $v = aw + b$, lle mae a a b yn gysonion. Os yw hyn yn gywir, darganfyddwch werthoedd a a b, a rhowch werth w pan fydd $v = 10$.

8. Cyfrifwch werthoedd yr onglau a'r hydoedd sy'n cael eu rhoi yn y ffigurau canlynol:

(a)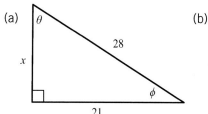

(b)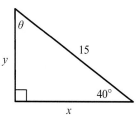

(c)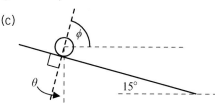

(ch)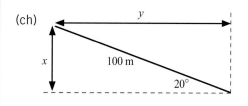

(d)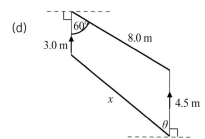

(dd)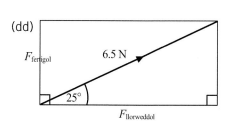

9. Darganfyddwch werthoedd yr ongl, θ, yn yr amrediad 0–360° sy'n bodloni'r hafaliadau canlynol: (a) $\sin\theta = 0.60$
(b) $\cos\theta = 0.80$ (c) $\sin\theta = -0.30$ (ch) $\cos\theta = -0.70$ Mynegwch eich atebion i'r radd agosaf.

10. (a) $0° \le \theta \le 90°$.   (i) Os yw $\sin\theta = 0.40$, cyfrifwch $\cos\theta$ a $\tan\theta$.   (ii) Os yw $\cos\theta = 0.30$, cyfrifwch $\sin\theta$ a $\tan\theta$.
(iii) Os yw $\tan\theta = 0.30$, cyfrifwch $\sin\theta$ a $\cos\theta$.

(b) $0° \le \theta \le 360°$. Defnyddiwch y wybodaeth yn rhan (a) i ateb y cwestiynau canlynol.
(i) Os yw $\sin\theta = 0.40$, beth yw gwerthoedd posibl $\cos\theta$ a $\tan\theta$?   (ii) Os yw $\cos\theta = 0.30$, beth yw gwerthoedd posibl
$\sin\theta$ a $\tan\theta$?   (iii) Os yw $\tan\theta = 0.30$, beth yw gwerthoedd posibl $\sin\theta$ a $\cos\theta$?

11. Mae'r graff dadleoliad–amser ar gyfer car sy'n arafu i ddisymudedd.

(a)   Nodwch pa nodwedd ar graff dadleoliad–amser yw cyflymder y mudiant.
(b)   Esboniwch ar ba amser mae'r car yn stopio symud.
(c)   Cyfrifwch gyflymder cymedrig y car rhwng 2.0 s a 5.5 s.
(ch) Cyfrifwch gyflymder y car ar 3.5 s.
(d)   Cyfrifwch gyflymder cychwynnol y car.
(dd) Esboniwch sut gallech ddefnyddio'r graff i benderfynu a oedd y grym
cydeffaith ar y car yn ystod yr arafiad yn gyson.

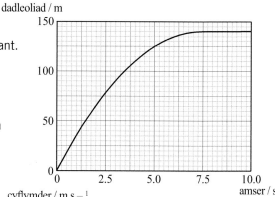

12. Mae'r graff cyflymder–amser ar gyfer plymiwr awyr, o'r amser pan mae'n
dechrau defnyddio'r parasiwt.

(a)   Nodwch pa nodweddion graff cyflymder–amser yw'r cyflymiad a'r
dadleoliad.
(b)   Nodwch gyflymder terfynol y plymiwr awyr cyn ac ar ôl i'r parasiwt gael
ei ddefnyddio.
(c)   Cyfrifwch gyfradd gymedrig y newid cyflymder rhwng 0 a 3.0 s.
(ch) Cyfrifwch arafiad mwyaf y plymiwr awyr.
(d)   Amcangyfrifwch ddadleoliad y plymiwr awyr o'r foment pan mae'n dechrau
defnyddio'r parasiwt hyd nes iddo gyrraedd y cyflymder terfynol is.

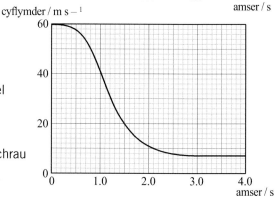

13. Roedd gan graff v yn erbyn t raddiant 1.26 m s^{-2} ac mae'n pasio drwy'r pwynt $(v, t) = (8.6$ m s^{-1}, 2.4 s$)$.

(a) Darganfyddwch yr hafaliad o'r graff.   (b) Nodwch y cyflymder cychwynnol, h.y. y cyflymder, ar $t = 0$.

14. Pan fydd batri'n darparu cerrynt o 12.0 mA i gylched, y gp ar draws y terfynellau yw 7.53 V. Pan fydd $I = 15.0$ mA,
y gp ar draws ei derfynellau yw 6.92 V.

(a)   mae'r berthynas rhwng V a'r cerrynt, I, yn cael ei roi gan hafaliad â'r ffurf: $V = aI + b$. Darganfyddwch werthoedd a a b.
(b)   Drwy gymharu eich ateb i (a) â'r hafaliad $V = E - Ir$, nodwch werthoedd g.e.m., E, a gwrthiant mewnol, r,
y cyflenwad.

Atebion Gwirio gwybodaeth

Uned 1

1.1

1.1.1 (a) $8a$ (b) $18a^2$ (c) $2\dfrac{a}{b}$ (ch) $36a^2$

1.1.2 $V = \ell bh$

$\therefore [V] = [\ell][b][h] = $ m m m $= $ m^3

1.1.3 Pa s $=$ N m^{-2} s $=$ kg m s^{-2}

m^{-2} s $=$ kg m^{-1} s^{-1}

(yr un fath â'r enghraifft)

1.1.4 $[x] = $ m; $[ut] = $ m s^{-1} s $= $ m;

$[\frac{1}{2} at^2] = $ m s^{-2}. s$^2 = $ m.

$\therefore$ **Mae** gan y ddau derm ar yr ochr dde yr un unedau, felly gallwn eu hadio; ac mae gan yr ochr chwith yr un unedau. $\therefore$ Mae'r hafaliad yn homogenaidd.

1.1.5 139 N, 30.2° yn wrthglocwedd o 120 N.

1.1.6 $F_{\text{fertigol}} = 75$ N; $F_{\text{llorweddol}} = 130$ N

1.1.7 $B \sin \theta$

1.1.8 Màs $= 7.9$ g cm$^{-3} \times$ (10 cm $\times$ 5 cm $\times$ 4 cm) $= 1580$ g

1.1.9 (Berfa):

pwysau $=$ MC; grym codi $=$ MG

(Sbaner):

Grym $=$ MG; ffrithiant ar y nyten $=$ MC

1.1.10 Pwysau cyfan $= (2 + 3 + 5.5 + 10)$ kg $\times 9.8$ N kg$^{-1} = 201$ N

$\therefore$ Ar gyfer ecwilibriwm, mae'r grym i fyny gan y colyn ar y planc ~ 200 N

1.1.11 $6 \times 60 = 3 \times 90 + 1 \times 50 + 2(100 - d)$;

$\therefore 360 = 520 - 2d$; $\therefore 2d = 160$;

$\therefore d = 80$ cm

1.1.12 **A**: $40F = 3 \times 10 + 1 \times 50 + 2d$;

$\therefore 20F = 40 + d$ [1]

B: $60F = 3 \times 90 + 1 \times 50 + 2(100 - d)$;

$\therefore 30F = 260 - d$ [2]

Yna, e.e., datrys [1] a [2] ar gyfer F drwy adio i ddileu $d \rightarrow 50F = 300$, etc.

1.1.13 Ar gyfer pob dull: $F = 11.7$ N ar 31.0° i'r fertigol i lawr

1.1.14 $F = 66.1$ N, $\theta = 61.9°$ i'r llorwedd

1.2

1.2.1 10.8 m s^{-1}

1.2.2 0–3 s; 6–8 s (cyflymder 0); 9.6–12 s

1.2.3 0–3 s cyflymder cyson tuag ymlaen; 3–6 s arafu; 6–8 s disymud; 8–9.6 s cyflymu tuag yn ôl; 9.6–12 s cyflymder cyson tuag yn ôl

1.2.4 3.2 m s^{-1} i'r dde

1.2.5 (a) 2.5 m s^{-1} i'r Dwyrain

(b) 2.5 m s^{-1} i'r De

(c) 2.5 m s^{-1} i'r Gorllewin

1.2.6 (a) 32 m ar gyfeiriant 219°

(b) 1.8 m s^{-1} ar gyfeiriant 219°

1.2.7 (a) 2.0 m s^{-1} ar gyfeiriant 310°

(b) 20 s (2 ff.y.)

1.2.8 20–30 s (BC): cyflymiad unffurf 10 i 20 m s^{-1}

30–54 s (CD): cyflymiad unffurf 20 m s^{-1}

54–68 s (DE): arafiad unffurf i ddisymudedd o 20 m s^{-1}

1.2.9 0.4 m s^{-2}

1.2.10 Arwynebedd 0–20 s (trapesiwm) $=$ $\frac{1}{2}(15 + 20) \times 10 = 175$ m, etc.

1.2.11 72 m s^{-1} ar ongl 56.3° i'r llorwedd

1.2.12 (a) $10^2 = 26^2 - 2 \times 1.2x$; $\therefore 2.4x = 576$; $\therefore x = 240$ m, etc.

(b) $10 = 26 - 1.2t$; $\therefore 1.2t = 16$; $\therefore t = 13.3$ s

(c) $240 = 26t - 0.6t^2$;

$\therefore 0.6t^2 - 26t + 240 = 0$;

$\therefore t = \dfrac{26 \pm \sqrt{676 - 576}}{1.2}$

$= 13.3$ s neu 30.0 s

1.2.13 63.4 m s^{-1}

1.2.14 (2il ran) Oherwydd bod y cyflymiad yn wahanol (ac nid yn gyson) yn y cam wedi'i bweru.

1.2.15 (a) 26.0 m s^{-1}; 15 m s^{-1}

(b) 26.0 m s^{-1}; –34.1 m s^{-1}

(c) 42.9 m s^{-1} ar ongl 52.7° islaw'r llorwedd

(ch) Llorweddol: 130 m; fertigol –47.6 m (h.y. 47.6 m islaw'r pwynt cychwyn)

1.2.16 $t = 2.89$ s. $v_{\text{fertigol}} = -8.3$ m s^{-1}

$\rightarrow v = 35.6$ m s^{-1} ar 13.5° islaw'r llorwedd

1.2.17 (a) $t \sim 0.32$ s

(b) 6% (mae'r ansicrwydd yn yr uchder yn ddibwys)

1.3

1.3.1 (a) 20 000 kg m s^{-1} (neu 20 kN s)

(b) 1.8×10^{29} N s

1.3.2 $p_1 = 0.15 \times 6 = 0.9$ kg cm s^{-1}

$p_2 = 0.45 \times 2 = 0.9$ kg cm s$^{-1} = p_1$

1.3.3 (a) EC$_1 = 2.7 \times 10^{-4}$ J;

EC$_2 = 0.5 \times 0.3 \times 0.032 = 1.35 \times 10^{-4}$ J

$\therefore$ 50% o'r EC yn cael ei golli

(b) 67% o'r EC yn cael ei golli

1.3.4 $1000 \times (-6) + 4000 \times 2 = 5000\,v$;

$\therefore 5000v = 2000$; $\therefore v = 0.4$ m s^{-1}

1.3.5 EC$_1$ fel yn 1.3.3;

EC$_2 = 0.5 \times 0.15 \times (-0.02)^2 + 0.5 \times 0.3 \times 0.04^2 = 2.7 \times 10^{-4}$ J

1.3.6 (a) 3.0 J (b) 0.060 J (c) Mae'r bêl yn ennill 0.98 (98%) o'r egni .

1.3.7 0.983 (98.3%)

1.3.8 $[F] = \dfrac{[\Delta p]}{[\Delta t]}$; $\therefore$ N $= \dfrac{[p]}{s}$; $\therefore [p] = $ N s

1.3.9 (a) 1.4 kN i'r Dwyrain (cyfeiriant 90°)

(b) 0.82 kN i'r Dwyrain (cyfeiriant 90°)

(c) 4 kN i'r Gorllewin (cyfeiriant 270°)

1.3.10 (a) F ar y tywod i'r dde gan fod Δp i'r dde

(b) F ar y cludfelt i'r chwith oherwydd N3

1.3.11 $[c_{\text{d}}] = \dfrac{[F_{\text{d}}]}{[\rho][v^2][A]} = \dfrac{\text{kg m s}^{-2}}{\text{kg m}^{-3}\,\text{m}^2\,\text{s}^{-2}\,\text{m}^2}$

$= \dfrac{\text{kg m s}^{-2}}{\text{kg m s}^{-2}}$, h.y. dim unedau

1.3.12 mg: grym disgyrchiant y fricsen ar y Ddaear (yn fertigol tuag i fyny)

N: grym cyswllt normal y fricsen ar y plân (tuag i lawr $\perp$ i'r llethr)

F: grym ffrithiannol y fricsen ar y llethr (i lawr y llethr)

1.3.13 1.0(4) m s^{-2} i lawr y llethr

1.3.14 72.0 kg [706 N]; 0

1.3.15 Gan gymryd bod y plymiwr awyr â'i choesau a'i breichiau ar led, a gan amcangyfrif bod $A = 1$ m^2;

$m = 90$ kg; $\rightarrow v_{\text{terfynol}} \sim 40$ m s^{-1}

1.3.16 Arwynebedd llai $\rightarrow$ grym llusgiad is. Dim ond os yw v yn fwy y byddwn ni'n cael $F_{\text{i lawr}} = mg$ ac, felly, buanedd terfynol.

1.3.17 (a) 0.49 m s^{-1} (b) 0.20 m s^{-2}

1.3.18 dibynnol: a annibynnol: m
wedi ei reoli: x, M

1.3.19 Defnyddir yr un 'màs tynnu', m.

1.4

1.4.1 I gychwyn, egni dirgrynol hap y moleciwlau yn y rhaff a'r winsh.

1.4.2 614 J

1.4.3 $a = \dfrac{F}{m} = \dfrac{1200}{800} = 1.5$ m s^{-2}
$\therefore \sqrt{15^2 + 2 \times 1.5 \times 250} = 31.2$ m s^{-1}

1.4.4 (a) 540 kJ (b) 5.0 kJ

1.4.5 (a) 16.7 kJ (b) 19.8 m s^{-1}
(c) 62 N

1.4.6 1 kW awr = 3.6 MJ

1.4.7 (a) 450 kJ (b) 0.125 kW awr

1.4.8 4.0×10^{16} J [= 40 PJ]

1.4.9 (a) uned y term $0.3 = \dfrac{[F_d]}{[\rho][v^2]} =$
$\dfrac{\text{kg m s}^{-2}}{\text{kg m}^{-3}\text{ m}^2\text{ s}^{-2}} = \text{m}^2$. QED

(*Quod Erat Demonstrandum*, sef term Lladin sy'n golygu 'Dyma sut rydyn ni wedi ei ddangos')

(b) 6.1 kW

1.5

1.5.1 23.5 N m^{-1}

1.5.2 200 μm

1.5.3 0.1 J

1.5.4 $\dfrac{1}{2}\sigma\varepsilon = \dfrac{1}{2}\sigma\dfrac{\sigma}{D} = \dfrac{1}{2}\dfrac{\sigma^2}{D}$:
$\dfrac{1}{2}\sigma\varepsilon = \dfrac{1}{2}\varepsilon E\varepsilon = \dfrac{1}{2}\varepsilon^2 E$ QED

1.5.5

1.5.6 Mae'r trwch yn haneru

1.5.7 $\varepsilon_{\text{rwber}} \sim 10\ 000 \times \varepsilon_{\text{dur}}$

1.6

1.6.1 Mae'r cochni yn dangos bod gan αTau donfedd allyriad brig uwch nag αCen. Felly, yn ôl deddf Wien, mae gan αTau dymheredd is.

1.6.2 (a) $\sim$8 mW m^{-2}
(b) 80 μW m^{-2}
(c) 8 nW m^{-2}

1.6.3 $L_B = 4L_A$

1.6.4 $L = I \times 4\pi d^2 = 42.8 \times 10^{-9} \times 4 \times \pi \times (9.5 \times 10^{16})^2 = 4.9 \times 10^{27}$ W

1.6.5 1.4×10^9 m [1.4 miliwn km]

1.6.6 Diamedr $= 9.34 \times 10^{-3} \times 150 \times 10^6$ km $\sim$ 1.4 miliwn km

1.6.7 $T = 3700$ K; $r \sim 6.0$ miliwn km

1.6.8 A – O_2; B – O_2; C – Hα; D – NaI;
E – FeI; F – Hβ

1.7

1.7.1 $E = \dfrac{8.20 \times 10^{-14}\text{ J}}{1.60 \times 10^{-19}\text{ J(eV)}^{-1}} = 5.12$ keV

1.7.2 $f = 1.47 \times 10^{20}$ Hz; $\lambda = 2.03$ pm;
$p = 3.3 \times 10^{-22}$ N s

1.7.3 $^{12}_{6}$C : 50%; $^{56}_{26}$Fe : 54%; $^{197}_{79}$Au : 60% niwtronau

1.7.4 Dadfeiliad niwtronau:
gormodedd egni = 939.6 – (938.3 + 0.5) = 0.8 MeV

Dadfeiliad protonau: $m_p < m_n + m_e (+ m_v)$
$\therefore$ Dim digon o egni

1.7.5 Q: Ochr chwith = 1 + (−1) = 0 = 0 + 0 = Ochr dde

L: Ochr chwith = 0 + 1 = 1 = 0 + 1 = Ochr dde

1.7.6 (a) Rhyngweithiad gwan. Rydyn ni'n gwybod hyn oherwydd:
- mae niwtrinoeon yn chwarae rhan
- newid blas cwarc (U: 1 → 0; D: −1 → 0)

(b) Rhif baryon, B: 0 → 0
Rhif lepton, L: 0 → (−1) + 1 = 0
Gwefr, Q: 1 → 1 + 0 = 1

Uned 2

2.1

2.1.1 9.4×10^{20}

2.1.2 2×10^{10} electron yn cael eu trosglwyddo i arwyneb y rhoden bolythen.

2.1.3 (a) 8640 C, (b) 4.8 awr

2.1.4 Mae v mewn cyfrannedd gwrthdro ag A, ac felly i'r diamedr^2. Felly 4× y cyflymder drifft = 0.48 mm s^{-1}.

2.2

2.2.1 30 MV

2.2.2 (a) 720 mW (0.72 W) (b) 216 C
(c) 1.3 kJ

2.2.3 $t = \dfrac{VQ}{P}$

2.2.4 5.0 V

2.2.5 3.6 MΩ

2.2.6 2.6 mA (2 ff.y.)

2.2.7 (a) 2 Ω (b) 11 Ω

2.2.8 Mae'r gp cyson yn cynhyrchu cyflymiad (cyson) yr electronau rhydd rhwng gwrthdrawiadau. Pan fydd yr electronau'n gwrthdaro â'r ïonau, mae eu cyflymder ar hap, felly eu cyflymder cymedrig, sef y cyflymder drifft cyson, yw hanner y cynnydd mewn cyflymder rhwng gwrthdrawiadau.

2.2.9 5 A

2.2.10 1060 Ω; 9.9 m

2.2.11 1.34×10^{-6} m^2; 6.3 mΩ

2.2.12 14.3×, 3000°C

2.2.13 Mae gp uwch yn rhoi mwy o egni electronau rhydd pan fyddan nhw'n gwrthdaro ag ïonau. Drwy hynny mae'r tymheredd yn cynyddu, ac felly mae buanedd hap yr electronau rhydd yn cynyddu ac mae'r amser rhwng gwrthdrawiadau yn lleihau.

2.2.14 Pan fydd y gp ar draws lamp ffilament yn cynyddu mae gwrthiant y ffilament yn cynyddu, felly mae'r cerrynt yn cynyddu'n llai nag mewn cyfrannedd â'r gp.

2.2.15 Graddiant = 8.29 [Ω m^{-1}]; diamedr = 0.28 mm.

2.3

2.3.1 (a) 0.20 A, 0.50 A (b) 3.6 V, 3.6 V
(c) 12 Ω, 18 Ω, 8.0 Ω

2.3.2 8.3 Ω

2.3.3 (a) 4 Ω
(b) 3 gwrthydd paralel mewn cyfres ag un gwrthydd.

2.3.4 $x = 0.5$ A, $y = 0.4$ A

2.3.5 1%

2.3.6 Tua 30°C

2.3.7 Y mwyaf llachar yw'r golau, y lleiaf yw'r foltedd allbwn.

2.3.8 (a) 0.27 A
(b) 0.41 W (cyfanswm) [0.37 W wedi'i allforio]

2.3.9 (a) 0.56 Ω (b) 1.25 V

2.3.10 Hafaliadau, gan ddefnyddio $I = \dfrac{E}{R + r}$:
$0.88 = \dfrac{E}{1.25 + r}$ a $0.28 = \dfrac{E}{5.0 + r}$
$\rightarrow E = 1.54$ V; $r = 0.50$ Ω

2.3.11 (a) $I = 1.75$ A, $V = 3.49$ V;
(b) $I = 0.58$ A, $V = 1.16$ V

2.3.12 (a) Mae R ac r yn ffurfio rhannwr potensial:
$V = \dfrac{ER}{R + r}$ $P = \dfrac{V^2}{R}$,
$\therefore P = \dfrac{(ER)^2}{R(R + r)^2} = \dfrac{E^2 R}{(R + r)^2}$

(b)

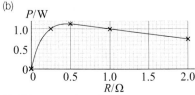

(c) Pŵer mwyaf pan fydd $R = r$.

2.3.13 (a) 5.9 V; 120 Ω

(b) 0.018 A; 3.7 V

2.3.14 $E = \dfrac{1}{\text{graddiant}}$; $r = \dfrac{\text{rhyngdoriad}}{\text{graddiant}}$

2.3.15 $E = \dfrac{1}{\text{rhyngdoriad}}$; $r = \dfrac{\text{graddiant}}{\text{rhyngdoriad}}$

2.4

2.4.1 e.e. pelydriad o'r Haul; trydan

2.4.2 $n = 0.5$

2.4.3 Gallai ρ fod yn ddwysedd gan y byddai ei gynyddu'n lleihau cyflymiadau gronynnau.

Gwirio uned: Drwy ad-drefnu: $\rho = \dfrac{1.40p}{v^2}$.

Gan dybio bod 1.40 yn ddi-ddimensiwn:

$[\rho] = \dfrac{[p]}{[v]^2} = \dfrac{\text{kg m}^{-1}\,\text{s}^{-2}}{(\text{m s}^{-1})^2}$

$= \text{kg m}^{-3}$, sef uned dwysedd

2.4.4 I ddechrau, mae'r disgleirdeb ar ei fwyaf. Mae'r disgleirdeb yn lleihau i isafswm ac yn ôl i fyny i uchafswm wrth i'r ail hidlydd gylchdroi drwy 90° ac ymlaen i 180°. Ailadroddir hyn ar gyfer 180° nesaf y cylchdro.

2.4.5 (a) 0.156 s

(b) 1.6 Hz

2.4.6 Mae'r echelin lorweddol yn cynrychioli amser, felly ni all y cyfwng brig-i-frig fod yn hyd. Dylai fod wedi dweud bod hyn yn cynrychioli'r cyfnod.

Yr osgled yw'r dadleoliad mwyaf, felly mae 'osgled mwyaf' yn ymadrodd disynnwyr. Dylai fod wedi dweud mai A oedd yr osgled.

2.4.7 (a) $\frac{1}{4}\lambda$ (b) $1\frac{3}{4}\lambda$.

2.4.8 0.6 m

2.4.9 $\lambda/4 \sim 8$ cm, felly mae hyn yn bosibl.

2.5

2.5.1 Tua 2×

2.5.2 Mae gan yr amleddau isel donfeddi hir sy'n lledaenu tipyn o ganlyniad i ddiffreithiant drwy'r ffenestr agored. Nid yw'r amleddau uwch, sy'n bwysig ar gyfer dealltwriaeth, yn cael eu diffreithio i'r un graddau. Gan gymryd bod $f > 3$ kHz (ar gyfer cytseiniaid), mae hyn yn rhoi $\lambda < 0.1$ m. Mae drysau a bylchau ffenestri ~ 1 m, felly mae lledaeniad y diffreithiant yn fach.

2.5.3 Mae'r llinyn yn dal i feddu ar egni cinetig – yn union i'r chwith o'r llinell ganol, mae'r llinyn yn symud tuag i fyny; yn union i'r dde, mae'n symud tuag i lawr.

2.5.4 Nid ydyn nhw'n effeithio ar ei gilydd.

2.5.5 $\lambda = 3.9$ mm; $S_1R = 31.0$ mm; $S_2R = 35.0$ mm; $S_2R - S_1R = 4.0$ mm ∴ cytundeb rhesymol

2.5.6 $S_1U - S_2U = 2\lambda$; $S_1V - S_2V = 2.5\lambda$

2.5.7 Gwahaniad eddïau = 1.34 mm; $\lambda = 670$ nm.

2.5.8 337 m s^{-1} [340 m s^{-1} i 2 ff.y.]

2.5.9 Mae arddwysedd y paladrau sydd wedi'u **diffreithio** o'r holltau yn lleihau gyda'r ongl o'r canol.

2.5.10 470 nm (2 ff.y.)

2.5.11 (a) 510 nm (2 ff.y.) (b) 80 mm (2 ff.y.)

2.5.12

2.5.13

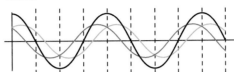

2.5.14 (a) 2il harmonig

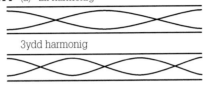

3ydd harmonig

(b) $f_n = nf_1$.

2.5.15 (a) $f_1 = 170$ Hz; $f_2 = 510$ Hz

(b) Ar gyfer pibell â'i phen ar gau: $f_1 = 340$ Hz ac $f_2 = 680$ Hz

2.5.16 (a) % ansicrwydd $\sim 9\%$

(b) ansicrwydd absoliwt $\sim \pm 50$ nm

2.5.17 $d = 5$ μm

2.5.18 (a) $d = 2.75$ μm

(b) cysonyn y gratin = 3.63×10^5 m^{-1} = 3630 cm^{-1}.

2.6

2.6.1 (a) dwfn = 2.5 cm, bas = 1.5 cm

(b) 23°

2.6.2 (a) 2.25×10^8 m s^{-1}

(b) 1.24×10^8 m s^{-1}

2.6.3 29.6°

2.6.4 (a) Mae'r pelydryn yn dod allan ar ongl 39°; pelydryn adlewyrchol gwan ar ongl 25°

(b) Pelydryn plyg gwannach ar ongl 59°, pelydryn adlewyrchedig cryfach ar ongl 35°

(c) Adlewyrchiad mewnol cyflawn – pelydryn adlewyrchedig cryf ar ongl 45°

2.6.5 47.2°

2.6.6 $\sin c = \dfrac{1.52}{1.62}$ ∴ $c = \sin^{-1}\dfrac{1.52}{1.62} = 69.8°$

2.6.7 0.03 s, gan dybio bod gan y gwydr indecs plygiant 1.5.

2.7

2.7.1 $E_{k\ \text{mwyaf}} = 9.6 \times 10^{-20}$ J = 0.6 eV

2.7.2 5.11 eV

2.7.3 (a) 5.2 eV = 8.4×10^{-19} J

(b) dim electronau'n cael eu hallyrru

(c) yr un fath ag (a).

2.7.4 (a) 9.7×10^{44} ffoton s^{-1}

(b) 3.4×10^{21} m^{-2}

2.7.5 3.1 eV (fioled); 1.8 eV (coch); 2.3 eV (melyn)

2.7.6 2.18 aJ

2.7.7 $E = 13.6\left(\dfrac{1}{2^2} - \dfrac{1}{6^2}\right) = 3.02$ eV

$= 4.84 \times 10^{-19}$ J

$\therefore \lambda = \dfrac{hc}{E} = \dfrac{6.63 \times 10^{-34} \times 3.0 \times 10^8}{4.84 \times 10^{-19}}$ m

$= 411$ nm.

Yn Ffig. 1.6.12, mae gan Hδ $\lambda = 410$ nm.

2.7.8 2×10^{-13}, 2×10^{-15}, 2×10^{-18}, 4×10^{-19}, 2×10^{-20}, 2×10^{-23}, 2×10^{-27}

2.7.9 590 nm (2 ff.y.)

2.7.10 410 fm (2 ff.y.)

2.7.11 1.3×10^{-27} N s.

2.7.12 (a) Momentwm y ffotonau trawol mewn $\Delta t = \dfrac{IA\Delta t}{c}$

Momentwm y ffotonau adlewyrchedig mewn $\Delta t = -\dfrac{IA\Delta t}{c}$

∴ Mae newid momentwm y ffotonau trawol mewn $\Delta t = -2\dfrac{IA\Delta t}{c}$

∴ Mae'r grym sy'n cael ei roi ar y plân gan y ffotonau =

$\dfrac{\Delta p}{\Delta t} = 2\dfrac{IA}{c}$ drwy N2 ac N3

∴ Mae'r gwasgedd sy'n cael ei roi gan y ffotonau ar y plân = $2\dfrac{I}{c}$

(b) gwasgedd = $\dfrac{I}{c}$

2.8

2.8.1 4500 s^{-1}

2.8.2 (a) 2.5 eV (0.4 aJ)

(b) 1.8 eV (0.29 aJ)

2.8.3 0.72 (= 72%)

2.8.4 Ar gyfer laser sy'n gweithredu gyda phaladr cyson, rhaid i'r gyfradd cynhyrchu ffotonau fod yn hafal i'r gyfradd colli ffotonau. Felly rhaid i ffoton deithio ~280 hyd y cyfrwng cyn ysgogi allyriad. Mae hyn yn 140 m yn yr achos hwn

2.8.5 (a) Egni mewnbwn am bob digwyddiad pwmpio = 1.80 eV = 2.88×10^{-19} J

Egni ffoton = $\dfrac{hc}{\lambda} = 2.46 \times 10^{-19}$ J

∴ Effeithlonrwydd mwyaf =

$\dfrac{2.46 \times 10^{-19}\ \text{J}}{2.88 \times 10^{-19}\ \text{J}} \times 100\% = 85.4\%$

$< 86\%$

(b) 1.0×10^{17} ffoton s^{-1}.

2.8.6 8.59×10^{-19} J (5.37 eV)

Sgiliau ymarferol

3.1   478 Ω (3 ff.y.)

3.2   6.33 ± 0.08 s

3.3   36.9 ± 0.3 mA

3.4 $p = 1.0 \times 10^{-6} = 1.0 \times 10^{-4}$ %

3.5   0.1 kg: $\Delta T = 0.013$ s [0.01 s i 1 ff.y.]

         0.2 kg: $\Delta T = 0.0045$ s [0.005 s i 1 ff.y.]

         Felly, gallen ni fod wedi mynegi'r cyfnodau i 3 lle degol, yn enwedig ar gyfer 0.2 kg.

3.6   2.13 ± 0.15 m s^{-2} or 2.1 ± 0.2 m s^{-2}

3.7   4.19 ± 0.06 mm^3

3.8 $V = -(0.167 \pm 0.002)I + (9.11 \pm 0.06)$

3.9   Graddiant = cyflymiad, a; rhyngdoriad = cyflymder cychwynnol, u

3.10 $r = 0.167 \pm 0.002$ Ω; $E = 9.11 \pm 0.06$ V

3.11   Gwrthdroi'r hafaliad: $\dfrac{1}{V} = \dfrac{R + r}{ER} = \dfrac{R}{ER} + \dfrac{r}{ER} = \dfrac{r}{ER} + \dfrac{1}{E}$ QED

3.12   Graff ℓ yn erbyn f^{-1}. e yw minws y rhyngdoriad ar yr echelin ℓ ac mae c yn 4× y graddiant.

3.13   (a)   Graddiant = $k^{-0.5}$; rhyngdoriad = $ek^{-0.5}$

        (b) $e = \dfrac{\text{graddiant}}{\text{rhyngdoriad}}$

3.14   Os t yw'r amser sy'n cael ei fesur; $t = T + \tau$.

        Felly $h = \dfrac{1}{2}g\,(t - \tau)^2$, sy'n gallu cael ei ad-drefnu i roi

        $t = \sqrt{\dfrac{2h}{g}} + \tau$

        Mae graff t yn erbyn $\sqrt{h}$ yn cael ei blotio a dylai fod yn llinell syth

        â graddiant $m = \sqrt{\dfrac{2}{g}}$.

        Drwy hyn mae $g = \dfrac{2}{m^2}$ a τ yw'r rhyngdoriad ar yr echelin t.

3.15   ±0.01 mm

3.16   (7.93 ± 0.02) g cm^{-3} / (7.93 ± 0.02) × 10^3 kg m^{-3}

Sgiliau mathemateg

4.1   (a) y^3 (b) y^{-1} (c) $y^3 + 2ay$

4.2   6.0 kΩ

4.3   (a)   57.3° (57° i 2 ff.y.)   (b)   0.65 rad

4.4 k – y cysonyn sbring [neu anhyblygedd] N m^{-1}

        v neu c – y buanedd ton; m s^{-1}

        $\dfrac{1}{2}m$ lle m yw'r màs; kg

        [Yn y fanyleb A2]: GMm – (dim enw); N m^2

4.5   4.7 (i 2 ff.y.)

4.6   (a)   −11.5 (3 ff.y.)   (b)   2   (c) $\dfrac{11}{15} = 0.73$ (2 ff.y.)

4.7   (a)   Amnewid: $24 = 4t + 1.5t^2 \rightarrow 1.5t^2 + 4t - 24 = 0$

        (b) $t = \dfrac{-4 \pm \sqrt{16 + 4 \times 1.5 \times 24}}{3} = \dfrac{-4 \pm \sqrt{160}}{3} = -5.55$ s neu

           2.88 s (i 3 ff.y.)

4.8

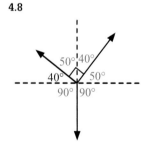
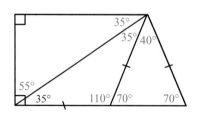

4.9 1.0×10^6 m [1.0×10^3 km]

4.10 θ yn yr amrediad [−360°, 360°] : −330°, −210°, 30°, 150°

        θ yn yr amrediad [−2π, 2π] : $-\dfrac{11}{6}\pi, -\dfrac{7}{6}\pi, \dfrac{1}{6}\pi, \dfrac{5}{6}\pi$

        (neu −5.76 rad, −3.67 rad, 0.52 rad, 2.62 rad)

4.11   (a) cyflymiad   (b) cyflymder

4.12   Arwynebedd y trapesiwm = $\dfrac{1}{2} \times (7\,\text{s} + 10\,\text{s}) \times 24$ m s^{-1} = 204 m.

        Mae'r arwynebedd hwn = $A_1 + A_2$ = 168 m + 36 m = 204 m

4.13   301 o sgwariau → 6.02 J

4.14   Cyfanswm yr arwynebedd = 1.8 + 1.75 + 1.425 + 0.775 + 0.225 + 0.025 = 6.0 J

4.15 $v = 283 + (-9.13)t$; $u = 283$ m s^{-1}; $a = -9.13$ m s^{-2}

Atebion Profwch eich hun

Uned 1

1.1

1 ▪ Mae'n bosibl cyfrifo momentau o amgylch unrhyw bwynt, nid dim ond o amgylch colyn.

▪ Nid yw'r pellter wedi'i nodi'n ddigon clir.

Moment grym o amgylch pwynt yw lluoswm y grym a'r pellter perpendicwlar i'r pwynt o linell weithredu'r grym.

2 $J s = kg m^2 s^{-1}$

3 Wedi gadael y cyfeiriad allan: mae cyflymiad yn fector.

4 Cymryd momentau o amgylch y pen chwith:
$MC = 2.5 N \times (L/2), MG = 1.0 N \times L$,

felly mae moment cydeffaith, ac ni all y rhoden fod mewn ecwilibriwm.

5 (a) 77 N (b) 64 N (2 ff.y.)

6 (a) 13.0 N ar ongl 22.6° i'r llorwedd

(b) 2.6 m s⁻² ar ongl 22.6° i'r llorwedd

7 (a) 2.72 g cm⁻³ neu 2.72×10^3 kg m⁻³

(b) 3.21 cm oherwydd

$$\frac{0.01}{3.21} > \frac{0.01}{4.75} > \frac{0.01}{10.30}$$

(c) $p_\rho = 0.62\%$; $\Delta\rho = \pm 0.016$ kg m⁻³; felly mae

$\rho - (2.72 \pm 0.02) \times 10^3$ kg m⁻³

(ch) $p_m = \dfrac{0.01}{4.27} \times 100\% = 0.0023\% \ll 0.62\%$

felly mae'r dybiaeth yn rhesymol.

8 9.5×10^{-11} m³

9 (a) $[p] = kg m^{-1} s^{-2}, [g] = m s^{-2}$, $[\rho] = kg m^{-3}$

(b) $[p] = [p_A] = kg m^{-1} s^{-2}$, $[g\rho d] = m s^{-2} kg m^{-3} m = kg m^{-1} s^{-2}$

felly mae'n homogenaidd

(c) 354 kPa

10 (a) 72 Nm clocwedd, 36 Nm clocwedd

(b) 90 N

(c) Grym tuag i fyny = swm y grymoedd i lawr. $F_1 = 140$ N

11 (a) $[G] = [F][d^2][M_1M_2]^{-1} = N m^2 kg^{-2}$

(b) $N = kg m s^{-2}$

$\therefore [G] = kg m s^{-2} m^2 kg^{-2} = kg^{-1} m^3 s^{-2}$

12 34 kg

13 (a) $v_1 = 26$ m s⁻¹ (i'r dde), 15 m s⁻¹ (tuag i fyny)

$v_2 = -10$ m s⁻¹ (i'r dde), 17 m s⁻¹ (tuag i fyny)

(b) $(v_1 + v_2) = 36$ m s⁻¹ ar ongl 4° i'r dde uwchben y linell doredig

(c) $(v_2 - v_1) = 36$ m s⁻¹ ar ongl 4° i'r chwith uwchben y linell doredig

1.2

1 (a) 5.0 m s⁻¹

(b) 4.4 m s⁻¹

(c) 4.7 m s⁻¹ [≠ 0.5 (5.0 + 4.4)]

(ch) 0.53 m s⁻¹ tuag i lawr

(d) 18.9 m s⁻¹ tuag i fyny

2 47.41 km s⁻¹

3 $\langle a \rangle = 5.7$ m s⁻² i'r De Ddwyrain [135°]

4 (a) 12.0 m i'r Gogledd [0°]

(b) 12.6 s (c) 9.5 m s⁻¹ i'r Gogledd [0°]

(ch) 30 m s⁻¹ i'r Gorllewin [270°]

(d) 2.4 m s–2 i'r Gorllewin [270°]

(dd) 13.5 m s⁻¹ i'r Gogledd Ddwyrain [45°]

(e) 3.4 m s⁻² i'r Gogledd Orllewin [315°]

5 (a) 1.0 m s⁻²

(b) 250 m

(c) [Graddiant y tangiad] = –0.60 m s⁻²

(ch) Amcangyfrif o'r pellter= 355 m. $\langle v \rangle = 8.9$ m s⁻¹

6 $[v] = [u] = $ m s⁻¹; $[at] = $ m s⁻² × s = m s⁻¹

Ond $[x] = $ m, $[u] = $ m s⁻¹,

$[at^2] = $ m s⁻² × s² = m

7 Cyfanswm y dadleoliad = 8325 m;

cyfanswm yr amser = 270 s

$\therefore$ Cyflymder cymedrig = 30.8 m s⁻¹

8 (a) +25 m s⁻¹, +15 m s⁻¹, +5 m s⁻¹

(b) 3.5 s (c) 7.0 s

9 (a) 123 m,

(b) 49.1 m s⁻¹,

(c) 57.5 m s⁻¹ ar ongl 59° i'r llorwedd

10 (a) 31.9 m

(b) 2.54 s

(c) 43.3 m s⁻¹ llorweddol

(ch) 220 m

11 h yn erbyn t^2: mae gan y llinell syth ffit orau raddiant 4.25 (m s⁻²) a rhyngdoriad –0.045 (m) → $g = 8.5$ m s⁻²

$\sqrt{h}$ yn erbyn t: mae gan y llinell syth ffit orau raddiant 2.21 (m⁰·⁵ s⁻¹) a rhyngdoriad –0.086 (m⁰·⁵) → $g = 9.77$ m s⁻² a $\tau \sim 0.04$ s

1.3

1 (a) 800 kg m s⁻¹ (N s) i'r dde

(b) 200 N s i'r dde

(c) 580 N s ar ongl o 31°

2 7750 J

3 Cymerwch mai m yw màs 'teithiwr'. Momentwm cychwynnol = $2m \times 6 = 12m$; momentwm terfynol = $3m \times 4 = 12m$. Mae'r momentwm cychwynnol a therfynol yn hafal, $\therefore$ fel y rhagfynegiad

4 33%

5 (a) 28 kN s i gyfeiriad y car cyntaf

(b) 11.2 m s⁻¹ (i gyfeiriad y car cyntaf), gan dybio nad oes grym cydeffaith llorweddol allanol yn gweithredu

6 5.0 m s⁻¹

7 (a) 2.8×10^5 m s⁻¹

(b) 3.4×10^{-13} J [~2.1 MeV]

8 A 17 m s⁻¹; B 18 m s⁻¹ y naill a'r llall i'r cyfeiriad dirgroes i'w cyfeiriadau gwreiddiol

9 Newid momentwm y bêl-droed = $[(-25) - 30] \times 0.45 = -24.75$ N s. $\therefore$ Y grym cymedrig sy'n cael ei roi gan y wal ar y bêl yw $\dfrac{-24.75}{0.04} = -620$ N [2 ff.y.] trwy N2, h.y. –620 N i gyfeiriad gwreiddiol y bêl

$\therefore$ Drwy N3 mae'r grym cymedrig a roddir gan y bêl ar y wal = – (–620 N) = 620 N i gyfeiriad gwreiddiol y bêl

10 (a) $\alpha_{mwyaf} = 11.0$ m s⁻²; $\alpha_{lleiaf} = 4.5$ m s⁻²,

(b) 8.4 m s⁻² ar ongl 22.6° i'r grym 12 N.

11 (a) 4.9×10^4 m s⁻²

(b) Gan dybio bod

$\langle F_{cyd} \rangle = \frac{1}{2}F_{mwyaf} \to 186$ m s⁻¹

$[F_{cyd}$ cyson $\to 260$ m s⁻¹]

12 (a) Mae gan fomentwm faint a chyfeiriad.

(b) Mae cyfradd newid momentwm gwrthrych mewn cyfrannedd â'r grym cydeffaith sy'n gweithredu arno, ac mae'n digwydd i gyfeiriad y grym cydeffaith.

13. Ar gyfer W, grym y plymiwr awyr i fyny ar y Ddaear; disgyrchiant

Ar gyfer $F_{i\ lawr}$, grym y plymiwr awyr tuag i lawr ar yr aer; grym cyffwrdd (electromagnetig)

14 (a) Heb wrthiant aer

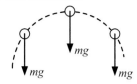

(b) Gyda gwrthiant aer

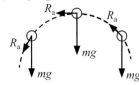

15 (a) Mae graff x/t yn erbyn t yn llinell syth, $\therefore$ cyflymiad cyson

(b) Graddiant = 14.4 (cm s^{-2}) $\therefore$ cyflymiad = 28.8 cm s^{-2}

(c) 0.17 kg.

16

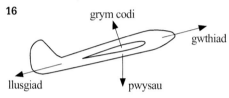

17

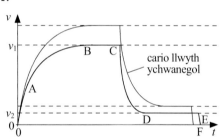

Mae cyflymderau terfynol v_1 a v_2 yn uwch, gan fod angen grymoedd gwrtheddol mwy i gydbwyso'r pwysau mwy. Bydd yn cymryd mwy o amser i gyrraedd y cyflymder terfynol bob tro. Oherwydd y buanedd uwch, bydd y plymiwr awyr yn cyrraedd y ddaear yn gynharach.

1.4

1 (a) 500 kJ (b) 5.0 kN

2 (a) 0.5 J

(b) 5 m s^{-1} gan dybio bod yr holl EP yn trosglwyddo i EC yn y sffêr

3 (a) 1.62 m s^{-1}

(b) 42.9° gan dybio nad oes unrhyw egni'n cael ei golli, h.y. yr un uchder ag yn wreiddiol (0.134 m)

4 Y gwaith sy'n cael ei wneud *gan rym* yw'r grym × pellter a symudir gan y grym *i gyfeiriad y grym*. Drwy adael yr ail ymadrodd mewn teip italig allan, mae hyn yn gwneud diffiniad y myfyriwr yn amwys ar y gorau.

5 1.69 m

6 (a) 84.9 m s^{-1}

(b) Uchder = 92 m, cyrhaeddiad = 640 m

7 (a) Cyfeiriad y gwthiad mewn perthynas â dadleoliad y lloeren.

(b) Os yw'r gwthiad i'r un cyfeiriad â'r dadleoliad, yna mae 3.5 MJ + 0.6 MJ = 4.1 MJ. Os yw'r gwthiad i'r cyfeiriad dirgroes, 3.5 MJ − 0.6 MJ = 2.9 MJ.

8. (a) (i) 785 J; (ii) 491 J; (iii) 196 J; (iv) 0

(b) (i) 0; (ii) 294 J; (iii) 589 J; (iv) 785 J

(c) Gan ddefnyddio (b)(iv), $v = 28$ m s^{-1}. Gan ddefnyddio $v^2 = 2gx$, $v = 28$ m s^{-1}. Mae'r dull cyntaf yn tybio nad oes unrhyw egni'n cael ei golli drwy wrthiant aer; mae'r ail yn tybio nad yw gwrthiant aer yn effeithio ar gyflymiad.

9. (a) Tyniant am bob uned estyniad,

(b) $[k] = [F].[x]^{-1} = $ kg m s^{-2} m^{-1} = kg s^{-2}

10 (a) $E_k = \frac{1}{2}mv^2 = \frac{1}{2}\frac{(mv)^2}{m} = \frac{p^2}{2m}$

(b) $m_A = 7.8$ kg; $v_A = 3.2$ m s^{-1} i'r Gogledd
$m_B = 1.0$ kg; $v_B = 10.0$ m s^{-1} i'r Gogledd

11

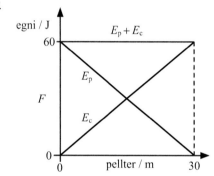

1.5

1 (a) 24.5 N m^{-1}

(b) 0.078 J

(c) 0.157 J

2 Estyniad = 16.0 cm

(a) 12.25 N m^{-1} (b) 0.157 J

(c) 0.304 J

3 (a) 0.885 m s^{-1}

(b) 16.0 cm

(c) 9.81 m s^{-2}

4 (a) ben wrth ben $k = 12$ N m^{-1}. Cyfanswm yr estyniad yn ddwbl ar gyfer unrhyw lwyth penodol

(b) ochr yn ochr $k = 48$ N m^{-1}. Cyfanswm y llwyth yn ddwbl ar gyfer unrhyw estyniad penodol

5 $F_{\text{mwyaf}} = 650$ N, $\Delta \ell = 0.14$ mm

6 (a) 58 900 N (b) 295 kJ

(c) 7.4 m (ch) 540 m

7 Bydd unrhyw grafiad ar yr arwyneb yn cau, ac ni fydd dan dyniant tan i'r gwydr gael ei estyn, fel bod y cywasgiad yn yr haen arwynebol yn cael ei oresgyn.

8 $T_A = T_B$; $\Delta \ell_B = 2\Delta \ell_A$; $\sigma_B = \sigma_A$; $\varepsilon_B = 2\varepsilon_A$; Egni $_B = 2\times$ Egni$_A$.

9 (a) Does gan ε ddim uned, gan ei fod yn gymhareb dau hyd, felly $[E] = [\sigma] = $ N m^{-2}

(b) $[\sigma] = $ N m^{-2} = kg m^{-1} s^{-2}

10 $T_X = T_Y$; $\sigma_X/\sigma_Y = \frac{1}{2}$; $\varepsilon_X/\varepsilon_Y = \frac{1}{3}$; $U_X/U_Y = \frac{1}{6}$

11 (a) (i) Mae 0.285 mm ymhell y tu allan i amrediad y darlleniadau eraill ac mae'n debygol o fod yn gamgymeriad.

(ii) Efallai na fydd y wifren yn berffaith gron, ond bydd $\pi d^2/4$ yn agos at y gwir arwynebedd trawstoriadol os d yw'r 'diamedr' cymedrig.

(iii) Diamedr cymedrig = $\frac{1}{7} \times$ (swm y darlleniadau a ganiateir) = 0.2744 mm

$p_d = \frac{0.2744 - 0.273}{2 \times 0.274} \times 100\% = 0.73\%$

Felly mae

$A = \pi \left(\frac{0.2744}{2}\right)$ mm$^2 \pm 1.46\%$
= (0.0594 $\pm$ 0.009) mm^2

(b) (i) Mae'r terfan elastig yn cael ei gyrraedd pan fydd y llwyth = 100 MPa × 0.0591 mm^2 = 6 N, felly mae'n synhwyrol i ni gadw'r llwyth yn is na 5 N ar gyfer darganfod modwlws Young.

(ii) (105 $\pm$ 4) GPa

(c) Bydd % yr ansicrwydd yn yr hyd yn parhau'n ddibwys, ond bydd y % ansicrwydd yn yr estyniad yn dyblu oherwydd bydd yr estyniad yn haneru wrth i'w ansicrwydd absoliwt aros yr un fath. Felly bydd yr ansicrwydd yn E yn cynyddu.

(ch) Yn wir, bydd % ansicrwydd llai yn yr estyniad, ond bydd y fantais hon yn cael ei chanslo (yn union) gan yr ansicrwydd canrannol mwy yn d^2.

12 (a) *Terfan elastig*: y diriant mwyaf lle mae'r sbesimen yn dychwelyd i'w hyd gwreiddiol os yw'r diriant yn cael ei dynnu. Os yw'n fwy na'r terfan elastig, ni fyddai'r sbesimen yn dychwelyd i'w hyd gwreiddiol wrth dynnu'r llwyth.

(b) Diamedr, d, a hyd, ℓ y wifren. Màs, m, y llwyth a ddefnyddir i ymestyn y wifren drwy estyniad x. Byddai hi'n cyfrifo'r modwlws Young fel hyn: $E = \frac{4mg\ell}{\pi d^2 x}$

(c) Bydd graff llinell syth o m yn erbyn x yn cadarnhau bod y wifren yn aros yn Hookeaidd. Os bydd darlleniadau a gymerir wrth ddadlwytho yn gorwedd ar yr un llinell, bydd yn cadarnhau ymddygiad elastig. Bydd tynnu'r llinell syth orau a defnyddio'r hafaliad isod yn cyfartaleddu gwerthoedd E o wahanol barau m, x. $E = \frac{4g\ell}{\pi d^2} \times$ graddiant y graff

13 (a) Ar **B** mae moleciwlau yn unioni (drwy gylchdroi bondiau), sy'n gofyn am ychydig iawn o rym (heblaw bod angen goresgyn cynnwrf thermol, sy'n tueddu i ddychwelyd moleciwlau i siapiau byrrach, mwy tebygol). Ar **C** mae'r rhan fwyaf o foleciwlau bron yn syth ac mae'n rhaid ymestyn bondiau, ac mae angen mwy o rym.

(b) Hysteresis

(c) Bydd llai o waith yn cael ei wneud gan y band ar yr ataliadau allanol pan fydd y band yn cyfangu nag sy'n cael ei wneud gan yr ataliadau ar y band pan fydd yn ehangu. Mae'r 'gwaith coll' hwn yn arwain at gynnydd yn egni thermol hap y band.

1.6

1 (a) 1.2×10^{25} W

(b) 120 nm

2 $\lambda_{CG} = \frac{1}{4}\lambda_\odot$

$L_{CG} = \frac{256}{10^4}L_\odot \sim \frac{1}{40}L_\odot$

3 Gan ddefnyddio deddf Wien $\lambda_{mwyaf} \sim$

(a) 0.3 mm   (b) 3 μm

(c) 30 nm   (ch) 300 pm

Mae hyn yn awgrymu

(a) microdonnau   (b) isgoch (pell)

(c) uwchfioled (pell)   (ch) pelydr X

4 Mae'r arddwysedd brig yn llawer llai felly mae angen ehangu'r raddfa fertigol. Mae'r tonfeddi ag arddwysedd arwyddocaol yn ymestyn i werthoedd llawer mwy felly mae angen cywasgu'r raddfa hon.

5 $L_{cawr\ coch} = 10^6 \times I_{corrach\ coch}$. ∴ Ar yr un pellter, mae'r cawr coch yn ymddangos $10^6 \times$ mor llachar. I leihau disgleirdeb y cawr coch gan ffactor o 10^4 (fel ei fod dim ond yn ymddangos yn $10^2 \times$ mor llachar) mae angen iddo gael ei symud $10^2 \times$ y pellter. Felly, mae'r cawr coch 100 gwaith ymhellach i ffwrdd na'r corrach coch.

6 Mae'r hydrogen y tu allan i sêr wedi ei ddefnyddio bron yn gyfan gwbl (neu wedi ei chwythu i ffwrdd gan wasgedd pelydriad).

Daw allyriad 21 cm o atomau hydrogen niwtral yn unig.

7 Mae golau gweladwy, â thonfedd 0.4–0.7 μm, yn cael ei wasgaru'n gryf gan lwch rhyngserol. Mae gan belydriad isgoch, yn enwedig isgoch pell, donfedd hirach na maint y gronynnau llwch, felly nid yw'n cael ei wasgaru ganddyn nhw. Oherwydd hyn, gall dreiddio'n well i'r cymylau o lwch lle mae'r sêr yn cael eu ffurfio.

8 Mae $\lambda_{mwyaf} \sim 10$ μm felly mae arsylwadau yn yr isgoch pell yn dangos allyriad cryfach os oes disg o'r fath yn amgylchynu'r seren, nag y bydden nhw hebddi.

9 Mae'r llinellau allyru yn y sbectrwm hydrogen yn goch ac yn las, felly mae'r rhanbarthau H1 yn ymddangos yn binc sy'n tywynnu (magenta).

10 Mae'r man poeth yn allyru pelydrau X sydd â thonfedd o tua 300 pm (gweler cwestiwn 3). Gan hynny, byddwn ni'n gweld cawod o belydrau X unwaith ym mhob cylchdro (h.y. ~ unwaith bob eiliad). Os yw'r arsylwr yn union ym mhlân y disg croniant, efallai na fydd hyn yn cael ei arsylwi oherwydd amsugniad o fewn y disg.

11 (a) Pelydrydd cyflawn yw corff (neu arwyneb) sy'n amsugno'r holl belydriad electromagnetig sy'n drawol arno. (Mae hefyd yn allyru mwy o belydriad bob eiliad o fewn unrhyw amrediad tonfedd nag unrhyw gorff sydd ddim yn belydrydd cyflawn ar yr un tymheredd.)

(b) *Deddf Wien*: Mae tonfedd allyriad brig pelydriad em ar gyfer pelydrydd cyflawn mewn cyfrannedd gwrthdro â'i dymheredd.

Deddf Stefan–Boltzmann: Mae pŵer pelydriad e-m sy'n cael ei allyru gan belydrydd cyflawn am bob uned arwynebedd arwyneb mewn cyfrannedd â T^4, lle T yw ei dymheredd kelvin.

12 Bydd llinellau tywyll yn croesi'r sbectrwm golau gwyn oherwydd amsugniad tonfeddi penodol gan yr atomau hydrogen. Mae amsugniad yn digwydd bob tro bydd ffoton yn codi'r electron mewn atom hydrogen o lefel is i lefel uwch. Mae egnïon y lefelau'n sefydlog, felly mae'r tonfeddi sy'n cael eu hamsugno yn sefydlog.

13 $\frac{\lambda_{brig}(3000K)}{\lambda_{brig}(6000K)} = 2$; $\frac{P_{3000K}}{P_{6000K}} = \frac{1}{16}$

14 (a) uwchfioled

(b) 400 nm – 700 nm

(c) Bydd X yn las-wyn. Y rheswm am hyn yw bod y brig yn gorwedd yn yr uwchfioled, y tu hwnt i ben glas/fioled y sbectrwm gweladwy. Felly, yn yr amrediad gweladwy, bydd yr arddwysedd sbectrol yn fwy ar y pen hwn, wrth i sbectrwm y pelydrydd cyflawn barhau i ostwng o'i frig.

(ch) 15 000 K

15 (a) 4.45×10^{26} W   (b) 58 nm

(c) 6.32×10^{-10} W m^{-2}

16 Mae arddwysedd y pelydriad e-m o'r seren sy'n cyrraedd B yn $\frac{1}{4}$ yr hyn sy'n cyrraedd A.

Gan dybio bod pob planed yn cyrraedd ecwilibriwm thermol pan fydd y pŵer pelydriad a allyrir ohono fel pelydrydd cyflawn yn hafal i'r pŵer pelydriad a dderbynnir, $\frac{T_A}{T_B} = \sqrt{2}$

17 (a) gweladwy

(b) (i) 250 nm: uwchfioled

(ii) 1000 nm: isgoch

(c) cawr glas: $\frac{L}{L_\odot} = 1600$;

cawr coch: $\frac{L}{L_\odot} = 625$

1.7

1. Nid yw gronynnau elfennol, fel yr electron, yn gyfuniadau o ronynnau eraill. Mae gronynnau cyfansawdd yn gyfuniadau o ronynnau eraill. Er enghraifft, mae'r proton yn gyfuniad o 3 cwarc (**uud**).

2. Mae baryon yn gyfuniad o 3 cwarc. Mae meson yn gyfuniad o 1 cwarc ac 1 gwrthgwarc.

3. Mae gan brotonau adeiledd 3 cwarc (**uud**). Gallan nhw gymryd rhan mewn rhyngweithiadau cryf, gwan, electromagnetig (a disgyrchiant). Nid oes gan electronau adeiledd, gan nad ydyn nhw'n cynnwys gronynnau eraill. Gallan nhw gymryd rhan mewn pob math o ryngweithiad, ac eithrio'r rhai cryf.

4. Mae gwefr, rhif baryon, rhif lepton a (chyfanswm) rhif cwarc yn cael eu cadw ym mhob rhyngweithiad. Mae rhifau cwarc ar gyfer blasau unigol o gwarc yn cael eu cadw ym mhob rhyngweithiad hadron heblaw'r rhai gwan.

5. Deddfau cadwraeth ar gyfer egni, momentwm, gwefr, rhif baryon, rhif lepton.

6. Ni fydd cynhyrchion y rhyngweithiad yn cynnwys leptonau na gwrthleptonau, gan nad ydyn nhw'n ymwneud â'r rhyngweithiad cryf. Bydd un baryon yn fwy na gwrthfaryon (cadwraeth baryonau). Swm gwefrau'r cynhyrchion fydd sero (cadwraeth gwefr). Gallai unrhyw nifer o fesonau gael eu cynhyrchu. Bydd swm y rhifau cwarc ar gyfer pob blas cwarc unigol yr un fath â'r swm ar gyfer y baryon a'r meson gwreiddiol.

7. Ni fydd leptonau na gwrthleptonau yn cael eu cynhyrchu, gan nad ydyn nhw'n ymwneud â'r rhyngweithiad cryf. Swm gwefrau'r cynhyrchion fydd –1 (cadwraeth gwefr). Bydd nifer y baryonau yn hafal i nifer y gwrthfaryonau (y ddau yn sero o bosibl). Efallai bydd meson(au). Adeiledd cwarc yr adweithyddion yw **udd** ac $\overline{uud}$, felly swm y niferoedd cwarc **u** yn y cynhyrchion fydd –1; niferoedd cwarc **d** fydd +1, gan fod y niferoedd blas cwarc unigol hyn yn cael eu cadw mewn rhyngweithiad cryf.

8 u$\overline{d}$

9 ddd

10 (a) v_e: lepton; n: baryon

(b) Mae cadwraeth rhif baryon a rhif lepton (cenhedlaeth gyntaf) yn dangos bod rhaid i'r cynhyrchion fod ag 1 baryon ac 1 lepton. Gan ein bod yn cael gwybod bod y cynhyrchion yn wahanol i'r adweithyddion, rhaid i'r lepton fod yn electron. Mae gwefrau'r adweithyddion yn sero, felly er mwyn cadw gwefr rhaid i'r cynnyrch, baryon, fod yn broton (neu'n Δ+).

(c) Y grym gwan. Ni all y niwtrino gymryd rhan yn y rhyngweithiadau cryf nac e-m. Dim ond y rhyngweithiad gwan all effeithio ar y newid blas cwarc, o d yn y niwtron i u yn y proton (neu.Δ⁺).

11 (a) Mae ymwneud y ffoton yn dangos rhyngweithiad e-m.

(b) Cyn y gwrthdrawiad, cyfanswm y momentwm yw sero. Felly, mae'n rhaid iddo fod yn sero wedi hynny. Ond dim ond mewn un cyfeiriad y gall un ffoton fod yn symud ar unrhyw adeg, felly mae'n rhaid iddo gael momentwm (h/λ) i'r cyfeiriad hwnnw.

12 (a) p: 500 eV, $^4_2$He: 1000 eV

(b) p: 8.0×10^{-17} J, $^4_2$He: 16×10^{-17} J

13 (a) Mae X yn niwtrino electron, ν_e. Gan ddefnyddio cadwraeth lepton, rhaid bod X yn cael $L = +1$ oherwydd ar gyfer p, $L = 0$; ar gyfer n, $L = 0$; ar gyfer e⁺, $L = -1$. Gan ddefnyddio cadwraeth gwefr, rhaid bod X yn cael $Q = 0$ oherwydd ar gyfer p, $Q = +1$; ar gyfer n, $Q = 0$; ar gyfer e+, $Q = +1$. Yr unig lepton cenhedlaeth gyntaf heb wefr yw'r ν_e.

(b) Mae ymwneud niwtrinoeon, newid blas cwarc (o **u** i **d**) a'r hanner oes hir i gyd yn dangos rhyngweithiad gwan.

14. (a) $n \rightarrow p + e^- + \bar{\nu}_e$

(b) Rydyn ni'n diffinio rhif lepton, L, fel nifer y leptonau – nifer y gwrthleptonau. L yn newid mewn unrhyw ryngweithiad. Mae hyn yn wir am ddadfeiliad niwtron oherwydd bod L : $0 \rightarrow 0 + 1 + (-1)$.

(c) Mae rhif baryon, B, yn cael ei gadw oherwydd bod
$$1 \rightarrow 1 + 0 + 0.$$
Mae gwefr, Q, yn cael ei gadw oherwydd bod
$$0 \rightarrow 1 + (-1) + 0.$$

(ch) Er mwyn cadw L, B, a Q, rhaid bod dadfeiliad proton yn $p \rightarrow n + e^+ + \nu$.

Cyfanswm egni-màs n ac e⁺ yw 940.1 MeV, sy'n > egni-màs p.

Mae hyn yn amhosibl ar gyfer proton rhydd; rhaid rhoi egni ychwanegol i'r proton.

Ar gyfer dadfeiliad niwtron, y cyfrif egni-màs yw:

$$939.6 \text{ MeV} \rightarrow 938.8 \text{ MeV}$$

nid oes angen i hyn dorri cadwraeth egni gan y gall cynhyrchion yr adwaith fod ag EC.

15 $\Delta^{++} \rightarrow p + \pi^+$ uuu $\rightarrow$ uud + u$\bar{\text{d}}$

$\Delta^+ \rightarrow p + \pi^0$ uud $\rightarrow$ uud + u$\bar{\text{u}}$ neu

uuu $\rightarrow$ uud + d$\bar{\text{d}}$ neu

$\Delta^+ \rightarrow n + \pi^+$ uud $\rightarrow$ udd + u$\bar{\text{d}}$

$\Delta^0 \rightarrow n + \pi^0$ udd $\rightarrow$ udd + u$\bar{\text{u}}$ neu

udd $\rightarrow$ udd + d$\bar{\text{d}}$ neu

$\Delta^0 \rightarrow p + \pi^-$ udd $\rightarrow$ uud + d$\bar{\text{u}}$

Mae'r hanner oes yn llawer byrrach nag ar gyfer dadfeiliad e-m neu ddadfeiliad gwan. Nid oes unrhyw newidiadau i'r blas cwarc, gan gadarnhau'r rhyngweithiad gwan, ac nid oes ymwneud niwtrinoeon ychwaith.

Uned 2

2.1

1 (+)1.47×10^{-17} C [14.7 aC]

2 (a) (i) 6.25×10^{13} (ii) 1.3×10^{13}

(b) Mae nifer yr electronau yn hafal i nifer y protonau yn y niwclysau atomig.

3 1.0×10^{-10} A tuag at y cynhalydd.

4 (a) 110 C

(b) 100 mA awr = 360 C, felly mae'r honiad wedi'i orbwysleisio'n fawr.

Y&H 1 392 kC

Y&H 2 (a) Lluniadwch graff o'r cerrynt [= gp/gwrthiant] yn erbyn amser. Mae'r arwynebedd oddi tano yn rhoi cyfanswm gwefr 47 mC

(b) 3.25 s

(c) 0.5 (!)

5 (a) 1.3 mA

(b) ~2.0 mA [o'r graddiant ar $t = 0$]

6 20 mC → 10 mC = 8.3 s; 24 mC → 12 mC = 9.0 s

16 mC → 8 mC = 8.4 s; Pob un yn agos iawn, felly esbonyddol.

Gwerth cymedrig hanner oes ~ 8.6 s

7 (a) n = crynodiad electronau rhydd; v = cyflymder drifft electronau rhydd

(b) (i) n, e, I (ii) Av = cysonyn. $A_P = 9 \times A_Q$, $\therefore v_Q = 9 \times v_P$

8 (a) Cyfaint ïonig = 1.047×10^{-30} m³

$$\therefore N \sim \frac{3}{1.047 \times 10^{-30}} = 2.9 \times 10^{30} \text{ m}^{-3}$$

(b) 2.7×10^{-5} m s⁻¹

9 0.1 m s⁻¹

10 (a) $I_{\text{mwyaf}} = 7.5$ A $\rightarrow v_{\text{mwyaf}} = 0.70$ mm s⁻¹

$\therefore$ Graff fel sydd i'w weld

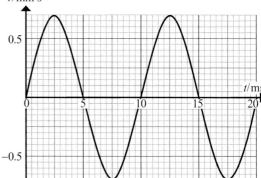

(b) Pellter = arwynebedd o dan y graff rhwng 0 a 5 ms = 2.2×10^{-6} m. Y pellter bach hwn yw'r pellaf mae electron yn drifftio. Yn yr hanner cylchred nesaf mae'n drifftio 'yn ôl' drwy'r un pellter, felly, ar gyfer c.e., nid yw'r electron yn symud ymlaen. Mae'r electronau unigol i gyd yn teithio dipyn ymhellach na hyn drwy eu mudiant thermol hap eu hunain.

2.2

1 (a) Trosglwyddir 1.6 J o egni trydanol i ffurfiau eraill yn yr LED am bob coulomb o wefr sy'n pasio drwyddo.

(b) 35 J (2 ff.y.)

2 (a) Trosglwyddir 2500 J o egni bob eiliad [pan fydd y gwresogydd ymlaen].

(b) 10.9 A (3 ff.y.)

(c) 21.2 Ω (3 ff.y.) [21.1 Ω os ydyn ni'n gweithio o 10.9 A]

(ch) (i) 2.7 kW (ii) 2.3 kW

(d) Yn yr Almaen, trosglwyddir llai o egni bob eiliad felly byddai'n cymryd mwy o amser i ddod â'r dŵr i'r berw (~19% yn hirach)

3 (a) Mae'r cerrynt drwy ddargludydd mewn cyfranedd union â'r gp, ar draws ei ddau ben.

(b) (i) $3.3\ \Omega$ (ii) $20\ \Omega$

(c) Mae deddf Ohm yn gymwys i un rhan o'r graff nodweddiadol yn unig lle mae V ac I mewn cyfranedd, h.y. hyd at $0.7\ V$, $0.2\ A$.

Yn y rhanbarth hwn, nid yw'r cynnydd yn nhymheredd y ffilament yn ddigon mawr i gael effaith arwyddocaol ar y gwrthiant.

4 (a) $0.76\ mA$ (b) $2.0\ W$ (c) $4.0 \times 10^{-16}\ J$ (ch) $3.0 \times 10^7\ m\ s^{-1}$

(d) $2.7 \times 10^{-23}\ N\ s$

5 (a) $0.78\ \Omega$

(b) Mae dyblu'r hyd yn dyblu'r gwrthiant oherwydd bod $R \propto \ell$. Mae dyblu'r lled a'r uchder yn lluosi'r arwynebedd trawstoriadol, A, â 4 ac felly'n rhannu'r gwrthiant â 4: $R \propto A^{-1}$. Yr effaith gyfunol yw haneru'r gwrthiant.

6 (a) (i) $23.9\ \Omega$ (ii) $3.4\ \Omega$ (iii) Lluoswch yr arwynebedd trawstoriadol â 7.

(b) (i) $P = I^2 R = I^2 \times \dfrac{\rho\ell}{A}$ $\therefore$ wrth ad-drefnu $\dfrac{P}{\ell} = \dfrac{\rho I^2}{A}$

(ii) $\left(\dfrac{P}{\ell}\right)_X = \dfrac{4\rho I^2}{\pi d^2}$; $\left(\dfrac{P}{\ell}\right)_Y = \dfrac{4\rho(2I)^2}{\pi(2d)^2} = \dfrac{4\rho I^2}{\pi d^2}$. Felly'r un fath $\dfrac{P}{\ell}$.

7 (a) Ar folteddau isel, bydd y pŵer yn isel iawn ac felly, bydd y tymheredd fwy neu lai'n gyson. Drwy hyn, mae'n ufuddhau i ddeddf Ohm. Ar folteddau uwch, bydd y tymheredd yn codi, gan gynyddu'r gwrthiant, felly nid yw'n ufuddhau i ddeddf Ohm. Disgwylir i'r tymheredd gweithredu fod $\sim 2000\ K$ neu'n fwy (i roi allyriad gwynnaidd).

(b) Dim ond yn yr amrediad foltedd isel y mae angen y gwrthydd newidiol mewn cyfres. Islaw $2\ V$, mae'r gwrthydd yn cael ei addasu: mae cynyddu ei wrthiant yn lleihau'r cerrynt yn y gylched, ac felly'r gp ar draws y bwlb, gan ganiatáu i'r myfyrwyr gael parau o werthoedd V ac I ar gyfer $V < 2\ V$.

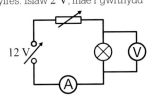

(c) O'r graff I yn erbyn V (isod), mae'r ymddygiad yn newid ar $\sim 1.2\ V$.

(d) Foltedd trosiannol $\sim 1.03\ V$. Uwchlaw hyn mae'r graff (isod) bron yn llinell syth (sydd ddim yn allosod yn ôl i'r tarddbwynt) ond mae'n crymu i lawr ychydig. Mae hynny'n awgrymu bod gwerth n ychydig yn llai na 0.6.

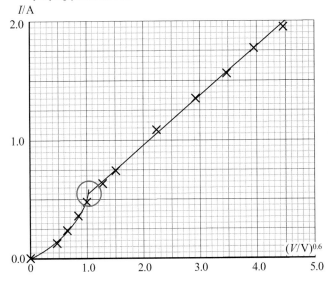

(f) Tabl o werthoedd $\ln I$ a V.

$\ln (V/V)$	$\ln (I/A)$
-1.38	-2.14
-0.69	-1.45
-0.28	-1.04
0.00	-0.76
0.41	-0.45
0.69	-0.30
1.38	0.08
1.79	0.29
2.08	0.45
2.30	0.57
2.48	0.69

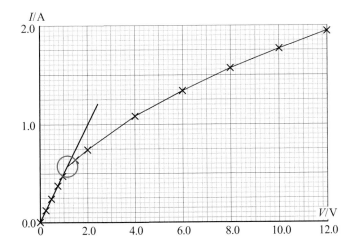

(ch) $R = \dfrac{2.0\ V}{0.99\ A} = 2.0\ \Omega$ ar dymereddau isel

$R = \dfrac{12.0\ V}{1.95\ A} = 6.2\ \Omega$ ar y foltedd gweithredu.

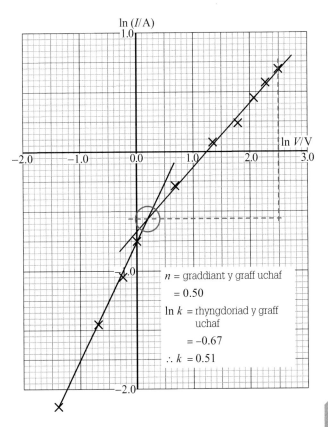

n = graddiant y graff uchaf
$= 0.50$

$\ln k$ = rhyngdoriad y graff uchaf
$= -0.67$

$\therefore k = 0.51$

2.3

1 (a) (i) 4.5 V (ii) 0.45 A (iii) 0.75 A

(b) $V_{AB} = 0.75$ A $\times 24$ $\Omega = 18$ V. $\therefore$ $V_{AC} = 18$ V $+ 4.5$ V $= 22.5$ V

(c) (i) 30 Ω

(ii) $R_{AC} = \dfrac{V_{AC}}{I} = \dfrac{22.5 \text{ V}}{0.75 \text{ A}} = 30.0 \ \Omega$

2 160 Ω (2 ff.y.)

3 (a) (i) 6 Ω

(ii) Byddai gan gyfuniad mewn cyfres wrthiant mwy na 10 Ω.

(b) (i)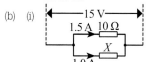

(ii) $X = \dfrac{15 \text{ V}}{1.0 \text{ A}} = 15 \ \Omega$

(iii) $R_{cyfan} = \dfrac{10 \times 15}{10 + 15} = 6 \ \Omega$ ✓

4 200 Ω

5 (a) (i) 70 Ω (ii) 3.6 V

(b) (i) Mae'n cynyddu: oherwydd bod cyfanswm gwrthiant y gylched yn lleihau

(ii) Mae'n cynyddu: oherwydd bod y cerrynt drwy **AS** yn cynyddu

(iii) Mae'n lleihau: oherwydd bod y gp ar draws **AS** wedi cynyddu (ac mae'r swm yn gwneud 12 V)

6 (a) (i) A

(ii) Y trosglwyddiad egni o egni cemegol am bob coulomb o wefr sy'n gadael (neu'n mynd i mewn) i'r gell.

(iii) 1.60 V

(b) (i) 1.20 V (ii) 0.33 Ω

(c) (i) 0.33 Ω (ii) y gwrthiant mewnol

7 (a) $E = I(R + r)$, felly $\dfrac{E}{I} = R + r$. Felly $R = \dfrac{E}{I} - r$

(b)

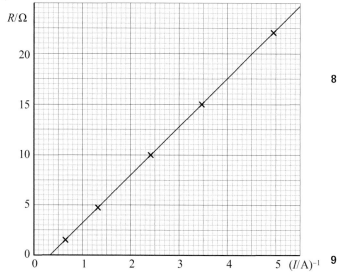

(c) Mae'r pwyntiau ar linell syth gyda graddiant positif yn unol â'r hafaliad. Mae rhyngdoriad negatif ar yr echelin R, unwaith eto fel y rhagfynegiad. Ychydig iawn o wasgariad sydd yn y pwyntiau o amgylch y llinell ffit orau, gan roi cefnogaeth dda i'r hafaliad.

(ch) $E = 4.76$ V; $r = -1.5 \ \Omega$

(d) Cadw'r stôr o egni yn y batri (ei atal rhag mynd yn fflat!)

8 (a) (i) 100 Ω (ii) 44 Ω

(b) (i) 6.4 V (ii) 106 mA

(c) Mae'r gp (ar gyfer y ddau) = 2.8 V; I(bwlb) = 51.5 mA; I(gwrthydd) = 28.5 mA

(ch) cerrynt (ar gyfer y ddau) = 43 mA; V(bwlb) = 1.7 V; V(gwrthydd) = 4.3 V

2.4

1 Mae 'symud' a 'teithio' yn golygu'r un peth, felly mae'r ateb yn ddryslyd. Dylai sôn am y gronynnau hefyd. Gwell: Mae'r gronynnau mewn ton ardraws yn osgiliadu ar ongl sgwâr i gyfeiriad teithio'r don. Mae cyfeiriad osgiliadu'r gronynnau mewn ton arhydol yn baralel â'r cyfeiriad teithio.

2. (a) Gyda gwahaniadau o 2λ, 3λ etc., bydd y gronynnau hefyd yn gydwedd.

(b) Os mesurwn y pellter ar ongl i gyfeiriad y lledaeniad, bydd yn fwy na'r donfedd.

3 Gydag ateb 2, gallai'r gwahaniad fod yn 2λ, 3λ etc neu'r pellter rhwng unrhyw ddau bwynt gydag uchafbwynt (neu isafbwynt) hanner ffordd rhyngddyn nhw.

4. (a) (i) 1.4 mm (ii) 0.40 m

(b) (i) Ar gyfer y buanedd isaf, mae'r don wedi symud 0.08 m

Felly buanedd isaf $= \dfrac{0.08 \text{ m}}{0.00025 \text{ s}} = 320$ m s^{-1}

(ii) Ar gyfer y buanedd nesaf, mae'r don wedi symud 0.48 m $\rightarrow 1.92$ km s^{-1}

(c) (i) 1.25 ms (ii) 800 Hz

5 (a) (i) 0.100 m, 0.300 m, 0.500 m, 0.700 m, 0.900 m;

(ii) 0.200 m, 0.600 m;

(iii) 0.000 m, 0.400 m, 0.800 m.

(b) Buanedd fertigol mwyaf = graddiant mwyaf × buanedd llorweddol

= (tua) 0.022×320 m s-1 = 7 m s^{-1} (1 ff.y.).

6 (i) 0.55 m, 0.95 m, 1.35 m, 1.75 m

(ii) 0.35 m, 0.75 m, 1.15 m, 1.55 m, 1.95 m

7 (a) (i) 0.04 m (ii) 5.0 Hz

(b) (i) 0.050 s (ii) Gyda'r buanedd hwn = $\dfrac{0.30 \text{ m}}{0.050 \text{ s}} = 6.0$ m s^{-1}

(iii) Gallai'r amser rhwng A a B fod yn 0.25 s (h.y. $5T$) sy'n rhoi $0.2 \times$ buanedd.

(c) (i) Y gwahaniad lleiaf rhwng dau bwynt sy'n osgiliadu'n gydwedd wedi'i fesur ar hyd cyfeiriad y lledaeniad.

(ii) 1.2 m.

8 (a) O'r wybodaeth, mae $f = 2.5$ Hz a $T = 0.4$ s.

(b)

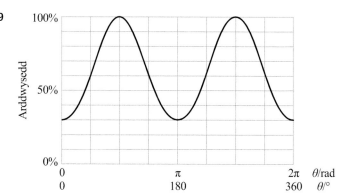

9

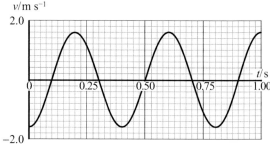

10 (a) Mae'r buanedd ton yn is yn y dŵr bas uwchben siâp y lens. Y mwyaf agos at y canol y mwyaf y mae'r flaendon yn cael ei ddal yn ôl.

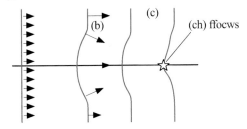

11 (a) Bydd y golau rhwng y polaroidau wedi ei bolareiddio 100% ar ongl o $90°$ i gyfeiriad trawsyrru'r ail bolaroid – felly dim trawsyrru.

(b) Mae'r golau sy'n taro'r ail bolaroid wedi'i bolareiddio ar ongl $45°$ i'r cyfeiriad trawsyrru, felly mae rhywfaint yn cael ei drawsyrru – gyda chyfeiriad polareiddio ar ongl $45°$ i'r trydydd polaroid, felly unwaith eto, mae rhywfaint yn cael ei drawsyrru.

12. A = 10 cm

$6.28\lambda = 2\pi$, felly $\lambda = 1.00$ m. Felly $\omega = 2\pi f = 2\pi \dfrac{v}{\lambda} = 1600\pi$ (rad) s^{-1}

Ar $x = 2.5$ m a $t = 0$, $y = 10$ cm $\times \cos(6.28 \times 2.5) = -10.0$ cm

$\therefore$ Mae'n anghydwedd â ffwythiant cos ac mae $\phi = \pm\pi$
[neu $\pm3\pi, \pm5\pi$ ....]

2.5

1 (a) Cyfanswm y dadleoliad o ddau (neu fwy) o donnau ar unrhyw bwynt yw swm fector eu dadleoliadau unigol ar y pwynt hwnnw.

(b) Mewn rhai mannau bydd y tonnau yn gydwedd, gan roi amledd 1.5 cm + 2.0 cm = 3.5 cm. Os yw'r tonnau'n anghydwedd, yr amledd fydd y gwahaniaeth yn yr osgledau, h.y. 0.5 cm. Dyma'r osgled lleiaf.

2. B ac E yn gywir.

3. (a) Ydynt, oherwydd mae eu hamleddau'n unfath – yr un generadur signalau sy'n eu gyrru.

(b) Gwahaniaeth llwybr = $\sqrt{120^2 + 50^2} - 120 = 130 - 120 = 10$ cm

(c) 20 cm

(ch) Dylai lefel y sain fod yn isel oherwydd bod y tonnau'n cyrraedd yn anghydwedd: y gwahaniaeth llwybr yw $\lambda/2$. Yr Egwyddor Arosodiad

(d) Mae lefel y sain yn cynyddu i uchafswm ar y llinell gymesuredd. Mae'r gwahaniaeth gwedd rhwng y tonnau o A a B yn lleihau tuag at sero, felly mae'r tonnau'n atgyfnerthu ei gilydd.

4. (a) Fel bod amleddau'r ddwy don yn unfath.

(b) 336 Hz

(c) Mae'r tonnau unfan yn cael eu ffurfio drwy arosodiad y tonnau sy'n teithio mewn cyfeiriadau dirgroes. Yn agos at seinydd, mae osgled un don yn llawer mwy na'r llall, felly mae canslo anghyflawn ar nod.

5 (a)

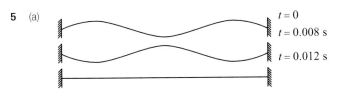

$t = 0$
$t = 0.008$ s
$t = 0.012$ s

(b) 1.65 m $= 1.5\lambda$, felly $\lambda = 1.10$ m.

$v = \dfrac{\lambda}{T} = \dfrac{1.10 \text{ m}}{0.016 \text{ s}} = 68.8$ m s^{-1} (3 ff.y.)

(c) Mae pob pwynt rhwng 0 a 0.55 m o'r naill ben neu'r llall yn osgiliadu'n gydwedd. Mae'r pwyntiau yn nhraean ganol y llinyn i gyd yn osgiliadu yn gydwedd â'i gilydd ac yn anghydwedd â'r pwyntiau yn y traeanau allanol.

(ch) 3.30 m; 20.8 Hz

6 $\dfrac{\lambda}{4} = 188 \pm 3$ mm (ansicrwydd 1.4%)

$\therefore v = 331 \pm 5$ m s^{-1}

7 Dyma'r hafaliadau: $188 \pm 3 = \dfrac{\lambda}{4} - e$ a $576 \pm 3 = \dfrac{3\lambda}{4} - e$

Gan dynnu, ac yna lluosi â 2 → $\lambda = 776 \pm 12$ mm $= 0.776 \pm 0.012$ m.
Mae hyn yn rhoi $v = 341 \pm 5$ m s^{-1}

Ac mae $e = 6 \pm 6$ mm!

8 (a) Diffreithiant

(b) Mae'r pwynt ar O yn derbyn tonnau sydd wedi'u diffreithio o'r ddwy hollt. Mae'r tonnau yn adio drwy arosodiad. Mae'r tonnau yn gydwedd oherwydd bod hyd y llwybrau o'r ddwy hollt yn hafal. Oherwydd hyn, mae'r tonnau'n ymyrryd yn adeiladol, h.y. mae'r osgled cydeffaith ddwywaith yr osgled yn rhan (a) – felly mae'r arddwysedd 4 × yr arddwysedd yn rhan (a).

(c) Wrth i'r chwiliedydd symud tuag at P, mae'r chwiliedydd yn parhau i dderbyn tonnau o'r ddwy hollt, ond mae'r tonnau o'r holltau yn fwy a mwy anghydwedd oherwydd bod hyd y llwybr o'r hollt isaf yn fwy nag yw o'r hollt uchaf. Pan fydd y gwahaniaeth llwybr hwn yn $\lambda/2$, mae'r tonnau'n union anghydwedd, ac felly maen nhw'n canslo ei gilydd (bron). Mae mudiant pellach i'r un cyfeiriad yn arwain at wneud i'r tonnau agosáu at wahaniaeth llwybr o λ, ac ar y pwynt hwnnw maen nhw'n atgyfnerthu ei gilydd yn llawn unwaith eto. Rydyn ni'n galw'r effaith hon yn ymyriant.

(ch) (i) (I) 2.94 cm (II) 2.76 cm.

(ii) Mae fformiwla Young, sydd wedi'i deillio ar gyfer D >> d yn rhoi ateb eithaf manwl gywir hyd yn oed pan fydd $d = 8$ cm a D = 50 cm.

9 (a) Mae'r gwahaniad holltau, $x = 0.64$ mm.

(b) ~ 10 eddi. Mae'r patrwm ymyriant i'w weld yn bennaf yn uchafbwynt canol y diffreithiant. Mae 10 × 2 mm yn rhoi 2 cm.

(c) (i) Byddai'r uchafbwynt canol ~ 1.6 cm o led ac yn cynnwys 10 eddi 1.6 mm ar wahân. Mae gwasgariad y patrymau diffreithiant ac ymyriant, fel ei gilydd, mewn cyfrannedd â'r donfedd.

(ii) Nid oes patrwm ymyriant i'w weld, ond mae'r patrymau diffreithiant yn gorgyffwrdd i roi cyfuniad o goch a gwyrdd (sy'n ymddangos yn felyn) yn y canol, gan newid i goch ar yr ymylon lle mae eddi canol y patrwm diffreithiant gwyrdd yn gorffen.

(iii) Nid oes effaith ar y patrwm ymyriant, ond mae'n hanner yr arddwysedd oherwydd bod y golau, sydd wedi'i bolareiddio ar ongl sgwâr, yn cael ei amsugno.

(iv) Nid oes patrwm ymyriant i'w weld. Ni all dau baladr o olau ar ongl sgwâr arosod i roi cydeffaith o sero. [D.S. Gall fod yn ddefnyddiol ymchwilio i esboniad ffotonau ar gyfer yr effaith hon.]

10 $\lambda = 2\ell$, felly $f = \dfrac{v}{2\ell} = \dfrac{1}{2\ell} \times \sqrt{\dfrac{mg}{\mu}}$, h.y. $f = k\sqrt{m}$ lle mae $k = \dfrac{1}{2}\sqrt{\dfrac{g}{M\ell}}$

11 Mae'r onglau ar gyfer y tonfeddi hysbys yn gyson â gwahaniad holltau gratin o 2.02×10^{-6} m. Gan ddefnyddio'r gwerth hwn, mae'r donfedd ar gyfer y llinell ddirgel yn 546 nm, mewn cytundeb da.

12 (a), (b) Mae'r patrwm diffreithiant ar gyfer y golau â'r donfedd fyrrach yn fwy cywasgedig. Mae maint y patrwm mewn cyfrannedd â'r donfedd. Nid yw'r raddfa arddwysedd ar gyfer y patrwm 450 nm ar yr un raddfa â'r 650 nm.

(c) Lled yr hollt ~ 0.5 mm.

2.6

1 (a) $f = 0.6$ Hz

(b) $v = 3$ m s^{-1}; $\lambda = 5$ m

(c) 22.5° i'r normal

(ch) 11.0° i'r normal

2 Mae buanedd golau mewn dŵr yn $\dfrac{c}{1.33}$ lle c yw buanedd golau mewn gwactod.

3 $n_1 > n_2$ ac mae'r ongl drawiad, $\theta \geq \sin^{-1}\left(\dfrac{n_2}{n_1}\right)$

4 (a) 21.7°

(b) 62.8°

5 (a) 1.41

(b) 67°

(c) 50°

6 (a)

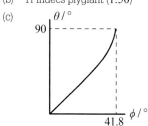

(b) Yr indecs plygiant (1.50)

(c)

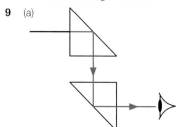

(ch) 1.50

7 (a) 1.91×10^8 m s^{-1}

(b) 32.7°

(c) 48.8°

(ch) Mae'r pelydryn golau, sy'n teithio mewn persbecs, yn taro ffin gyda'r dŵr ar ongl drawiad sy'n fwy na 63.2°.

(d) 0.0293%

(dd) 7(.3) m.

8 (a) 1.56

(b) 1.90×10^8 m s^{-1}

(c) 1.05×10^{-4} s

(ch) 1.02×10^{-6} s. Os yw'r didau data 1 µs ar wahân, byddan nhw'n gorgyffwrdd ar ôl 20 km. Felly mae'n rhaid i gyfraddau didol fod yn llawer llai nag 1 Mdid s^{-1}

9 (a)

(b) 1.41 (3 ff.y.)

10 Mae'r pelydryn yn dod allan o ganol yr arwyneb gyferbyn (4.02 cm o'r top) ar ongl 45° islaw'r normal.

11 Dyma'r onglau trawiad ar y ffiniau llorweddol, yn ôl eu trefn: 54.7°, 61.0°, 70.4°. Mae AMC yn digwydd ar y ffin rhwng yr haenau 1.30 a 1.20, gydag ongl drawiad 70.4°.

12 Gweler y graff isod. Gyda'r llinellau uchafswm/isafswm hyn

$m_{\text{mwyaf}} = 1.586$

$m_{\text{lleiaf}} = 1.435$

$\therefore n = 1.51 \pm 0.08$

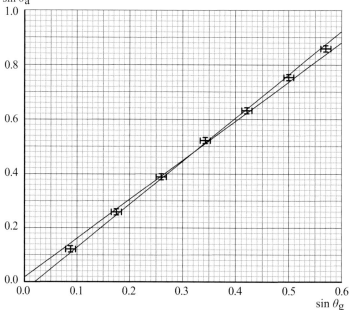

13 (a) 28.4°

(b) [Ymestyn a Herio]
Mae'n dod allan o'r arwyneb hir sy'n wrthbaralel â'r pelydryn trawol

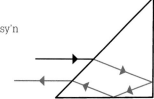

14 (a) 8.3 µm

(b) 0.72 ms

(c) 2.1 mm

15 (a) (i) 86.0°, (ii) 0.12 µs

(b) (i) Mae amrediad o amserau cyrraedd rhwng hynny ar gyfer pelydrau golau sy'n teithio'n baralel â'r echelin a'r rhai sy'n teithio ar yr ongl fwyaf o 4° i'r echelin. Felly bydd y pwls yn cael ei ledaenu. Mae'r uchafbwynt yn is oherwydd bod cyfanswm yr egni yn y pwls yr un fath.

(ii)

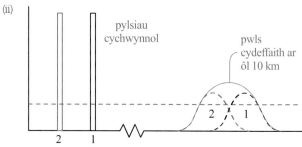

Ar ôl 10 km mae'r ddau bwls wedi lledaenu ac yn gorgyffwrdd fel sydd i'w weld yn y diagram. Mae'r pwls cydeffaith yn un cyfun, sydd ddim yn gostwng islaw'r trothwy canfod, felly ni fyddai'r ddau yn cael eu gwahanu gan y cylchedau canfod.

16 (a) $\lambda_{\text{coch}} = 464$ nm

$\lambda_{\text{fioled}} = 261$ nm

(b) ongl rhwng y pelydrau coch a fioled = 1.6°

2.7

1 1.0×10^{17} s^{-1}

2 Tua 2 filiwn

3 (a) 1.5 eV

(b) 1.0 eV

(c) Egni ffoton y pelydriad 3×10^{14} Hz yw 2.0×10^{-19} J (= 1.2 eV). Mae hyn yn llai na 2.5 eV; nid yw egnion ffoton yn cyfuno i achosi ffoto-allyriant.

(ch) 1.0 V. Byddai'r electronau yn colli 1.0 eV gyda'r gp hwn.

4 Gan dybio amrediad tonfedd 400 nm – 700 nm: 2.8×10^{-19} J (1.8 eV) $- 5.0 \times 10^{-19}$ J (3.1 eV).

5 Bydd y pelydriad o sêr eraill yn achosi dyrchafiad i bob lefel uwch gan fod yr holl wahaniaethau egni yn llai na 4 eV. Mae'r lefel 4s 2.1 eV uwchben y 2s, felly bydd llinell 2.1eV yn y spectrwm amsugno. Mae'r trosiadau i'r lefelau egni 2p a 3s angen ffotonau llai na 1.8 eV (isgoch), ac i'r 5s mae angen ffotonau 3.4 eV (uwchfioled), felly ni chynhyrchir mwy o linellau amsugno gweladwy.

Mae'r trosiadau canlynol tuag i lawr yn cynhyrchu ffotonau gweladwy:

$5s \rightarrow 3s$ (2.1 eV), $5s \rightarrow 2p$ (2.8 eV)   a $4s \rightarrow 2s$ (2.1 eV)

Felly mae'r llinellau hyn yn y spectrwm allyru gweladwy. Mae pob trosiad arall yn cynhyrchu naill ai ffotonau uwchfioled neu isgoch.

6 (a) Mae'r electronau'n ymddwyn fel tonnau. Mae'r tonnau hyn yn cael eu diffreithio gan y bylchau yn y planau, ac mae'r tonnau sydd wedi'u diffreithio yn ymyrryd.

(b) 5.5×10^{-11} m.

(c) Trefn un: 9.4°, 0.165 rad; 5.0 cm o'r canolbwynt
Trefn dau: 19.2°, 0.334 rad 10.4 cmo'r canolbwynt

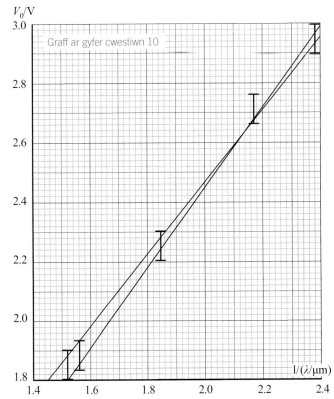

7 $\lambda = \dfrac{h}{p} = \sqrt{\dfrac{h}{2mE_k}}$. Mae gwerthoedd E_k yr un peth:

$\therefore \dfrac{\lambda_e}{\lambda_p} = \sqrt{\dfrac{m_p}{m_e}} = 42.8$

8 3.3 m s^{-1}.

9 4.8×10^5 m^2. [= arwynebedd sgwâr ag ochr ~700 m]

10 graddiant = $(1.28 \pm 0.07) \times 10^{-6}$ V m

$\rightarrow h = (6.8 \pm 0.4) \times 10^{-34}$ J s.

11 Ton: diffreithiant hollt sengl Young
Gronyn: effaith ffotodrydanol

12 $\left[\dfrac{p^2}{2m}\right] = \dfrac{(\text{kg m s}^{-1})^2}{\text{kg}} = (\text{kg m s}^{-2}) \times \text{m} = \text{N m} = \text{J} = [E_k]$

Neu: Dangoswch fod gan $\left[\dfrac{p^2}{2m}\right]$ yr un unedau sylfaenol kg m^2 s^{-2} a dywedwch fod hwn yr un fath ag egni.

13 Yr uchaf yw'r foltedd, y mwyaf yw'r EC ac felly y mwyaf yw momentwm yr electronau. Felly o hafaliad de Broglie, yr uchaf yw'r foltedd, y lleiaf yw'r donfedd ac felly y lleiaf yw'r onglau diffreithiant – sy'n arwain at gylchoedd llai.

14 (a) isgoch   (b) pelydr X   (c) gweladwy   (ch) uwchfioled

15 3.9×10^{-11} m; pelydr X

16. Mae angen newid poláredd y cyflenwad pŵer [neu'r ffotogell] ac mae angen i'r cyflenwad pŵer fod yn newidiol.

17 (a) Llinell syth â graddiant positif gyda rhyngdoriad negatif ar yr echelin $E_{k\,\text{mwyaf}}$, h.y. mae'r graff ar y ffurf $y = mx + c$. Graddiant y graff h, y cysonyn Planck; ϕ, ffwythiant gwaith y metel yw negatif ar rhyngdoriad ar yr echelin $E_{k\,\text{mwyaf}}$.

(b) Mesurir y foltedd stopio, V_s, ar gyfer pob amledd. $E_{k\,\text{mwyaf}} = eV_s$.

(c) Bydd gwerthoedd $E_{k\,\text{mwyaf}}$ i gyd yn uwch o'r un swm, felly bydd y graff yn baralel ac yn uwch. Mae'r rhyngdoriad yn llai negatif gan fod y ffwythiant gwaith, φ, yn llai.

2.8

1 (a) Gall egni gael ei gadw os yw'r atom yn dadgynhyrfu o gyflwr 2 i gyflwr 1 os yw ffoton yn cael ei allyru, sy'n cario'r gormodedd egni i ffwrdd. Er mwyn cadw egni, mae angen ffynhonnell egni allanol i gynhyrfu'r atom o gyflwr 1 i gyflwr 2.

(b) Yn absenoldeb ffynhonnell egni allanol, bydd yr holl atomau yn y pen draw yn dadgynhyrfu i gyflwr 1. Gyda ffynhonnell egni allanol, e.e. pelydriad, gall atomau symud i fyny i gyflwr 2 drwy amsugno ffotonau. Unwaith y bydd atomau yng nghyflwr 2, bydd y broses o allyriad ysgogol yn sicrhau bod cynifer o atomau yn dadgynhyrfu ag sy'n cynhyrfu. Felly bydd mwy yng nghyflwr 1 bob amser.

(c) Gwrthdroad poblogaeth; pwmpio

2 (a) **Cyflwr isaf**: y cyflwr egni isaf sydd ar gael. Ar gyfer un electron dyma'r lefel egni isaf – lefel 1.

Gwrthdroad poblogaeth: sefyllfa lle mae mwy o atomau mewn cyflwr uwch na chyflwr is. Ar gyfer y laser 4 lefel, byddai mwy o atomau yn lefel 3 (4.5 eV) nag yn lefel 2 (2.5 eV).

Trosiad laser: y symudiad i lawr rhwng dau lefel o ganlyniad i allyriad ysgogol; yn yr achos hwn, y trosiad o lefel 3 i lefel 2.

Pwmpio: codi atomau i lefel egni uchel er mwyn sefydlu gwrthdroad poblogaeth; yn yr achos hwn, mae pwmpio yn cymryd atomau o lefel 1 i lefel 4.

(b) Lefel 3 yw lefel egni uwch y trosiad laser. Lefel 2 yw'r lefel is, ac mae'n rhaid iddi gael hyd oes fer (o'i chymharu â lefel 3) i ganiatáu cronni atomau yn lefel 3 a sefydlu gwrthdroad poblogaeth rhwng y lefelau hyn. Rhaid i Lefel 4 (y cyflwr pwmpio) fod yn fyrhoedlog fel bod lefel 3 yn cael ei lenwi'n barhaus, ac fel bod lefel 4 ei hun yn aros yn ddigon gwag i gymryd electronau sy'n cael eu pwmpio ar gyfradd uchel.

(c) 0.33 (33%) gan dybio mai allyriad ysgogol yw'r trosiad o 3 i 2.

3 Gall y ddwy broses, amsugniad ac allyriad ysgogol, ddigwydd. Er mwyn i allyriad ysgogol oruchafu, mae angen i fwy o atomau fod yn y cyflwr uwch, h.y. rhaid cael gwrthdroad poblogaeth.

4 Mae gan y ddau ffoton yr un amledd (tonfedd), gwedd, cyfeiriad lledaenu a chyfeiriad polareiddio.

5 Os yw llai na hanner yr atomau'n cael eu pwmpio, yna mae'n rhaid bod dros 50% o'r atomau yn y cyflwr isaf o hyd. Felly mae'n rhaid i **U** gael llai na 50% o'r atomau, sy'n llai nag ar gyfer **G**.

6 (a) Mewn gwrthdrawiad anelastig, mae egni cinetig yn cael ei golli.

(b) Mae cyflwr metasefydlog yn gyflwr sydd yn para am gyfnod cymharol hir, cyn dadfeilio i gyflwr egni is.

7 (a)

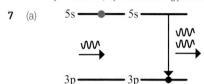

(b) Mae gan yr ail ffoton yr un amledd a'r un polareiddiad â'r cyntaf, ac mae'n gydwedd ag ef ac yn teithio i'r un cyfeiriad.

8 Mae angen i'r cyflwr **3p** fod yn fwy byrhoedlog na'r **5s** gan fod angen iddo wagio'n gyflym, fel bod ei boblogaeth bob amser yn llai na phoblogaeth y **5s**.

9 633nm: 5s → 3p; 1.15 μm: 4s → 3p; 3.39 μm: 5s → 4p (tonfedd fyrrach = gwahaniaeth egni mwy)

Rhanbarthau: 633 nm: gweladwy (coch); 1.15 μm a 3.39 μm: isgoch

10 5s   20.65 eV = 3.30×10^{-18} J

4p   20.28 eV = 3.25×10^{-18} J

4s   19.77 eV = 3.16×10^{-18} J

3p   18.69 eV = 2.99×10^{-18} J

3s   16.62 eV = 2.66×10^{-18} J

11 339 nm, UV

12 Mae atom heliwm yn y cyflwr cynhyrfol yn gwrthdaro ag atom neon yn y cyflwr isaf. Mae'r electron cynhyrfol yn yr atom heliwm yn trosglwyddo egni i electron cyflwr isaf yn y neon, gan ei ddyrchafu i'r cyflwr **5s**.

13 (a) 33 V

(b) 33 eV

(c) (gweler y braslun)

(ch) 20.65 V

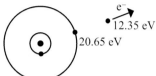

14 58 (mwyaf)

Pennod 3

1 (a) (i) hyd (ii) gwrthiant

(iii) diamedr a defnydd gwifren

(b) Gwrthiant lidiau'r amlfesurydd. Cysylltwch y ddwy lid gyda'i gilydd a mesur eu gwrthiant. Tynnwch y gwerth hwn o'r holl ddarlleniadau.

2 Ar gyfer pob sffêr:

- Darganfyddwch ei fàs gan ddefnyddio'r glorian electronig – defnyddiwch y cydraniad i amcangyfrif yr ansicrwydd canrannol yn y màs.

- Mesurwch y diamedr ar draws sawl diamedr gan ddefnyddio caliperau digidol.

- Darganfyddwch gymedr diamedr y darlleniadau a'r ansicrwydd canrannol yn y diamedr gan ddefnyddio gwasgariad y darlleniadau.

- Cyfrifwch y dwysedd, gan ddefnyddio $\rho = \dfrac{m}{\frac{4}{3}\pi\left(\frac{D}{2}\right)^2}$ ynghyd â'i ansicrwydd absoliwt.

- Cymharwch werthoedd y dwysedd a gwiriwch fod amrediadau'r ansicrwydd yn gorgyffwrdd.

3 (a) $p(\ell) = \dfrac{0.1 \text{ cm}}{75.3 \text{ cm}} \times 100\% = 0.132\%$;

$p(w) = \dfrac{0.1 \text{ cm}}{24.6 \text{ cm}} \times 100\% = 0.407\%$;

$p(t) = \dfrac{0.1 \text{ cm}}{1.113 \text{ cm}} \times 100\% = 0.090\%$,

∴ lled oedd â'r % ansicrwydd mwyaf.

(b) (2.06 ± 0.01) cm³.

(c) Byddai cyfanswm y lled yn cael ei haneru, h.y. ∼ 12.3 cm.

Felly $p(w) = \dfrac{0.001 \text{ cm}}{12.3 \text{ cm}} \times 100\% = 0.008\%$.

Mae hyn yn lleihau $p(V)$ i 0.23%, h.y. llai na hanner y gwreiddiol, felly'n gywir.

4 (a) **Cynllun:**

- Marcio cyfres o linellau ar e.e. 10 cm, 20 cm, 40 cm, 60 cm, 90 cm a 120 cm ar draws y plân ar oledd.

- Rhyddhau'r bêl a defnyddio'r stopwatsh i fesur yr amser, t, mae'n ei gymryd i rolio i bob un o'r llinellau. Ailadrodd y darlleniadau i nodi unrhyw ddarlleniadau afreolaidd.

- Plotio graff x yn erbyn t^2, gan ddefnyddio gwerthoedd cymedrig t.

- Gan fod $u = 0$, dylai'r graff fod yn llinell syth drwy'r tarddbwynt gyda graddiant $\frac{1}{2}a$, felly gwiriwch fod ffurf y graff yn gywir.

- Os yw'r graff yn llinell syth drwy'r tarddbwynt, darganfyddwch y graddiant a'i ddyblu i ddarganfod y cyflymiad.

(b) Gan ddefnyddio $a_{\text{mwyaf}} = g \sin 8.5° = 1.45$ m s⁻²;

$a_{\text{lleiaf}} = g \sin 7.5° = 1.28$ m s⁻².

$u = 0$,   felly $a = \dfrac{2x}{t^2}$.

Anwybyddu'r ansicrwydd yn x (bach iawn), o ganlyniad Paul

$a_{\text{mwyaf}} = \dfrac{2 \times 1.000 \text{ m}}{(1.45 \text{ s})^2} = 0.95$ m s⁻².

Mae hyn yn is na'r isafswm a gafwyd o $a = g \sin \theta$, felly mae'r canlyniadau'n anghyson â'r hafaliad.

5 (a) Mae'n bosibl tynnu llinell syth drwy'r holl farrau cyfeiliornad. Gweler y graff. Felly mae perthynas linol rhwng *v* a *t*. Mae gan y llinellau uchafswm/isafswm raddiant positif a rhyngdoriad positif ar yr echelin *v*, felly mae'r canlyniadau yn gyson â $v = u + at$ lle mae *u* ac *a* yn bositif.

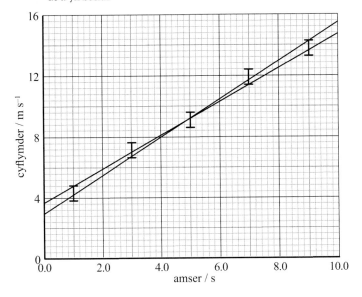

(b) $u = 3.4 \pm 0.4 \text{ m s}^{-1}$; $a = 1.17 \pm 0.07 \text{ m s}^{-2}$.

(c) $x = \frac{1}{2}(u + v)t$, felly, gan ddefnyddio'r data sydd wedi'i blotio:

$x = 5.0 \times [(3.4 \pm 0.4) + (15.1 \pm 0.4)]$

$= 5.0 \times [18.5 \pm 0.8] = 92.5 \pm 4.0 \text{ m}$ [neu $93 \pm 4 \text{ m}$]

Mae'r gwerth $95 \pm 3 \text{ m}$ yn gorgyffwrdd â $93 \pm 4 \text{ m}$ felly mae'n gyson â'r data sydd wedi'i blotio.

[Sylwch: nid dyma'r unig ffordd o drosglwyddo egni.]

6 (a) Cyfaint y pelenni, V = Cynnydd yn narlleniad y cyfaint

$= (48.0 \pm 0.5) \text{ cm}^3 - (23.0 \pm 0.5) \text{ cm}^3$

$= (25.0 \pm 1.0) \text{ cm}^3$

$\therefore p_V = \frac{1.0}{25.0} = 0.040 \ (= 4.0\%)$

Yn yr un modd, Màs y pelenni, $M = (180.25 \pm 0.02)$ g;

$p_M = 0.01\%$ (dibwys)

$\therefore$ Dwysedd $= \frac{M}{V} = \left(\frac{180.25}{25.0} \pm 4.0\% \right)$

$= (7.2 \pm 0.3) \text{ g cm}^{-3}$

(b) Ydy: byddai'r aer yn cynyddu'r cyfaint a gymerwyd, heb gynyddu'r màs yn arwyddocaol (gan fod dwysedd yr aer yn llai nag un milfed o ddwysedd y pelenni).

Byddai'n bosibl datrys yr anhawster drwy droi'r pelenni gan bwyll, gan wylio am swigod yn codi drwy'r dŵr.

Pennod 4

1 (a) 72 (b) 206 (c) 1.125 (ch) 0.4

(d) 16 (dd) 216 (e) 4 (f) 160 000

(ff) 125 (g) 1 000 000 (ng) 100 000

(h) 1100 (i) 8 (l)0.001 (ll) 64

(m) 2.5 (n) 6.0×10^{-7} (o) 11

(p) 3.3×10^{-18} (r) 2.0×10^{-27}

(rh) 1.1×10^{-27}

2 (a) 4.44 (b) 9.13 (c) 4.92 (ch) 2.86

(d) 4.17 (dd) 12.8 (e) 1.19×10^{57}

(f) 2.01×10^{-37}

3 (a) 71.4% (b) 4.03% (c) 64%

(ch) 0.5% (d) 4.81×10^8% (dd) 89.4%

(e) 0.0714%

4 (a) $\frac{\pi}{2} = 1.57$ rad (b) 0.61 rad

(c) 2.62×10^{-3} rad (ch) 7.24 rad

(d) 4.36×10^{-8} rad

5 (a) 5.73° (b) 7.5° (c) 18°

(ch) $(4.8 \times 10^{-7})°$ (d) 9.00°

6 (a) $x > 5$ (b) $x < -2.5$ (c) $x < 2$

(ch) $x < 3$ (d) $x > 0.5$ (dd) $1 < x < 1.5$

(e) $x > 5$ (f) $\frac{5}{3} < x < \frac{7}{3}$ (ff) $0 < x < 1$

(g) $x < 0$ neu $x > \frac{5}{6}$

7 (a) Os yw $x \sim v$ yna $\frac{x}{v} =$ cysonyn.

Gwirio hyn: $\frac{25}{5} = \frac{75}{15} = 5$.

Felly mae'n gyson.

(b) z

(c) y, oherwydd $75 = 3 \times 25$ a $4 = \frac{1}{3} \times 12$

(ch) $w \propto x^2$ ac $u \propto x^{-2}$.

(d) Gyda dim ond dau bwynt data, mae'n bosibl canfod ffwythiannau diddiwedd. Ystyriwch *x* ac *y*. Y ddau bwynt data yw $(x, y) = (25, 12)$ a $(75, 4)$. Mae'r ddau bwynt hyn yn gorwedd ar graffiau pob un o'r ffwythiannau canlynol: $4x + 25y = 400$; $xy = 300$; $x(y^2 + 48) = 4800$.

[Awgrymwn eich bod yn gwirio bod y ddau bwynt yn bodloni pob un o'r ffwythiannau hyn ac yna'n dod o hyd i gysonion *c* a *k* pan fydd y ddau bwynt yn bodloni'r ffwythiant $x^2(y + c) = k$]

(dd) $a = \frac{5}{8}$ a $b = \frac{15}{4}$.

Pan fydd $v = 10$, $w = 10$.

8 (a) $\theta = 49°$, $\phi = 41°$, $x = 18.5$

(b) $\theta = 50°$, $x = 11.5$, $y = 9.6$

(c) $\theta = 15°$, $\phi = 75°$

(ch) $x = 34$ m, $y = 94$ m

(d) $\theta = 52°$, $x = 8.8$ m

(dd) $F_{\text{llorweddol}} = 5.9$ N, $F_{\text{fertigol}} = 2.7$ N

9 (a) 37°, 143° (b) 37°, 323°

(c) 197°, 343° (ch) 134°, 226°

10 (a) (i) $\cos \theta = 0.917$; $\tan \theta = 0.436$

(ii) $\sin \theta = 0.954$; $\tan \theta = 3.18$

(iii) $\sin \theta = 0.287$; $\cos \theta = 0.958$

(b) Yr un atebion ag (a) ond gydag arwydd $\pm$ o flaen pob un.

11 (a) Y graddiant.

(b) Daw'r graddiant yn 0 ar $t = 7.5$ s, felly dyma lle daw'r cyflymder yn sero.

(c) 18.6 m s^{-1} [caniatewch $\pm 1 \text{ m s}^{-1}$ o oddefiant i chi'ch hun]

(ch) Graddiant y tangiad ar 3.5 s = 19 m s^{-1} [caniatewch $\pm 2.0 \text{ m s}^{-1}$ i chi'ch hun]

(d) Graddiant y tangiad ar y tarddbwynt -38 m s^{-1} [caniatewch $\pm 3.0 \text{ m s}^{-1}$ i chi'ch hun]

(dd) Dull 1: mesur y cyflymder ar gyfres o amserau hyd at 7.5 s, a phlotio graff cyflymder–amser. Mae llinell syth yn dangos arafiad cyson.

Dull 2: Plotio graff dadleoliad yn erbyn yr (amser cyn 7.5 s)². Eto byddai llinell syth yn dangos arafiad cyson.

12 (a) Y cyflymiad yw'r graddiant; y dadleoliad yw'r arwynebedd o dan y graff.

(b) Cynt: 60 m s^{-1}; wedyn 7 m s^{-1}.

(c) -18 m s^{-2} [caniatáu $\pm 1 \text{ m s}^{-2}$]

(ch) Arafiad mwyaf (ar ~ 1.0 s) = $-$ graddiant y tangiad = 52 m s^{-2} [caniatáu $50 - 55 \text{ m s}^{-2}$]

(d) 85 m [caniatewch ± 5 m i chi'ch hun]

13 (a) Hafaliad y graff yw $v = 5.6 + 1.26t$

(b) Cyflymder cychwynnol = 5.6 m s^{-1}

14 (a) $a = -0.203 \text{ V mA}^{-1} = -0.203 \text{ k}\Omega$

$b = 9.97$ V

(b) $E = b = 9.96$ V; $r = -a = 203 \ \Omega$

Atebion i'r cwestiynau enghreifftiol

Nid yw CBAC yn cymryd cyfrifoldeb am yr atebion enghreifftiol i gwestiynau o'i bapurau cwestiynau sydd wedi'u cynnwys yn y cyhoeddiad hwn.

Uned 1

1 (a) Moment = Grym × pellter perpendicwlar o'r pwynt i linell weithredu'r grym

   (b) (i) Moment clocwedd = 52 N × 0.15 m = 7.8 N m

      (ii) $F \times 0.58 = 7.8$, $\therefore F = 13.4$ N [Sylwch: 8.0 N m $\rightarrow F = 13.8$ N]

   (c) Yn safle 2, mae pellter perpendicwlar llinell weithredu'r pwysau o'r colfach yn llai, felly mae'r moment clocwedd wedi lleihau. Mae hyn yn golygu bod moment gwrthglocwedd y grym ar y bar yn llai. Felly mae'n rhaid i'r grym yn y bar fod yn llai ac mae Bethan yn gywir. [Sylwch: mae'n bosibl defnyddio'r ddadl i'r gwrthwyneb am leoliad 1.]

   Dadl arall: Mae'r pellter perpendicwlar rhwng y bar metel a'r colfach yn fwy yn safle 2, felly mae'r grym yn llai [hyd yn oed] ar gyfer yr un moment.

2 (a) Mae'r band rwber wedi'i hongian o far stand clamp fel sydd i'w weld yn y diagram. Mae'r pren mesur yn cael ei osod yn agos at yr hongiwr masau.

   Rydyn ni'n mesur safle gwaelod yr hongiwr gan ddefnyddio'r raddfa mm, gyda'r llygad ar yr un lefel, pan nad oes masau eraill wedi'u hychwanegu. Ychwanegir masau 100 g un ar ôl y llall, a bydd safle'r hongiwr yn cael ei ddarllen bob tro. Cyfrifir yr estyniadau drwy dynnu'r darlleniad cychwynnol. Cyfrifir y grym gan ddefnyddio $F = mg$.

   (b) (i) 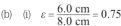 $\varepsilon = \dfrac{6.0 \text{ cm}}{8.0 \text{ cm}} = 0.75$

      (ii) Ar B $\sigma = \dfrac{7.0 \text{ N}}{0.050 \times 10^{-4} \text{ m}^2} = 1.4 \times 10^6$ Pa. Sylwch: mae 140 N cm^{-2} yn dderbyniol.

        $E = \dfrac{\sigma}{\varepsilon}$, $\therefore \dfrac{1.4 \times 10^6 \text{ Pa}}{0.75} = 1.87 \times 10^6$ Pa. Sylwch: mae 187 N cm^{-2} yn dderbyniol

   (c) Ar C mae'r grym sy'n cynyddu yn achosi i'r moleciwlau rwber unioni [drwy gylchdroi'r bondiau C–C] sydd ddim ond angen grym ychwanegol bach. Felly mae'r graddiant yn fach. Ar D mae'r broses hon wedi'i chwblhau, ac mae estyniad ychwanegol yn gofyn am ymestyn y bondiau cofalent, sydd angen grym llawer mwy ac felly mae'r graddiant yn fawr.

3 (a) (i)

Gronyn delta:	Δ^{++}	Gwefr	+2	Rhif baryon	1
Electron:	e^-	Gwefr	−1	Rhif baryon	0
Pion:	π^-	Cyfuniad cwarc:	$d\bar{u}$	Rhif baryon	0

      (ii) Electron

   (b) **Gwefr**: Ochr chwith, $Q = (-1) + 1 = 0$; Ochr dde, $Q = (-1) + 2 + (-1) = 0$ felly mae wedi'i gadw.

   Rhif lepton: Ochr chwith, $L = 1 + 0 = 1$; Ochr dde, $L = 1 + 0 + 0 = 1$ felly mae wedi'i gadw.

   (c) (i) $\Delta^{++} = $ uuu, p = uud, $\pi^+ = $ u$\bar{\text{d}}$

      Felly $U = $ rhif cwarc i fyny = 3 ar ddwy ochr yr hafaliad, felly mae wedi'i gadw.

      Rhif cwarc i lawr: Ochr chwith, $D = 0$; Ochr dde $D = 1 + (-1) = 0$, felly mae wedi'i gadw.

      (ii) Mae'r hyd oes byr iawn (10^{-24} s) yn nodweddiadol o ddadfeiliadau cryf.

      Dim ond cwarciau sy'n cymryd rhan – heb unrhyw newid blas cwarc.

  (ch) Pan gafodd y proton a'r electron eu darganfod, doedd dim ffordd o gymhwyso'r canfyddiadau'n ymarferol. Erbyn hyn mae sawl ffordd o'u defnyddio sy'n gysylltiedig â'r wybodaeth am y gronynnau hyn, fel dyfeisiau electronig (e.e. cyfrifiaduron) a therapi paladr proton.

   [Sylwch: ar gyfer y cwestiwn 'materion' hwn, mae llawer o atebion derbyniol yn bosibl.]

4. (a) (i) Gwaith sy'n cael ei wneud = 65 kW × 32 s = 2080 kJ = 2.08 MJ [2.08×10^6 J]

      (ii)  Effeithlonrwydd $= \dfrac{\text{Cyfrifwch}}{\text{Egni i mewn}} = \dfrac{mgh}{W_{\text{mewn}}} = \dfrac{2600 \text{ kg} \times 9.81 \text{ N kg}^{-1} \times 42 \text{ m}}{2.08 \times 10^6 \text{ J}} = 0.52$ neu 52%

   (b) Colled mewn EP disgyrchiant = $2600 \times 9.81 \times 30 = 7.65 \times 10^5$ J

   Gwaith sy'n cael ei wneud yn erbyn ffrithiant = 2.8 kN × 36 m = 1.01×10^5 J

   $\therefore$ EC sy'n cael ei ennill = $(7.65 - 1.01) \times 10^5$ J = 6.64×10^5 J.

   $\therefore E_k = \dfrac{1}{2}mv^2$, $\therefore$ Buanedd, $v = \sqrt{\dfrac{2E_k}{m}} = \sqrt{\dfrac{2 \times 6.64 \times 10^5}{2600}}$. Gwerthoedd = 22.6 m s^{-1}

5. (a) Mae'n bosibl defnyddio tonfedd arddwysedd mwyaf y sbectrwm di-dor i gyfrifo tymheredd arwyneb [ffotosffer] y seren, gan ddefnyddio deddf Wien: $\lambda_{mwyaf} = \dfrac{W}{T}$. Mae'r arwynebedd o dan y graff yn rhoi arddwysedd, I, y pelydriad sy'n cael ei dderbyn gan y seren, felly mae'n bosibl defnyddio hyn, ynghyd â phellter, d, y seren i gyfrifo goleuedd, L, y seren gan ddefnyddio $L = I \times 4\pi d^2$. Ynghyd â deddf Stefan, sef $L - A\sigma T^4$, mae'n bosibl amcangyfrif diamedr y seren.

Mae'r manylion yn dangos y sbectrwm amsugno llinell i ni. Mae hyn yn codi oherwydd bod y pelydriad o arwyneb y seren yn mynd drwy'r atmosffer serol. Mae atomau unigol yn y nwy hwn yn amsugno tonfeddi penodol o olau sy'n nodweddiadol o'r elfen – felly mae'n bosibl ymchwilio i gyfansoddiad cemegol y seren.
Mae cryfderau'r llinellau amsugno hyn hefyd yn rhoi gwybodaeth am dymheredd a cham y seren yn ei bywyd.

(b) (i) Pŵer sy'n cael ei dderbyn am bob uned arwynebedd, $I = \dfrac{L}{4\pi d^2}$, lle L yw'r goleuedd a d y pellter.

$$\therefore \quad L = 4\pi \times (1.58 \times 10^{17} \text{ m})^2 \times 1.32 \times 10^{-8} \text{ W m}^{-2}$$
$$= 4.14 \times 10^{27} \text{ W}$$

(ii) $L = A\sigma T^4$

$$\therefore 4.14 \times 10^{27} \text{ W} = A \times 5.67 \times 10^{-8} \text{ W m}^{-2} \text{ K}^{-4} \times (7700 \text{ K})^4$$

$$\therefore A = 2.07 \times 10^{19} \text{ m}^2 = 4\pi \left(\dfrac{D}{2}\right)^2, \text{ lle } D \text{ yw'r diamedr.}$$

$$\therefore D = 2.6 \times 10^9 \text{ m}$$

Uned 2

1 (a) (i) G.e.m. batri yw'r egni sy'n cael ei drosglwyddo o egni cemegol y tu mewn i'r gell am bob uned gwefr sy'n pasio drwy'r batri.

(ii) Cyfanswm y gwrthiant allanol = 6.60 Ω. ∴ Cerrynt, $I = \dfrac{4.33 \text{ V}}{6.60 \text{ Ω}} = 0.656$ A.

$$\therefore r = \dfrac{4.80 \text{ V} - 4.33 \text{ V}}{0.656 \text{ A}} = 0.72 \text{ Ω (2 ff.y.)}$$

[Sylwch: mae dulliau eraill o gyfrifo r yn bosibl, e.e. gallwn ddefnyddio'r hafaliad rhannwr potensial yn lle hynny.]

(iii) (I) Mae gwrthiant y cyfuniad paralel yn llai na gwrthiant y gwrthyddion mewn cyfres, felly mae cyfanswm gwrthiant y gylched yn llai. Felly mae'r cerrynt yn fwy. Gan fod r yn gysonyn yn $V = E - Ir$, y mwyaf yw'r cerrynt, yr isaf yw'r gp ar draws y terfynellau, V.

[Sylwch: unwaith eto byddai'n bosibl defnyddio dadl y rhannwr potensial, e.e. mae'r gwrthiant allanol yn ffracsiwn llai o gyfanswm y gwrthiant, felly mae ganddo ffracsiwn llai o gyfanswm y gp.]

(II) Cerrynt drwy'r naill wrthydd neu'r llall = $\dfrac{3.35 \text{ V}}{3.30 \text{ Ω}} = 1.015$ A

$$\therefore \text{Nifer yr electronau bob munud} = \dfrac{1.015 \text{ A}}{1.60 \times 10^{-19} \text{ C}} \times 60 \text{ s} = 3.8 \times 10^{20}$$

(b) (i) $P = \dfrac{V^2}{R}$, felly $R = \dfrac{(4.33 \text{ V})^2}{1000 \text{ W}} = 52.9$ Ω

(ii) $E = Pt = 1000 \text{ W} \times 3600 \text{ s} = 3\,600\,000 \text{ J} = 3.6$ MJ

(c) Os ydyn ni'n defnyddio gwresogi trydanol, mae mwy o CO_2 yn cael ei gynhyrchu ar gyfer yr un effaith wresogi, os yw'r trydan yn cael ei gynhyrchu gan orsaf bŵer sy'n llosgi nwy. Mae hyn yn gwneud mwy o gyfraniad i'r effaith tŷ gwydr / cynhesu byd-eang ac ni ddylai hyn gael ei annog. Ond mae trydan yn cael ei gynhyrchu fwy a mwy gan ddefnyddio dulliau cynhyrchu adnewyddadwy / sydd ddim yn rhai 'tŷ gwydr', e.e. egni gwynt neu egni'r haul, neu orsafoedd pŵer niwclear, ac mae'r ymrwymiad i economi carbon sero net yn golygu y bydd angen cael gwared ar wresogyddion nwy yn raddol.

2. (a)

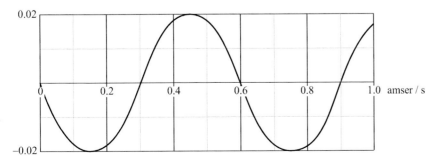

(b) (i) $\lambda = d \sin\theta = 1500 \text{ nm} \times \sin 24.9° = 632 \text{ nm}$

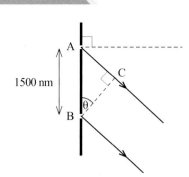

(ii) Ar gyfer y sbectrwm trefn dau,

Gwahaniaeth llwybr $AC = 2\lambda = 1264$ nm

$\therefore \theta = \sin^{-1}\left(\dfrac{1284}{1500}\right) = 57.4°$

3. (a) (i) $\sin\theta, = 1.60 \times \sin 30°$

$\therefore = 53.1°$

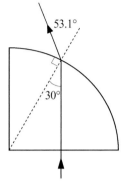

(ii) $\theta_C = $ ongl gritigol $= \sin^{-1}\left(\dfrac{1}{1.60}\right)$

$\sin\theta_C = \dfrac{x}{100 \text{ mm}}$

$\therefore \dfrac{x}{100 \text{ mm}} = \dfrac{1}{1.60}$

$\therefore x = \dfrac{100}{1.60} \text{ mm} = 62.5 \text{ mm}$

(b) Mae'r ffibr yn cynnwys craidd gwydr ag amhuredd isel gyda chladin sydd ag indecs plygiant is. Mae golau'n teithio drwy'r craidd ar onglau bach i'r echelin, fel bod yr ongl drawiad gyda'r claddin yn fwy na'r ongl gritigol ar gyfer y defnyddiau hyn. Adlewyrchir y golau'n fewnol yn gyflawn ar y ffin craidd-cladin ac mae'n gallu lledaenu am bellterau hir gyda cholled isel iawn.

Mae'r golau'n teithio ar amrediad o onglau i'r echelin. Mae gan y llwybrau hyn wahanol hydoedd rhwng dau safle sydd wedi'u gwahanu'n eang ar hyd y ffibr, fel bod yr amserau cyrraedd ychydig yn wahanol am yr un amser cychwyn a bod pwls o olau'n cael ei wasgaru. Mae gorgyffwrdd rhwng pylsiau olynol, fwy a mwy wrth i'r pellter gynyddu, nes na fydd modd gwahaniaethu rhyngddyn nhw yn y pen draw.

4. (a) (i) I fwrw electron allan, rhaid i ffoton fod ag o leiaf ϕ o egni. Mae egni ffoton ag amledd f yn hf, lle h yw cysonyn Planck. Felly, os yw'r amledd yn llai na ϕ/h, ni fydd gan y ffoton ddigon o egni. Wrth gynyddu'r arddwysedd, dim ond cynyddu nifer y ffotonau bob eiliad mae hynny'n ei wneud – nid yw'r egni ffoton yn newid.

(ii) Mae'r egni ffoton $E_{\text{ffoton}} = hf = 6.63 \times 10^{-34} \times 6.59 \times 10^{14} = 4.37 \times 10^{-19} \text{ J}$.

Mae hyn yn llai na'r ffwythiant gwaith ar gyfer calsiwm a sinc – felly mae'r rhain yn cael eu diystyru!

Mae 0.35 V yn cyfateb i egni $0.35 \times 1.6 \times 10^{-19} \text{ J} = 0.56 \times 10^{-19} \text{ J}$. Felly, rhaid i ffwythiant gwaith y metel fod rhwng 4.37×10^{-19} a $(4.37 - 0.56) \times 10^{-19}$ J, h.y. 3.81×10^{-19} J: Bariwm yw'r unig un sy'n bosibl.

(b) (i) Gweler y graff

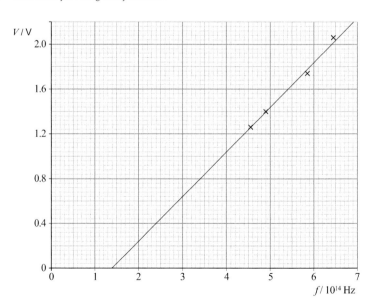

(ii) Mae'r hafaliad yn rhagfynegi llinell syth drwy'r tarddbwynt. Mae'r llinell yn syth, gyda dim ond gwasgariad bach o bwyntiau ar y naill ochr a'r llall. Ond nid yw'n pasio drwy'r tarddbwynt, felly dim ond yn rhannol mae'n cytuno â'r hafaliad.

(iii) Graddiant $= \dfrac{2.20 \text{ V}}{(6.90 - 1.40) \times 10^{14} \text{ Hz}} = 4.0 \times 10^{-15}$ V s.

$h = $ graddiant $\times e = 4.0 \times 10^{-15} \times 1.60 \times 10^{-19} = 6.4 \times 10^{-34}$ J s.

Geirfa

Afleoliad ymyl Pan fydd rhan ychwanegol o blân o ïonau'n bresennol y tu mewn i ddellten grisial.

Allyriad ysgogol Allyriad ffoton o atom cynhyrfol, sy'n cael ei gychwyn gan ffoton yn pasio ag egni sy'n hafal i'r bwlch egni rhwng y cyflwr cynhyrfol a chyflwr egni is yn yr atom (neu'r moleciwl).

Amorffaidd Yn llythrennol, heb ffurf. Nid yw atomau sylwedd amorffaidd wedi'u trefnu mewn dellten grisialog nac mewn cadwyni paralel.

Arddwysedd (I) Arddwysedd pelydriad electromagnetig yw'r pŵer am bob uned arwynebedd sy'n croesi arwyneb ar ongl sgwâr i'r pelydriad.

Atom Y gronyn lleiaf mewn elfen, sy'n cynnwys niwclews wedi'i amgylchynu gan electronau.

Baryon Hadron sy'n cynnwys 3 cwarc, e.e. proton, niwtron.

Blaendon Arwyneb lle mae'r osgiliadau ar bob pwynt yn gydwedd.

Blas Dywedwn fod 'blasau' gwahanol gan y mathau gwahanol o gwarciau, e.e. i fyny, i lawr, etc.

Buanedd (cymedrig) Pellter a deithiwyd/amser a gymerwyd (yr unedau yw m s^{-1}).

Celsius (θ) Mae tymheredd Celsius yn cael ei ddiffinio gan: θ /°C = T / K − 273.15

Cerrynt trydanol (I) Cyfradd llif gwefr drydanol (yr uned yw A).

Cinemateg Gwyddoniaeth mudiant a'i ddisgrifiad mathemategol. Mae'n ystyried sut mae pethau'n symud, nid pam.

Craidd disgyrchiant Y pwynt lle rydyn ni'n ystyried bod holl bwysau gwrthrych yn gweithredu.

Cwarc Gronyn elfennol, sydd byth yn gallu cael ei ganfod ar ei ben ei hun. Mae'n cyfuno â chwarciau eraill neu â gwrthgwarc i ffurfio hadronau. Y ddau gwarc cenhedlaeth gyntaf yw'r cwarc i fyny (u) a'r cwarc i lawr (d).

Cydraniad Y newid mesuradwy lleiaf y gallwn ei weld wrth ddefnyddio offeryn.

Cydrannu Canfod cydrannau grym i gyfeiriadau penodol.

Cydwedd Mae osgiliadau â'r un amledd yn gydwedd os ydyn nhw ar yr un pwynt yn eu cylchredau ar yr un amser.

Cyflymder (cymedrig) Dadleoliad/amser a gymerwyd (yr unedau yw m s^{-1}).

Cyflymiad (a) Os yw cyflymder gwrthrych yn newid, dywedwn ei fod yn cyflymu, h.y. mae cyflymiad yn cael ei ddiffinio gan y newid cyflymder am bob uned amser (yr unedau yw m s^{-2}).

Cyflymiad (cymedrig) Newid cyflymder/amser a gymerwyd ($\Delta v/\Delta t$) (yr unedau yw m s^{-2}).

Cyflymiad oherwydd disgyrchiant (g) Mae gwrthrychau rhydd, yn absenoldeb gwrthiant aer, yn disgyn i'r Ddaear gyda'r un cyflymiad. Yn agos at arwyneb y Ddaear, mae'r cyflymiad hwn bron yn gyson ar g = 9.81 m s^{-2}.

Cysonyn sbring (k) Cymhareb tyniant/estyniad. Mae'n gysonyn ar gyfer y sbring, ar yr amod nad yw'r derfan gyfraneddol wedi'i phasio.

Cysonyn Stefan (σ) Y cysonyn yn neddf Stefan. σ = 5.67 × 10^{-8} W m^{-2} K^{-4}

Cysonyn Wien (W) Y cysonyn yn neddf dadleoliad Wien. W = 2.90 × 10^{-3} m K.

Dadleoliad (x) Mesur sy'n cynnwys cyfeiriad yn ogystal â phellter (fector)

Deddf dadleoliad Wien Mae tonfedd, λ_{mwyaf}, yr allyriad brig o belydrydd cyflawn mewn cyfrannedd gwrthdro â thymheredd absoliwt, T, y gwrthrych; hynny yw, $\lambda_{\mathrm{mwyaf}} = W/T$.

Deddf Hooke Mae'r tyniant (mewn sbring neu wifren) mewn cyfrannedd union â'r estyniad, ar yr amod nad yw'r estyniad yn rhy fawr.

Deddf Stefan (neu Ddeddf Stefan–Boltzmann) Mae cyfanswm pŵer, P, yr egni electromagnetig pelydrol sy'n cael ei allyrru gan belydrydd cyflawn ag arwynebedd arwyneb A a thymheredd T yn cael ei roi gan $P = \sigma A T^4$

Deddfau Mudiant Newton

  Deddf gyntaf Mudiant Newton, N1. Bydd cyflymder gwrthrych yn gyson, oni bai bod grym cydeffaith yn gweithredu arno.

  2il Ddeddf Mudiant Newton, N2. Mae cyfradd newid momentwm gwrthrych mewn cyfrannedd union â'r grym cydeffaith sy'n gweithredu arno, ac yn yr un cyfeiriad â'r grym hwn.

  3edd Ddeddf Mudiant Newton, N3. Os yw gwrthrych A yn rhoi grym ar wrthrych B, yna mae B yn rhoi grym hafal a dirgroes ar A.

Delta (Δ) Symbol defnyddiol i gynrychioli'r newid mewn rhyw fesur. Felly Δv = cyflymder terfynol − cyflymder cychwynnol.

Diffreithiant Lledaeniad ton pan fydd yn dod ar draws rhwystr, fel ymylon hollt. Mae ychydig o egni'r don yn teithio i mewn i gysgod geometregol y rhwystr.

Diriant tynnol (σ) Y tyniant am bob uned trawstoriad. σ = F/A, lle F yw'r tyniant ac A yw'r arwynebedd trawstoriadol.

Dwysedd (ρ) Y gymhareb màs/cyfaint ar gyfer sylwedd (yr unedau yw kg m^{-3} neu g cm^{-3}).

Dynameg Mae hyn yn ymwneud ag achosion mudiant, a'i newidiadau. Mae'n ystyried pam, nid sut, mae pethau'n symud.

Ecwilibriwm Mae gwrthrych mewn ecwilibriwm os yw'n symud ac yn cylchdroi ar gyfradd gyson. Mewn rhai achosion, mae hyn yn golygu nad yw'n symud o gwbl.

Effaith ffotodrydanol Allyriad electronau o arwyneb pan fydd golau neu belydriad uwchfioled a thonfedd digon byr yn drawol arno.

Effeithlonrwydd Ffracsiwn yr egni mewnbwn sy'n cael ei drosglwyddo'n ddefnyddiol gan y system. Gwaith defnyddiol allan/gwaith i mewn.

Egni cinetig Yr egni sydd gan wrthrych o ganlyniad i'w fudiant.

Egni ïoneiddiad atom Yr egni lleiaf sydd ei angen i dynnu electron allan o atom yn ei gyflwr isaf.

Egni mecanyddol Yn aml, mae egni cinetig ac egni potensial disgyrchiant yn cael eu grwpio gyda'i gilydd o dan y teitl hwn.

Egni mewnol (U) Swm egni potensial a chinetig y gronynnau mewn gwrthrych. Yn aml mae'n cael ei alw'n wres, ond mae hynny'n anghywir.

Egni potensial disgyrchiant Yr egni sydd gan wrthrych oherwydd ei safle neu safleoedd ei ronynnau.

Egni potensial elastig Yr egni sy'n cael ei storio mewn gwrthrych o ganlyniad i gael ei anffurfio.

Egni Y gallu i wneud gwaith.

Egwyddor arosodiad Ar gyfer tonnau, y dadleoliad cydeffaith ar bob pwynt yw swm fector y dadleoliadau y byddai pob ton, wrth basio drwy'r pwynt, yn ei gynhyrchu ar ei ben ei hun.

Egwyddor cadwraeth egni Mae cyfanswm egni system arunig yn gyson, er ei bod yn bosibl ei drosglwyddo o fewn y system, a gall y ffordd o'i ddosbarthu (e.e. cinetig neu botensial) newid.

Egwyddor cadwraeth momentwm Mae swm fector momenta'r gwrthrychau mewn system yn gyson, ar yr amod nad oes grym cydeffaith allanol yn gweithredu.

Egwyddor momentau Er mwyn i wrthrych fod mewn ecwilibriwm, mae swm y momentau clocwedd o amgylch unrhyw bwynt yn hafal i swm y momentau gwrthglocwedd o amgylch yr un pwynt.

Electron folt (eV) Yr egni sy'n cael ei drosglwyddo pan fydd electron yn symud drwy wahaniaeth potensial o 1 V $(1.00 \text{ eV} = 1.60 \times 10^{-19} \text{ J})$.

Estyniad ($\Delta \ell$) Y cynnydd yn hyd gwrthrych sydd dan dyniant.

Ffibr optegol amlfodd Ffibr lle gall pelydrau golau gydag amrediad o gyfeiriadau ledaenu (drwy adlewyrchiad mewnol cyflawn).

Ffibr optegol unmodd Ffibr gyda chraidd tenau iawn lle mae golau'n gallu lledaenu i un cyfeiriad yn unig (sef yn baralel â'r echelin).

Ffrithiant dynamig Y grym sy'n gwrthwynebu mudiant cymharol pan fydd un arwyneb yn llithro dros un arall.

Ffrithiant Grym yn gweithredu rhwng dau arwyneb sy'n cyffwrdd â'i gilydd, yn baralel â'r arwynebau, gan wrthwynebu eu llithro dros ei gilydd.

Ffrithiant statig (gafael) (F_R) Grym ffrithiannol sy'n atal dau arwyneb rhag llithro dros ei gilydd.

Ffrithiant terfannol Gwerth uchaf y ffrithiant statig (F_R) rhwng arwynebau pan fydd grym cyffwrdd normal penodol yn gweithredu rhyngddyn nhw. Os oes grym arall sy'n baralel â'r arwynebau, ac sy'n fwy nag F_R, yn cael ei roi, bydd yr arwynebau'n dechrau llithro dros ei gilydd.

Ffwythiant gwaith Yr egni lleiaf sydd ei angen i dynnu electron oddi ar arwyneb metel. Mae'n bosibl mynegi'r ffwythiant gwaith naill ai mewn jouleau neu mewn electron foltiau.

Ffynonellau cydlynol Dwy ffynhonnell (neu fwy) o donnau sydd â gwahaniaeth gwedd cyson.

Goleuedd (L) Goleuedd seren yw cyfanswm y pŵer mae'n ei allyrru ar ffurf pelydriad electromagnetig (yr unedau yw W m^{-2}).

Graddfa dymheredd absoliwt (neu Kelvin) Graddfa sydd â'i sero (0 K) yn dymheredd (sero absoliwt) lle mae gan atomau eu hegni hap lleiaf posibl. Mae'r tymheredd, T, mewn kelvin yn perthyn i'r tymheredd, θ, mewn °C drwy $T/K = \theta/°C + 273.15$.

Graddfa Kelvin (K) Ar y raddfa kelvin, mae iâ yn ymdoddi ar 273.15 K, dŵr yn berwi ar 373.15 K a sero absoliwt yw 0 K.

Gratin diffreithiant Plât di-draidd gyda holltau cytbell paralel. Mae'r rhain yn cynhyrchu paladrau o olau ar onglau sy'n dibynnu ar donfedd y golau sy'n ei oleuo.

Grisialog Defnyddiau sydd ag adeiledd cyfnodol sy'n cael eu alw'n ddellten.

Gronyn elfennol (neu sylfaenol) Gronyn sydd ddim yn gyfuniad o ronynnau eraill.

Grym normal (F_N) Os yw gwrthrych yn gorffwys yn erbyn arwyneb, mae'r arwyneb yn rhoi grym ar y gwrthrych. Ystyr y gair 'normal' yw 'ar ongl 90°'.

Gwahaniaeth potensial (V) Y gwaith sy'n cael ei wneud rhwng dau bwynt, X ac Y – hynny yw, yr egni potensial trydanol sy'n cael ei golli am bob uned gwefr sy'n pasio rhwng X ac Y (yr unedau yw'r folt (V) = J C^{-1}).

Gwaith Mae gwaith yn cael ei wneud pan fydd grym yn symud ei bwynt gweithredu i gyfeiriad y grym. Gwaith = grym × dadleoliad y pwynt gweithredu × cos (yr ongl rhwng y grym a'r dadleoliad). Uned gwaith yw'r joule (J).

Gwasgariad amlfodd Data'n diraddio oherwydd bod pob pwls (mewn ffibr amlfodd) yn teithio ar hyd amrediad o wahanol lwybrau. Felly mae'n cyrraedd wedi'i ledaenu dros amser, a gall orgyffwrdd â phylsiau cyfagos.

Gwefr elfennol (e) Y wefr ar y proton. Ei werth yw 1.602×10^{-19} C (4 ff.y.). Y wefr ar yr electron yw $-e$.

Gwrthdrawiad anelastig Gwrthdrawiad lle mae egni cinetig yn cael ei golli.

Gwrthdrawiad elastig Gwrthdrawiad lle nad oes newid yng nghyfanswm yr egni cinetig.

Gwrthdroad poblogaeth Sefyllfa pan fydd cyflwr egni uwch mewn system atomig a phoblogaeth uwch o electronau na chyflwr egni is yr un system atomig.

Gwrthfaryon Hadron sy'n cynnwys 3 gwrthgwarc, e.e. gwrthbroton.

Gwrthiant [aer] (llusgiad) Grym sy'n gwrthwynebu mudiant cymharol rhwng gwrthrych a llifydd [hynny yw, hylif neu nwy] y mae'r gwrthrych yn symud drwyddo.

Gwrthronynnau Ar gyfer pob un o'r gronynnau, mae gwrthronyn cyfatebol sydd â màs unfath a gwefr unfath (ond dirgroes), os oes gwefr yn bresennol.

Hadron Gronyn â màs uchel sy'n cynnwys cwarciau a/neu wrthgwarciau.

Hafaliad homogenaidd Mae'n bosibl adio meintiau gyda'i gilydd, neu eu tynnu, neu eu hafalu, dim ond os oes ganddyn nhw'r un unedau. Yna bydd gan yr ateb yr un unedau.

Hafaliadau $xuvat$
x = dadleoliad;
u = cyflymder cychwynnol;
v = cyflymder terfynol;
a = cyflymiad;
t = amser.

Mae pum hafaliad, a phob un yn cysylltu pedwar o'r newidynnau, felly mae un newidyn ar goll ym mhob un.

Hydrin Rhywbeth sy'n gallu cael ei guro i siâp.

Hydwyth Rhywbeth sy'n gallu cael ei dynnu i mewn i wifrau. Mae defnyddiau hydwyth hefyd yn rhai hydrin.

Hysteresis Ystyr llythrennol: 'oediad'. Ar gyfer sylweddau elastig, mae ei bresenoldeb yn golygu bod y graff grym yn erbyn estyniad (neu ddiriant yn erbyn straen) yn dilyn llwybr gwahanol wrth ddadlwytho o hynny pan fydd y llwyth yn cynyddu.

Indecs plygiant (n) Mae'n cael ei ddiffinio gan $n = \dfrac{c}{v}$, lle v yw buanedd golau yn y defnydd ac c yw buanedd golau mewn gwactod.

Ïoneiddio Tynnu un neu fwy o electronau allan o atom.

Lepton Gronynnau elfennol â màs isel, e.e. electron, niwtrino.

Llinellau Fraunhofer Yr enw ar y llinellau tywyll yn sbectrwm yr Haul yw llinellau Fraunhofer, wedi eu henwi ar ôl y gwyddonydd o'r Almaen a sylwodd arnyn nhw gyntaf yn 1814.

Meson Hadron sy'n cynnwys cwarc a gwrthgwarc, e.e. pïon.

Mesur Priodwedd ffisegol gwrthrych neu ddefnydd y mae'n bosibl ei fesur. Cynrychiolir mesur gan rif wedi'i luosi ag uned.

Mesur fector Mae ganddo faint a chyfeiriad (cymharwch hyn â sgalar).

Mesur sgalar Dim ond maint sydd ganddo (cymharwch hyn â fector).

Model safonol Damcaniaeth gyfunol ar gyfer gronynnau sylfaenol.

Modwlws Young (E) Ar gyfer defnydd sy'n ufuddhau i ddeddf Hooke, dyma'r modwlws Young: E = diriant tynnol / straen tynnol.

Moment (trorym) (τ) Y mynegiad mathemategol ar gyfer effaith troi grym o amgylch pwynt. Dyma luoswm y grym a'r pellter perpendicwlar o'r pwynt i linell weithredu'r grym (yr unedau yw N m).

Momentwm (p) Mesur fector. $p = mv$, lle v yw cyflymder y gwrthrych ac m yw'r màs. Y term lluosog yw 'momenta', a'r unedau yw kg m s^{-1}.

Monomer Moleciwl â bond dwbl sy'n cael ei dorri ar agor i ffurfio uned ailadroddol polymer.

Nam pwynt Pan fydd ïon dellten ar goll, neu pan fydd atom 'estron' neu ïon ychwanegol yn unig yn bresennol.

Niwtronoeon Leptonau niwtral, màs isel iawn, sy'n rhyngweithio drwy'r grym gwan yn unig.

Pelydrydd cyflawn Gwrthrych (neu arwyneb) sy'n amsugno'r holl belydriad electromagnetig sy'n drawol arno. Mae hefyd yn allyrru mwy o belydriad ar unrhyw donfedd yn y sbectrwm di-dor na chorff sydd ddim yn belydrydd cyflawn.

Perffaith elastig Gweler Gwrthdrawiad elastig.

Pion Meson cenhedlaeth gyntaf. Mae tri math: π^+, π^-, π^0.

Plygiant Y newid yng nghyfeiriad teithio golau (neu don arall) pan fydd ei fuanedd teithio yn newid, e.e. wrth iddo basio o un defnydd i un arall.

Polygrisialog Sylwedd sy'n cynnwys llawer o grisialau bach wedi'u cyfeiriadu ar hap.

Polymer Sylwedd â moleciwlau sy'n cynnwys cadwynau hir o rannau unfath, o'r enw unedau ailadroddol.

Pŵer Y gwaith sy'n cael ei wneud am bob uned amser, neu'r egni sy'n cael ei drosglwyddo am bob uned amser (yr uned yw W).

Pwmpio Bwydo egni i gyfrwng mwyhau laser, er mwyn cynhyrchu gwrthdroad poblogaeth.

Rhyngweithiadau (grymoedd) cryf Mae'r rhain yn effeithio ar bob cwarc, a hefyd yn effeithio ar ryngweithiadau rhwng hadronau (e.e. clymu niwclear). Mae ganddyn nhw gyrhaeddiad effeithiol o $\sim 10^{-15}$ m.

Rhyngweithiadau (grymoedd) disgyrchiant Grymoedd atynnol sy'n gweithredu rhwng pob gronyn o fater a phob gronyn arall. Maen nhw'n effeithio ar bob mater, ond maen nhw'n ddibwys ar gyfer gronynnau isatomig. Mae eu cyrhaeddiad yn anfeidraidd.

Rhyngweithiadau (grymoedd) electromagnetig (e-m) Mae'r rhain yn effeithio ar bob gronyn sydd â gwefr, a hefyd yn effeithio ar hadronau niwtral oherwydd bod gan y cwarciau wefr. Mae eu cyrhaeddiad yn anfeidraidd.

Rhyngweithiadau (grymoedd) gwan Mae'r rhain yn effeithio ar bob gronyn, ond maen nhw'n arwyddocaol dim ond os nad oes rhyngweithiadau e-m a chryf yn cymryd rhan. Eu cyrhaeddiad effeithiol yw $\sim 10^{-18}$ m.

Sbectrwm allyrru Y cyfuniad penodol o donfeddi sy'n cael eu hallyrru gan sylwedd. Mae atomau mewn nwy yn allyrru tonfeddi arwahanol, felly mae'r 'llinellau' hyn yn gweithio fel 'olion bysedd' y gallwn eu defnyddio i adnabod y nwy.

Sbectrwm amsugno Y gostyngiad yn arddwysedd pelydriad ar rai tonfeddi oherwydd amsugniad gan ddefnydd.

Sbectrwm di-dor Mae'n cynnwys pob tonfedd o fewn amrediad.

Sbectrwm llinell Mae'n cynnwys cyfres o donfeddi unigol (neu, yn fwy manwl gywir, cyfres o fandiau tonfedd cul iawn).

Straen elastig Y straen sy'n diflannu ar ôl i'r diriant gael ei symud, h.y. mae'r sbesimen yn mynd yn ôl i'w siâp a'i faint gwreiddiol.

Straen Plastig (neu Anelastig) Y straen sy'n lleihau ychydig yn unig pan fydd y diriant yn cael ei symud. Mewn geiriau eraill, nid yw'r sbesimen yn dychwelyd i'w faint a'i siâp gwreiddiol.

Straen tynnol (ε) Yr estyniad am bob uned hyd oherwydd bod diriant yn cael ei roi. $\varepsilon = \Delta\ell/\ell$, lle ℓ yw'r hyd gwreiddiol a $\Delta\ell$ yw'r cynnydd yn yr hyd.

Sylwedd brau Sylwedd sy'n cyrraedd ei bwynt torri o dan dyniant heb fynd drwy estyniad plastig.

System arunig System heb unrhyw rymoedd allanol yn gweithredu arni, a heb ronynnau yn mynd i mewn iddi neu'n ei gadael.

Taflegryn Gwrthrych sy'n cael ei daflu/cicio/ei wneud i symud i fyny ar ongl, ac sy'n parhau ar hyd ei lwybr dan ddylanwad disgyrchiant.

Terfan elastig Y pwynt lle mae'r anffurfiad elastig yn gorffen.

Ton ardraws Ton lle mae'r osgiliadau i gyfeiriad sydd ar ongl sgwâr i'r cyfeiriad teithio (neu'r lledaeniad).

Ton arhydol Ton lle mae dirgryniadau'r gronynnau yn yr un llinell (neu'n baralel) â chyfeiriad teithio (neu ledaenu) y don.

Tonfedd Tonfedd, λ, ton gynyddol yw'r pellter lleiaf rhwng dau bwynt sy'n osgiliadu'n gydwedd (rydyn ni'n mesur y pellter ar hyd cyfeiriad y lledaeniad, a'r uned yw m).

Toriad brau Methiant sylwedd brau o dan dyniant wrth i grac ledaenu.

Tyniant Y grym mae gwrthrych yn ei roi ar wrthrychau allanol o ganlyniad i gael ei estyn. Os oes gan wrthrych dyniant, mae'n ymestyn.

Uwchddargludydd Defnydd sy'n colli ei holl wrthiant trydanol o dan dymheredd penodol, sef y tymheredd trosiannol uwchddargludol (neu'r tymheredd critigol uwchddargludol), θ_c.

Mynegai

A

adeiledd amorffaidd 69–70, 72
adeiledd dellt 67–69, 101
adeiledd grisialog 67–70, 72
adlewyrchiad 76, 156–159, 179
adlewyrchiad mewnol cyflawn (AMC) 157, 159
afleoliad ymyl 67–69
algebra 205–207
allyriad ysgogol 176–177, 179–180
amedr 101–102, 112–113, 118, 189–190
amlfodd
    ffibrau optegol 159
    gwasgariad 159
arbrawf eddïau (holltau) Young 142–145, 149–150, 164, 176, 183
arddwysedd 9, 77–81, 123, 135–136, 139, 142, 150, 164–166, 171–172, 180
arddwysedd pelydriad 165–166
atomig
    lefelau egni 168, 170
    sbectra, ymchwilio/arddangos 169–170
    sbectra allyrru 169
    sbectra amsugno 168

B

barrau cyfeiliornad 190, 194–195
baryon 85, 88, 90–91
batrïau 101–102, 106, 113, 117, 123, 125–126
blaendon 135, 139, 142–143, 154–155
buanedd cymedrig 13–14, 27

C

C–C, bond 71–72
cadwraeth
    gwefr, Q 90, 99–101, 117
    rhif baryon, B 90–91
    rhif lepton, L 90
canrannau 204
Celsius, graddfa dymheredd 77

cerrynt confensiynol 100–102, 123
cerrynt trydanol 9, 11, 37, 61, 99–112, 117–127, 147, 164–165, 173, 183, 190–191, 193, 196–197
    diffiniad 101
craidd disgyrchiant 20–21, 24
croesrym
    grym 64
    ton 130, 132
cwarc 85–86, 88–91
cydraniad, cofnodi 190
cydrannu 15, 50
cydwedd 133, 135, 140–143, 145, 176
cyfeiliornad paralacs 189
cyfeiliornadau sero 113–114, 189
cyflymder cymedrig 13–14, 27–28, 30
cyflymder drifft 102–103, 108, 111, 183
cyflymiad 10–11, 14–15, 28–33, 36–37, 43–45, 48–53, 58, 93, 108, 194, 196–197, 202, 210, 212
    cymedrig 15, 28–29, 31
    cyson 31, 33, 58, 93, 108, 196–197, 212
    diffiniad 28–29, 31
    disgyn yn rhydd/oherwydd disgyrchiant 33, 36–37, 51
    enydaidd 28
    a grym 48–51
    hafaliadau unffurf 31–32
    uned 10, 202
cyfraneddau 206
cylched baralel 117, 119–121
cylched gyfres 101, 117, 119–120, 123, 125
cymarebau 204–205, 209
cysonyn Planck 164–165, 172, 183
cysonyn sbring 59, 64–65, 93
cywasgol
    grym 64
    straen 65
    diriant 65, 70

D

dadleoliad 11, 13–14, 19, 24, 26–32, 39, 56–59, 72, 77, 93, 129–130, 132–134, 140–141, 146, 150, 197, 211
data
    ansicrwydd 191–195
    cofnodi ac arddangos 190
Deddf dadleoliad Wien 77–78, 80, 93
Deddf Hooke 59, 64–65, 93, 206
Deddf Ohm 107–108
Deddf sgwâr gwrthdro 78–79, 166, 198
Deddf Snell 155–157
Deddf Stefan–Boltzmann 77, 93
Deddfau mudiant Newton 39–40, 44–45, 47–48, 52, 59, 64, 93, 173
    deddf gyntaf (N1) 39–40, 44, 59
    ail ddeddf (N2) 39, 44, 48, 52, 93, 173
    trydedd ddeddf (N3) 39, 45, 47, 64
    gwaith ymarferol 52–53
defnyddiau brau 69–70
defnyddiau Hookeaidd 66–67, 69, 93
deilliadol
    hafaliadau 30–31, 48, 126, 147
    mesurau ac unedau 10–11
diagram gwrthrych rhydd 48, 57, 129
diffreithiant 75, 139, 142–145, 149–150, 160, 166–173, 183
diriant a straen
    defnyddiau brau 69–70
    metelau hydwyth 67–69
    rwber 71–72
diriant ildio 68–69
dŵr
    cydweddiad llif 106
    ton 129, 132, 135, 139, 154

dwysedd 9, 14, 16–17, 20, 24, 48–49, 51, 75, 81, 93, 154, 156, 183, 199
  diffiniad 16
  hafaliad 93
  mesur 24
  tabl o wahanol ddefnyddiau 17

E

ecwilibriwm 19, 21–23, 45, 48, 64, 129, 179
effaith ffotodrydanol 164–166, 183
effaith troi grym 18
effeithlonrwydd 61–62, 93, 178
egni
  afradlonedd mewn metel 108
  cysyniad/diffiniad 55
  a grymoedd afradlon 61–62
  a gwaith 55–56
  a phŵer 60–61
  unedau 86
egni cinetig 26, 42–43, 48, 55, 57–60, 72, 86–87, 90, 93, 105, 108, 129, 168–169, 177–178, 206
egni ïoneiddiad 168
egni potensial disgyrchiant 55, 57–61, 93, 210
egni potensial trydanol 105, 109, 123–124
egni straen 66–67; gweler hefyd elastig, egni potensial
egni–màs 86–88, 90
egwyddor
  arosodiad 140, 146
  cadwraeth egni 42, 57–58, 60, 108, 117, 124
  cadwraeth momentwm 39–40, 42, 45, 87
  momentau 18–24
Einstein 86, 164–166, 176
elastig
  diffiniad 64
  egni potensial 56, 59–61, 66, 93
  straen 66, 68
  terfan 66, 68
electromagnetig
  pelydriad 60, 75–78, 86, 155,164–165, 171
  sbectrwm 75, 82–83, 166–167
  ton 130

electron folt (eV) 59, 86, 165
electronau rhydd 100–103, 105, 108–109, 111, 117, 123, 154, 168, 183
estyniad 59, 64–67, 71–73, 93, 198

F

fectorau
  adio 12–14
  cydrannau 15–16
  tynnu 14–15
foltmedr 105, 112–113, 117–118, 124, 126, 189–190
Fraunhofer, llinellau 76, 80–81

FF

ffibr optegol unmodd 159–160
ffigurau geometregol 208
ffigurau ystyrlon 130, 190–191, 203
ffoton 82, 86–87, 90, 123, 164–169, 172–173, 176–180
ffracsiynau 120, 204
ffrithiant 39–40, 47–49, 52, 57, 61
ffurf safonol 11, 66, 202–203

G

g.e.m. 123–126, 183, 196
galaethau 80, 83
golau cydlynol 142–143, 176
goleuedd 78–79
gp ar draws y terfynellau mewn cylched agored 124
graddfa dymheredd kelvin 77
graff
  darganfod arwynebedd o dan 211–212
  darganfod y gyfradd newid o 210
  paratoi 210
graffiau dadleoliad–amser 26–27
graffiau diriant–straen 68, 71
graffiau ffit orau 173, 195, 210
graffiau I–V 106–108, 111–112, 118, 173
graffiau llinol 126, 196, 212
graffiau mudiant cyflymol 29–31
gratin diffreithiant 75, 143–145, 149–150, 168–171, 173, 183

cysonyn 150
  fformiwla 150, 183
  hafaliad 144
gronyn elfennol 85, 88
gronynnau trwm 88
gronynnau, tonfedd 172
grym
  adio 12–13
  cyfeiriadau 56–57
  a chyflymiad 48–51
  effaith troi 18
  a momentwm 44–47
  rhwng defnyddiau sy'n cyffwrdd 47–48
  rhwng gronynnau 89
grym cydeffaith, F_{cyd} 12–16, 21–23,39–40, 44, 48–51, 93, 129, 206
grym cyffwrdd normal, F_N 47–49
grym disgyrchiant, mg 40, 45–46, 48–49, 52, 57, 89
gwaith
  diffiniad 55
  ac egni 55–56
  ffwythiant 165–166, 183
gwaith arbrofol, gwneud a disgrifio 196–199
gwaith ymarferol 24, 52–53, 72–73, 112–113, 126–127, 135–136, 149–151, 160, 173, 189–199
gwefr drydanol 14, 99–103, 105–106, 108, 117, 122–124, 164, 183
  uned 99
gwerth gorau, amcangyfrif 191–192
gwrthdrawiadau 40–43, 72, 82, 85, 87–89, 102, 105, 108, 111, 131, 169–170, 177–178, 180
  anelastig 40, 42
  elastig 42
gwrthdroad poblogaeth 177–179
gwrthedd 109–110, 112–113, 121, 123, 183
gwrthfaryon 88, 90
gwrthgwarc 88, 91
gwrthiant 14, 101, 105, 107–127, 183, 190–193, 196–197, 212
  mewn cyfres 119–120
  mewn metel 108, 110–111
  mewn paralel 119–121
  mewnol 117, 124–127, 183, 196, 212

gwrthiant aer 33–34, 40–45, 47–49, 51
gwrthniwtrino 86, 100
gwrthronyn 86
gyddfu 68

H

hadron 85, 88–89
hafal a dirgroes
    grymoedd 22, 39–40, 45–47, 57, 64
    gwefrau 86
hafaliadau
    datrys/trin 207
    gwirio am homogenedd 11
    tablau 93, 183
hafaliadau cwadratig 34, 207
hafaliadau homogenaidd 11
hafaliadau unffurf 31–32
harmonigau 146–148, 150–151
hydrin 67

I

indecs plygiant 14, 155–160, 183
indecsau 202–203, 207
ïoneiddiad 168

L

laser deuod lled-ddargludydd 179
laserau 130, 139, 142, 144, 149–150,176–180
    adeiladwaith 178–179
    aneffeithlonrwydd 178
LED (deuod allyrru golau) 101, 107,118, 123, 142–143, 173
lepton 85, 88, 90

LL

lledaeniad tonnau 64, 129–130, 132–133, 135, 154, 159–160, 164
llusgiad 11, 45, 47–48, 61

M

marc sefydlog 190
màs, mesur 24
meintiau 12–13, 15, 19, 39, 41, 44, 49, 154

meintiau fector 12, 14, 28–29, 39, 55, 130
meintiau sgalar 12–14, 39, 55, 99
meson 85, 88, 90
mesurau ac unedau 9–11
metelau hydwyth 67–70
modwlws Young, E, 65–66, 68, 71–72, 93, 198
moment 18–24
moment clocwedd (MC) 19, 22
moment gwrthglocwedd (MG) 19, 22
momentwm 14, 39–40, 42–47, 55, 86–87, 90, 93, 167, 172–173, 183, 206
    cadwraeth 39–40, 42–43, 45, 87, 90, 172–173
    ffotonau 172–173
    a grym 44–47
monocromatig 142, 144–145, 149, 165–166, 173, 176
monomer 71
mudiant
    dan ddisgyrchiant a gwrthiant aer 51
    dau ddimensiwn 27–28, 30–31
    llinell syth 26–27, 29–30
    sgalarau/fectorau 13–14
mudiant fertigol 33–36
mudiant thermol 72, 102
mysteriwm 180

N

nam pwynt 67–68
newidynnau 51, 195–199, 206
nifwliwm 180
niwtrino 83, 86–87, 89, 91

O

onglau 204–205, 208–209
optegol
    dwysedd 156
    ffibrau 154, 157–160, 176, 179

P

patrwm ymyriant dwy ffynhonnell 140–141
pelydriad ceudod 76
pelydriad cyflawn 76–78, 80–81, 164

plygiant 154–157, 160
polareiddio 130–131, 135–136, 141, 176
polymer 71–72
polythen 71, 99
potensial
    egni 55–61, 66–67, 69, 93, 105, 109, 123–124, 168, 210
    gwahaniaeth 59, 86, 105–106, 111, 117, 130, 165
    rhannwr 112, 117, 120–123, 183
prismau 75, 157
problemau ffrwydrad â chadwraeth momentwm 43
pŵer, P
    cyflenwad 100–101, 123–126, 183, 196, 212
    diffiniad 60
    ac egni 60–61
    hafaliadau afradlo, nedd 108–109
    trydanol 60–62, 100–101, 106, 108–109, 111, 121, 123–126, 183, 196, 212

R

radianau 79, 204–205, 209
rwber 59, 66–67, 71–73

S

sbectrwm allyrru 80–82, 169–170
sbectrwm amsugno 81–82, 168–170
sbectrwm amsugno hydrogen 81
sbectrwm di-dor 75–76, 81–82, 87
sbectrwm llinell 75–76, 80–82, 168
sbectrwm yr Haul 75–76, 81–82
seryddiaeth aml-donfedd 82–83
SI
    lluosyddion 11, 66, 202–203
    unedau 9–11, 19, 60, 99
solidau, mesur dwysedd 24
straen plastig 66, 69
system arunig 39–40, 58
system laser pedwar cyflwr 178
system laser tri chyflwr 177–178

T

taflegrau 35–36

tiwb diffreithiant electron 171–172

ton
  buanedd 134
  ciplun 133
  o ffynonellau osgiliadol 132–133
  lledaeniad 64, 129–130, 132–133, 135, 154, 159–160, 164

ton ardraws 64, 129–130, 141, 147

ton arhydol 132, 147

ton gynyddol 129, 133–134, 145–146
  perthynas â thon unfan 146

ton sain 129, 132, 147–148, 154

ton seismig 129, 154–155

ton unfan 145–150
  perthynas â thon gynyddol 146

tonfedd 75–78, 80–83, 93, 133–135, 139, 141–145, 148–150, 154–155, 157, 160, 164, 167–173, 180, 183,192

trigonometreg 12, 15, 28, 79, 144, 204, 208–209

tymheredd absoliwt 77, 177

tyniant 61, 64–70, 72, 129, 147, 171

tynnol
  cryfder 68
  diriant 66
  grym 64
  straen 66

TH

theorem Pythagoras 12–13, 15–16, 28, 44, 209

thermistor 122–123

U

unedau, deillio 10

uwchddargludydd 105, 111–112

Y

ymyriant 140–145, 166, 171

Young, modwlws, E 65–66, 68, 71–72, 93, 198